Ulrike Röttger (Hrsg.)

Theorien der Public Relations

Ulrike Röttger (Hrsg.)

Theorien der Public Relations

Grundlagen und Perspektiven der PR-Forschung

2., aktualisierte und erweiterte Auflage

VS VERLAG FÜR SOZIALWISSENSCHAFTEN

Bibliografische Information der Deutschen Nationalbibliothek
Die Deutsche Nationalbibliothek verzeichnet diese Publikation in der
Deutschen Nationalbibliografie; detaillierte bibliografische Daten sind im Internet über
<http://dnb.d-nb.de> abrufbar.

2., aktualisierte und erweiterte Auflage 2009

Alle Rechte vorbehalten
© VS Verlag für Sozialwissenschaften | GWV Fachverlage GmbH, Wiesbaden 2009

Lektorat: Barbara Emig-Roller

VS Verlag für Sozialwissenschaften ist Teil der Fachverlagsgruppe Springer Science+Business Media.
www.vs-verlag.de

Das Werk einschließlich aller seiner Teile ist urheberrechtlich geschützt. Jede Verwertung außerhalb der engen Grenzen des Urheberrechtsgesetzes ist ohne Zustimmung des Verlags unzulässig und strafbar. Das gilt insbesondere für Vervielfältigungen, Übersetzungen, Mikroverfilmungen und die Einspeicherung und Verarbeitung in elektronischen Systemen.

Die Wiedergabe von Gebrauchsnamen, Handelsnamen, Warenbezeichnungen usw. in diesem Werk berechtigt auch ohne besondere Kennzeichnung nicht zu der Annahme, dass solche Namen im Sinne der Warenzeichen- und Markenschutz-Gesetzgebung als frei zu betrachten wären und daher von jedermann benutzt werden dürften.

Umschlaggestaltung: KünkelLopka Medienentwicklung, Heidelberg
Druck und buchbinderische Verarbeitung: Krips b.v., Meppel
Gedruckt auf säurefreiem und chlorfrei gebleichtem Papier
Printed in the Netherlands

ISBN 978-3-531-15519-7

Vorwort zur 2. Auflage

Die PR-Forschung bewegt sich in einem Spannungsfeld von Grundlagenforschung und Anwendungsorientierung. Sehr deutlich lässt sich dies an klassischen US-amerikanischen Theoriebüchern – die lange Zeit als Orientierungsmarke für den deutschsprachigen Raum galten – erkennen. Empirische Fallstudien nehmen hier eine zentrale, nicht nur illustrative Rolle ein. Häufig handelt es sich um historische oder aktuelle deskriptive Nach- und Aufzeichnungen, die nicht ausreichend theoretisch hergeleitet oder systematisch überprüft wurden und durch eine starke normative Überformung geprägt sind.

Hinsichtlich der Grundlagenforschung und Theorieentwicklung im deutschsprachigen Raum ist eine positive Tendenz zu konstatieren: Es sind in den vergangenen Jahren PR-Lehrbücher erschienen und zahlreiche theorieorientierte Aufsätze und Bücher publiziert worden, die neue, viel versprechende Perspektiven aufzeigen. Ein Grund hierfür dürfte in der stärkeren universitären Verankerung der PR samt den damit zusammenhängenden Berufungen liegen.

Andererseits verdeutlichen Schwerpunktthemen auch hierzulande den Drang, praxistaugliche Forschung zu leisten: Das Thema „Messbarkeit von Kommunikation" (Kommunikationscontrolling) brennt zurzeit vor allem in vielen Wirtschaftsunternehmen und PR-Agenturen unter den Nägeln. Der Gegenstandsbereich ist ohne Frage bedeutsam und die bisherigen Impulse zur Modellbildung verdienen es, seitens der kommunikationswissenschaftlichen PR-Forschung intensiver bearbeitet zu werden. Allerdings zeigen sich bei den vorliegenden Arbeiten auch Risiken einer zu stark anwendungsorientierten PR-Wissenschaft: Die Mehrzahl der Ansätze zum Kommunikationscontrolling beschränkt sich auf eine praxisorientierte, endogene Weiterentwicklung einzelner Entwürfe auf der technischen Ebene und vernachlässigt dabei die grundlegenden Annahmen über die Wirkung und Messbarkeit von PR-Leistungen kritisch zu hinterfragen. Das Beispiel verdeutlicht: Neben der Grundlagenforschung gilt es insbesondere, das kritische Reflexionspotential anwendungsorientierter Forschung zu berücksichtigen. Alles andere führt auf Dauer zu Einschränkungen der Glaubwürdigkeit sowie der Leistungsfähigkeit der PR-Forschung.

Diese ist allerdings insgesamt auf einem sehr guten Weg. Die Dynamik zeigt sich auch an diesem Band. Nur vier Jahre nach der ersten Ausarbeitung ist es gelungen, erstens die vorhandenen Beiträge überwiegend grundlegend zu überarbeiten. Zweitens sind drei neue Autoren hinzugekommen, die weitere wichtige Impulse liefern. Und drittens liegen hiermit einige Bausteine für originäre PR-Theorien vor, die es lohnt, in zukünftige Überlegungen einzubeziehen: Neben aktuellen PR-Theoriesträngen fehlt es nicht an einer Verbindung zur Praxis. Gewichtiger ist jedoch für die Fortentwicklung der wissenschaftlichen Erkenntnisse, dass in diesem Buch zum einen sowohl Beispiele aus der Wirtschaft als auch aus der Politik berücksichtigt werden. Das Zentrum der Betrachtung liegt also keineswegs mehr allein bei Unternehmen. Zum anderen richtet sich der Fokus nicht allein auf die Mesoebene, auf der PR organisatorisch verortet ist, sondern gefordert wird insbesondere im letzten Teil des Bandes eine Erweiterung auf die Makroebene, um die Funktionen von PR für ihre Auftraggeber in ihrer gesellschaftlichen Einbettung umfassend zu beschreiben und zu analysieren. So verstanden ist es konsequent und erfreulich, dass einige Autoren explizit Öffentlichkeits- und Gesellschaftstheorien in ihre theoretischen Überlegungen einbeziehen.

Die präsentierten Schwerpunkte können für sich in Anspruch nehmen, die Breite und Tiefe der derzeitigen fachlichen Diskussion im deutschsprachigen Raum wiederzugeben. Es wäre wünschenswert, von hier aus den Diskurs gemeinsam fortzusetzen.

Münster im Juli 2008

Ulrike Röttger

Inhalt

Einleitung
Welche Theorien für welche PR? 9

Grundlagen und Systematisierungen

Otfried Jarren/Ulrike Röttger
Steuerung, Reflexierung und Interpenetration: Kernelemente
einer strukturationstheoretisch begründeten PR-Theorie 29

Klaus Merten
Zur Theorie der PR-Theorien
Oder: Kann man PR-Theorien anders als systemisch modellieren? 51

Manfred Rühl
Für Public Relations?
Ein kommunikationswissenschaftliches Theoriebouquet! 71

Lars Rademacher
PR als ‚Literatur' der Gesellschaft?
Plädoyer für eine medienwissenschaftliche Grundlegung
des Kommunikationsmanagements 87

Fokus: Organisation und Gesellschaft

Matthias Kussin
PR-Stellen als Reflexionszentren multireferentieller Organisationen 117

Peter Szyszka
Organisation und Kommunikation
Integrativer Ansatz einer Theorie zu Public Relations
und Public Relations-Management 135

Howard Nothhaft / Stefan Wehmeier
Vom Umgang mit Komplexität im Kommunikationsmanagement
Eine soziokybernetische Rekonstruktion 151

Lothar Rolke
Public Relations – die Lizenz zur Mitgestaltung öffentlicher Meinung
Umrisse einer neuen PR-Theorie 173

Fokus: Dualität von Theorie und Praxis

Susanne Femers
PR-Theorie? PR-Theorie! Plädoyer für eine wissenschaftliche und fachliche
Fundierung der Public Relations durch Theoriebildung
und reflektiertes Handeln im Berufsfeld 201

Klaus Kocks
PR-Theorien – Vergebliche Versuche
in der Halbwelt amerikanisierter Wissenschaft 213

Michael Kunczik
PR-Theorie und PR-Praxis: Historische Aspekte 223

Spezielle Aspekte

Mark Eisenegger/Kurt Imhof
Funktionale, soziale und expressive Reputation –
Grundzüge einer Reputationstheorie 243

Juliana Raupp
Medialisierung als Parameter einer PR-Theorie 265

Barbara Baerns
Öffentlichkeitsarbeit und Erkenntnisinteressen
der Publizistik- und Kommunikationswissenschaft 285

Manfred Bruhn/Grit Mareike Ahlers
Zur Rolle von Marketing und Public Relations in der
Unternehmenskommunikation
Bestandsaufnahme und Ansatzpunkte zur verstärkten Zusammenarbeit 299

Autorenverzeichnis 317

Welche Theorien für welche PR?

Ulrike Röttger

Was ist PR? Wer benötigt PR? Welche Leistungen erbringt PR? Abstrakte Analysen und Interpretationen, die diese Fragen beantworten und die die Funktionen, Potenziale und Grenzen der Public Relations beschreiben und erklären könnten, liegen bislang nur fragmentarisch vor. Die Quantität und Qualität der PR-Theorien hat sich zwar in den vergangenen Jahren erheblich verbessert, kann jedoch insgesamt noch nicht zufrieden stellen.

Das Beklagen von Defiziten soll aber in diesem Sammelband nicht im Vordergrund stehen. Ziel ist es vielmehr, Forschungsdesiderate aufzuzeigen, neue Impulse für die PR-Theoriebildung zu liefern und die Auseinandersetzung über die theoretischen Grundlagen der PR neu zu beleben. Neben einer kritischen Bilanz der vorliegenden theoretischen Beiträge und der andauernden Kontroverse zwischen system- und handlungstheoretischen Ansätzen sollen zudem alternative theoretische Bezugsrahmen vorgestellt werden und neue Wege zu PR-Theorien aufgezeigt werden. Welche Theorien können PR adäquat beschreiben und erklären?

Bestandsaufnahme: Sammelsurium im Warenkorb?

Zunächst ist es notwendig im Sinne einer kritischen Ist-Analyse die vorhandenen Theoriebestände zu sichten, aktuelle Diskussionslinien und zentrale theoretische Perspektiven auf Public Relations zu benennen. Dass dabei auch Defizite aufgeführt werden, steht nicht im Widerspruch zu den Eingangsbemerkungen, denn um neue Wege beschreiten zu können, ist es notwendig den aktuellen Standort präzise zu bestimmen.

Wo steht die PR-Theoriebildung heute? Public Relations wurde von der deutschsprachigen Kommunikationswissenschaft spät entdeckt, lange Zeit nur wenig erforscht und bis heute in großen Teilen einseitig wahrgenommen – dieser Dreiklang prägte und prägt die PR-Theoriebildung bis heute.

Spät entdeckt
Public Relations hat sich im deutschsprachigen Raum erst sehr spät – Ende der 1980er Jahre – als kommunikationswissenschaftlicher Lehr- und Forschungsgegenstand etabliert. Diese verzögerte fachliche Institutionalisierung ist teils auf ideologische Abgrenzungsprobleme zurückzuführen. Vor dem Hintergrund der NS-Propaganda bestanden nach 1945 erhebliche normative Vorbehalte gegenüber Formen persuasiver Kommunikation und insbesondere der Öffentlichkeitsarbeit. Daran konnten auch die intensiven Bemühungen von PR-Praktikern, PR als amerikanische Erfindung bzw. als Nachkriegsphänomen zu beschreiben und damit sachliche, inhaltliche oder personale Kontinuitäten zur NS-Zeit auszublenden, nicht viel ändern (siehe u.a. Oeckl 1976; 1987)[1]. Typisch für die PR-(Praktiker-)Literatur der Nachkriegszeit und diese Phase der Entwicklung eines neuen Selbstverständnisses der PR-Branche ist eine systematische Ausgrenzung des Propaganda-Begriffs und eine gleichzeitig ausgeprägte Betonung von gesellschaftsbezogenen Werten und Zielen: Vertrauenswerbung, Beziehungspflege, Glaubwürdigkeit, Gutes tun ... sind zentrale PR-Begriffe der Zeit.

Neben ideologischen Vorbehalten spielten und spielen zudem fachlich-systematische Abgrenzungsprobleme eine entscheidende Rolle für die späte kommunikationswissenschaftliche Institutionalisierung der PR: Der bis heute in Wissenschaft und Praxis teils unscharfe PR-Begriff und die zuweilen sehr unterschiedlichen Verständnisweisen von Public Relations spiegeln fachlich-systematische Abgrenzungsprobleme und Zuständigkeitsansprüche unterschiedlicher wissenschaftlicher Disziplinen wider, hier insbesondere der BWL und der Kommunikationswissenschaft. Damit gehen teils unklare Trennungen von PR, Marketing, Werbung und auch Journalismus einher.

So stellt Public Relations aus Sicht der Betriebswirtschaftslehre eine Hilfsfunktion des Marketings dar und ist in erster Linie als ein absatzförderndes Instrument neben anderen, wie z.B. der Mediawerbung, Verkaufsförderung, Direct Marketing und Sponsoring (vgl. u.a. Bruhn 2003; Meffert et al. 2008). PR wird hier der Charakter einer Sozialtechnologie, eines Tools der Kommunikationspolitik zum Aufbau positiver Produkt- und Unternehmens-Images zugewiesen. Daran ändert auch die Entwicklung des Marketings zum Beziehungsmarketing oder auch „Community-Marketing" nur wenig.

Während in einer betriebswirtschaftlichen Perspektive Public Relations auf marktliche Austauschprozesse und marktverbundene Zielgruppen fokussiert ist, wird Public Relations und ihr Zuständigkeitsbereich in der Kommunikationswissenschaft breiter definiert: Sie wird hier zum einen in ihrer gesellschaftlichen Funktion (vgl. insbes. Ronneberger 1991; Ronneberger/Rühl 1992) und zum anderen als Kommunikationsfunktion von Organisationen betrachtet (vgl. u.a. Röttger 2000; Kirchner 2001), dessen zentrale Funktion in der Legitimation der Organisationsinteressen und des Organisationshandelns gegenüber allen – also auch nicht-marktverbundenen – Stakeholdern liegt.

---

[1] Auch unter Berücksichtigung unterschiedlicher Geschichts- und PR-Verständnisse ist die Beschreibung von PR als Nachkriegsphänomen und amerikanischen Export nicht plausibel: Bereits 1906 wurde beispielsweise in Magdeburg eine erste kommunale Pressestelle eingerichtet und die Firma Krupp verfügte seit 1893 über ein eigenes „Nachrichtenbüro" (vgl. Binder 1983: 75). Siehe hierzu auch den Beitrag von *Kunczik* in diesem Band.

Kommunikationswissenschaftliche PR-Ansätze berücksichtigen damit stärker den organisatorischen Gesamtkontext, zugleich wird von ihnen jedoch die ökonomische Dimension des strategischen Kommunikationsmanagements und das Verhältnis von Unternehmenskommunikation und Unternehmenswert in der Regel wenig berücksichtigt.

Allerdings hat sich in den letzten Jahren in der PR-Praxis wie auch Forschung unter dem Label „Kommunikationscontrolling" eine Debatte entwickelt, die nicht mehr nur die klassische Evaluation von PR-Maßnahmen und -Programmen diskutiert, sondern die Anbindung des Kommunikationsmanagements an strategische und operative Unternehmensziele in den Mittelpunkt rückt („Wertschöpfung durch Kommunikation"). Damit verbunden sind Fragen nach den Möglichkeiten der betriebswirtschaftlich effizienten Plan- und Steuerbarkeit sowie der Messbarmachung des (monetären) Wertschöpfungsbeitrages von PR (vgl. u.a. Zerfaß 2006). Im Schnittfeld kommunikationswissenschaftlicher PR-Forschung und betriebswirtschaftlicher Management- und Controllingforschung sind derzeit vor allem Verfahren bedeutsam, die eine Berücksichtigung des Kommunikationsmanagements im Rahmen der Balanced Scorecard bzw. die Ausbildung einer Corporate Communications Scorecard vorschlagen.[2] Im Zentrum dieser Ansätze steht der Versuch, den Zusammenhang zwischen Kommunikationsmanagement und übergeordneten Unternehmenszielen (1) nachvollziehbar sowie damit (2) an Hand von Zielvorgaben steuerbar und (3) über eine Messung der Zielerreichung evaluierbar zu machen.

Eine kritische Reflexion der bisherigen Debatte über das Kommunikations-Controlling macht allerdings deutlich, dass die bislang sehr euphorisch geführte Fachdiskussion insbesondere die Potenziale eines an betriebswirtschaftlichen Parametern orientierten Kommunikations-Controllings fokussiert hat, dessen Grenzen und Restriktionen aber nicht ausreichend mit in den Blick genommen hat. Aus kommunikationswissenschaftlicher Blickrichtung gilt es daher, die bisher in der Regel nicht thematisierten grundlegenden Annahmen über die Wirkung und Messbarkeit von PR-Kommunikation zu systematisieren und einzelfallartig zu hinterfragen. Dazu bedarf es sowohl des theoretisch-begrifflichen Beitrages der kommunikationswissenschaftlichen PR-Forschung als auch der Expertise kommunikationswissenschaftlicher Methodiker. Erst im intensivierten Austausch zwischen Kommunikationspraxis, PR- und Rezeptionsforschern, Methodikern sowie der Controllingforschung lassen sich praktikable und zugleich begriffliche Unterkomplexität vermeidende Verfahren entwickeln und konsensfähige Kennzahlen entwickeln.

---

[2] Derzeit werden unter dem Begriff „Kommunikations-Controlling" in vielen Details variierende Verfahren und Modelle zusammengefasst. Ausgehend von der von Porter (1986) in der Managementforschung eingeführten Unterscheidung kann grundsätzlich zwischen einer marktorientierten und eine ressourcenorientierten Perspektive unterschieden werden. Am weitesten fortgeschritten ist die Debatte derzeit in Bezug auf die marktorientierte Sichtweise; hier finden sich zum einen Adaptionen der Balanced Scorecard (vgl. grundlegend Kaplan / Norton 1997), die Communication Scorecard (vgl. Hering / Schuppener / Sommerhalder 2004), die Corporate Communication Scorecard (vgl. u.a. Zerfaß 2006) sowie das Communications Value System der GPRA (vgl. Lange 2005). Ferner zählen zu den marktorientierten Ansätzen Modelle auf Basis des Value Based Management (vgl. Pfannenberg 2005) und das CommunicationControlCockpit als Kennzahlensystem i.e.S. (vgl. u.a. Rolke 2005).

Nicht nur mit Blick auf die jeweiligen Referenzpunkte unterscheiden sich die Perspektiven von BWL und Kommunikationswissenschaft auf Public Relations: Wesentlicher Unterschied ist zudem der gehaltvollere und differenziertere Kommunikationsbegriff der Kommunikationswissenschaft. In zahlreichen betriebswirtschaftlichen Ansätzen findet sich bis heute ein unterkomplexes Verständnis von Kommunikation im Sinne eines Input-Output-Modells bzw. als Encoding-Decoding-Prozess (Shannon/Weaver 1976; exemplarisch für die Marketing-Literatur Kotler/Bliemel 1999). Eine fast schon mechanistische Sichtweise auf das dynamische Geschehen kommunikativer Prozesse offenbart sich beispielsweise in der Bezugnahme auf die 1948 formulierte so genannte „Lasswell-Formel" „Who says what in wich channel to whom and with what effect?", die immer wieder in Marketing-Lehrbüchern anzutreffen ist. Diese einseitige Kommunikatororientierung schließt Feedback der Rezipienten ebenso aus, wie generell Wechselwirkungen zwischen den einzelnen Elementen des Kommunikationsprozesses unberücksichtigt bleiben. Kommunikation wird in erster Linie unter der Perspektive der intendierten Wirkungen thematisiert; Fragen des gegenseitigen Verstehens und des gleichen Meinens, der Akzeptanz oder etwa der nicht-intendierten Wirkung von Kommunikation werden in betriebswirtschaftlichen Überlegungen in der Regel nicht oder nur am Rande berücksichtigt.

Unterschiedliche Kommunikationsverständnisse und -begriffe ebenso wie ein unterschiedliches Theorieverständnis führen zu erheblichen Verständigungsproblemen zwischen kommunikationswissenschaftlichen und betriebswirtschaftlichen Fachvertretern. Die strukturellen Differenzen führen auch dazu, dass bis heute wenig integrative Theorieangebote vorliegen, die kommunikationswissenschaftliche und betriebswirtschaftliche Überlegungen des Kommunikationsmanagements sinnvoll miteinander verbinden (vgl. Zerfaß 2004; Herger 2004).

Wenig erforscht
Folgen der späten Institutionalisierung der kommunikationswissenschaftlichen PR-Forschung zeigen sich auch heute noch im Hinblick auf den Stand der theoretischen und empirischen Forschung. Da die Kritik weitgehend bekannt ist, sollen hier einige wenige Stichworte genügen (vgl. u.a. Dernbach 1998; Bentele 1997a; b; 2003; Jarren/Röttger 2008):
- Der (deutschsprachigen) PR mangelt es bislang an Grundlagenforschung und theoretisch-wissenschaftlichen Basisarbeiten; meta-orientierte Forschung, z.B. zur Geschichte der PR existiert nur bruchstückhaft.
- Bislang liegen nur wenig allgemein organisations- und gesellschaftsorientierte PR-Theorien vor, deren Erklärungskraft sich nicht nur auf spezielle Einzelaspekte der PR beschränkt.
- Es fehlt der Anschluss von PR-Theorien an allgemeine Öffentlichkeits- und Gesellschaftstheorien oder an im deutschsprachigen Raum vorliegende Akteurstheorien.

- Theoretische Beschreibungen der Public Relations sind in der Regel systemtheoretische Betrachtungen von Öffentlichkeitsarbeit, damit geht Hand in Hand, dass die Dualität von Struktur und Handlung, die Verbindung von System- und Handlungstheorie in der PR-Theoriebildung – von einigen wenigen Ausnahmen abgesehen (Röttger 2000; Zühlsdorf 2002; Zerfaß 2004) – bislang nicht berücksichtigt wurde.[3]

Als Chance, aber auch als Risiko für die PR-Theoriebildung erweist sich dabei der stark ausgeprägte interdisziplinäre Charakter der PR, der weit über kommunikations- und betriebswirtschaftliche Fachaspekte hinausreicht (siehe hierzu auch: Ihlen/van Ruler 2007). So stellt Raupp auf Basis einer inhaltsanalytischen Auswertung von PR-spezifischen Dissertationen, die zwischen 1995 und 2000 an deutschen Universitäten eingereicht wurden, fest:

„Public Relations und Öffentlichkeitsarbeit werden als interdisziplinärer Forschungsgegenstand auf der Grundlage verschiedener Theorien, aus unterschiedlichen Erkenntnisinteressen und mit verschiedenen Methoden bearbeitet. Ein dominantes Forschungsparadigma ist nicht erkennbar; die Pluralität an Zugriffen und die mangelnde Kohärenz an theoretischen Ansätzen verhindert eine Kumulation des PR-Wissens." (Raupp 2006: 33f.)

Für eine langsam voranschreitende Kumulation von PR-Wissen – allerdings in erster Linie im Sinne einer Bestandsaufnahme und weniger im Sinne der Forcierung und Weiterentwicklung von PR-Theorie – sprechen u.a. die Hand- und Lehrbücher, die in den vergangenen Jahren publiziert wurden (Bentele et al. 2008; Piwinger/Zerfaß 2007).

PR-Forschung basiert heute vor allem auf Theorien mittlerer Reichweite, d.h. empirisch überprüfbaren Aussagenzusammenhängen. Diese Ansätze stehen jedoch meist unverbunden nebeneinander und begründen jeweils – mit Ausnahme der Forschung im Kontext der so genannten Determinierungshypothese (siehe hierzu u.a. Baerns 1985, 1987; für einen Überblick siehe Schantel 2000) – keine Forschungstradition im eigentlichen Sinne. Die empirische PR-Forschung ist in erster Linie als beschreibende Berufsforschung zu charakterisieren, die stark mikroorientiert und eher deskriptiv orientiert ist. Organisatorische Zusammenhänge des PR-Berufshandelns, die Produktionsbedingungen für die Herstellung und Vermittlung von PR-Mitteilungen und -Leistungen werden bislang im Rahmen der PR-Kommunikatorforschung nur begrenzt berücksichtigt (vgl. Röttger 2000).

Wenig beachtet werden von der PR-Forschung und PR-Theoriebildung beispielsweise auch die Rezipienten von PR-Mitteilungen. So existieren innerhalb der deutschsprachigen PR-Forschung bislang keine systematischen wissenschaftlichen Studien

---

3 Eine ausführliche Auseinandersetzung mit der PR-Theorie als Systemtheorie findet sich in diesem Band in den Beiträgen von *Merten*, der die Systemtheorie als derzeit beste mögliche Theorie für eine einheitliche Theorie der PR beschreibt und von *Jarren/Röttger*, die für eine strukturationstheoretisch begründete PR-Theorie plädieren. Die Verbindung von handlungs- und systemtheoretischer Perspektive steht ebenfalls im Mittelpunkt des Aufsatzes von *Rolke*, der PR als gesellschaftlich lizenzierte Möglichkeit zur Mitgestaltung öffentlicher Meinung beschreibt. Siehe hierzu auch *Rademachers* Vorschlag, PR als „Literatur der Gesellschaft" zu konzipieren.

über die Rezeption von PR-Produkten, die Wahrnehmung der ‚PR-Beziehungsarbeit' durch einzelne Bezugsgruppen und den Nutzen von PR-Mitteilungen und -Maßnahmen (*PR-Usability* Zerfaß 2004) für die Rezipienten.[4] Dies verwundert angesichts der Tatsache, dass Stakeholder ein zentraler Bezugspunkt des Managements der kommunikativen Umfeldbeziehungen von Organisationen durch Public Relations sind. Zahlreiche theoretische Ansätze – so auch die „Excellence-Studie" (Grunig 1992; Grunig/Grunig/ Dozier 2002) – sehen Anspruchsgruppen als zentralen Referenzpunkt des PR-Managements, wobei jedoch in der Regel deren Interessen und Bedürfnisse nicht empirisch analysiert werden, sondern auf der Basis von normativ unterlegten Vorannahmen unterstellt werden. Dies zeigt sich beispielsweise hinsichtlich des vermeintlichen oder tatsächlichen Dialoganspruchs von Anspruchsgruppen, der in der Literatur häufig unterstellt, für den ‚PR-Normalfall' allerdings nicht systematisch untersucht und nachgewiesen wurde.

Einseitig wahrgenommen
Die kommunikationswissenschaftliche Beschäftigung mit Public Relations ist stark durch die zeitungs- und publizistikwissenschaftliche Tradition des Faches geprägt. Die PR-Forschung hat ihren Ausgangspunkt in der klassischen Kommunikatorforschung, in deren Mittelpunkt traditionell die Journalismusforschung steht. Aus dieser historisch erklärbaren journalismuszentrierten Perspektive ergeben sich Pfadabhängigkeiten, die sich bis heute fortsetzen und zu einem verkürzten und einseitigen Verständnis der PR und ihrer Funktionen führen (vgl. hierzu ausführlich Bentele 2003; Jarren/Röttger 2008).

So wurde und wird PR im Fach vor allem in ihrer Rolle als (gefährliche) Quelle des Journalismus gesehen und thematisiert. Öffentlichkeitsarbeit wird auf Medienarbeit als einen – wenn auch gewichtigen – Teilbereich ihres Leistungsspektrums reduziert und ausschließlich in ihrer Rolle als Input-Funktion des Journalismus analysiert. Gleichzeitig werden damit die Kommunikationsleistungen von Unternehmen, Behörden und Verbänden systematisch ausgeblendet, die ohne journalistische Vermittlungsleistung die jeweiligen Bezugsgruppen oder Teilöffentlichkeiten erreichen. In dieser Sichtweise erscheint Public Relations entsprechend als „subsidiärer Journalismus" (Kunczik 1988: 240ff.). Dieses Verständnis hat jedoch mit der Realität eines professionellen Kommunikationsmanagements und seinem vielfältigen und komplexen Leistungsspektrum wenig – um nicht zu sagen nichts – zu tun. PR ist kein subsidiärer Journalismus und PR-Forschung kann nicht allein auf Kommunikatorforschung reduziert werden.

Mit der Reduktion der PR als Quelle des Journalismus ist zugleich die Bewertung von PR als Gefährdung des Journalismus verbunden. Insbesondere die bereits erwähn-

---

4   Das Defizit aufgreifend tagte die Fachgruppe PR / Organisationskommunikation der Deutschen Gesellschaft für Publizistik und Kommunikationswissenschaft im Oktober 2007 in Berlin unter dem Titel „Wer kommuniziert, wer rezipiert? Die Organisationskommunikation und ihre Rezipienten in Zeiten strukturellen und medialen Wandels". Einen rezipientenorientierten Ansatz der Krisen-PR hat Schwarz (2008) vorgeschlagen.

te „Determinierungshypothese"[5] und die unter diesem Stichwort erfolgte Forschung betont die Einschränkung der Leistungsfähigkeit des Journalismus bzw. der Medien durch Public Relations (siehe für einen Überblick zum Forschungstand Altmeppen/Röttger/Bentele 2004). Die Sichtweise von PR als Quelle und als Gefährdung des Journalismus stand und steht im Hintergrund der überwiegend normativ geprägten Auseinandersetzung um die Beziehungen von PR und Journalismus. Kennzeichnend für diese Debatte ist, dass sie fast ausschließlich einseitig aus der Perspektive des Journalismus geführt wurde – im Mittelpunkt stehen Effekte auf Seiten des Journalismus –, während Einflüsse des Journalismus auf die Öffentlichkeitsarbeit weitgehend ausgeblendet werden. Erst seit Mitte der 1990er Jahre ist eine Verschiebung der Diskussionslinie und Beobachtungsperspektiven hin zur Analyse wechselseitiger Beziehungen (so das Intereffikationsmodell Bentele/Seeling /Liebert 1997; siehe auch Bentele 2008) beobachtbar.

Die zögerliche und erst spät einsetzende kommunikationswissenschaftliche Beschäftigung mit PR-Fragestellungen geht Hand in Hand mit einer Dominanz normativer, berufspraktischer Positionen und Perspektiven in der PR-Literatur, die bis weit in die 1970er Jahre hinein anhielt. Charakteristisch für diesen Literaturtypus (von *Rühl* in seinem Beitrag in diesem Band als Rechtfertigungsliteratur bezeichnet) hierfür sind stark wertgeladene Positionen und Definitionen („PR ist Dialog") und ihr Ratgebercharakter („das 1x1 des PR-Erfolgs") mit geringem wissenschaftlichem Erklärungspotenzial (siehe auch Fröhlich 2008).

In Deutschland wurden das PR-Verständnis und die Sichtweise auf Öffentlichkeitsarbeit über lange Zeit von einzelnen reflektierenden PR-Praktikern und weniger von Wissenschaftlern geprägt. Zu nennen sind hier beispielsweise Namen wie Albert Oeckl, Carl Hundhausen, Friedrich Korte, Hans Domizlaff, Hanns W. Brose, Gernot Brauer und Horst Avenarius.[6] Welchen Beitrag PR-Praktiker an der Theoriebildung hatten, zeichnet *Michael Kunczik* in diesem Sammelband nach. Deutlich wird dabei einerseits, dass schon früh zahlreiche Themen in der Praxis eine Rolle spielten, die auch heute von großer Aktualität sind (z.B. Fragen der Integrierten Kommunikation oder der Marken-PR), zugleich wird aber auch deutlich, dass diese Praktiker-Theorien häufig

---

[5] Die „Determinierungshypothese" ist untrennbar verbunden mit dem Namen Barbara Baerns (siehe für einen Überblick Raupp 2008). Ihre wegweisende Studie zur landespolitischen Berichterstattung in NRW und die nachfolgenden Publikationen insbesondere aus den 1980er Jahren (Baerns 1987; 1985) sind nach wie vor zentraler Referenzpunkt der Forschung zum Thema PR und Journalismus. Wie Baerns in ihrem Beitrag in diesem Band systematisch aufarbeitet, ist die Rezeption ihrer Arbeit jedoch von zahlreichen Über- und Fehlinterpretationen gekennzeichnet. Dies betrifft beispielsweise die nachträgliche Unterstellung einer falsifizierbaren Hypothese in Form der Determinationshypothese oder die Uminterpretation der festgestellten Kontrolle von Thema und Timing der Medienberichterstattung in die Aussage, dass Öffentlichkeitsarbeit den Journalismus determiniere.

[6] Es waren offensichtlich ausschließlich Männer, die die frühe Entwicklung des PR-Berufsfeldes und der PR-Forschung in Deutschland geprägt haben. Über die Rolle von Frauen – als Forscherinnen und/oder als Praktikerinnen – in den Anfängen der Öffentlichkeitsarbeit liegen keine Informationen vor.

nicht explizit ausformuliert waren, Wissen nicht systematisch bündelten und damit nicht auf Dauer stellten.

Praktiker-Ansätze bzw. normative Praktikertheorien haben nachhaltig Spuren in der wissenschaftlichen Reflexion hinterlassen und beeinflussen die PR-Theoriebildung bis heute (siehe auch Kunczik/Szyszka 2008). Insgesamt ist auf dem Deutungsmarkt ein Überschuss an Praktiker-Modellen oder ‚Theorien' zu konstatieren, die sich überwiegend aus einer Marktlogik ergeben und Teil der professionellen Inszenierung von PR-Akteuren sind. Die Gründe für diese unkritische Adaptionspraxis sind vielfältig. Sie wurde durch die lange andauernde (kommunikations-)wissenschaftliche Abstinenz gegenüber der Öffentlichkeitsarbeit befördert. Bedeutsam ist zudem die Tatsache, dass die wissenschaftliche und wissenschaftsnahe PR-Community relativ klein und überschaubar ist: Diese sozialen Bedingungen fördern nur bedingt einen öffentlichen, kritischen Diskurs und eine lebendige Auseinandersetzung um wissenschaftliche Positionen und Perspektiven auf den Gegenstand Public Relations.

Für die Kommunikationswissenschaft zeigt sich damit zusammenfassend, dass der Journalismus als relativ stabiles Feld, das gut vermessen und bekannt ist, sehr häufig als Ausgangspunkt für den Blick auf andere Felder gewählt wird – wie z.B. die PR oder aber auch die Werbung. Der Journalismus wird damit zum Referenzpunkt und Maßstab der Bewertung anderer Kommunikationsfelder, ohne dass die Angemessenheit des Maßstabs reflektiert und kritisch überprüft würde. Mit dem Journalismus als Ausgangspunkt der Beobachtung ist in der Regel eine normative Perspektive verbunden, die aus Sicht der PR-Forschung zu unzulässigen/inadäquaten Verkürzungen/ funktionalen Reduktionen führt, indem beispielsweise die eigenständigen Kommunikationsleistungen nicht-medialer Organisationen nicht ausreichend und nicht angemessen von der Forschung wahrgenommen werden.

Zwischenbilanz: Aufräumarbeiten und Entdeckungsbedarf

1992 bilanzierte Ulrich Saxer, der sich bereits früh aus publizistikwissenschaftlicher Perspektive dem Feld der Öffentlichkeitsarbeit systematisch und vorurteilsfrei genähert hat: „Die Verwissenschaftlichung des Gegenstands Public Relations hat insgesamt erst eine bescheidene Qualität erreicht" (Saxer 1992: 75). PR-Forschung und PR-Theoriebildung haben in den letzten 15 Jahren im deutschsprachigen Raum zwar quantitativ und qualitativ erheblich an Bedeutung gewonnen, die kurze Bilanz des aktuellen Forschungsstandes hat jedoch den nach wie vor vorhandenen Entdeckungs- und Handlungsbedarf deutlich gemacht. Zentral ist die Frage, ob es der kommunikationswissenschaftlichen PR-Forschung gelingt, den verengten – auf Journalismus und klassische öffentliche Kommunikation fokussierten – Blick der Kommunikationswissenschaft zu öffnen, hin zu einer umfassenden Betrachtung von PR in ihren gesellschaftlichen, aber auch ihren organisationalen Funktionen. Dazu bedarf es einer Integration bzw. der Anschlussfähigkeit an allgemeine Gesellschafts- und Öffentlichkeitstheorien ebenso wie an Überlegungen aus dem Bereich der Organisationsforschung bzw. der Organisationskommunikation (siehe Theis 1994; Theis-Berglmair 2003).

Die Konsequenzen von veränderten Formen öffentlicher Kommunikation durch die Ausdifferenzierung eines eigenlogisch funktionierenden Mediensystems auf die Kommunikation von Organisationen thematisieren sowohl Eisenegger/Imhof als auch Raupp in ihren Beiträgen. *Mark Eisenegger* und *Kurt Imhof* beschreiben in ihrem Beitrag die Veränderungen der Organisationskommunikation auf der Basis der fundamentalen Veränderung medienvermittelter Kommunikation und der moralischen Aufladung ökonomischen Handelns und konzipieren Reputation in diesem Zusammenhang als Kernbegriff der Public Relations. Und *Juliana Raupp* entwickelt in ihrem Beitrag am Beispiel der politischen PR und politischer Organisationen ein theoretisches Konzept von Public Relations, welches die PR-induzierte Orientierung organisationalen Handelns an der Medienlogik in den Blick nimmt.

Während die frühe deutschsprachige PR-Forschung insbesondere nach der „Sinnstiftung und Funktion von Public Relations im Reproduktionsprozess moderner Gesellschaften" (Zerfaß 2004: 47) gefragt hat, d.h. nach den Funktionen und Leistungen, die PR im Kontext demokratischer Gesellschaften erbringt, hat die jüngere PR-Forschung verstärkt den organisatorischen Entstehungskontext von Public Relations ins Visier genommen. Dies schließt die Analyse der organisationspolitischen Funktion der PR ebenso ein wie der organisationalen Bedingungen, unter denen PR-Mitteilungen produziert werden (siehe hierzu auch die Beiträge von *Szyszka* und *Kussin* in diesem Band).

Die Fokussierung der Meso-Perspektive im Rahmen der PR-Forschung beinhaltet den Versuch einer stärkeren Verknüpfung von Managementforschung und kommunikationswissenschaftlicher PR-Forschung und zielt entsprechend insbesondere auf Aspekte des Kommunikationsmanagements und der Steuerung und Planung von Kommunikation im organisationalen Kontext ab. Allgemeinere Aspekte der Organisationskommunikation, die alle Formen der Kommunikation, die von Organisationen beeinflusst wird, umfasst (Kommunikation in und von Organisationen, Theis-Berglmair 2003) wurden demgegenüber von der PR-Forschung bislang nur am Rande bearbeitet.

So sind beispielsweise organisationssoziologische Ansätze in der PR-Forschung nur wenig und eher nur oberflächlich berücksichtigt worden. Sie können der PR-Forschung aber einen theoretischen Rahmen für die Analyse komplexer Prozesse der Integration von Kommunikation auf Mikro- und Meso-Ebene bieten ebenso wie für die generelle Thematisierung von wechselseitigen Konstitutionsbeziehungen zwischen Struktur und Handlung im organisationalen Kontext. Insbesondere strukturationstheoretisch fundierte Analysen von Organisationen und des Managements von Organisationen (vgl. Zimmer/Ortmann 2001) sind bislang noch nicht hinreichend von der PR-Forschung berücksichtigt worden. Dies gilt beispielsweise auch für den Ansatz der strategischen Organisationsanalyse (vgl. u.a. Crozier/Friedberg 1993; Ortmann/Sydow/Windeler 2000). Es ließen sich viele konkrete Themenbereiche anführen – etwa Fragen von Machtstrukturen und -potenzialen der Unternehmenskommunikation, Fragen des Zusammenhangs von Unternehmenskultur und -kommunikation ebenso wie Analysen von organisationsinternen Netzwerken bzw. der internen Kommunikation unter Bedingungen der Globalisierung oder aber in Veränderungsprozessen –, die zeigen, welchen wertvollen und letztlich unverzichtbaren Beitrag Organisationstheorien und -forschung für das theoretische Verständnis von PR als Organisationsfunktion leisten können. Die Integration von Erkenntnissen der Organisationstheorie in die PR-Forschung ist zukünftig gerade auch mit Blick auf zahlreiche Schnittstellenthemen, die im Kontext der PR an Bedeutung gewinnen – Change Management, Wissensmanagement oder auch der Rolle von PR im Rahmen der Personal- und Organisationsentwicklung –, zentral.

Das Plädoyer für Theorien mittlerer Reichweite, vor allem mit Fokussierung auf die Meso-Ebene ist auch verbunden mit der Forderung nach einer stärkeren wechselseitigen Orientierung von PR-Theorie und PR-Praxis: Aktuelle Problemdimensionen der Praxis werden immer noch zu selten und in der Regel viel zu spät zum Gegenstand der PR-Forschung und Theoriebildung. Deutlich wird dies beispielsweise mit Blick auf vorliegende Ansätze zur Integrierten Unternehmenskommunikation, die fast ausnahmslos aus der Betriebswirtschaftslehre stammen. Kommunikationswissenschaftliche Beiträge liegen nach wie vor nur vereinzelt vor (Zerfaß 2004; Kirchner 2001), gleichwohl die Auseinandersetzung um die Notwendigkeit, die Bedingungen, Möglichkeiten und Grenzen einer Integration der Kommunikation von Unternehmen auch im deutschsprachigen Raum seit Anfang der 1990er Jahre intensiv geführt wird. Dabei hätte die kommunikationswissenschaftliche PR-Forschung prinzipiell gehaltvolle Beiträge zur Debatte zu bieten: zum Beispiel hinsichtlich der Wahrnehmung und Wirkung von Integrierter oder Nicht-Integrierter Kommunikation oder etwa zu den notwendigen kommunikativen Voraussetzungen (Verstehen und Verständigung) in Organisationen, die eine gelungene Integration erst möglich machen. Dem lang anhaltenden Disput um die Vormachtstellung in der Unternehmenskommunikation zwischen Marketing und Public Relations sowohl auf der Ebene von Wissenschaft wie auch der Praxis gehen *Manfred Bruhn* und *Grit Mareike Ahlers* in ihrem Beitrag auf den Grund. Sie plädieren für eine stärker prozessorientierte Betrachtung der Unternehmenskommunikation, die sich beispielsweise in der Einrichtung cross-funktionaler Teams ausdrückt.

Gerade das Beispiel der Integrierten Kommunikation macht aber noch eine weitere Dimension des Verhältnisses von Theorie und Praxis deutlich: Theoretisch hoch plausibel und durch zahlreiche ausdifferenzierte Integrationsmodelle fundiert (vgl. u.a. Duncan/Caywood 1996; Bruhn 2003), aber in der Praxis nur selten realisiert – die Diskrepanzen zwischen Theorie und Praxis könnten größer nicht sein.

Benötigt PR(-Praxis) Theorien?
„Meine Erfahrung ist, dass die Praktiker ganz einfach Rezepte wollen; Rezepte und sonst nichts." (Ronneberger 1995) Die Beziehungen von PR-Theorie bzw. Wissenschaft und Praxis sind nicht ohne Spannungen, wobei dies weniger ein typisches Problem der PR darstellt, sondern für zahlreiche andere, kommunikations- bzw. sozialwis-

senschaftlich fundierte Berufe gilt – u.a. für den Journalismus und seine Beziehungen zur Journalistik. Es verwundert also nicht, dass Theorie-Praxis-Beziehungen Gegenstand zahlreicher Beiträge in diesem Reader sind. *Manfred Rühl*, *Klaus Kocks* und *Susanne Femers* analysieren – mit teils sehr unterschiedlichen Ergebnissen – die verschiedenen Perspektiven von PR-Forschern und PR-Berufsinhabern auf das Phänomen Public Relations und die sich daraus ableitenden unterschiedlichen Anforderungen an PR-Theorien. Und *Michael Kunczik* beschreibt den Beitrag von PR-Praktikern zur Theoriebildung in historischer Perspektive.

Das Verhältnis von PR-Praxis und -Wissenschaft wird häufig als Frontstellung beschrieben bzw. von beteiligten Akteuren so erlebt: Die Grenzlinien sind dabei recht klar umrissen: „Das ist doch alles graue Theorie und ohne Nutzen für die Praxis" lautet zusammengefasst die Kritik an der Wissenschaft und den von ihr offerierten Theorien (vgl. hierzu beispielhaft die Debatte um den Theorieentwurf von Ronneberger und Rühl 1992: Barthenheier 1992; Kleindieck 1992; Rühl 1992). Und: PR-Forschung und Forscher beziehen sich auf eine Praxis, die sich nicht kennen. Sie sind daher zu einem fundierten Urteil über PR-Praxis nicht berechtigt und nicht in der Lage.[7] Auf der anderen Seite ist eine gewisse Hierarchisierungstendenz der Wissenschaft zu beobachten, die für sich teils in Anspruch nimmt, besser als die Praxis zu wissen, was gut und richtig ist. Dabei wird oft vergessen, dass jede Seite die andere und deren Wissensbestände benötigt: PR-Forschung ist auf die Praxis nicht nur angewiesen, weil sie den Zugang zu „ihrem" Forschungsfeld benötigt, sondern PR-Forscher benötigen Wissen aus der und über die Praxis (Feldkompetenz), um relevante und richtige Forschungsfragen formulieren und untersuchen zu können (vgl. Raupp 2002; Cornelissen 2000).

Dies ändert jedoch nichts daran, dass sich die Erkenntnisinteressen und die Fragen von PR-Forschung und PR-Praxis ebenso systematisch unterscheiden wie die strukturierenden Regeln beider Handlungsfelder. Während Beschreibung und Erklärung im Zentrum des wissenschaftlichen Erkenntnisinteresses stehen, orientiert sich berufspraktisches Wissen stärker an Kriterien der Angemessenheit und Entscheidung. Dies führt in der Konsequenz dazu, dass sich Wissenschaft und Praxis allzu oft verständnislos gegenüberstehen und ein einfacher Transfer wissenschaftlichen Wissens in die Berufspraxis in der Regel scheitert.

Insbesondere mit Blick auf eine Professionalisierung der PR und die damit geforderte Verwissenschaftlichung des PR-Professionswissens stellt sich vor diesem Hintergrund die Frage nach einer möglichen Vermittlung zwischen beiden Wissenstypen und Handlungsfeldern. Dazu gilt es zunächst, die Vorstellung einer Dichotomie von wissenschaftlichem Erklärungswissen einerseits und berufspraktischem Handlungswissen andererseits aufzugeben. Die Differenzen zwischen Wissenschaft und Praxis, zwischen wissenschaftlichem und berufspraktischem Wissen sind in diesem Verständnis

---

[7] *Rolke* fordert daher in seinem Beitrag in diesem Band, dass PR-Forschung in Zukunft häufiger einen Platz auf dem „Beifahrersitz der Praxis" einnehmen müsse. Dazu gehöre auch, „dass die Wissenschaftler ihre Schreibtische und Lehrstühle regelmäßiger verlassen sollten, um als Teilnehmer des Geschehens Erfahrungen aus erster Hand zu sammeln".

nicht ein Problem, sondern unabdingbare Voraussetzung für die Existenz beider Wissensformen.

> „In der konstruktivistischen Perspektive kann Wissenschaft weder neues, gegenstandsbezogenes Wissen in die Praxis einführen, noch bedient sich die Praxis selektiv aus der Wissenschaft. Allenfalls kommt es zu wechselseitiger Resonanz (vgl. Luhmann 1987). Wissenschaftliches Wissen und Handlungswissen stehen im Verhältnis der Komplementarität." (Dewe/Ferchhoff /Radtke 1992: 80f.)

Professionelles Wissen ist nicht lediglich um wissenschaftliches Wissen angereichertes und optimiertes berufspraktisches Wissen, sondern es ist als spezifischer Wissenstyp mit eigenständiger Strukturlogik anzusehen, der sowohl Bezüge zur Wissenschaft als auch zur Praxis aufweist, Begründungs- und Handlungswissen integriert. Ein derartiges Verständnis von professionellem Wissen und den Beziehungen zwischen wissenschaftlichem und berufspraktischem Wissen impliziert Konsequenzen für die PR-Theoriebildung und für die Theorie-Praxis-Beziehungen:

- Die Berücksichtigung und die Akzeptanz der unterschiedlichen Regeln und Logiken von Wissenschaft und Praxis sind Voraussetzung für eine wechselseitige produktive Anregung beider Wissensbereiche.
- Es existiert keine direkte, lineare Beziehung zwischen dem Stand der PR-Theoriebildung und der Professionalität der PR-Praxis.
- Wissenschaftliche PR-Theorien können keine unmittelbaren Lösungen für Praxisprobleme liefern.
- Nicht jedes Phänomen der PR-Praxis ist theoriefähig und PR-Theoriebildung muss sich nicht mit jedem Phänomen der Praxis beschäftigen.

Der mögliche Beitrag von (PR-)Theorien für die Praxis der Public Relations kann über den eher abstrakten Hinweis auf den hohen Stellenwert wissenschaftlichen Wissens im Professionalisierungskontext hinaus beispielhaft anhand der Problematik des PR-Beratungswissen deutlich gemacht werden. Das PR-Berufsfeld und das Kommunikationsmanagement sind stark beratungsorientiert: Beratungswissen und -kompetenzen kennzeichnen das Funktions- und Leistungsprofil der Öffentlichkeitsarbeit und betonen ihre strategische Dimension. Beratung zählt unter anderem neben Analyse, Strategie, Konzeption, Evaluation als den Kernbereichen strategischer PR zu den zentralen Aufgaben von Public Relations. Der Blick auf die Praxis der PR- bzw. Kommunikationsberatung zeigt, dass ein Großteil der (externen) Berater ohne theoriegeleitete Arbeitsgrundlagen operiert. Erfahrungswissen, Alltagstheorien und best practice-Wissen bilden in der Regel die Grundlage des Beratungshandelns. Helmut Willke (1999: 123) bezeichnet dies als „... paradoxe Konstitution von Beratungswissen, weil Berater sich von der Praxis beraten lassen, welche sie belehren sollten." Die ist durchaus heikel, denn „[d]en Beratern bleibt nur die Hoffnung, dass die Klienten nicht wissen, was sie wissen oder mit dem Wissen nicht optimal umgehen, das sie selbst generieren – und mit diesen Lücken Raum für Beratung geben." (Willke 1999: 124) Der Verzicht auf theoriegeleitete Annahmen ist zugleich ein Verzicht auf die Generierung klientenunabhängigen Wissens, das als zentrale Voraussetzung für die beraterische Eigenständigkeit und für das Erfolgspotenzial beraterischer Intervention anzusehen ist. Zudem ermöglichen wissenschaftliches Erklärungswissen und eine theoriegeleitete Grundhaltung des Beraters eine begründete Fokussierung der Problemanalyse und der Interventionen sowie eine Unterscheidung von wesentlichen und unwesentlichen Informationen im Beratungskontext. Die kontinuierliche Wissensgenerierung ist eine der zentralen strategischen Herausforderungen der PR-Beratung bzw. des Kommunikationsmanagements, die auf den Beitrag der PR-Forschung und Theoriebildung nicht verzichten kann. Denn Beraterwissen, das sich allein aus Erfahrungswissen speist und damit auf einfachen Prüfoperationen basiert, wird der steigenden Beratungskomplexität immer weniger gerecht.

Perspektiven der PR-Theoriebildung
Gerade der letztgenannte Bereich der (externen) Kommunikationsberatung verweist exemplarisch auf eine zentrale Anforderung an zukünftige PR-Theoriebildung: Wir benötigen differenziertere theoretische Analysen, die die Spezifika unterschiedlicher Kontextbedingungen der PR und einzelner Bereiche des Kommunikationsmanagements erfassen. So ist beispielsweise die externe PR-Beratung bislang von der Theoriebildung nicht erfasst worden und auch empirisch kaum bearbeitet. Es existiert weder eine „Theorie der Kommunikationsberatung", noch liegen kommunikationswissenschaftliche Konzepte vor, die Einzelaspekte der Kommunikationsberatung theoretisch fassen. Organisationsbezogene PR-Theorien nehmen in der Regel, allerdings ohne dies zu explizieren, interne PR-Funktionsträger als Ausgangspunkt ihrer Beschreibung. Die Implikationen der unterschiedlichen PR-Auftraggeber-Beziehungen – Inter-Organisationsbeziehungen im Fall externer PR-Funktionsträger und Intra-Organisationsbeziehungen im Fall interner PR-Funktionsträger – sind bislang in der PR-Theoriebildung entsprechend nicht berücksichtigt worden. Die unterschiedlichen Grundkonstellationen haben aber erwartbar Konsequenzen z.B. hinsichtlich der Voraussetzungen und Bedingungen von beraterischer Intervention.

Differenzierte theoretische Perspektiven sind ebenfalls mit Blick auf die organisationalen und handlungsfeldspezifischen Rahmenbedingungen der PR nötig. Viele theoretische Ansätze betrachten PR im Kontext von Organisationen und meinen dabei doch allzu oft ausschließlich ökonomische Organisationen. PR-Theorien sind mehrheitlich Theorien der Wirtschafts-PR. Welche Effekte teilsystemspezifische Strukturen, Normen und Regeln für die (internen und externen) Kommunikationsbeziehungen von Organisationen und damit für Public Relations haben, ist theoretisch nicht befriedigend aufgearbeitet. Wie und in welchem Ausmaß unterscheiden sich beispielsweise die Regeln, Ressourcen und Steuerungsstrategien der PR in den Bereichen Politik, Kultur, Wissenschaft? Derartige Fragen sind nur vor dem Hintergrund eines elaborierten Organisationsbegriffs und eines gehaltvollen Verständnisses von Organisation-Umwelt-Beziehungen zu beantworten. *Matthias Kussin* beschreibt in seinem Beitrag PR als Reflexionszentren multireferentieller Organisationen, deren besondere Leistung darin besteht, Divergenzen zwischen Selbst- und Fremdbeschreibungen für die Organisation beobachtbar machen und damit Orientierungspunkte für die Modifikation von Entscheidungen und Selbstbeschreibungen zur Verfügung stellen (siehe ähnlich auch *Jarren/Röttger* in diesem Band). Ausgehend von der Feststellung, dass Organisationen und ihre Umwelten als komplexe soziale Systeme zu begreifen sind, die nicht im engeren Sinn „kontrollierbar" und durch Kommunikation „steuerbar" sind, beschreiben *Howard Nothhaft* und *Stefan Wehmeier* unter Rückgriff auf soziokybernetische Überlegungen den Modus Operandi des Kommunikationsmanagements als Kontextkontrolle.

Gefordert ist – wie dies zahlreiche in diesem Sammelband vertretene Ansätze bereits umsetzen – eine stärkere Perspektivierung der organisationsbezogenen PR-Forschung und Theoriebildung auf die rekursive Verbindung von Organisation und Umwelt (Meso-Makro), die sich nicht auf einen Organisationstyp bzw. ein gesellschaftliches Teilsystem beschränkt. Eine derartige auf Meso-Makro-Verbindungen ausgerichtete Forschung bietet zudem Ansätze für organisationsbezogene PR-Theorien, die die gesellschaftlichen Wirkungsmöglichkeiten der PR nicht aus den Augen verliert.

Denn das erkennbare PR-Forschungsprimat auf die Meso-Perspektive, d.h. die Funktionen und Leistungen der PR für unterschiedliche Organisationen birgt jedoch zugleich auch die Gefahr, die gesellschaftlichen Rahmenbedingungen und die gesellschaftlichen Funktionen der PR aus den Blick zu verlieren. Denn Public Relations, auch im Sinne einer Organisationsinteressen verfolgenden Auftragskommunikation, ist gesellschaftlich nicht neutral und ihre gesellschaftliche Bedeutung z.B. mit Blick auf Integrations- und Transparenzleistungen sowie Aspekte des Interessenausgleichs kommt zumindest als sekundäre Folgewirkung zum Tragen (vgl. Wiek 1996: 35). Wünschenswert bzw. notwendig ist folglich einer PR-Theorie, die den Meso-Makro-Link herstellt, die die Organisations- und Interessengebundenheit der PR einerseits und ihre gesellschaftliche Dimension andererseits analytisch gehaltvoll zu erfassen versucht.

Literatur

Altmeppen, Klaus-Dieter / Ulrike Röttger / Günter Bentele (2004): Schwierige Verhältnisse. Interdependenzen zwischen Journalismus und PR. Wiesbaden

Baerns, Barbara (1985): Öffentlichkeitsarbeit oder Journalismus? Zum Einfluß im Mediensystem. Köln

Baerns, Barbara (1987): Macht der Öffentlichkeitsarbeit und Macht der Medien. In: Ulrich Sarcinelli (Hg.): Politikvermittlung. Beiträge zur politischen Kommunikationskultur. Stuttgart: 147-160

Barthenheier, Günther (1992): Nützlich für die Praxis der Public Relations? In: prmagazin, 23. Jg. / Heft 6: 50-51

Bentele, Günter (1997a): Defizitäre Wahrnehmung: Die Herausforderung der PR an die Kommunikationswissenschaft. In: Günter Bentele / Michael Haller (Hg.): Aktuelle Entstehung von Öffentlichkeit. Konstanz: 67-84

Bentele, Günter (1997b): PR-Wissenschaft in Deutschland: Eine Annäherung. In: PR-Forum, 3. Jg. / Heft 3: 8-15

Bentele, Günter (2003): Kommunikatorforschung: Public Relations. In: Günter Bentele / Hans-Bernd Brosius / Otfried Jarren (Hg.): Öffentliche Kommunikation. Handbuch Kommunikations- und Medienwissenschaft. Wiesbaden: 54-78

Bentele, Günter (2008). Intereffikationsmodell. In: Günter Bentele / Romy Fröhlich / Peter Szyszka (Hg.): Handbuch der Public Relations. 2. kor. u. erw. Aufl. Wiesbaden: 209-222

Bentele, Günter / Romy Fröhlich / Peter Szyszka (Hg.) (2008). Handbuch der Public Relations. 2. kor. u. erw. Aufl. Wiesbaden.

Bentele, Günter / Stefan Seeling / Tobias Liebert (1997): Von der Determination zur Intereffikation. Ein integriertes Modell zum Verhältnis von Public Relations und Journalismus. In: Günter Bentele / Michael Haller (Hg.): Aktuelle Entstehung von Öffentlichkeit. Akteure, Strukturen, Veränderungen. Konstanz: 225-250

Besson, Nanette Aimée (2003): Strategische PR-Evaluation. Erfassung, Bewertung und Kontrolle von Öffentlichkeitsarbeit. Wiesbaden

Binder, Elisabeth (1983). Die Entstehung unternehmerischer Public Relations in der Bundesrepublik Deutschland. Münster

Bruhn, Manfred (2003): Integrierte Unternehmens- und Markenkommunikation. Strategische Planung und operative Umsetzung. 3. Aufl. Stuttgart

Cornelissen, Joep (2000): Towards an Understanding of the Use of Academic Theories in Public Relations-Practice. In: Public Relations Review, 26. Jg. / Heft 3: 315-326

Crozier, Michel / Erhard Friedberg (1993): Die Zwänge kollektiven Handelns. Über Macht und Organisation. Frankfurt a.M.

Dernbach, Beatrice (1998): Darf's noch ein bißchen Theorie sein? In: PR-Forum, 4. Jg. / Heft 4: 198-200

Dewe, Bernd / Wilfried Ferchhoff / Frank-Olaf Radtke (1992): Das "Professionswissen" von Pädagogen. Ein wissenschaftstheoretischer Rekonstruktionsversuch. In: Bernd Dewe / Wilfried Ferchhoff / Frank-Olaf Radtke (Hg.): Erziehen als Profession: zur Logik professionellen Handelns in pädagogischen Feldern. Opladen: 70-91

Duncan, Tom / Clarke Caywood (1996): The Concept, Process, and Evolution of Integrated Marketing Communication. In: Esther Thorson / Jeri Moore (Hg.): Integrated Communication. Synergy of Persuasive Voices. Mahwah (NJ): 13-34

Fröhlich, Romy (2008): Die Problematik der PR-Definition(en). In: Günter Bentele / Romy Fröhlich / Peter Szyszka (Hg.): Handbuch der Public Relations. 2. kor. u. erw. Aufl. Wiesbaden: 95-109.

Grunig, James E. (Hg.) (1992): Excellence in Public Relations and Communication Management. Hillsdale

Grunig, Larissa A. / James E. Grunig / David M. Dozier (2002): Excellent Public Relations and Effective Organizations. A study of Communication Management in Three Countries. Mawah, New Jersey

Herger, Nikodemus (2004): Organisationskommunikation. Beobachtung und Steuerung eines organisationalen Risikos. Wiesbaden

Hering, Ralf / Bernd Schuppener / Mark Sommerhalder (2004): Die Communication Scorecard. Eine neue Methode des Kommunikationsmanagements. Bern, Stuttgart, Wien

Ihlen, Øyvind/Betteke van Ruler (2007). How public relations works: Theoretical roots and public relations perspectives. In: Public Relations Review 33 (2007): 243-248

Jarren, Otfried / Ulrike Röttger (2008). Public Relations aus kommunikationswissenschaftlicher Sicht. In: Günter Bentele / Romy Fröhlich / Peter Szyszka (Hg.): Handbuch Public Relations. 2. kor. u. erw. Aufl. Wiesbaden

Kaplan, Robert S. / David P. Norton (1997): Balanced Scorecard. Stuttgart

Kirchner, Karin (2001): Integrierte Unternehmenskommunikation. Theoretische und empirische Bestandsaufnahme und eine Analyse amerikanischer Großunternehmen. Wiesbaden

Kleindieck, Horst W. (1992): Flug über den Wolken. In: prmagazin, 23. Jg. / Heft 10: 35-36

Kotler, Philip / Friedhelm Bliemel (1999): Marketing-Management. Analyse, Planung, Umsetzung und Steuerung. 9. überarb. Auflage. Stuttgart

Kunczik, Michael (1988): Journalismus als Beruf. Köln

Kunczik, Michael / Peter Szyszka (2008). Praktikertheorien. In: Günter Bentele / Romy Fröhlich / Peter Szyszka (Hg.): Handbuch der Public Relations. 2. kor. u. erw. Aufl. Wiesbaden: 110-124

Lange, Mirko (2005): Das Communications Value System der GPRA. In: Jörg Pfannenberg / Ansgar Zerfaß (Hrsg.): Wertschöpfung durch Kommunikation. Wie Unternehmen den Erfolg ihrer Kommunikation steuern und bilanzieren. Frankfurt a.M.: 199-211.

Meffert, Heribert / Christoph Burmann / Manfred Kirchgeorg (2008): Marketing. Grundlagen marktorientierter Unternehmensführung. Konzepte – Instrumente – Praxisbeispiele. 10. vollst. überarb. u. erw. Aufl. Wiesbaden.

Oeckl, Albert (1976): PR-Praxis. Der Schlüssel zur Öffentlichkeitsarbeit. Düsseldorf

Oeckl, Albert (1987): Anfänge der Öffentlichkeitsarbeit. In: prmagazin, 18. Jg. / Heft 2: 23-30

Ortmann, Günther / Jörg Sydow / Arnold Windeler (2000): Organisation als reflexive Strukturation. In: Günther Ortmann / Jörg Sydow / Klaus Türk (Hg.): Theorien der Organisation. Die Rückkehr der Gesellschaft. 2. Aufl. Wiesbaden: 315-354

Pfannenberg, Jörg (2005a): Kommunikations-Controlling im Value Based Management: Die monetäre Wertschöpfung von Kommunikation steuern und messen. In: Jörg Pfannenberg / Ansgar Zerfaß (Hrsg.): Wertschöpfung durch Kommunikation. Wie Unternehmen den Erfolg ihrer Kommunikation steuern und bilanzieren. Frankfurt a.M.: S. 132-141

Piwinger, Manfred / Ansgar Zerfaß (2007). Handbuch Unternehmenskommunikation. Wiesbaden

Porter, Michael (1986): Wettbewerbsvorteile (Competitive Advantage). Spitzenleistungen erreichen und behaupten. Frankfurt a.M. (amerikanische Erstveröffentlichung 1985)

Raupp, Juliana (2008). Determinationshypothese. In: Günter Bentele / Romy Fröhlich / Peter Szyszka (Hg.): Handbuch der Public Relations. 2. kor. u. erw. Aufl. Wiesbaden: 192-208

Raupp, Juliana (2006): Kumulation oder Diversifizierung? Ein Beitrag zur Wissenssystematik der PR-Forschung. In: Karin Pühringer / Sarah Zielmann (Hg.): Vom Wissen und Nicht-Wissen einer Wissenschaft. Kommunikationswissenschaftliche Domänen, Darstellungen und Defizite. Münster: S. 21 - 50

Raupp, Juliana (2002): Concepts of Communication Studies in Public Relations Theory and Practice - Problems of the Transfer of Knowledge. In: Joseph Niznik / Sue Wolstenholme (Hg.): Public Relations Education in Europe. Looking for Inspirations. Warsaw, Brussels

Rolke, Lothar (2005): Kennziffernsystem für die wertorientierte Unternehmenskommunikation: Das CommunicationControlCockpit (CCC). In: Jörg Pfannenberg / Ansgar Zerfaß (Hrsg.): Wertschöpfung durch Kommunikation. Wie Unternehmen den Erfolg ihrer Kommunikation steuern und bilanzieren. Frankfurt a.M.: 123-131

Ronneberger, Franz (1991): Legitimation durch Information. Ein kommunikationswissenschaftlicher Ansatz zur Theorie der PR (Erstveröffentlichung 1975). In: Johanna Dorer / Klaus Lojka (Hg.): Öffentlichkeitsarbeit – theoretische Ansätze, empirische Befunde und Berufspraxis der Public Relations. Wien: 8-19

Ronneberger, Franz (1995): Was ist der Stand der Dinge? Interview mit Franz Ronneberger. In: PR-Forum, Heft 1/95: 8-11

Ronneberger, Franz / Manfred Rühl (1992): Theorie der Public Relations. Ein Entwurf. Opladen

Röttger, Ulrike (2000): Public Relations - Organisation und Profession. Öffentlichkeitsarbeit als Organisationsfunktion. Eine Berufsfeldstudie. Wiesbaden

Rühl, Manfred (1992): Elfenbeintürmer - unbekannt verzogen! In: prmagazin, 23. Jg. / Heft 5: 34-43

Saxer, Ulrich (1992): Public Relations als Innovation. In: Horst Avenarius / Wolfgang Armbrecht (Hg.): Ist Public Relations eine Wissenschaft? Eine Einführung. Opladen: 48-76

Schantel, Alexandra (2000): Determination oder Intereffikation? In: Publizistik, 45. Jg. / Heft 1: 70-88

Schwarz, Andreas (2008). Wer hat die Krise zu verantworten? Ein rezeptionsorientierter Ansatz der Krisen-Public Relations. In: Medien- und Kommunikationswissenschaft 56(1): 60-81

Shannon, Claude E. / Warren Weaver (1976): Mathematische Grundlagen der Informationstheorie. 2. Aufl. München / Wien

Theis, Anna M. (1994). Organisationskommunikation. Theoretische Grundlagen und empirische Forschungen. Opladen

Theis-Berglmair, Anna M. (2003): Organisationskommunikation. In: Günter Bentele / Hans-Bernd Brosius / Otfried Jarren (Hg.): Öffentliche Kommunikation. Handbuch Kommunikations- und Medienwissenschaft. Wiesbaden: 567-575

Wiek, Ulrich (1996): Politische Kommunikation und Public Relations in der Rundfunkpolitik. Eine politikfeldbezogene Analyse. Berlin

Willke, Helmut (1999): Systemtheorie II: Interventionstheorie. Grundzüge einer Theorie der Intervention in komplexe Sozialsysteme. 3. bearb. Aufl. Stuttgart / Jena

Zerfaß, Ansgar (2006): Kommunikations-Controlling. Methoden zur Steuerung und Kontrolle der Unternehmenskommunikation. In: Beat F. Schmid / Boris Lyczek (Hrsg.): Unternehmenskommunikation. Wiesbaden: 431-465

Zerfaß, Ansgar (2004): Unternehmensführung und Öffentlichkeitsarbeit. Grundlegung einer Theorie der Unternehmenskommunikation und Public Relations. 2. erw. und überarb. Aufl. Wiesbaden

Zimmer, Marco / Günther Ortmann (2001): Strategisches Management, strukturationstheoretisch betrachtet. In: Jörg Sydow / Günther Ortmann (Hg.): Strategie und Strukturation. Strategisches Management von Unternehmen, Netzwerken und Konzernen. Wiesbaden: 27-55

Zühlsdorf, Anke (2002): Gesellschaftsorientierte Public Relations: eine strukturationstheoretische Analyse der Interaktion von Unternehmen und kritischer Öffentlichkeit. Wiesbaden

Grundlagen und Systematisierungen

Steuerung, Reflexierung und Interpenetration: Kernelemente einer strukturationstheoretisch begründeten PR-Theorie

Otfried Jarren / Ulrike Röttger

Im nachfolgenden Beitrag wird Public Relations aus einer strukturationstheoretischen Perspektive entwickelt und es werden Kernelemente einer PR-Theorie eingeführt und begründet. Öffentlichkeitsarbeit wird dabei als Organisationsfunktion beschrieben, die je nach gesellschaftlichem Teilsystem und Organisationstyp variiert, sodass von keinem ‚System PR' ausgegangen werden kann. PR als Organisationsfunktion ermöglicht durch die Etablierung von Handlungssystemen zwischen Organisationen und ihren Umwelten Formen der Interpenetration und Steuerung vor allem, aber nicht nur, durch Kommunikation. Im Rahmen dieser von der PR konstituierten Handlungssysteme finden wechselseitige Austausch- und Beeinflussungsversuche statt, wobei PR bestrebt ist, durch Regel- und Normensetzung die Bedingungen zur Durchsetzung von Partialzielen ihrer jeweiligen Organisation zu verbessern. Zugleich leistet PR damit einen Beitrag zur Reflexierung der eigenen Organisation.

1 Bestandsaufnahme: PR-Theorie als Systemtheorie?

Die PR-Theoriebildung ist bis heute von der Frontstellung der beiden großen Paradigmen der sozialwissenschaftlichen Theoriebildung geprägt und in ihr gefangen: System *oder* Akteur lautet die Grundsatzfrage des theoretischen Zugangs zum Gegenstand Public Relations. Für einige Autoren scheint sich selbst diese Frage nicht mehr zu stellen: „Kann man PR-Theorien anders als systemisch modellieren?", lautete der – sicherlich provokativ gewählte – Titel des Vortrags, den Klaus Merten im Rahmen der Ringvorlesung (vgl. seinen Beitrag in diesem Band) in Zürich hielt. Konzepte zur Integration von Handlungs- und Systemtheorie bzw. zur Lösung des „Mikro-Makro-Problems" liegen, von wenigen ersten Ansätzen einmal abgesehen (siehe Zerfaß 1996; Röttger 2000; Zühlsdorf 2002; Falkheimer 2007), für das Themenfeld Public Relations nicht vor. Andererseits fehlt es für die Behauptung, PR sei als Teilsystem der Gesellschaft zu fassen, an überzeugend argumentierenden theoretischen Arbeiten – trotz des ständigen Gebrauchs der Systemmetapher im Zusammenhang mit PR. Eine naiv zu nennende Rezeption systemtheoretischen Denkens (vor allem orientiert an Niklas Luhmann) dominiert in Teilen der Publizistik- und Kommunikationswissenschaft. Entsprechend ist die Berücksichtigung von anderen sozialwissenschaftlichen Ansätzen, die eine Integration der Dualismen von System und Handlung verfolgen (siehe u.a. Giddens 1997; Schimank 2000; 1996; Münch 1987), bislang (auch) in der PR-Forschung sehr schwach ausgeprägt.

Die Systemtheorie prägte und prägt, parallel zu ihrer Expansion in der deutschsprachigen Sozial- und Kommunikationswissenschaft in den 1980er und 1990er Jahren, die theoretische Analyse der Public Relations nachhaltig. Inzwischen liegen zahlreiche systemtheoretisch argumentierende PR-Forschungsarbeiten zu unterschiedlichen thematischen Aspekten vor (vgl. u.a. Dernbach 1998; Hoffjann 2001; Kückelhaus 1998; Derieth 1995; Seeling 1996; Arlt 1998; Saxer 1991; Kussin 2006). Nicht zu vergessen den prominentesten, und immer noch am stärksten theoretisch ausgearbeiteten, systemtheoretischen Ansatz im deutschsprachigen Raum von Ronneberger und Rühl (1992): bis heute ein bedeutsamer Meilenstein in der deutschsprachigen PR-Theoriebildung. Kaum eine der neueren systemtheoretischen Erörterungen von Public Relations im Fach verzichtet auf eine Bezugnahme auf Ronneberger und Rühl.

Im Mittelpunkt der systemtheoretischen Auseinandersetzung mit Public Relations – wie auch beim Journalismus – steht die Frage nach der Systemhaftigkeit von Öffentlichkeitsarbeit. Im Wesentlichen lassen sich drei unterschiedliche systemtheoretische Positionen zum Status Quo von PR erkennen: PR als gesellschaftliches Funktionssystem bzw. als Teil des gesellschaftlichen Funktionssystems Publizistik (siehe z.B. Ronneberger/Rühl 1992), als System-Umwelt-Interaktion (Faulstich 2000; Knorr 1984) oder als Organisationsfunktion und Teil von Organisationssystemen (u.a. Hoffjann 2001).

Während Ronneberger und Rühl von einem eigenständigen PR-System ausgehen, setzt sich in der jüngsten wissenschaftlichen Debatte zunehmend die Position durch, PR aufgrund ihrer Abhängigkeit von anderen Systemen als Subsystem in unterschiedlichen Funktions- und Organisationssystemen zu beschreiben. Public Relations hat bislang keine eigene, unverwechselbare und unabhängige Spezialsemantik und darin eingebettete Regeln ausgebildet, die interne selbstreferenzielle und rekursive Operationsweisen der PR-Reproduktion definieren. PR ist in erster Linie geprägt von den jeweiligen Spezialsemantiken ihrer „Muttersysteme", d.h. gesellschaftlichen Teilsystemen wie Politik oder Wirtschaft, und operiert als organisationales Subsystem primär gemäß der Leitdifferenz des Organisationssystems.

Public Relations bestimmt ihre Ziele und Zwecke nicht autonom, sondern sie ist beeinflusst von den teilsystemischen Normen und Regeln, und diese stehen vor allem in

Abhängigkeit von Organisations(leitungs)vorgaben, d.h. den Handlungs- und Entscheidungsprogrammen der Organisation. PR ist also normativ an Organisationsvorgaben gebunden, erhält dementsprechend personelle und materielle Ressourcen zugeteilt und wird entsprechend den Organisationszielen institutionalisiert und geführt. Dies betrifft zum Beispiel die Organisation der PR als Stabs- oder Linienfunktion oder Fragen des Verhältnisses der PR zum Marketing-Bereich. Ein gewisses Maß an Autonomie ist empirisch lediglich im operativen Bereich, also in der konkreten Wahl der Mittel und Maßnahmen auszumachen (vgl. Löffelholz 1997: 188). Zusammenfassend bleibt festzuhalten: Die Annahme eines eigenständigen PR-Systems kann bislang nicht plausibel theoretisch begründet werden. Alle vorliegenden empirischen Befunde weisen keine Evidenz für einen möglichen eigenständigen Systemcharakter von PR auf (vgl. u.a. Röttger 2000; Röttger/Hoffmann/Jarren 2003). Ausgangspunkt der folgenden Überlegungen ist daher die Annahme von PR als Organisationsfunktion, deren Ausgestaltung sich je nach organisationalen Relevanzkriterien bzw. primärer Leitdifferenz unterscheidet. Aus organisationaler Perspektive ermöglicht PR intersystemische Beziehungen wie auch interorganisatorische und dient der Legitimation von Organisationsinteressen gegenüber relevanten Personen, Organisationen und Akteuren in der Organisationsumwelt.

Die hier vorgeschlagene Lösung der ‚Systemfrage' klärt allerdings nur eines der Grundprobleme systemtheoretischer Konzeptionen der Öffentlichkeitsarbeit. Davon unberührt bleibt die grundlegende Kritik an systemtheoretischen Theorieangeboten, die sich aufgrund der Aufhebung des handelnden Subjekts einer empirischen Überprüfbarkeit weitgehend entziehen. Systemtheoretische Annahmen sind weder falsifizierbar noch verifizierbar und daher mit Blick auf die Anforderungen einer (empirischen) PR-Forschung nicht hinreichend. Unser Ansatzpunkt ist es daher, Öffentlichkeitsarbeit theoretisch unter Hinzuziehung von Ansätzen zu fassen, die eine Brücke zwischen den scheinbar unversöhnlichen Polen der Theoriebildung schlagen und eine Verknüpfung von System- und Handlungstheorie ermöglichen. Das entsprechende Stichwort lautet hier Strukturationstheorie (Giddens 1997).[1] Damit verbunden ist zugleich ein Plädoyer für Theorien mittlerer Reichweite, vor allem mit einer Fokussierung auf die Meso-Ebene: Organisations-, Akteurstheorien und die Steuerungstheorie als Rahmentheorien für die PR-Theoriebildung.

Im Folgenden wird Public Relations als Organisationsfunktion, d.h. als Element von Organisationen beschrieben, und es werden die zentralen Funktionen benannt, die PR für Organisationen erfüllt. Diese eher allgemeinen Überlegungen zur PR werden im weiteren Verlauf dieses Beitrags anhand der drei zentralen Aspekte Interpenetration, Steuerung und Reflexierung vertieft und konkretisiert.

---

[1] Für publizistik- und kommunikationswissenschaftliche Analysen bieten sich auch der von Uwe Schimank (vgl. zusammenfassend: Schimank 2000) entwickelte und begründete Ansatz einer Verknüpfung von System und Akteur an.

2 PR im Organisationskontext

Um die Funktionen der Öffentlichkeitsarbeit als Bestandteil von Organisationen umfassend beschreiben zu können, ist es sinnvoll, sich die Charakteristika des sozialen Gebildes Organisation vor Augen zu führen. Organisationen werden in klassischen soziologischen Beschreibungen durch eine dominante Ziel- und Zweckorientierung gekennzeichnet: Organisationen werden bewusst und planvoll auf einen bestimmten Zweck hin gebildet und bestehen, um Ziele zu erreichen, die einzelne Handelnde nicht oder nur schwer verwirklichen könnten.[2] Organisationen zeichnen sich durch ein bedeutsames Maß an reflexiver Steuerung der sozialen Reproduktion aus, z.B. in Form rekursiv organisierter Regeln und Ressourcen und spezifischer, meist impliziter Orientierungsmuster (u.a. Normen, Rollengefüge, Wertvorstellungen, internen Kommunikationsstrukturen) (Giddens 1997: 278; vgl. auch Schneidewind 1998: 42f.). Diese spezifischen Strukturmomente und Orientierungsmuster existieren übergreifend, d.h. sie sind mehr als die reine Aggregation individuellen Handelns und verleihen der Organisation eine eigene „Identität" (vgl. Zerfaß 1996: 94f.). Aufgrund ihrer spezifischen Ziele, ihrer eigenen Organisationsstrukturen und -kultur sowie organisationstypischen Interaktions- und Kommunikationsformen verfügen Organisationen über Eigenkomplexität und grenzen sich dadurch gegenüber anderen Handlungszusammenhängen ab.

Je nach theoretischem Hintergrund sind in der einschlägigen Forschung die Perspektiven auf Organisationen sehr unterschiedlich ausgeprägt: Teils steht die Frage der Sicherstellung der Zielerreichung durch formale Strukturen im Vordergrund oder es wird zudem auch die Relevanz informeller Strukturen betont, die Beziehungen und Austauschprozesse innerhalb von Organisationen, zwischen Organisationen oder zwischen Organisation und Gesellschaft. Bei aller Unterschiedlichkeit der existierenden theoretischen Zugriffe können jedoch zwei grundlegende Problemdimensionen im Kontext von Organisationen beschrieben werden:

(1) Binnenperspektive: Zum einen stellt sich die Frage nach den Modi und Prozessen der organisationsinternen Kooperation, Koordination und Steuerung zahlreicher beteiligter Individuen und Rollenträger (Organisationsmitglieder) – und damit letztlich die Frage des Verhältnisses von Handlung und Struktur. In Organisationen agieren und kooperieren zahlreiche Organisationsmitglieder, die nicht nur die Ziele der Organisation, sondern auch jeweils eigene Ziele verfolgen. Dies macht für die Organisationsleitung eine dauerhafte Sicherstellung eines einheitlichen, zielgerichteten Handelns nötig. Zur Steuerung der organisationsinternen Interaktionen verfügen Organisationen daher über eine verbindliche Ordnung und eine – in der Regel hierarchisch gegliederte –

---

[2] Dies bedeutet aber zum einen nicht, dass Organisation hier ausschließlich als effizientes Instrument zur Erreichung spezifischer Organisationsziele angesehen wird und damit die Eigensinnigkeit und Eigenwilligkeit des Handlungssystems ignoriert wird. Zum anderen impliziert der Verweis auf die Zweckrationalität von Organisationen nicht, dass diese in besonderem Maße rational agieren. Kennzeichnend für Organisationen ist vielmehr, dass sie ihre Legitimation aus dem Rekurs auf Rationalität beziehen (Ortmann 2001; vgl. auch Kieserling 2005).

Struktur (Formalisierung). Schließlich sind sie zentral auf die koordinierenden und integrierenden Funktionen von Kommunikation angewiesen.

(2) Außenperspektive: Von besonderem Interesse und tendenziell problembeladen ist zum anderen das Verhältnis von Organisation und Umwelt: Wie grenzen sich Organisationen gegenüber ihrer Umwelt ab, welchen Einfluss hat die Organisationsumwelt auf sie, und wie können Austauschprozesse zwischen beiden beschrieben werden? Die Koordination der Umweltbeziehungen erfolgt dabei über zahlreiche organisationale Grenzstellen, von denen Public Relations (nur) eine ist.

Zweierlei ist deutlich geworden: Organisationen haben intern wie extern einen erheblichen Koordinations- und Steuerungsbedarf. Und Organisationen müssen, wenn sie als handlungsfähige soziale Akteure betrachtet und anerkannt werden wollen, spezifische Ziele verfolgen und strategisch – und somit erkennbar – agieren.[3] Im Rahmen ihrer Strategieverfolgung greifen Organisationen *auch* auf Public Relations, und damit auf die Steuerungsressource Kommunikation, zurück (vgl. dazu Abschnitt 3.2).

Primärer Orientierungspunkt der PR ist – dies legt schon die Beschreibung der PR als Organisationsfunktion nahe – die jeweils Auftrag gebende Organisation bzw. Organisationsleitung, deren Ziele und Strategie (Binnenperspektive). Die dominante Funktion von PR für Organisationen (Außenperspektive) liegt in der Legitimation der Organisation und der Durchsetzung ihrer Interessen. Das bedeutet, dass Öffentlichkeitsarbeit primär unter Bezugnahme auf die Spezialsemantik der Organisation, repräsentiert durch die Leitung, agiert und erst in zweiter Linie anhand der Leitdifferenz legitimierend/nicht-legitimierend (vgl. Hoffjann 2001: 138).[4]

PR strebt an, dass die Ziele und Interessen der Organisation als legitim angesehen werden und bestenfalls als gemeinsames bzw. gesellschaftliches Interesse, als „aus übergeordneten gemeinsamen Zielen folgend" wahrgenommen werden (Fuchs-Heinritz 1994: 395). Für Organisationen, deren Existenz und deren Interessen von der Umwelt als legitim angesehen werden, erhöht sich die Wahrscheinlichkeit, dass ihre Entscheidungen akzeptiert werden und dies auch, wenn diese im Konflikt mit anderen Interessen stehen (vgl. Hoffjann 2001: 128). Über die Herstellung und Sicherung von Legitimation erhält bzw. erhöht Public Relations damit die Freiheitsgrade von Entscheidungen für Organisationen und schafft so die kommunikativen Voraussetzungen für den Organisationserfolg. Letztlich geht es dabei um die Existenzsicherung der Organisation.

---

[3] Genau genommen steht allerdings hinter dem „Handeln von Organisationen" immer das Handeln individueller Akteure (vgl. Schneidewind 1998: 42f.; Giddens 1997: 278f.). Organisationen können sich allerdings von den Interessen ihrer individuellen Mitglieder entkoppeln, gleichwohl es die Mitglieder sind, die die Organisation bilden. Aufgrund der reflexiven Steuerung der sozialen Reproduktion von Organisationen, die organisationstypische Strukturmuster hervorbringt, die über eine Aggregation individuellen Handelns hinausgehen, ist es daher gerechtfertigt, von Organisationen als Akteuren zu sprechen.

[4] In einer Fußnote führt Hoffjann weiter aus: „Es ist nicht denkbar, dass ein System primär mit dem PR-Code legitimierend versus nicht-legitimierend operiert. Selbst PR-Agenturen übernehmen die Leitdifferenz ihrer Auftraggeber (z.B. Wirtschaft und Politik) und operieren erst unterhalb dieser Ebene mit dem PR-Code." (Hoffjann 2001: 130, Fn. 75)

Bevor die Legitimationsfunktion der PR detaillierter beschrieben wird, ist eine weitere Differenzierung der PR in Hinblick auf den jeweils fokussierten Systemtypus notwendig (vgl. Löffelholz 2000: 187): Der Typ des Funktionssystems wurde mit Blick auf die PR bereits zu Beginn thematisiert und soll hier, da für die Beschreibung der PR als Organisationsfunktion nur von geringer Erklärungskraft, nicht weiter verfolgt werden. Bedeutsam ist im Folgenden die generelle Unterscheidung von Public Relations als Teil einer Organisation (Meso-Ebene) einerseits und als Teil von Handlungs- bzw. Interaktionssystemen (Mikro-Ebene) andererseits (siehe dazu Abschnitt 3.1). Meso- und Mikroebene beeinflussen sich dabei wechselseitig und sind miteinander verschränkt – PR kann daher strukturationstheoretisch gefasst werden (vgl. Zerfaß 1996; Röttger 2000; Theis 1992; Zühlsdorf 2002; siehe hierzu allgemein u.a. Giddens 1997; Ortmann 1995; Ortmann/Sydow/Windeler 2000). PR-Akteure sind gekoppelt an leitende Positionsinhaber innerhalb der Organisation und an das jeweilige Organisationsprogramm. Organisationale Strukturen bilden den Korridor, innerhalb dessen PR-Rollenträger handeln. PR muss deshalb auch in einer handlungstheoretischen Perspektive gesehen werden, wobei allerdings die Einbindung in Struktur- oder Systemzusammenhänge (Teilsystem sowie Organisationstypus) immer gegeben ist. Organisationsspezifische und teilsystemische Strukturen ermöglichen (und begrenzen) das Handeln der PR-Akteure, zugleich werden aber die Strukturen durch eben dieses Handeln, durch die Anwendung von Regeln und Ressourcen im Handeln, re-produziert (vgl. Giddens 1997: 81; Neuberger 1995: 291).

Aufgabe der PR ist es, die Koorientierung zwischen der Organisation und Personen, Akteuren oder Organisationen in der Organisationsumwelt zu fördern und zu stabilisieren. Koorientierung meint die „gemeinsame und koordinierte gedankliche Orientierung an dem gleichen vorgestellten Modell des Handelns" (Esser 2002: 229). Handeln, das aus der jeweiligen Organisationssicht definiert wird und erfolgt, soll so aufeinander bezogen werden. Mit wem eine Koorientierung angestrebt wird, richtet sich insbesondere nach dem Grad des Einflusses, den diese Anspruchsgruppen direkt oder indirekt auf die Organisation und deren Zielerreichung ausüben können (vgl. Freeman 1984). Journalisten sind dabei eine der zentralen Anspruchsgruppen der PR. Ziel der Koorientierung ist es, intern wie extern die Beobachtungen und anhaltende Interaktionen zu ermöglichen und vor allem zu lenken und zu ‚harmonisieren', um so der Organisation Handlungsmöglichkeiten zu verschaffen bzw. diese zu erweitern. Die Beeinflussung der Beobachter und ihrer Beobachtungen basiert dabei auf bereits zuvor vermittelten und verfestigten Deutungsmustern und Werten (Image). PR schafft damit über eine breit angelegte Imagekreation und Normsetzung den Rahmen, innerhalb dessen die Organisation ihre Partialziele durchsetzen soll.

Bislang wurde mit der externen Umweltbeeinflussung – Steuerung von Beobachtung und Interaktion – nur eine Dimension der PR als Organisationsfunktion angesprochen. Eine zweite, ebenso bedeutsame Dimension betrifft die interne Informations- und Vermittlungsleistung der PR, die Voraussetzung für Selbstbeobachtung und Reflexierung seitens der Organisation ist (siehe dazu Abschnitt 3.3). Als legitimationsfördernde Grenzstelle ist PR durch eine doppelte Wirkungsrichtung gekennzeichnet: Organisationsextern greift Public Relations auf unterschiedliche Verfahren der Umweltbeeinflussung und -kontrolle zurück, die in den folgenden Abschnitten detaillierter beschrieben werden. Organisationsintern nimmt PR Einfluss auf die Organisationspolitik, um Legitimationspotenziale optimal zu nutzen bzw. insbesondere eine Infragestellung der Legitimität der Organisation zu verhindern. Sie regt damit die Organisation zur Reflexion an.

3 PR als Organisationsfunktion: Interpenetration, Steuerung und Reflexierung

PR dient Organisationen nicht nur zur Umweltkontrolle und -beeinflussung mittels der Ressource Kommunikation, sondern zudem auch zu ihrer Selbstbeobachtung und somit zur Reflexierung der Organisation. Steuerung wie auch Reflexierung setzen die Existenz von Interpenetrationszonen, also Zonen der wechselseitigen Durchdringung von Organisationen mit anderen (Organisations)Systemen innerhalb der eigenen Organisation wie in der Umwelt voraus (vgl. Westerbarkey 1995: 154). PR als Organisationsfunktion kann – wie im Folgenden dargelegt wird – mittels der drei Aspekte Interpenetration, Steuerung und Reflexierung umfassend im Hinblick auf ihre Funktionen und Leistungen für Organisationen beschrieben werden.

3.1 Interpenetration

In Anlehnung an Weber (2004) unterscheiden wir zwischen dem abstrakt-analytischen Begriff der Interpenetration und dem empirisch angelegten Konzept der Interpenetrationszonen. Organisationen etablieren mittels Public Relations, aber auch mittels anderer organisationaler Grenzstellenfunktionen, Interpenetrationszonen innerhalb der eigenen Organisation wie mit anderen Systemen in ihrer Umwelt. In Interpenetrationszonen stellen Sozialsysteme sich – ohne ihre eigene Identität preiszugeben – ihre Strukturen wechselseitig zur Verfügung, um die eigene Effektivität zu optimieren bzw. sich gegenseitig beeinflussen zu können. Der hier verwendete Interpenetrationsbegriff wird damit nicht im Sinne der orthodoxen Systemtheorie verstanden und verwendet (vgl. Münch 1987). Westerbarkey beschreibt Interpenetration als

> „wechselseitige Durchdringung von Systemen mit fremden Leistungsanforderungen [...]: Systeme übernehmen Leistungen anderer zwecks Erhöhung eigener Effizienz, etwa durch Import von Operationsmustern. Damit entlasten sie diese zugleich von Komplexität und funktionalen Problemen, was zu beiderseitiger Leistungssteigerung führen kann. Leistungstransfer von Systemen läßt sich gewöhnlich in *Interpenetrationszonen* lokalisieren, wo Operationen des „Muttersystems" denen des Partners angepaßt oder sogar partiell vom Partner kontrolliert und gesteuert werden. Insofern folgen Interpenetrationen letztlich dem dialektischen Prinzip, Getrenntes und Gegensätzliches zu vereinen." (Westerbarkey 1995: 154f., H.i.O.)

Organisationen etablieren durch eine Vielzahl von unterschiedlichen Maßnahmen, und partiell mit Unterstützung ihrer jeweiligen PR-Organisationseinheiten, diese nötigen gemeinsam geteilten Bereiche mit bedeutsamen Gruppen, Organisationen oder Akteuren in ihrer Umwelt wie aber auch organisationsintern. Interpenetrationszonen sind einerseits eine Voraussetzung für Reflexierung und Steuerung, andererseits stellen sie aber auch ein Risiko dar, das darin besteht, durch diese externen Steuerungseinflüssen ausgesetzt zu sein. An einzelnen Beispielen, hier nur bezogen auf Versuche zur Umweltbeeinflussung, soll dies knapp illustriert werden.

Medien: Medienfinanzierung
Organisationen aus dem Teilsystem Wirtschaft wirken vollständig (Kundenzeitschriften) oder partiell an der Finanzierung von Medien(-organisationen) und Medienprodukten mit. Dies geschieht offen und verdeckt. ‚Verdeckt' ist eine Praxis zu nennen, bei der ein Unternehmen (Fach-)Zeitschriften auf den allgemein zugänglichen Markt bringt, sich dazu eines Verlages bedient, ohne aber für den Rezipienten die Eigentumsverhältnisse oder die Zugehörigkeit zu einem Unternehmen oder Dienstleister offenzulegen. Eine Praxis, die zum Beispiel im Bereich der Computer- oder Life Style-Produkte zu beobachten ist: Im Gewand publizistischer Produkte wird versucht, Marketing- und PR-Ziele unmittelbar und direkt umzusetzen. Zudem ist es Akteuren der Wirtschaft möglich, durch die Verteilung von Werbemitteln oder Sponsoringgeldern strukturell wie auch fallweise auf Medienunternehmen, Produkte wie auch einzelne redaktionelle Medienangebote Einfluss zu nehmen (vgl. hierzu auch Szyszka 1997). Durch Einflussmöglichkeiten – vorrangig mittels der Ressource Geld – auf die Medienstruktur werden Interpenetrationszonen konstituiert, auf eine gewisse Dauer gestellt, und es werden zugleich die Voraussetzungen für Interaktionen geschaffen. Maßnahmen beispielsweise von Wirtschaftsorganisationen, die auf den Journalismus abzielen, wie z.B. Formen der Thematisierung, Dethematisierung, Framing und gezieltem Priming (siehe hierzu Hallahan 1999), sind einerseits durch den Typus der jeweiligen Medienorganisation und andererseits durch die vorhandenen Formen der Beeinflussung der Medien, in diesem Fall durch die Wirtschaft, präformiert. Den Rezipienten ist dies nur in den Fällen bekannt, wo dies offensichtlich ist, so beispielsweise bei Kundenzeitschriften (vgl. hierzu auch Röttger 2002).

Das Einflusspotenzial der PR ist dabei wesentlich vom Ressourcenpotenzial ihrer jeweiligen Organisation abhängig: Organisationen, die beispielsweise Medien finanzieren oder wesentlich zur Medienfinanzierung beitragen (so über Zahlungen für Werbeleistungen), verfügen über einen strukturellen Machtvorteil gegenüber den Medien, der auch – gleichsam als Folge – für die Öffentlichkeitsarbeit gilt. Die PR solcher Organisationen ist zumeist ‚mächtiger' als die anderer Organisationen, weil für die bezahlten Werbeleistungen auch (kostenlos) zu erbringende redaktionelle Leistungen gefordert werden können. Bestimmte Branchen oder Akteure bspw. aus dem Wirtschaftssystem strukturieren durch Werbezahlungen – zumindest Teile – des Medienmarkts vor, um dann auf dieser Folie bspw. durch PR-Maßnahmen zusätzlich agieren zu können. Als Beispiel dafür können – vorsichtig formuliert – die allgemein PR-nahe Auto-Berichterstattung und die gleichzeitig hohen Werbeausgaben der Automobilindustrie genannt werden. So war die Automobilindustrie im Jahr 2007 auf Platz 2 der werbestärksten Branchen (vgl. ZAW 2008).

Journalismus: Pressearbeit und Beziehungsmanagement
Wie PR-Stellen in Bezug auf den Journalismus agieren, ist – wie bereits angesprochen – auch vom strukturellen ökonomischen Einflusspotenzial der Organisation abhängig, für die die PR-Rollenträger dann tätig werden. Denn die Bedingungen in den Redaktionen und allgemein in Medienorganisationen, auf die Organisationen aus anderen Teilsystemen einwirken (u.a. durch Formen des Sponsorings und der Werbung), präformieren journalistische Entscheidungs- und Handlungsprogramme und auch das journalistische Selbstverständnis. PR-Akteure wissen um diese – von ihnen mit geschaffenen Strukturbedingungen –, und sie wirken vor diesem Hintergrund auf Journalisten und deren Auswahlprogramme ein.

PR-Akteure bauen im Auftrag der Organisation systematisch Beziehungen zu Journalisten auf, um sich damit – jenseits der Bemühungen um strukturelle ‚Beziehungspflege' durch Geldzahlungen (Werbung, Sponsoring) – prozessuale Einflussmöglichkeiten zu sichern. Diese Form der Einflussgewinnung ist auch deshalb nötig, weil diverse Organisationen allein eines Teilsystems in Konkurrenz untereinander und zugleich auch miteinander in Konkurrenz um die Aufmerksamkeit der Journalisten bzw. der Medien stehen. PR-Akteure sind aufgrund dieser bestehenden Konkurrenzverhältnisse bestrebt, mit Journalisten spezifische, auf Dauer gestellte Handlungssysteme zu konstituieren (vgl. Jarren/Röttger 1999). Diese Handlungssysteme können anhand räumlicher, sozialer, sachlicher und zeitlicher Kriterien unterschieden werden. So unterscheiden sich beispielsweise die Regeln und Interaktionen zwischen PR und Journalismus in den Teilsystemen Politik oder Wirtschaft voneinander, und es können Krisensituationen vom Routinefall unterschieden werden.

Die Bildung dieser Handlungssysteme, die als Sozialsysteme aufgefasst werden können, geht von PR-Akteuren und deren Organisationen aus. Denn PR-Akteure möchten sicherstellen, dass sie ihren Zielen entsprechend Themen in den Medien unterbringen können, Thematisierungen durch Medien verhindern oder beeinflussen können (Themen- und Terminkontrolle) oder im Fall von Thematisierungen durch Konkurrenten oder kritische Anspruchsgruppen angehört werden bzw. Berücksichtigung mit ihren Positionen finden.

Journalisten profitieren von den Handlungssystemen, weil so für sie Informationsmärkte konstituiert und ‚übersichtlich' gestaltet werden. Durch Pressekonferenzen, Hintergrundgespräche, Pressegespräche, Jour-Fixe-Angebote u.ä. wird der Informationsmarkt konstituiert, und es werden zugleich Interaktionsmöglichkeiten geschaffen (vgl. Theis 1992). Dadurch verringert sich für Journalisten der Aufwand für die Nachrichtenbeschaffung und Vorselektion. Journalisten sind an guten Kontakten zu Informationsquellen und damit auch zu PR-Akteuren interessiert, um mit exklusiven und aktuellen Informationen ihren Wert beim Publikum und auch innerhalb der Redaktion zu steigern. Sie möchten im Routinefall möglichst Ressourcen sparend (Zeit und Kosten), rasch, zuverlässig und bestenfalls exklusiv Informationen erhalten – dies auch, um sich dann entscheiden zu können, für welches Thema sie mehr Zeit aufwenden und eigene Recherchen durchführen.

Handlungssysteme basieren auf konstitutiven Regeln, die von den beteiligten Akteuren ausgehandelt werden, wobei die PR-Akteure durch ihre Initiative im „Vorteil" gegenüber den Journalisten sind: Sie bestimme das soziale Setting. Natürlich: Der Einfluss der PR-Akteure variiert organisations- und teilsystemspezifisch und unterscheidet sich zudem fallweise: So ist beispielsweise bei Pressekonferenzen im Normalfall der Einfluss der PR-Akteure auf konstitutive Regeln sehr hoch, während in Krisensituationen der Einfluss der PR deutlich niedriger ausfällt (vgl. dazu bspw. Barth/Donsbach 1992). Wichtig ist, dass die PR-Akteure strukturierend agieren und insoweit stark regel- und normsetzend zu wirken vermögen (Konstitutionsphase). Zudem werden im Rahmen der Interaktion regulative Regeln aufgestellt, die zukünftige Interaktionen zwischen Journalisten und PR-Akteuren beeinflussen. So entsteht bzw. stabilisiert sich ein gemeinsamer Bereich zwischen Journalisten und PR-Akteuren mit eigenen konstitutiven und regulativen Regeln (vgl. Jarren/Donges 2006).[5]

Durch anhaltende Interaktionen wird nicht nur das soziale Beziehungsnetz aufrechterhalten, also das Handlungssystem auf eine gewisse Dauer gestellt, sondern zugleich wird seitens der PR durch eben diese anhaltende Interaktion eine Angleichung von Sichtweisen, Deutungen, Regeln und Normen mit Journalisten angestrebt (Koorientierung). Und schließlich wird vor allem durch die Interaktionen die Beobachtung gelenkt, um eine bestimmte – der Organisation nützliche – Sichtweise auf Sachverhalte zu ermöglichen und zu erzielen. Alle drei genannten Punkte – Beziehungsnetz, Normen- und Regelbildung sowie Steuerung der Beobachtung – sind bedeutsam für die Frage, ob und inwieweit PR auch unter spezifischen situativen Bedingungen, also zum Beispiel in Krisensituationen, ihren Einflussgrad auf Journalisten erhalten kann.

3.2 Steuerung

Der Begriff der Steuerung wird im Zusammenhang mit Public Relations nur selten verwendet, wohl vor allem deshalb, weil Steuerung assoziative Bezüge zu Manipulation, Propaganda und anderen als unzulässig angesehenen Formen der (Massen-) Beeinflussung nahelegt. Der hier verwendete Steuerungsbegriff bezieht sich aber nicht bzw. nicht primär auf manipulative Formen, sondern bezeichnet im Sinne einer sozialwissenschaftlichen Steuerungstheorie ganz allgemein das „Einwirken eines Systems auf ein anderes, wodurch dessen Verhalten, Struktur, Funktion oder Eigenschaften entsprechend dem Programm oder Algorithmus des steuernden Systems festgelegt oder verändert werden" (Haufe 1989: 993). Steuerung ist damit allgemein und auch im Kontext der Public Relations weder per se gut oder schlecht, legitim oder illegitim. Vielmehr bietet der Steuerungsbegriff ein großes heuristisches Potenzial, denn er ermöglicht die Beschreibung von Public Relations unter Rückgriff auf den Steuerungs-

---

[5] Empirisch wäre zu untersuchen, ob durch konstitutive Regeln auch das strukturelle Machtverhältnis zwischen PR und Journalismus bestimmt wird.

begriff als eine systematische Analyse der Steuerungsziele und -modi, der Akteure, Ressourcen und Instrumente der PR (vgl. Willke 1995).

Steuerung wird je nach theoretischer Einbettung in System- oder Handlungstheorien sehr unterschiedlich definiert (einen Überblick liefern Jarren/Donges 2000: 29ff.): Zentral ist dabei, und zwar unabhängig vom jeweiligen theoretischen Hintergrund der Perspektive auf Steuerung, die Frage, unter welchen Bedingungen Steuerung, d.h. intendierte, also zustandsverändernde Interventionen, möglich ist. Willke beschreibt Interventionen als „[....] das Bewirken eines bedeutsamen Unterschieds in der Operationsweise eines Systems." (Willke 1999: 125). Die Wirkungen von externen Interventionen, d.h. von Steuerung sind vom internen Operationsmodus des jeweiligen Systems, das Gegenstand von Steuerung ist, abhängig (vgl. Willke 1999: 109). Nach Willke ist Steuerung im Fall nicht-trivialer Systeme damit ausschließlich denkbar in Form von interner Selbststeuerung und externer Kontextsteuerung (vgl. Willke 1998: VII). So kann die Finanzierung von einzelnen Medien oder Medienangeboten durch Werbung und Sponsoring als Versuche einer Kontextsteuerung aufgefasst werden: Es soll eine bestimmte Ausrichtung des Medienangebots erreicht werden. Zwar finden Versuche der Kontextsteuerung ihre Grenzen aufgrund der Konkurrenzsituation zwischen den werbetreibenden Medienunternehmungen, aber strukturell werden damit innerhalb eines bestimmten Mediensegments, beispielsweise bei bestimmten Medientypen (Kundenzeitschrift) oder Formaten (Wettersendungen), Voraussetzungen für spezifische PR-Aktivitäten geschaffen.

Wir betrachten die hier eingeführten Interpenetrationszonen, im Sinne von gemeinsam geteilten Bereichen, die den Rahmen für Steuerung schaffen, ebenfalls als eine Form der externen Kontextsteuerung. Interpretationszonen werden vor allem durch PR-Organisationseinheiten geschaffen und auf Dauer gestellt, um einen Austausch mit der Umwelt zu erreichen, natürlich entsprechend den eigenen Organisationszielen. Interpretationszonen ermöglichen der PR-Organisationseinheit aber zugleich auch, Informationen aus der Umwelt zu erhalten. Durch Handlungssysteme werden die Interpretationszonen konstituiert, die alle Beteiligten auch zur Durchsetzung ihrer jeweiligen Ziele und Interessen nutzen (wechselseitige Information; Aushandlungen).

Steuerung unterstellt damit gerade nicht – wie teils innerhalb der Publizistik- und Kommunikationswissenschaft kritisiert – eine unilineare Kausalität von Ursache und Wirkung in den Beziehungen von Organisation und Umwelt, sondern es kommt zur Herausbildung einer Interaktionsstruktur, die auf einer gewissen Wechselseitigkeit beruht. Wechselseitigkeit trifft selbst auf Formen der hierarchischen Steuerung bspw. durch den Staat zu: Auch bei rechtlich-politischen Steuerungsprogrammen wird mehr und mehr auf Partnerschaftlichkeit, Aushandlung und wechselseitige Berücksichtigung von Interessen geachtet. Hierarchische Steuerung ist zwar dem politischen System mittels der Steuerungsressource Recht prinzipiell möglich, aber es wird aufgrund von möglichen Fehlentscheidungen und negativen Auswirkungen („Bürokratisierung', ‚Fehlsteuerung') mehr und mehr auch davon abgegangen bzw. nach neuen Formen gesucht. Das ist auch der Grund dafür, dass politisch-rechtliche Steuerung verstärkt eigenständigen Organisationen wie Regulierungsbehörden übertragen wird, statt die Aufgabe direkt durch staatliche Instanzen hoheitlich (und damit ausschließlich hierarchisch) bearbeiten zu lassen. Die Annahme einer simplen Input-Output-Kausalmechanik, die vielfach noch mit älteren Steuerungskonzepten verbunden ist, mag vielleicht trivialen Systemen gerecht werden, nicht aber hochkomplexen Systemen mit autonomer Steuerungslogik und zirkulären Operationsweisen (vgl. Foerster 1993; Willke 1999: 30ff.). Also: governance statt government.

Die Überlegungen zu den Bedingungen und Möglichkeiten von Interventionen bzw. Steuerung von Prozessen in wie auch zwischen komplexen Systemen machen deutlich, dass mit Fragen der Steuerung System-Umweltbeziehungen und interrelationale Aspekte zwischen Steuerungssubjekt und -objekt in den Mittelpunkt der Analyse geraten. Denn der Prozess der Steuerung ist nur zu verstehen, wenn interrelationale Aspekte berücksichtigt werden.

PR ist Steuerung vorrangig mittels Kommunikation. In der Steuerungstheorie wird allerdings Information – neben Recht bzw. Regeln und Normen, Geld und Wissen – als eine Steuerungsressource angesehen. Hier wird von Kommunikation gesprochen, weil es nicht allein Informationen sind, die PR einsetzt, sondern sie verknüpft Informationen vielfach mit spezifischen Formen der Interaktion. Um diesen Handlungsbezug deutlich zu machen, wird im Folgenden von „Kommunikation" als Steuerungsressource gesprochen. Die kommunikative Steuerung erfolgt aus organisationaler Perspektive, d.h. sie ist intentional, strategisch, persuasiv und interessengeleitet, und dies sowohl organisationsintern wie auch organisationsextern. PR strebt dabei – über die Vermittlung von Informationen hinaus – Regelsetzung und Normenbildung an, um Partialziele im Kontext des so erzeugten Rahmens (Image) durchsetzen zu können. Damit zielt PR darauf ab, den Freiheitsgrad von Entscheidungen für eine Organisation – in einem weiten Sinne – zu erhalten bzw. zu erhöhen (Legitimation). Dies geschieht nicht zuletzt durch die gezielte und wiederholte Beeinflussung von als relevant angesehenen Umwelten und Gruppen in der Organisationsumwelt.

Damit sind auch die Steuerungsobjekte bzw. Zielgruppen prinzipiell benannt: Besonders relevant sind in diesem Zusammenhang Multiplikatoren, Opinion Leader, Journalisten und eben Medien, weil sie für gesellschaftliche bzw. teilsystemische Willensbildungs-, Entscheidungs- und Deutungsprozesse bedeutsamer sind als andere Akteure. Journalisten und allgemeine publizistische Medien sind von besonderer Relevanz, weil sie teilsystemübergreifende Kommunikation sichtbar machen und ermöglichen, und weil sie sich zudem vergleichsweise ressourcengünstig erreichen lassen. Opinion Leader wie auch Journalisten sind schließlich aufgrund ihrer Kenntnisse über andere Organisationen wie Personen von zentraler Bedeutung: Sie sind nämlich nicht nur Steuerungsobjekte der PR, sondern sie sind zugleich auch Informanten für die PR. Deshalb wird der Austausch mit diesen Akteuren systematisch gepflegt und durch die Etablierung von – unterschiedlichen – Handlungssystemen auf Dauer gestellt.

Organisationstyp- und handlungsfeldspezifische Unterschiede der Steuerung durch PR

Steuerungstheoretisch gesehen ist Kommunikation aber nur eine Steuerungsressource für Organisationen und damit auch für die PR: Geld, die Fähigkeit zur Norm- und Regelsetzung oder Wissen sind beispielsweise weitere wichtige Steuerungsressourcen.[6] Welche Ressourcen vorrangig zur Verfügung stehen und eingesetzt werden können, ist nicht nur teilsystemisch geprägt, sondern differiert zudem in Abhängigkeit vom Organisationstypus wie dem Vorhandensein oder Nichtvorhandensein von Ressourcen. Organisationen werden zur Lösung spezifischer Probleme gebildet und Organisationszweck und -ziele definieren das Grundproblem, welches die Organisationen mit ihren Leistungen prozessiert. Sie prägen damit auch die Unterscheidung, die der Beobachtung der Umwelt durch die Organisation und den Organisations-Umwelt-Beziehungen zugrunde liegt.

Im Hinblick auf die Frage des Verhältnisses von Organisation und Gesellschaft bzw. präziser von Organisation und gesellschaftlichen Funktionssystemen herrschte über lange Zeit die Auffassung vor, dass Organisationen einzelnen Funktionssystemen eindeutig zugeordnet werden können und diese die Codes und Programme „ihrer" Funktionssysteme im Sinne einer dominanten Leistungsorientierung übernehmen. Entsprechend treten Organisationen z.B. als politische, wirtschaftliche oder wissenschaftliche Organisationen auf und gelten dann jeweils als Teil des Politik-, Wirtschafts- oder Wissenschaftssystems. Unter anderem mit Blick auf Organisationen, die sich nicht eindeutig einer Systemlogik und einem gesellschaftlichen Funktionssystem zuordnen lassen – z.B. öffentliche Verwaltungen mit Referenzen sowohl zu Recht wie auch Politik (vgl. Bora 2001) – ist die mehr oder weniger feste Zuordnung von Organisationen zu gesellschaftlichen Funktionssystemen jedoch zunehmend in Frage gestellt (vgl. Kneer 2001; Hasse/Krücken 2005; siehe auch Kussin in diesem Band).

Kneer weist darauf hin, dass Organisationen mit einer Vielzahl von Funktionssystemen operativ und strukturell gekoppelt sind (vgl. Kneer 2001: 416f.) Damit wird auch die bislang implizit vorhandene Beziehungsarchitektur von Funktionssystemen, denen einzelne Organisationen nicht mehr als Subsysteme unter- bzw. zugeordnet sind, in Frage gestellt:

> „Organisationen lassen sich nicht, so haben die vorhergehenden Überlegungen gezeigt, gesellschaftlichen Subsystemen eindeutig zuordnen, auch bilden sie keine Teilsysteme von Funktionssystemen. [...] Aus dem Gesagten ziehe ich die Schlussfolgerung, dass Organisationen nicht innerhalb, sondern außerhalb von Funktionssystemen, also in deren Umwelt operieren." (Kneer 2001: 415)

Mit Christof Wehrsig und Veronika Tacke (1992) können Organisationen als „multireferentielle" Sozialsysteme bezeichnet werden, die Referenzen zu verschiedenen Funktionssystemen aufweisen. Unmittelbar einleuchtend ist diese Multireferentialität z.B. bei Universitäten, für die sich nicht klar entscheiden lässt, ob sie sich primär an Ge-

---

[6] Willke (1995) unterscheidet die drei zentralen Steuerungsmedien Macht, Geld und Wissen, die gesellschaftlichen Teilsystemen zur Verfügung stehen.

sichtspunkten der Forschung (Wissenschaft) oder der Lehre (Erziehung) orientieren (vgl. Schimank 1993: 41).

Die Überlegung der Multireferentialität gilt grundsätzlich für alle Organisationen, allerdings schließt sie nicht zugleich aus, dass einzelnen Organisationen eine primäre Leitdifferenz gemäß eines gesellschaftlichen Funktionssystem zugewiesen werden kann: So agieren politische Parteien in erster Linie gemäß einer politischen Rationalität, während Unternehmen in erster Linie einer ökonomischen Logik verpflichtet sind (vgl. hierzu ausführlicher Kussin in diesem Band). Und so sehr zum Beispiel städtische Theater heute am Markt zum Zuschauer konkurrieren und sich um die ökonomische Absicherung ihrer Arbeit kümmern müssen – leitend für die Arbeit sind aber in der Regel doch künstlerische Maßstäbe.

Für Public Relations bedeutet dies schließlich, dass ihre Funktionen und Leistungen vorrangig von den Bedingungen ihrer Organisation abhängig sind. In dem Maße, in dem Organisationen zudem eine Leitdifferenz zu einem Funktionssystem zugestanden werden kann, ist PR zudem teilsystemisch geprägt. Die Existenz teilsystemischer Prägung der PR wird durch PR-Studien bestätigt: Mit empirischem Blick (Röttger/Hoffmann/Jarren 2003; Röttger 2000) lassen sich mehr Unterschiede als Gemeinsamkeiten zwischen PR-Einheiten aus wirtschaftlichen oder bspw. staatlichen Organisationen ausmachen. Während sich die Öffentlichkeitsarbeit von staatlichen Verwaltungen erwartungsgemäß durch eine starke Gesellschaftsorientierung und eine dominante Informationsfunktion auszeichnet, ist bei ökonomischen Organisationen ein stärker marktbezogenes Verständnis von PR auszumachen – Interessenausgleich, Dialog und Legitimation sind zentrale Stichworte der Selbstbeschreibung des unternehmerischen PR-Verständnisses (vgl. Röttger/Hoffmann/Jarren 2003). Auch auf der Ebene von Handlungs- bzw. Interaktionssystemen ist der Grad an Unterschiedlichkeit markant. Allerdings zeigt sich, dass ein übergreifendes, von PR und Journalismus gebildetes Handlungsfeld, mit eigenen Regeln und Strukturen existiert.

Die organisationstyp- bzw. teilsysstemspezifischen Unterschiede hinsichtlich der PR-Verständnisse, PR-Praktiken und der relevanten Steuerungsressourcen sollen im Folgenden exemplarisch anhand wirtschaftlicher und politischer Organisationen skizziert werden.

a) Kennzeichnend für das Teilsystem Wirtschaft ist die geldwerte Befriedigung von Bedürfnissen im Rahmen von Marktbeziehungen. Im Mittelpunkt steht die Sicherstellung von Zahlungsbeziehungen: Zahlung/Nichtzahlung ist der primäre Code und Geld die zentrale Steuerungsressource. Die Bearbeitung des Marktes und eine entsprechende Kommunikation, die primär zur Erreichung von Gewinnzielen eingesetzt werden – Transaktionen schaffen, erhalten und effizient gestalten –, sind daher für ökonomische Organisation von zentraler Bedeutung (vgl. dazu zusammenfassend Herger 2004). Dies erklärt, weshalb bei Unternehmen vorrangig solche Organisationseinheiten von Bedeutung sind, die entsprechend der dort gebräuchlichen Steuerungsressource agieren – also beispielsweise die Bereiche Werbung und Marketing. Die Relevanz von Kommunikation, die sich in erster Linie auf nichtökonomische Handlungsfelder und nicht marktverbundene Zielgruppen bezieht – u.a. Public Relations – misst sich in erster Linie daran, inwieweit sie geeignet ist, die Bedingungen für den Organisationserfolg zu gestalten, d.h. die Voraussetzungen für optimale Transaktionsprozesse herzustellen. Innerhalb der Marktkommunikation kommt PR eine subsidiäre Bedeutung zu, da sie in der Regel keinen unmittelbaren Beitrag zur Sicherstellung und Optimierung von Zahlungsbeziehungen leistet.

b) Im Mittelpunkt des Systems Politik steht die Produktion und Durchsetzung allgemeinverbindlicher Entscheidungen insbesondere mittels der Ressource Recht: Durch Gesetze und Verordnungen regelt das politische System Beziehungen innerhalb von und zwischen gesellschaftlichen Teilsystemen. Innerhalb des politischen Systems können unterschiedliche Akteure – der Interessenartikulation, -aggregation und –durchsetzung – unterschieden werden, die jeweils unterschiedlichen Regeln und Normen (vgl. Jarren/Donges 2006) und damit auch (rechtlich) unterschiedlichen Kommunikationsanforderungen unterliegen. So sind beispielsweise Regierung und Verwaltung in ihrem Informations- und Kommunikationshandeln zu Angemessenheit, Wahrheit und Wahrhaftigkeit verpflichtet, und ihnen sind bestimmte Formen der persuasiven Kommunikation, z.B. in Form von hochselektiven Informationsangeboten, wie auch bestimmte werbliche Formen untersagt.

Organisationen greifen im Zuge ihrer Strategieverfolgung und der Gestaltung von unterschiedlichen Umfeldbeziehungen auf alle Ressourcen zurück, die ihnen zur Verfügung stehen. Es ist deutlich geworden, dass Organisationen je nach primären Leitdifferenzen und der Art und Ausprägung ihrer Multireferentialität unterschiedliche Steuerungsressourcen zur Verfügung stehen – und Kommunikation ist nur eine davon. Es kommt ein weiterer Aspekt hinzu, der die Relevanz von PR bestimmt bzw. begrenzt: Kommunikation ist, das sei abermals betont, zwar eine vielseitig einsetzbare, aber in ihren Wirkungen relativ schlecht – zumal vorab – einschätzbare und somit „riskante" Ressource. Ihre Wirkung ist und bleibt zudem immer nur partiell evaluierbar. Und da Kommunikation nur begrenzt als ein hierarchisches und wirkungssicheres Steuerungsmittel geeignet ist, wird sie in der Regel in Verbindung mit anderen Steuerungsressourcen durch die Organisation(sleitung) eingesetzt. So können Organisationen aus dem Teilsystem Wirtschaft mittels Geld beispielsweise eigene Medien herausgeben, sich an Medienunternehmen wirtschaftlich beteiligen oder in Redaktionen tätige Journalisten für Leistungen direkt bezahlen. Ein anderes Beispiel: Organisationen aus dem Teilsystem Politik können als Steuerungsressource zur Erreichung ihrer Ziele vor allem das Mittel Recht einsetzen, sie verfügen zum Teil allerdings auch über die Möglichkeit, Geld für bestimmte Leistungen zu bieten (z.B. in Form von Subventionszahlungen oder der Gewährung von Steuervorteilen).

Deshalb unterscheidet sich die Bedeutung von PR-Instrumenten und -Techniken und ihre Einsatzhäufigkeit je nach Teilsystem, und – noch weiter differenziert betrachtet – nach Organisationstyp – also nach strukturellen Faktoren – und schließlich dann auch noch nach situativen Bedingungen (bspw. Akteurskonstellationen). PR-

Formen wie das Sponsoring, die im Wirtschaftssystem eingesetzt werden, sind im Teilsystem Politik nicht vorstellbar. Sponsoring gehört genuin zum Wirtschaftssystem; mittels der Ressource Geld wird auf die Umwelt eingewirkt, um optimale Marktbedingungen zu erreichen. Zur Frage der teilsystemischen Formation und Relevanz einzelner PR-Instrumente fehlen allerdings noch weiterführende empirische Studien.

Organisationen bedienen sich in Verfolgung ihrer Ziele also nie allein der PR und Öffentlichkeitsarbeit nicht allein der Ressource Kommunikation, eben weil mittels Kommunikation nicht zielgenau und wirkungssicher gearbeitet werden kann. PR wird daher im Rahmen der teilsystemischen wie auch organisationalen Möglichkeiten mit unterschiedlichen Steuerungsressourcen kombiniert. Wie wir empirisch beobachten können, setzt sie Geld ein (‚Bestechung', ‚Kauf von Leistungen' u.a.m.) und sie greift auch auf andere Machtmittel (Ermöglichung und Entzug von Ressourcen u.a.m.) zurück. PR agiert dabei offen wie aber auch verdeckt, so bei der Beteiligung an politischen Willenbildungs- und Entscheidungsprozessen durch Formen des Lobbyings.

3.3 Reflexierung

Imagekreation, Steuerung, ‚Harmonisierung' von Beobachtung und Regelsetzung durch anhaltende Interaktionen – diese Beschreibungen machen deutlich, dass PR als Grenzstelle durch einen systeminternen und -externen Umweltbezug gekennzeichnet ist: PR agiert unter primärer Bezugnahme auf die organisationale Leitdifferenz, sie ist aber zugleich darauf angewiesen, die spezifische Semantik bzw. eigene Systemlogik der jeweiligen Umweltsysteme (bzw. Stakeholder) zu kennen und zu berücksichtigen, denn eine nachhaltige Beeinflussung von Beobachtung bedarf der Bezugnahme auf den Beobachter und dessen Beobachtungskriterien. Im Sinne des Managements von Kommunikationsbeziehungen vermittelt PR vorrangig zwischen den unterschiedlichen Spezialsemantiken von Organisation und Umwelt und nimmt damit eine zentrale Übersetzungs- und Vermittlungsstelle ein. PR obliegt damit – neben der Mitwirkung an der Steuerung von Organisationsumwelten im Interesse der Organisation – die anhaltende Reflexierung der systemeigenen Bedingungen der Organisation, die für das Entscheidungsprogramm und die Entscheidungsträger der Organisation relevant sind bzw. sein können. Es ist Aufgabe der PR, auf der Basis systematischer Umweltbeobachtung legitimations- bzw. organisationsrelevante Informationen aus der Organisationsumwelt in die organisationale Systemreproduktion einzuspeisen. Beobachtungen der PR erfolgen dabei – im Unterschied zum Journalismus – immer aus der strategischen und normativen Orientierung einer Organisation heraus, d.h. selektiv bezogen auf deren Ziele und Strategie und verfolgen stets explizite Wirkungsabsichten. PR muss Umweltinformationen so ‚übersetzen', dass sie von der Organisation als entscheidungsrelevante Informationen erkannt und dann verarbeitet werden können. Über die Einspeisung von Fremdbeobachtungen in die organisationale Systemreproduktion ermöglicht PR zugleich die Reflexierung der Organisation.

PR schafft den Rahmen für Reflexion und Selbstbeobachtung durch Informationsbeschaffung, durch die Ermöglichung von Beobachtung und Interaktion und dies sowohl organisationsintern wie auch -extern, innerhalb des organisationsspezifischen Teilsystems und auch teilsystemübergreifend (Monitoring, Medienresonanzanalysen u.a.m.). Ziel ist es, eine weitgehende Übereinstimmung zwischen Selbst- und Fremdbeschreibung zu erzielen, um damit eigene Interessen (besser und ‚begründeter') durchsetzen zu können.

Insbesondere mit Blick auf externe aber auch interne Umwelten wird die Organisation von der PR als Ziel- und Wertegemeinschaft beschrieben (Imagekreation), um die Organisation zu einem eineindeutig erkennbaren Akteur werden zu lassen. Dabei soll nicht Aufmerksamkeit in einem allgemeinen Verständnis erzielt und erreicht werden, sondern es sollen nur jene Formen von Aufmerksamkeit erreicht werden, die nötig sind, um die Beobachtung durch als relevant angesehene Dritte zu lenken.

Die Beobachtung wird durch das von der PR vorrangig entwickelte und bereitgestellte kommunikative Angebot gelenkt. Dieses Angebot ist zweckorientiert und soll das notwendige Maß an Koorientierung innerhalb einer Organisation (interne PR) wie auch zwischen Organisation und (Umwelt-)Akteuren (externe PR) erreichen. Durch Formen der Interaktion wird versucht, die Beobachtung und damit auch die Selektion zu lenken. Interaktionen sind vor allem dort nötig, wo Beobachtung aufgrund organisations- bzw. teilsystemfremder Kriterien erfolgt und wo der mögliche Beitrag einer Fremdbeschreibung besondere Bedeutung besitzt (Journalisten, Medien).

4 Fazit

Ob Organisationen es wollen oder nicht: Beobachtung und Interaktion finden anhaltend statt. Die Steuerung dieser Prozesse ist die zentrale Aufgabe der Public Relations. Dies versucht sie situativ, aber auch prospektiv, indem sie eine Verstetigung anstrebt (strategische PR). Dazu schafft sie die entsprechenden Voraussetzungen: Beobachtung versucht sie durch Formen der unmittelbaren Teilhabe (z.B. ‚Tag der Offenen Tür') und durch Formen der mittelbaren Teilhabe (z.B. Medienkonferenzen, Medienmitteilungen) zu lenken. Die Selektionsentscheidungen der Teilhabenden wie der Beobachter versucht sie auf der Basis von bereits vermittelten Zielen und Werten (Image) zu beeinflussen. Jede Organisation ist daran interessiert, auch durch kommunikative Maßnahmen und Imagekreation den eigenen Handlungsspielraum zu erhöhen oder zumindest zu erhalten, aber zugleich darf aus dieser ‚Selbstbindung', die freiwillig erfolgt, keine ‚Selbstfesslung' entstehen: Imagekreation ja, aber nur in dem Maße, dass gewisse Imageverluste eingegangen werden können, ohne dass die Organisation in ihrem Überleben behindert wird.

Über die unterschiedlichen Formen von Interaktionen werden nicht nur kurzfristig oder punktuell Beobachtung und Selektion zu lenken versucht, sondern es werden zudem Regeln und Normen für zukünftige Beobachtungen, Selektionen und Interaktionen entwickelt und durchzusetzen versucht. Interaktion ist also nicht nur situatives Mittel zum Zweck, also zur Bewältigung einer konkreten Aufgabe in einer konkreten Situation, sondern zugleich auch ein zentrales soziales Strukturierungselement im Hinblick auf zukünftige Interaktionen. Es werden die sozialen Beziehungen strukturiert und nach Möglichkeit stabilisiert. Sehr deutlich wird dies im Falle der Interaktionen von PR und Journalismus: PR bildet zusammen mit dem Journalismus ein auf Dauer gestelltes Handlungssystem mit eigenen Regeln.

Strategische PR ist darauf aus, Regeln, Normen und Deutungsmuster einer Organisation allgemein durchzusetzen. PR ist also die Steuerung von Beobachtungs- und Selektionsprozessen durch Interaktionen auf der Grundlage von Regeln und Normen, die auf vormaligen Interaktionsprozessen basieren.

Bei der Gestaltung und Stabilisierung von Austauschprozessen mit der Umwelt (Legitimation) kann sich aber keine Organisation *allein* auf PR stützen der gar dauerhaft verlassen. Denn die Wirkungen von Kommunikation allgemein und PR speziell sind nur vage prognostizierbar – beide können daher nur vergleichsweise unspezifisch und wirkungsunsicher eingesetzt werden. Mit Blick auf alle verfügbaren Steuerungsressourcen von Organisationen relativiert sich damit die Bedeutung der Ressource Kommunikation und von PR für Organisationen in allen gesellschaftlichen Teilbereichen. Ein theoretisches – wie aber auch empirisches – Argument dafür, weshalb nicht von einem „System PR" ausgegangen werden kann.

Nicht zuletzt aufgrund der Wirkungsunsicherheit von Kommunikation kombiniert PR in der Praxis unterschiedliche Steuerungsressourcen (neben Kommunikation u.a. Geld, Wissen). Sehr deutlich wird dies am Beispiel des Sponsoring und des Lobbying. Da PR nicht auf Kommunikation beschränkt ist bzw. sich nicht auf Kommunikation beschränken lässt, kann sie empirisch nicht immer eindeutig von anderen Organisationsfunktionen bzw. -bereichen abgegrenzt werden. Es ist daher erklärlich und verständlich, dass PR aus der Sicht von Organisationen – wie aber auch aus der Perspektive anderer Beobachter – zusammen mit Marketing, Werbung, Human Relations, Produkt- und Dienstleistungsverkaufsbemühungen, Public-Policy-Instrumenten etc. als variabel einsetzbare Sozial- und Manipulationstechnik gesehen werden kann.

Hinsichtlich des Einsatzes und der Kombinierbarkeit unterschiedlicher Steuerungsressourcen sind unterschiedliche teilsystemspezifische Regeln und Verfügbarkeiten zu beachten. Die Ziele und die ‚Grenzen' von PR setzt also die – zu einem bestimmten Teilsystem der Gesellschaft mit ihren spezifischen Regeln und Normen gehörende – Organisation, so dass es nicht zur Bildung eines „Systems PR" kommen kann, einmal abgesehen vom Nichtvorhandensein externer Normen.

Literatur

Arlt, Hans-Jürgen (1998): Kommunikation, Öffentlichkeit, Öffentlichkeitsarbeit. PR von gestern, PR für morgen - das Beispiel Gewerkschaft. Opladen

Barth, Henrike / Wolfgang Donsbach (1992): Aktivität und Passivität von Journalisten gegenüber Public Relations: Fallstudie am Beispiel von Pressekonferenzen zu Umweltthemen. In: Publizistik, 37 Jg. / Heft 2: 151-165

Bora, Alfons (2001): Öffentliche Verwaltung zwischen Recht und Politik. Zur Multireferentialität der Programmierung organisatorischer Kommunikationen. In: Veronika Tacke (Hg.): Organisation und gesellschaftliche Differenzierung. Wiesbaden: 171-191.

Derieth, Anke (1995): Unternehmenskommunikation. Eine Analyse zur Kommunikationsqualität von Wirtschaftsorganisationen. Opladen

Dernbach, Beatrice (1998): Public Relations für Abfall. Ökologie als Thema öffentlicher Kommunikation. Opladen

Esser, Hartmut (2002): Soziologie. Spezielle Grundlagen. Band 3: Soziales Handeln. Frankfurt/New York

Falkheimer, Jesper (2007). Anthony Giddens and public relations: A third way perspective. In: Public Relations Review 33 (2007): 287–293.

Faulstich, Werner (2000): Grundwissen Öffentlichkeitsarbeit. München

Foerster, Heinz Von (1993): Wissen und Gewissen. Versuch einer Brücke. Frankfurt a.M.

Freeman, R. Edward (1984): Strategic Management: A Stakeholder Approach. Boston

Fuchs-Heinritz, Werner (1994): Legitimation. In: Werner Fuchs-Heinritz et al. (Hg.): Lexikon zur Soziologie. 3. Aufl. Opladen: 395

Giddens, Anthony (1997): Die Konstitution der Gesellschaft. Grundzüge einer Theorie der Strukturation. Frankfurt/New York (3. Aufl.; deutsche Übersetzung der englischen Originalausgabe "The Constitution of Society". Camebridge 1984)

Hallahan, Kirk (1999): Seven Models of Framing: Implications for Public Relations. In: Journal of Public Relations Research, 11 Jg. / Heft 3: 205-242

Hasse, Raimund / Georg Krücken (2005): Der Stellenwert von Organisationen in Theorien der Weltgesellschaft. Eine kritische Weiterentwicklung systemtheoretischer und neo-institutionalistischer Forschungsperspektiven. In: Zeitschrift für Soziologie, Sonderheft Weltgesellschaft: 186-204

Haufe, Gerda (1989): Steuerung. In: Dieter Nohlen / Rainer-Olaf Schultze (Hg.): Politikwissenschaft. Theorien, Methode, Befunde. München: 993

Herger, Nikodemus (2004): Organisationskommunikation. Beobachtung und Steuerung eines organisationalen Risikos. Wiesbaden

Hoffjann, Olaf (2001): Journalismus und Public Relations. Ein Theorieentwurf der Intersystembeziehungen in sozialen Konflikten. Opladen/Wiesbaden

Jarren, Otfried / Patrick Donges (2000): Medienregulierung durch die Gesellschaft? Eine steuerungstheoretische und komparative Studie mit Schwerpunkt Schweiz. Wiesbaden

Jarren, Otfried / Patrick Donges (2006): Politische Kommunikation in der Mediengesellschaft. Eine Einführung. 2. überarbeitete Auflage. Wiesbaden

Jarren, Otfried / Ulrike Röttger (1999): Politiker, politische Öffentlichkeitsarbeiter und Journalisten als Handlungssystem. Ein Ansatz zum Verständnis politischer PR. In: Lothar Rolke / Volker Wolff (Hg.): Wie die Medien die Wirklichkeit steuern und selber gesteuert werden. Opladen, Wiesbaden: 199-221

Kieserling, André (2005). Selbstbeschreibung von Organisationen: Zur Transformation ihrer Semantik. In: Wieland Jäger/Uwe Schminak (Hrsg.): Organisationsgesellschaft. Facetten und Perspektiven. Wiesbaden: 51-88.

Kneer, Georg (2001). Organisation und Gesellschaft. In: Zeitschrift für Soziologie 30. Jg (Nr. 6): 407-428.

Knorr, Ragnwolf H. (1984): Public Relations als System-Umwelt-Interaktion. Dargestellt an der Öffentlichkeitsarbeit einer Universität. Wiesbaden

Kückelhaus, Andrea (1998): Public Relations: die Konstruktion von Wirklichkeit. Kommunikationstheoretische Annäherungen an ein neuzeitliches Phänomen. Opladen

Kussin, Matthias (2006). Public Relations als Funktion moderner Organisation. Heidelberg.

Löffelholz, Martin (1997): Dimensionen struktureller Koppelung von Öffentlichkeitsarbeit und Journalismus. Überlegungen zur Theorie selbstreferentieller Systeme und Ergebnisse einer repräsentativen Studie. In: Günter Bentele / Michael Haller (Hg.): Aktuelle Entstehung von Öffentlichkeit. Konstanz: 187-208

Löffelholz, Martin (2000): Ein privilegiertes Verhältnis. Inter-Relationen von Journalismus und Öffentlichkeitsarbeit. In: Martin Löffelholz (Hg.): Theorien des Journalismus. Ein diskursives Handbuch. Wiesbaden: 185-208

Münch, Richard (1987): The Interpenetration of Microinteraction and Macrostructures in a Complex and Contingent Institutional Order. In: J.C. Alexander / B. Giesen / Richard Münch et al. (Hg.): The Micro-Macro Link. Berkeley, Los Angeles, London: 319-336

Neuberger, Oswald (1995): Mikropolitik. Der alltägliche Aufbau und Einsatz von Macht in Organisationen. Stuttgart

Ortmann, Günther (1995): Management und Mikropolitik. Ein strukturationstheoretischer Ansatz (zusammen mit Albrecht Becker). In: Günther Ortmann (Hg.): Formen der Produktion. Organisation und Rekursivität. Opladen: 43-80

Ortmann, Günther (2001): Organisation - ein Handlungsfeld mit Eigensinn. In: Theodor M. Bardmann/Torsten Groth (Hg.): Zirkuläre Positionen 3: Organisation, Management und Beratung. Wiesbaden: 73-90

Ortmann, Günther / Jörg Sydow / Arnold Windeler (2000): Organisation als reflexive Strukturation. In: Günther Ortmann / Jörg Sydow / Klaus Türk (Hg.): Theorien der Organisation. Die Rückkehr der Gesellschaft. 2. Aufl. Wiesbaden: 315-354

Ronneberger, Franz / Manfred Rühl (1992): Theorie der Public Relations. Ein Entwurf. Opladen

Röttger, Ulrike (2000): Public Relations - Organisation und Profession. Öffentlichkeitsarbeit als Organisationsfunktion. Eine Berufsfeldstudie. Wiesbaden

Röttger, Ulrike (2002): Kundenzeitschriften: Camouflage, Kuckucksei oder kompetente Information? In: Andreas Vogel / Christina Holtz-Bacha (Hg.): Zeitschriften und Zeitschriftenforschung. Publizistik, Sonderheft 3/2002. Wiesbaden: 109-125

Röttger, Ulrike / Jochen Hoffmann / Otfried Jarren (2003): Public Relations in der Schweiz. Konstanz

Saxer, Ulrich (1991): Public Relations als Innovation. Innovationstheorie als public-relations-wissenschaftlicher (sic!) Ansatz. In: Media Perspektiven,/ Heft 5: 273-290

Schimank, Uwe (1993): Hochschulforschung im Schatten der Lehre. Frankfurt/Main (u.a.).

Schimank, Uwe (1996): Theorien gesellschaftlicher Differenzierung. Opladen

Schimank, Uwe (2000): Handeln und Strukturen: Einführung in die akteurtheoretische Soziologie. Weinheim

Schneidewind, Uwe (1998): Die Unternehmung als strukturpolitischer Akteur. Kooperatives Schnittmengenmanagement im ökologischen Kontext. Marburg

Seeling, Stefan (1996): Organisierte Interessen und öffentliche Kommunikation. Eine Analyse ihrer Beziehungen im Deutschen Kaiserreich (1871 bis 1914). Opladen

Szyszka, Peter (1997): Bedarf oder Bedrohung? Zur Frage der Beziehungen des Journalismus zur Öffentlichkeitsarbeit. In: Günter Bentele / Klaus Haller (Hg.): Aktuelle Entstehung von Öffentlichkeit. Akteure, Strukturen, Veränderungen. Konstanz: 209-224

Theis, Anna M. (1992): Inter-Organisations-Beziehungen im Mediensystem: Public Relations aus organisationssoziologischer Perspektive. In: Publizistik, 37. Jg. / Heft 1: 25-35

Weber, Stefan (2004): Gemeinsamkeiten statt Unterschiede zwischen Journalismus und PR. In: Klaus-Dieter Altmeppen / Ulrike Röttger / Günter Bentele (Hg.): Schwierige Verhältnisse. Interdependenzen zwischen Journalismus und PR. Wiesbaden: 53-66

Wehrsig, Christof / Veronika Tacke (1992): Funktionen und Folgen informatisierter Organisationen. In: Thomas Malsch / Ulrich Mill (Hg.): ArByte. Modernisierung der Industriesoziologie? Berlin: 219-239

Westerbarkey, Joachim (1995): Journalismus und Öffentlichkeit. Aspekte publizistischer Interdependenz und Interpenetration. In: Publizistik, 34. Jg. / Heft 2: 152-162

Willke, Helmut (1995): Systemtheorie III: Steuerungstheorie. Grundzüge einer Theorie der Steuerung komplexer Sozialsysteme. Stuttgart / Jena

Willke, Helmut (1998): Systemtheorie III: Steuerungstheorie. Grundzüge einer Theorie der Steuerung komplexer Sozialsysteme. 2. Aufl. Stuttgart / Jena

Willke, Helmut (1999): Systemtheorie II: Interventionstheorie. Grundzüge einer Theorie der Intervention in komplexe Sozialsysteme. 3. bearb. Aufl. Stuttgart / Jena

ZAW (2008): Werbung in Deutschland. Berlin

Zerfaß, Ansgar (1996): Unternehmensführung und Öffentlichkeitsarbeit. Grundlegung einer Theorie der Unternehmenskommunikation und Public Relations. Opladen

Zühlsdorf, Anke (2002): Gesellschaftsorientierte Public Relations: eine strukturationstheoretische Analyse der Interaktion von Unternehmen und kritischer Öffentlichkeit. Wiesbaden

Zur Theorie der PR-Theorien

Oder: Kann man PR-Theorien anders als systemisch modellieren?

Klaus Merten

1   Funktionen von Theorien

Theorien sind nichtbeliebige Instrumente zur Ordnung von Erkenntnis. Sie können diese *Funktion* erfüllen, weil sie a) selektiv fungieren, also eine Funktion der Ausscheidung (via Falsifikation, im Sinne von Popper) erfüllen, b) weil sie abstrahieren und auf diese Weise die Fülle der Erscheinungen auf eine überschaubare Menge von Klassen oder Kategorien reduzieren und dann c) durch differenztheoretische Operationen, nämlich durch den Vergleich (der zugleich die einfachste Form der Messung darstellt), getrennt Erscheinendes ähnlich oder sogar gleich machen können und dadurch ebenfalls Ordnungsleistungen erbringen. Wie immer auch das methodische Procedere, in allen Fällen vergrößert dies den Bereich der Ordnung der Erscheinungen, die Systematisierung von Wissen, die nichtbeliebige Entscheidung über richtig oder falsch bzw. über viabel/nicht viabel.

Welcher Theorietyp anderen Theorietypen[1] überlegen ist, weil er das größere Ordnungspotenzial (Erklärungspotenzial) besitzt, ist nicht einfach zu entscheiden und im Zweifelsfall nicht nur zu behaupten, sondern zu beweisen. Hierzu stehen prinzipiell vier Möglichkeiten zur Verfügung:
1. Man sammelt alle möglichen Fälle, in denen PR zur Anwendung kommt (etwa: Pressearbeit, Krisen-PR, Aktions-PR, „Freundlichkeit", Sponsoring etc.) und ver-

---

[1] Nur zur Illustration: Als theoretische Ansätze für PR sind neben der Systemtheorie (die wiederum mehrere Spielarten aufweist) zumindest Handlungstheorie, Konflikttheorie, Chaostheorie, Konsenstheorie, Normative Theorie, Diskurstheorie/Dialog, Bargaining, Marketingtheorie, Konstruktivismus und Managementtheorie(n) sowie die Determinationshypothese und das Intereffikationsmodell zu unterscheiden.

sucht sodann eine Klassifikation nach sich anbietenden Dimensionen.[2] Klassifikationsprinzip könnte hier etwa die segmentäre Differenzierung (Political Relations, Medical Relations, Customer Relations etc.) oder nach binären Schemata (etwa: interne PR/ externe PR bzw. langfristige PR versus kurzfristige PR (also: Kampagnen-PR, Krisen-PR) sein. Sodann wäre zu prüfen, ob bestimmte Typen von PR mehrheitlich resp. „in der Regel" bestimmten, voneinander zu unterscheidenden Typen von Theorie genügen. Ich nenne dieses Vorgehen – in Anlehnung an Zetterberg (1973: 124 ff.) – *Dimensionale Analyse*.

2. Man sucht die kleinsten Einheiten, aus denen PR besteht, und prüft, ob es dafür ein einheitliches Zuordnungskriterium gibt, das dann den Zugriff einer einzigen Theorie erlaubt. Ist dies der Fall, wäre zu entscheiden und zu begründen, warum dann eine bestimmte Theorie zur Anwendung kommt. Diese Vorgehensweise nenne ich *mikroanlytischer Zugriff*.

3. Man setzt an der Definition von PR an – im klassischen Sinn: Man fragt nach dem „Wesen" von PR – und versucht, daraus Hinweise auf eine geeignete Theorie zu ziehen. Diese Vorgehensweise nenne ich *makroanalytischer Zugriff*.

4. Man prüft unterhalb des hierarchisch nächsthöheren Teilsegments von Gesellschaft, das sich hier als Medien- oder Kommunikationssystem orten ließe, welche theoretischen Bestände dort vorherrschend sind. Beispielsweise wäre hier zu fragen, wie Werbung, wie Journalismus fruchtbar modelliert sind oder modelliert werden können oder wie das Verhältnis von Journalismus und PR, das sicher ein Herzstück einer Theorie der PR darstellt, modelliert ist.

Die Evidenz für die Präferenz einer bestimmten Theorie wächst natürlich dabei umso mehr, je mehr alle der hier skizzierten vier Vorgehensweisen zum gleichen oder doch zu einem konvergenten Ergebnis führen – ich komme auf diesen Punkt zurück.

2 Geltungsbereich von Theorien

Theorien haben einen definitiven Geltungsbereich, der sich aus einem expliziten Inhalts- bzw. Reichweitenkriterium herleiten lässt. In dem hier in Rede stehenden Fall ist also zunächst nach dem Geltungsbereich zu fragen. Und es wird sich zeigen, dass diese Frage gleich mehrfach – sowohl für die Mikro- als für die Makroebene – zu stellen ist.

2.1 Dimensionale Analyse

Man kann zunächst auf der Dimensions-Ebene beginnen. Dann erhält man einen Katalog von PR-Aktivitäten bzw. PR-Prozessen, denen sodann bestimmte Typen von Theorie zuzuordnen wären. Der Versuch, so vorzugehen, führt sehr schnell auf Grenzen von Beliebigkeit, will heißen: Die Unterscheidung der einzelnen Typen ist allenfalls anhand formaler Merkmale möglich, sie verweigert sich jedoch – typisch für empirische

---

[2] Dieses Vorgehen ist aus der Inhaltsanalyse etwa als „Empirische Liste" bekannt (vgl. Merten 1995: 339 ff.).

Listen – einem klaren und eindeutigen theoretischen Zugriff mit entsprechend klarer theoretischer Differenzierung. Als Beispiel: Krisen-PR könnte man von ihrem Ablauf her konflikttheoretisch analysieren (WER agiert wegen WAS mit WEM?), aber natürlich auch handlungstheoretisch (rollentheoretisch) und natürlich auch systemtheoretisch (prozessanalytisch). Eine verbindliche Feststellung, welche Theorie hierfür am besten geeignet wäre, bzw. die Definition eines Fruchtbarkeitskriteriums, das eine präzise Bewertung erlauben würde, ist allerdings (noch) nicht möglich. Gleiches gilt für weitere Anwendungsfälle von PR: Eine Pressekonferenz kann man von ihrem Ablauf her, von ihren Inhalten, aber auch rollentheoretisch und schließlich noch von ihren Intentionen her analysieren. Die Feststellung einer gemeinsamen maximal sinnvollen (fruchtbaren) theoretischen Basis für alle möglichen Fälle von PR erscheint daher wenig sinnvoll.

2.2 Mikroebene: Instrumente von PR

Auf der Mikro-Ebene fragen wir nach den kleinsten Einheiten, aus denen PR besteht. Diese Vorgehensweise ist in den Naturwissenschaften zu hohen Ehren gekommen: Wir wissen heute definitiv, dass es kleinste Bausteine gibt (etwa: Atome, Elektronen etc.), aus denen allein alle komplexeren materiellen Erscheinungen dieser Welt zusammengesetzt sind. Dieses Prinzip lässt sich auch auf die Kommunikationswissenschaften anwenden, z.B. wenn man differenztheoretisch vorgeht (so Luhmann 2003: 66ff.) und dann darauf stößt, dass alle Sozialsysteme durch Kommunikation – also ebenfalls durch Sozialsysteme – zusammengehalten werden.

Wendet man diese Perspektive auf Public Relations an, so fallen sofort die Instrumente der PR als kleinste Einheiten ins Auge: Events, Pressekonferenzen etc. sind Instrumente, die wiederum aus kleineren Instrumenten – etwa: Gespräche, Telefonate, Lächeln – zusammengesetzt sind. Die kleinsten Einheiten sind, wie man schnell feststellen kann, nonverbale und/oder verbale *Kommunikationsprozesse*.[3] Modelliert man diese systemisch, so kann man einen entscheidenden Vorteil nutzen: Die Entstehung größerer Systeme kann durch das Wirken kleinerer Systeme erklärt werden. Oder in den Worten von Norbert Wiener (1968: 191): „Die Vorstellung einer Organisation, deren Elemente selbst kleine Organisationen sind, ist weder neu noch ungewöhnlich".

Also ergibt sich der Geltungsbereich von PR – wie immer man auch definieren mag – durch den Bezug auf *Kommunikation*: PR stellt eine Anwendung von Kommunikation und *nur* von Kommunikation dar und daraus folgt logisch bindend, dass eine Theorie der PR allemal den Kriterien einer Theorie der Kommunikation (zuzüglich weiterer, spezifischer Kriterien) zu genügen hat.

---

[3] Selbst das Sponsoring ist nichts anderes als das gegen Bezahlung abgenommene Versprechen, Kommunikationsprozesse in vorgegebener Form und Dauer zu initiieren und durchzuhalten. Albert Oeckl war hier noch puristischer und sah Sponsoring als nicht zu PR zugehörig an. Aber auch die von der Ethik der PR stigmatisierten Prozesse wie Gerücht, Lüge, Täuschung, Fälschung etc. sind Kommunikationsprozesse bzw. basieren auf solchen.

Eine Theorie über die Anwendung von X muss nicht logisch bindend selbst etwas mit X zu tun haben. Also: Wenn man eine Theorie des Transports zwischen den Orten A und B entwickelt, dann ist dies keine Theorie der Bundesbahn, des Straßenverkehrs oder der Schneckenbewegung, sondern eine Theorie der Bewegung von berechenbaren Massen über berechenbare Entfernungen zu zu verortenden Zielen in bestimmbaren Zeiten. Gesucht würde also eine Theorie, die die Dimensionen cm, Gramm, Sekunde besitzen müsste. Aber damit ließen sich Bahnverkehr, Straßenverkehr oder Schneckengang gleicherweise modellieren.

Bezogen auf das oben definierte Ziel ist also zu fragen, welcher Theorietyp für die Analyse von Kommunikation als fruchtbarster Typ gelten kann, denn dieser wäre dann, weil Public Relations als Sonderfall von Kommunikation gelten, auch als fruchtbarster Typ für eine Theorie der PR anzusehen. Die Antwort ist: Die theoretische Modellierung von Kommunikation gelingt bevorzugt durch die Systemtheorie, weil diese nicht auf binäre Kausalstrukturen (Ursache – Wirkung) verwiesen ist (vgl. Merten 1999: 82ff.) und zudem genetisches Potenzial besitzt. Die Systemtheorie modelliert Kommunikation als kleinstes soziales System (vgl. Luhmann 1972).

2.3 Makrobereich: Definitionen von PR

Schon Scharf (1971:166) unterstellt, dass es mehr als 2000 Definitionen von PR gibt. Daraus kann man schließen, dass die Disziplin Public Relations sich noch in einem wenig reifen Stadium befindet: Je größer die Zahl umlaufender Definitionen, desto weniger ist der Erkenntnisgegenstand von Public Relations konsentiert. Direkt aus den Definitionen selbst lassen sich daher keine gesicherten Erkenntnisse ableiten. Die gegenwärtig am ehesten akzeptierte Definition stammt von Grunig/Hunt (1984: 6), die Public Relations in Anlehnung an Harlow (1976) und Bernays (1947) als „management of communication between an organization and its publics" bezeichnen und dabei vier theoretische Begriffe benutzen: Management, Kommunikation, Organisation und Öffentlichkeit.

Doch bei der systematischen Durchsicht von einschlägigen PR-Definitionen oder dem erklärenden Kontext, in dem diese Definitionen stehen, lassen sich wiederkehrende Merkmale bzw. Assoziationen orten, die relevante theoretische Verweise liefern. Das gilt bei PR-Definitionen insbesondere für zwei Merkmale: 1) Den auffälligen Bezug auf *fiktionale* Strukturen und b) die stets auf positiv wertende Positionierung zielende Leistung aller PR. Der Bezug auf Fiktionen findet sich in vielen Begriffen (etwa: Image, Event, Vision) und dies verstärkt in der Epoche der Mediengesellschaft.[4] Zu

---

[4] Wie bekannt wurde der Begriff des Images erst 1962 durch die Arbeit von Boorstin populär. Von „Mediengesellschaft" kann man sprechen, wenn zwei Bedingungen erfüllt sind: 1) das Auftreten von Metamedien (etwa: Programmzeitschriften, Suchmaschinen etc.) zur Raffung von Medieninhalten im großen Stil und 2) das Anwachsen von Fiktionen, die massive faktische Wirkungen entfalten und nun gleichberechtigt neben den Fakten stehen können. Für den Beginn der Epoche der Mediengesellschaft in der Bundesrepublik Deutschland kann man hilfsweise das Jahr 1984 ansetzen – das Jahr also, in dem das Duale Rundfunksystem implementiert wird (vgl. dazu Merten 2004).

vielen *realen* Positionen lassen sich nun *fiktionale* Pendants resp. fiktionale *Stellvertreter* formulieren (Tabelle 1).

Tab. 1: Typen von Fiktion als generalisierte Stellvertreter in der Mediengesellschaft

Frühere Gesellschaften	Mediengesellschaft
FAKT ➔	FIKTION
Objektive Wirklichkeit („Realität")	Medialer Wirklichkeitsentwurf
Ereignis	Event, Bericht über Ereignis (Text)
Sachverhalt	Inszenierung
Person	Image
Zu lösendes Problem	Zu diskutierendes Thema
Wahrheit	Öffentliche Meinung
Autoptische Beobachtung	Beobachtung der Beobachtung

Der große Vorteil *fiktionaler* Konstrukte liegt in ihrer einfachen, schnellen und kostengünstigen Erzeugung und Veränderung, deren jeweilig wünschenswerte Modifikation von einer neuen, sich konkordant ausdifferenzierenden Profession wahrgenommen wird: Public Relations.

Benutzt man hier hilfsweise den Oberbegriff „Wirklichkeit", so heißt das nichts anderes, als dass neben die objektive („reale") Wirklichkeit nun jeweils eine weitere mediale und damit *fiktionale* Wirklichkeit getreten ist. Logisch bedeutet dies eine verstärkt einsetzende Differenzbildung, deren Beginn schon Jahrhunderte zurückliegt: Sie setzt einen Typ von Negation voraus und wird umgangssprachlich mit „Täuschung" bezeichnet. Ausschlaggebend dabei ist, dass Sachverhalte aller Art jetzt, in der Mediengesellschaft, durch ihre mediale „Behandlung" eine massive Aufwertung an Relevanz erfahren, so dass ein völlig neues Relevanzmodell entsteht: Was nicht in den Medien ist, ist nicht relevant. Damit wächst der Druck, in den Medien vertreten zu sein, denn nur wer dort sichtbar (beobachtbar) ist und souverän auftritt, gilt auch de facto als „wirklich" existent, als „wirklich" wahrnehmbar, als „wirklich" souverän. Die Verhältnisse drehen sich geradezu um: Nicht der ist gut aufgestellt, der wirklich gut aufgestellt ist, sondern der, der in den Medien wirklich gut aufgestellt *erscheint*: Der Anschein, nicht die realen Fakten erzeugen jetzt die relevanten Fakten.

Die angemerkte *tendenziell positive Tönung* aller Public Relations verweist ebenfalls auf die zugrunde liegende Kategorie der Täuschung: Die an sich negative Assoziation, die mit „Täuschung" verbunden wird, muss kompensiert werden durch positive Bezüge. Und wenn man schon nichts Gutes tun kann, um darüber zu reden (vgl. Zedtwitz-Arnim 1961), dann muss im Zweifelsfall so getan werden als ob: „Tue nur so und rede darüber" (Ivory 1992). Bei Oeckl (1964: 31) ist analog von „dauerndem Bemühen" die Rede und in viele Definitionen von PR ist – sicher kein Zufall – eine positive Wertung des PR-Handelns wie eine ethische Zierleiste eingearbeitet. Auch die seinerzeit im Kontext konstruktivistischer Überlegungen in einem ersten Zugriff formulierte Definition von Public Relations als „Konstruktion *wünschenswerter* Wirklichkeiten" verweist auf das besondere Verhältnis von Fakt und Fiktion, von realer und fiktionaler Wirklichkeit (vgl. Merten 1992).

Wir folgern daraus zunächst, dass Public Relations einen Prozess *strategisch dosierter Täuschung* in bestimmten Bandbreiten darstellen, der letztlich gesellschaftlich wenn nicht erwünscht so doch als notwendig angesehen wird. Eine Theorie der PR muss daher, sofern die hier referierten Überlegungen valide sind, ein Element der Täuschung mitführen können. Im einfachsten Fall heißt das in der PR *Impression Management* und es ist bezeichnend, dass dieser Begriff von Erving Goffman, dem unbestrittenen Großmeister für die Analyse öffentlichen Auftretens unter spezifischen Randbedingungen, stammt (vgl. vor allem Goffman 1961, 1980, 2008). Täuschung ist nicht nur notwendig für den, der in der Öffentlichkeit Eindrucksmanagement betreiben muss, sondern auch für anwesende Personen, die das Impression Management als sozial geachtete Kompetenz ansehen und *enttäuscht* sind, wenn jemand nicht glaubhaft zu täuschen versteht. Die beim Impression Management laufend zu leistende Täuschung einer Person oder Organisation besteht letztlich darin, Einfluss darauf zu nehmen, *wie* die Öffentlichkeit Person oder Organisation wahrnimmt. Oder in der Logik systemischer Beobachtung: „Führer kann nur jemand sein, der manipulieren kann, wie er beobachtet wird" (Luhmann 2003: 166). Goffman (1980: 98-224) liefert dazu einen umfassenden Katalog von Täuschungsvarianten und eine Fülle frappierender Beispiele: Täuschung ist überall.

Täuschung in der PR ist natürlich nicht auf Impression Management beschränkt, sondern findet sich überall und hat nur dann Grenzen, wenn bestehende Vertrauensverhältnisse zwischen dem Täuschenden und dem/den Getäuschten bzw. der getäuschten Öffentlichkeit umgehend beschädigt werden. Es gibt viele Situationen, in denen eine Täuschung sich schon dann auszahlt, wenn sie nur geringe Zeiträume heil übersteht – etwa vor Entscheidungen, Abstimmungen etc., deren Wert dann ungleich gewichtiger sein kann.

Dabei fällt auf, dass gesellschaftlich eindeutig *positive* Täuschungsprozesse – etwa Höflichkeit, Freundlichkeit, Verbreiten von Hoffnung und Visionen etc. – gar nicht als Täuschung bezeichnet werden, sondern selbst weggetäuscht werden durch eine positiv getönte Semantik. Die Geheimhaltung der Geheimhaltung (vgl. Westerbarkey 1991) zeigt sich hier in der Reflexivisierung von Täuschung. Dahinter steht der kontinuierliche gesellschaftliche Bedarf für Täuschung, der bei der elementaren Höflichkeit beginnt und nicht bei der Lüge endet (vgl. Merten 2008b).

Strukturell bedeutet dies, dass Täuschung stets auf Kommunikation basiert, die so zugerichtet wird, dass sie neben eine vorhandene „*reale*" Wirklichkeit eine weitere *fiktionale* Wirklichkeit setzt und diese für relevant erklärt. Es ist die maximal zulässige Differenz zwischen beiden Wirklichkeiten, die das Ausmaß möglicher und vertretbarer Täuschung bestimmt. Es ist daher sinnvoll, den Begriff der Täuschung in eine Definition von Public Relations hineinzuziehen. Denn die Eigentlichkeit von „Etwas" muss sich in der Definition dieses „Etwas" wiederfinden. Es reicht nicht, bei Public Relations hilfsweise oder ausweichend von „gutem Tun" oder „dauerhaftem Bemühen" zu sprechen. Auf der anderen Seite muss eine solche Definition semantisch neutral formuliert sein und dies aus zwei Gründen: Zum einen möchte sich niemand mit einem Tun gemein machen, das Schatten auf seine Person wirft. Zum anderen aber verlangt eine wissenschaftliche Definition eine strikt neutrale Semantik. Von daher definieren wir nun wie folgt: Public Relations sind das Differenzmanagement zwischen Fakt und Fiktion durch Kommunikation über Kommunikation in zeitlicher, sachlicher und sozialer Perspektive (Merten 2008: 57). Goffman (2008) beschreibt dieses Differenzmanagement geradezu frappierend offen als Differenz zwischen „Vorderbühne" (die für die Öffentlichkeit agiert) und „Hinterbühne", die alles, was auf der Vorderbühne geschieht, jederzeit diskreditieren darf (vgl. Goffman 2008: 104ff.).

Als Zwischenbefund ist festzuhalten: Sowohl eine mikroanalytische als auch ein makroanalytische Betrachtung verweisen eine Theorie der PR bindend auf eine Theorie der Kommunikation. Beschränken wir uns hier auf Definitionen, die makroanalytisch etwas über das Wesen von PR aussagen, so ist die Situation nun folgende: Es ist eine Theorie zu suchen, die zumindest mit drei Elementen, nämlich 1) Kommunikation, 2) Organisation und 3) Öffentlichkeit sinnvoll umgehen kann. Hinzu kommt ein viertes Prozesselement, das wahlweise als „Engineering of Consent" (Bernays 1947) resp. als Management (von Kommunikation) zu bezeichnen wäre – was in der Sache ersichtlich das Gleiche ausmacht: Den strategischen Einsatz von Kommunikationsprozessen.

2.4 Theoretische Ansätze im Medien- respektive Kommunikationssystem

Es ist, vor allem bedingt durch die späten Arbeiten von Niklas Luhmann (vgl. Luhmann 1996, 2003), Konsens, dass das Mediensystem von Gesellschaften spätestens in der Epoche der *Mediengesellschaft* den Rang eines funktionalen Teilsystems der Gesellschaft mit eigenem Code besitzt, der, noch nicht bindend konsentiert, als Information/Nichtinformation (Luhmann 1996: 36), als Aktualität/Nichtaktualität oder als Relevanz/Nichtrelevanz zu beschreiben wäre. Unterhalb dieses Systems sind Literatur, Werbung, Journalismus und PR zu verorten, die, im Rahmen der Binnendifferenzierung des Mediensystems, eigene Teilbereiche verkörpern.[5]

Zu fragen wäre auch hier, ob es auf dieser internen Ebene theoretische Ansätze gibt, mit denen diese Teilbereiche theoretisch modelliert werden. Gleiches gilt, nochmals aufwendiger, für die Analyse der Beziehungen zwischen diesen Subsystemen, insbesondere für das Verhältnis von Journalismus und PR, das sicherlich zum Herzstück einer Theorie der PR zählt. Tentativ sind in Tabelle 2 zehn relevante theoretische Ansätze der PR synoptisch aufgeführt und nach mehreren Kriterien geordnet, nämlich 1) nach dem Typ der Theorie, 2) nach der theoretischen Reichweite, 3) nach der möglichen/erfolgten Überprüfung und auch danach, ob 4) eine affine Definition existiert.

---

[5] Luhmann (1996: 24) spricht hier davon, dass „die Differenz von System und Umwelt in das System hineinkopiert wird" und genau dadurch eine Binnendifferenzierung nach identischem Muster der System-Umwelt-Differenzierung entsteht.

Tab. 2: Matrix PR-theoretischer Ansätze

Merkmale Bezeichnung [Theorietyp]	Reich- weite	Bezug	Emp. Prüfung	Defini- tion	Anwendung
PR-Theorie [Systemtheorie]	Makro	Gesamtgesell- schaft	-	-	Ronneberger/ Rühl (1992)
Konstruktivismus [Systemtheorie]	Makro	Mediengesell- schaft	+-	+	Merten (2004)
Evolution der PR [?]	Meso	Organisation	+	+	Grunig/Hunt (1984)
Determination [Kausalhypothese]	Meso	Journalismus/ PR	+		Baerns 1985
Intereffikation [Systemtheorie]	Meso	Journalismus/ PR	+		Bentele (1999)
Bez. zwischen Teilsystemen [Systemtheorie]	Meso	Journalismus/ PR	+-	+	Merten (2004)
Exzellente PR [Entscheidungstheorie]	Mikro	Organisation/ Umwelt	+	+	Grunig (1992)
Verständigungsorien- tierte PR [Handlungstheorie]	Mikro	Organisation/ Umwelt	-	-	Burkart (1996)
Organisationstheorie [Strukturationstheorie]	Mikro	Organisation/ Umwelt	+-	-	Zerfaß (2004)
Organisationstheorie [Strukturationstheorie]	Mikro	Organisation/ Umwelt	+	-	Jarren/Röttger (2004)

Es zeigt sich: Überwiegend basieren diese Ansätze auf Systemtheorie und Handlungstheorie, wobei die systemische Modellierung sowohl auf der Makro- als auch auf der Meso-Ebene erfolgt. Alle anderen Ansätze bestreichen nur eine von drei möglichen Ebenen.[6]

3 Der theoretische Diskurs

Der Untertitel dieses Beitrags enthält die Verpflichtung, zu zeigen, dass die Systemtheorie nicht nur geeignet ist, hier eine befriedigende Lösung anzubieten, sondern dass sie im Vergleich mit anderen Theorien dafür ganz besonders geeignet ist. Diese Verpflichtung gilt es nun einzulösen. Ich beginne mit dem ersten und anscheinend einfachsten der vorweg genannten vier Elemente, also mit Kommunikation.

---

[6] Würde man die Strukturationstheorie von Giddens als systemische Theorie verstehen wollen – wofür einiges sprechen könnte – wäre die Systemtheorie auf allen Ebenen vertreten.

3.1 Kommunikation als System

Der Aufsatz von Niklas Luhmann (1970) über öffentliche Meinung gilt als einer der meistzitierten Aufsätze in der Kommunikationswissenschaft. Gleichwohl unterstelle ich, dass, ein späterer Beitrag mit dem Titel „Einfache Sozialsysteme" viel wichtiger für die Kommunikationswissenschaft ist. Luhmann (1972) skizziert hier, mit hoher Evidenz und unter Rückgriff auf die mikrosoziologischen Arbeiten von Goffman, Kommunikation als kleinstes soziales System. Wenn Talcott Parsons der für die Entwicklung der Systemtheorie wichtigste amerikanische Makro-Soziologe war, so war Erving Goffman der wichtigste amerikanische Mikrosoziologe, der nicht nur durch eine Fülle von frappierenden Beobachtungen und durch deren scharfsinnige, theoretisch zupackende Deutung internationalen Rang erlangt hat,[7] sondern bahnbrechende Vorarbeiten für ein anspruchsvolles Verständnis von Kommunikation, insbesondere für Public Relations, geleistet hat. Luhmann (1972) abstrahiert noch weiter und verknüpft die Mikro-Analysen von Goffman mit den functional prerequisites von Parsons. Damit sind vier Basisfunktionen sozialer Systeme gemeint, die als *AGIL*-Schema bezeichnet werden (vgl. Abb.1):

Abb. 1: Das AGIL-Schema von Parsons (1959: 7)

G	A
Goal attainment	Adaptation
L	I
Latent Pattern maintenance	Integration

Jedes soziale System, so Parsons, muss vier Grundfunktionen erfüllen können.[8] Die Bedeutung dieses Aufsatzes (Luhmann 1972) steigert sich noch, wenn man in Rechnung stellt, dass die Katalyse von Kommunikation eine doppeltkontingente, reflexive Struktur, nämlich Wahrnehmung von Wahrnehmung, voraussetzt, denn gerade dies ist der untrügliche Hinweis dafür, dass Systembildung stattfindet. Die Analogie etwa zwischen biologischen und sozialen Systemen, bezogen auf diese Grundfunktionen, ist ausgesprochen frappierend (Abb. 2), denn sie zeigt, was „General Systems Theory" leisten kann: Vergleich und Vergleichbarmachung von Erscheinungen auf völlig distinkten Ebenen.

---

[7] Mit der Erkenntnis "Ein Mensch kann aufhören zu sprechen, er kann aber nicht aufhören mit seinem Körper zu kommunizieren; er muss damit entweder das Richtige oder das Falsche sagen, aber er kann nicht gar nichts sagen" (dt.: Goffman 1971: 43) nimmt er vorweg, was Watzlawick erst Jahre später als metakommunikatives Axiom formuliert hat, demzufolge man „nicht nicht kommunizieren" könne (Watzlawick et al. 1971: 53).

[8] Dabei ist die latent pattern maintenance von besonderem Interesse: Analog zu biologischen Systemen, die diese Funktion als Fortpflanzung, als Erhaltung der Art, erfüllen, gilt das Gleiche auch für Kommuikation – sichtbar etwa in der Vermeidung von Schweigen oder in Formulierungen wie „Auf Wiedersehen", wenn zwei Personen sich voneinander verabschieden und dadurch ihre Kommunikation „pro forma" zu unterbrechen genötigt sind.

Abb. 2: Vergleich von biologischem System und Kommunikationssystem

Funktionen	Biologisches System	Kommunikationssystem
Adaptation	Anpassung an Umwelt	Themenwahl
Goal Attainment	Zielgerichtetes Handeln	Zielgerichtete Kommunikation
Integration	Integration aller Handlungen	Integration aller Kommunikation
Latent pattern maintenance	Erhaltung der Art	Vermeidung von Unterbrechung

3.2 Organisation als System

Die zweite Ebene stellt die *Ebene der Organisation* dar: Auch Organisationen lassen sich als soziale Systeme definieren, wobei erneut ein selbstreferentes Prinzip hoher Tragweite ins Spiel kommt, nämlich selbstbezügliche Struktur (Reflexivität): „Es scheint sich bei den reflexiven Mechanismen gerade um den Prozess zu handeln, mit dem aus kleinen Systemen große gebildet werden"[9] (Luhmann 1970a: 101). Damit ist ein zweiter Vorteil systemtheoretischen Denkens artikuliert, der, wie noch zu zeigen sein wird, gerade für Kommunikation zum Tragen kommt, nämlich ein Prinzip hierarchischer Genese von Struktur, das eine Transzendenz der Ebenen erlaubt.

Gerade Organisationen waren von Anfang an und insbesondere unter funktionalistischer Perspektive ein bevorzugtes Studienobjekt der Systemtheorie, weil deren Kennzeichen nicht die Mitgliedschaft vieler Personen, sondern nur deren Handeln, soweit es im Sinne der Organisation erfolgt und wie es durch die am Rollenbegriff festzumachenden Muss-, Kann- und Soll-Erwartungen (vgl. Dahrendorf 1967) gedeckt ist, war. Gerade an der Struktur von Handlungen wird der systemische Zugriff evident, denn die Systemtheorie abstrahiert notwendig das Handeln einer Person von der Person selbst. Diese durch den Rollenbegriff mögliche Abstraktion ist ja die Voraussetzung dafür, dass der Anspruch der Systemtheorie, nur sinnvoll aufeinanderbezogene Handlungen als System anzuerkennen, überhaupt erfüllt werden kann. Organisationen sind demgemäß zweckrational gebildete Systeme auf der Meso-Ebene. Gerade aus Sicht der Kommunikationstheorie hat das Handeln von Organisationen als System viel Aufmerksamkeit erfahren – erinnert sei beispielsweise an die strategische Rolle der internen Kommunikation, deren Stellenwert Bernays mit dem geflügelten Satz „PR begins at home" markiert hat oder aber an die Dissertation von Manfred Rühl, die – eben nicht zufällig – unter dem Titel „die Zeitungsredaktion als organisiertes soziales System" erschienen ist (Rühl 1969).

3.3 Öffentlichkeit als soziales System

Die dritte Ebene stellt die *Ebene der Öffentlichkeit* dar: Auch der Begriff der *Öffentlichkeit* lässt sich zwangsfrei systemisch als *virtuelles soziales System* modellieren, analog zur Massenkommunikation, die in Bezug zur face-to-face-Kommunikation als

---

[9] Genauer gesagt: Systembildung erfolgt durch schon vorhandene Systeme geringerer Komplexität. Bei Luhmann (2003: 78ff.) wird diese Struktur als grundlegende Bedingung der Möglichkeit für Autopoiese gesehen.

virtuelle Kommunikation anzusprechen ist: Wir nehmen nicht wahr, wie unser Gegenüber denkt, meint, argumentiert, sondern wir abstrahieren und stellen uns vor, wir meinen zu wissen, wie er denkt, meint, argumentiert, d.h. wir ziehen hilfsweise eine virtuelle Struktur ein, die gleichwohl faktische Wirkungen entfaltet[10] (vgl. Merten 1999a).

Konstituiert sich also Massenkommunikation über das Reflexivwerden von Vorstellungen bzw. Erwartungen, so konstituiert sich Öffentlichkeit als Wissen um das Wissen anderer. Folglich wird das System immer dann aktiv, wenn der Konsens von Wissen gefährdet ist, nämlich bei der Zufuhr *neuen* Wissens. Journalistisch gesprochen: bei der Zufuhr von Aktualität – und genau dann aktiviert „Öffentlichkeit" alle greifbaren Kommunikationsprozesse, um den Wissenskonsens wiederherzustellen. Insofern muss man das Ingenium von Bernays noch im Nachhinein bewundern, PR als Management von *Konsens* zu modellieren, denn dies schließt Kommunikation notwendig ein. Zusätzlich besitzt Öffentlichkeit eine weitere Struktur *sozialer* Reflexivität mit durchgreifender Bindewirkung, die für die eigentliche Konsensbildung verantwortlich ist.

3.4 Management als Kommunikation

Schließlich ist der Begriff des *Managements* noch aufzuhellen bzw. die synonym gebrauchten Begriffe „Engineering" und „Konstruktion". Offensichtlich sind damit Strategien angesprochen, nach denen Kommunikation passgenau zugerichtet und sinnvoll eingesetzt wird. Das Besondere daran aber ist, dass diese Strategien – unausweichlich – *kommunikativ* artikuliert und umgesetzt werden müssen: Management, Engineering oder Konstruktion sind mithin ebenfalls Prozesse der Kommunikation, mit der die eigentliche Kommunikation gemanagt wird: So ist beispielsweise das Verfassen einer Pressemitteilung nicht schon PR, denn dazu gehören weitere kommunikative Anstrengungen, um diese „an den Mann" zu bringen und genau deswegen operieren PR uneinholbar auf einer hierarchisch höher angesiedelten Meta-Ebene, die von den eigentlichen Kommunikatoren gar nicht eingeholt werden kann (vgl. Merten 1992: 42f.).

Dass dies so ist, ist natürlich nicht zufällig, sondern es ist gerade das Besondere von Kommunikation, es ist das, was sie auszeichnet, was sie leistungsfähig macht.[11] Das erkennt man dann, wenn man nach einer Theorie von Kommunikation fragt. Denn eine Theorie der Kommunikation setzt die Selbstreferenz von Kommunikation schon voraus, da sie auch den Fall von Metakommunikation schon mitberücksichtigen muss, oh-

---

[10] Diese Vorgehensweise hat, differenztheoretisch gesprochen, natürlich genetische Wirkungen, weil die Vorstellung von Wirklichkeit allemal die Differenz zur „realen" Wirklichkeit aufmacht und damit autopoietische Strukturen in Gang setzt.

[11] Dass dies keinesfalls selbstverständlich ist, ist noch sehr einfach zu sehen. Denn man wäscht Autos nicht mit Autos, sondern mit Wasser, man verdient Geld nicht mit Geld, sondern mit Arbeit, man isst Essen nicht mit Essen, sondern mit Messer und Gabel – aber man kann Kommunikation durch Kommunikation managen. Auch auf diese Weise zeigt sich die Besonderheit aller Kommunikation.

ne den sie Kommunikation gar nicht erklären kann, weil sie gar nicht über Kommunikation sprechen kann.[12]

3.5 Theoretische Modellierungen innerhalb des Kommunikationssystems

Eine zusätzliche Möglichkeit, die Anwendung von Theorietypen zu beobachten, ergibt sich aus der Binnendifferenzierung des Medien- resp. Kommunikationssystems, das als funktionales Teilsystem der Gesellschaft spätestens in der Epoche der Mediengesellschaft als wichtigstes Teilsystem der Gesellschaft gelten muss und wegen der von ihm zu erbringenden gesellschaftlichen Integrationsleistung stets schneller wächst als andere gesellschaftliche Teilsysteme (vgl. Merten 1999: 188). Wie sind Literatur, Werbung, Journalismus modelliert und welche Erkenntnis lässt sich ggf. daraus für die theoretische Modellierung von Public Relations gewinnen? Und: Wie wäre sinnvollerweise die Beziehung zwischen Journalismus und PR zu modellieren?

Zunächst ist evident, dass die Binnendifferenzierung des Kommunikationssystems Sub-Aggregate hervorbringt, die fast durchgängig als Subsysteme bezeichnet werden und als solche auch systemisch strukturiert sind bzw. analysiert werden: Literatur wird als soziales System konzipiert, das sich im 18. Jahrhundert ausdifferenziert (vgl. Schmidt 1989); Werbung wird ebenfalls als soziales System definiert (vgl. Schmidt/ Spieß 1996). Gleiches gilt für den Journalismus, der als Teilsystem der Gesellschaft verstanden wird (Weischenberg 1994). Schon diese Aufzählung suggeriert, dass auch PR als Subsystem des Mediensystems modelliert werden kann.

Doch die oben skizzierte Definition von PR als Differenzmanagement eröffnet eine weiter reichende Perspektive auf die benachbarten Berufsfelder des Journalismus und der Werbung. Üblicherweise gilt als gesichert, dass der Journalismus auf Objektivität und Wahrheit seiner Inhalte abonniert ist und dies offen für sich reklamiert. Nicht umsonst lautet das Credo des anglikanischen Journalismus „comments are free but facts are sacred". Auf der anderen Seite steht die Werbung, die keinerlei Wahrheitsansprüche für sich reklamiert, sondern ganz im Gegenteil deren Absenz offen zugibt. Hinsichtlich des Wahrheitsanspruchs bewegen sich Public Relations genau dazwischen: Sie fordern für bestimmte Situationen, z.B. in Fällen von Krisen-PR, die Beachtung uneingeschränkter Wahrhaftigkeit und sie fordern in anderen Konstellationen, z.B. bei Skandalen aller Art, notfalls auch die perfekte Unwahrheit (vgl. Abb. 3).

---

[12] Dazu in anderer Perspektive, aber gleicher Begründung Luhmann (2003: 78): „Ein Sozialsystem entsteht, wenn sich Kommunikation aus Kommunikation entwickelt. Die Frage der ersten Kommunikation brauchen wir nicht zu erläutern, denn die Frage ‚Was war die erste Kommunikation?' ist schon eine Frage in einem kommunizierenden System."

Abb. 3: Schnittmengenmodell von Journalismus, Public Relations und Werbung

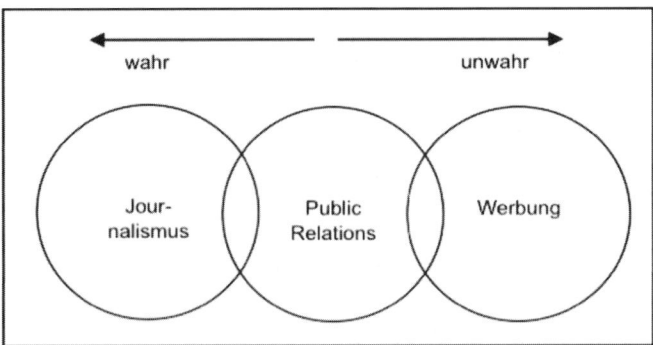

Denn die Leistung von Public Relations besteht genau darin, Wirklichkeiten (Sachverhalte) *fallbezogen* so oder auch anders, also: kontingent darzustellen. Ihre Aufgabe liegt nicht in der strikt wahrheitsbezogenen Darstellung von Sachverhalten, sondern in deren situational bedingter Anpassung. PR-Manager müssen dabei diese Elastizitäten bis zu deren Grenzen nutzen, um die geplante Wirkung ihrer Kommunikation bei den jeweiligen Zielgruppen zu erreichen *ohne* ihre Glaubwürdigkeit zu verlieren. Fachleute für PR sind, so gesehen, nichts anderes als professionelle Konstrukteure fiktionaler Wirklichkeiten, sind Experten darin, die Semantik einer Sache zu der Sache selbst in kontingenter Distanz zu verhandeln (vgl. Merten 2007: 27).

Es ist richtig, dass Public Relations bzw. das Kommunikationsmanagement täuschen können müssen. Unglücklicherweise unterstellt die Öffentlichkeit – wie in allen solchen Fällen – aber stets den krassesten Fall („Wer einmal lügt ...") und generalisiert daher eine Täuschungsvermutung für alles Tun von PR: Das chronisch schlechte Image der PR rührt genau aus dieser Konstellation her und verweist damit implizit nochmals auf die Eigentlichkeit aller PR.

Zur Vergewisserung: Public Relations gelten als Überzeugungstätigkeit und grenzen sich gegen Werbung, die im herkömmlichen Verständnis auf Überredung zielt, und gegen den Journalismus, der auf Wahrheit basiert ist, ab. Bei genauerer Hinsicht aber umgreift PR beide Modi: Sie kann mit Wahrheiten, aber ebenso auch mit Unwahrheiten hantieren, sie muss das gesamte Spektrum abdecken können und dies im Zweifelsfall simultan und invers: Auch mit Wahrheiten lässt sich bei Bedarf lügen, wenn man sie nur als Täuschung darstellen kann und auch Täuschung kann Wahrheitscharakter erlangen. Von daher ist die herkömmliche Trennung zwischen Journalismus, Werbung und PR so nicht mehr haltbar und markiert nicht den Wesensanspruch von PR. Aus diesem Befund könnte man mit einiger Berechtigung schließen, dass Public Relations der *Normalfall* aller Kommunikation sind[13] und nur im Extremfall eine Bindung an Wahrheit (Journalismus) oder Unwahrheit (Werbung) zulassen (vgl. dazu in anderer Begründung Avenarius 1995: 2ff.).

Der Wesensanspruch von PR beruht dabei jedoch nicht auf Täuschung als permanentem Prinzip, sondern nur auf Täuschung bei Bedarf – wie man eben auch eine Notbremse nur bei Bedarf zieht, eine Notlüge nur bei Bedarf riskiert und dies auch nur dann, wenn eine Begründung vorliegt, die die dafür bestehende Sanktion zu neutralisieren imstande ist. Oder abstrakter: PR sind ein Typ von Differenzbildung, der Differenzen zwischen zwei Wirklichkeiten erzeugen und nutzen kann. Diese Differenz kann gleich Null sein – das wäre der Fall von Wahrheit! – und sie kann sich von Null massiv unterscheiden. Das Prinzip der Differenzbildung wird dabei, genau besehen, aber nicht nur auf den Vergleich zweier Wirklichkeiten (von denen die eine durch PR konstruiert wird) gewendet, sondern auch auf die Kriterien für den dafür zu definierenden frei schwebenden Ermessensspielraum. All das verweist klar auf einen systemisch-differentialistischen Theorieansatz für Public Relations.

Noch deutlicher wird der Primat der Systemtheorie, wenn das Verhältnis von Journalismus und PR, ein Herzstück einer Theorie der PR, Gegenstand des Interesses wird: Hierzu finden sich gleich mehrere, distinkte Ansätze, deren Gemeinsamkeit in der systemtheoretischen Modellierung sowohl auf einer Mikro-Ebene der Interaktion (Bargaining) als auch auf der Meso-Ebene (strukturelle Kopplung) als auch auf der Makro-Ebene liegen (vgl. Altmeppen/Röttger/ Bentele 2004).

Gerade die Analyse auf der Makro-Ebene erlaubt eine systemische Modellierung, die zudem durch Einbezug einer Temporalstruktur eine historische Perspektive eröffnet: Der durch die Jahrhunderte akzelerierende Bedarf an Information erzeugt einen konkordanten evolutionären Druck nach Leistungssteigerung, der durch Reflexivisierung der Informationsbeschaffung gelöst wird: Die Informationsbeschaffung, die zuvor eingliedrig erfolgte, wird zweigliedrig, indem nun zwischen Ereignis und Journalist weitere Informationsbeschaffer – PR – dazwischengeschaltet werden: Der (klassische) Journalist wird sich mehr auf die Redaktion von Information konzentrieren, indem er nun aus bereits ausgewählten Informationsbeständen weiter auswählt: Die *Reflexivisierung von Selektivität* ist es, die den evolutionären Schub für das Kommunikationssystem erzeugt. Aber auch der PR-Schaffende, der immer ausschließlicher die Informationsbeschaffung übernimmt, spezialisiert sich thematisch und gewinnt damit das, was bereits den klassischen Meinungsführer auszeichnete: *Funktionale Autorität*.

Zu weiteren Befunden gelangt man, wenn man von der Makro-Ebene des Kommunikationssystems aus und also aus genügend großer Distanz die interne Ausdifferenzierung betrachtet und dabei hilfsweise eine temporale Perspektive mitlaufen lässt: Sie führt auf ein Dreiphasenmodell der Entwicklung des Kommunikationssystems. In Abb.

---

[13] Anthropologisch wäre zu fragen, wann sich erstmals der Idealtypus der Wahrheit durchgesetzt hat. Immerhin wird die erste Lüge bereits aus dem Paradies berichtet. Das legt es nahe, einen weiteren und einen engeren Begriff von Public Relations zu unterscheiden, wobei letzterer die mediale Täuschung erfordern würde.

4 ist zunächst der Typus des *archaischen* Kommunikationssystems skizziert, das noch nicht über Medien verfügt. Die für den Rezipienten R gültige Wirklichkeit setzt sich in dieser Phase ausschließlich aus unvermittelt beobachtbaren Ereignissen E zusammen, von denen der Rezipient stets nur einige, aber nicht alle wahrnehmen kann.[14]

Abb. 4: Archaisches Kommunikationssystem

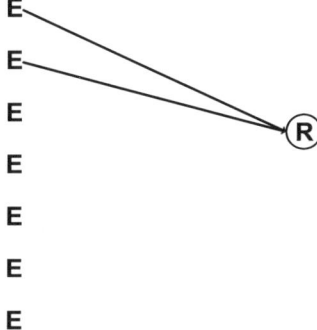

Das ändert sich in der *Industriegesellschaft*, die nicht zufällig in dieser Phase auch die Medien hervorbringt: Der Radius wahrnehmbarer Ereignisse E für den Rezipienten R wird durch die Tätigkeit der Journalisten J und das jeweils von diesem bediente Medium in einem nie gekannten Ausmaß erweitert. Gleichwohl bleibt es dem Rezipienten möglich, in bestimmten Bereichen, die seinen alltäglichen Nahraum ausmachen, neben die mediale die eigene Beobachtung zu setzen, so dass seine Abhängigkeit von den Medien nicht total ausfällt (Abb. 5).

Abb. 5: Kommunikationssystem der Industriegesellschaft

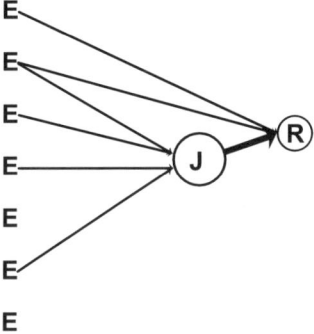

In der Epoche der *Mediengesellschaft* differenziert sich die Rolle des Journalisten weiter aus in die der Informationsbeschaffung (die nun den PR-Fachleuten angesonnen wird) und in redaktionelles Handeln: Der Journalist selbst nimmt immer weniger die Rolle der Recherche vor Ort wahr und statt dessen immer mehr die Rolle dessen, der

---

[14] Da Rezipienten sich a priori selektiv verhalten, kann man Ereignisse natürlich niemals „objektiv" beobachten oder feststellen, denn bereits die Wahrnehmung eines Ereignisses E verfährt, wie alle Wahrnehmung, selektiv.

vor dem Bildschirm nurmehr aus Fremdangeboten – die von PR immer erwartbarer, immer kostengünstiger und immer professioneller bereitgestellt werden – auswählt.[15] Das laufend zu beschaffende tägliche Volumen redaktioneller Berichterstattung über Ereignisse E kann durch den Zugriff von PR nun erheblich gesteigert werden (Abb. 6). Zugleich gewinnen PR-Fachleute die Möglichkeit, bei Bedarf über einen neuen, nicht naturwüchsigen Ereignistypus É zu berichten, der als *synthetisches Ereignis*[16] (etwa: als Pressekonferenz, Event) oder gar als schier fiktionales Konstrukt mit bis hin zur perfekten Unwahrheit reichenden Bezügen in den laufenden Strom der Information nicht nur eingefädelt werden, sondern auf Grund der spezifischen Person-to-Person-Interaction mit den Journalisten vergleichsweise durchsetzungsfähig gestaltet und strategisch genutzt werden kann.

Abb. 6: Kommunikationssystem der Mediengesellschaft

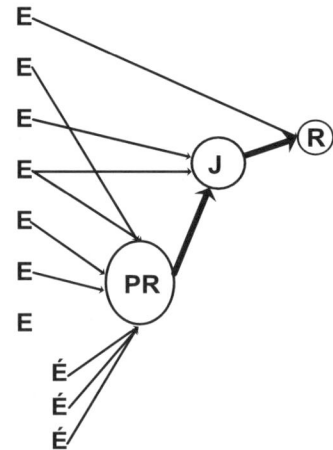

Noch immer können die Journalisten selbst vor Ort, in Tuchfühlung zum Ereignis recherchieren; aber das gilt nurmehr für den Ausnahmefall, dessen Wahrscheinlichkeit stetig abnimmt. Und das heißt tendenziell: Nur das, was die PR-Fachleute *und* Journalisten als informativ, als relevant selegieren, wird in der Berichterstattung zu finden sein. Und: In dem Maß, wie der Journalist nunmehr Selektionen *aus* Selektionen vornimmt, schirmt ihn dies zugleich von der Wahrnehmung von Authentizität, vom "Atem des Geschehens" ab, was ebenfalls dazu beitragen dürfte, dass der Anteil fiktionaler Ereignisse É zunehmen wird. Theoretisch bedeutet dieses *Reflexivwerden der Informationsbeschaffung* (der Selektion aus Selektion) eine geradezu strategische Zäsur: Informanten (Journalisten) werden nun selbst durch andere Informanten (PR-

---

[15] Diese Arbeitsteilung besitzt zudem einen wichtigen weiteren Vorteil: Die Kosten der Informationsbeschaffung trägt nun nicht mehr das Kommunikationssystem, sondern das System, über welches berichtet wird, d.h. vor allem das System der Wirtschaft und das System der Politik.

[16] Der Begriff des Ereignisses ist in diesem Zusammenhang relational zu definieren als erwartungsuntreue Veränderung mit Folgen für soziale Relevanzbestände. Ein Pseudoereignis bzw. ein synthetisches Ereignis wäre demgemäß als Meta-Ereignis zu definieren, nämlich als Ereignis, was auf ein anderes Ereignis aufmerksam macht.

Fachleute) informiert. Systemisch gesehen zählt dabei nur, *dass* Information genügend schnell und in genügendem Umfang vom Kommunikationssystem erzeugt wird.

Die hier beschriebene Reflexivisierung von Selektivität im Mediensystem erfolgt nicht abrupt und wird zudem durch externe Randbedingungen beeinflusst, vor allem durch a) die Ausdehnung der Relevanzradien der Mediengesellschaft auf *Weltgesellschaft* hin (Stichwort: Globalisierung), b) durch Verknappung der Ressourcen in den Redaktionen und c) durch die größere Geschwindigkeit der Nachrichtenübertragung bei d) gleichzeitig kürzerer Taktung von Information.

Das Differenzmanagement (die Täuschung) erfolgt hier in dreierlei Hinsicht: Durch Herstellung a) vertrauensbildender informeller Kommunikation zu dem/ den Journalisten, der/die seine Pressemitteilungen verbreiten sollen (Modus: Metakommunikation). Sodann b) durch die attraktive Verfassung der Pressemitteilung, die den Botschaften der PR-Schaffenden, die nur eine partikuläre Relevanz besitzen, durch Publikation in den Medien eine generalisierte Relevanz beschaffen soll (Modus: schriftliche Kommunikation) und c) durch Konstruktion von fiktionalen Ereignissen É.

Aus der postulierten Reflexivisierung von Selektivität ist abzuleiten, dass die Zahl der PR-Schaffenden in the long run die der Journalisten übersteigen wird. Denkbar ist aber auch, dass in näherer Zukunft die Zweigliedrigkeit der Informationsbeschaffung nochmals reflexivisiert wird, wie dies im Wirtschaftssystem ja längst passiert ist.[17] Letztlich folgt daraus auch, dass der Einfluss von PR noch immer zunehmen wird – insbesondere, wenn man in Rechnung stellt, dass PR-Schaffende ihr Instrumentenbesteck mit immer größerer Konstruktivität zu handhaben wissen.

Eine letzte Betrachtung gilt der Frage, wie die Rollenausstattung geregelt sein wird. Ich vermute, dass der soziale Status des Journalisten, der zumindest bislang höher eingeschätzt wird, an Rang verlieren, der des PR-Schaffenden dagegen an Rang gewinnen wird, sozusagen ein Akt ausgleichender Gerechtigkeit, der von den einen mit Freude, von den anderen aber mit Bedauern zur Kenntnis genommen wird: Täuschung wird unverzichtbarer, ist immer einfacher zu bewerkstelligen und entwickelt einen besseren Pay-Off. Gleichwohl ist andererseits anzunehmen, dass die Rollenschottung zwischen beiden Typen von Informationsbeschaffern weiter zunehmen wird.

Systemisch gesehen zählt dabei aber nur, *dass* Information genügend schnell und in genügendem Umfang vom Kommunikationssystem erzeugt werden kann. Das System ist dabei indifferent gegen die Frage, ob der Journalismus nun von PR determiniert wird, ob dieses Verhältnis intereffikativ ist, ob es möglicherweise ethische Codes des Journalismus tangiert. Das Kommunikationssystem kann nicht wählerisch sein, denn Systeme bestehen aus Handlungen, nicht aus Personen und schon gar nicht aus ethischen Richtlinien. Was zählt ist einzig, ob das System seine Funktion der Informationsbeschaffung und Informationsverbreitung erfüllt. Das mag herzlos und inhuman klingen, aber es ist nur logisch – systemlogisch.

---

[17] Der Geldmechanismus ist als Tausch von Tauschmitteln längst reflexivisiert. Durch Erfindung von Zins wurde diese Reflexivisierung fortgesetzt und der Zins hat eine weitere Reflexivisierung im Zinseszins erfahren.

4 Resümee

Die systemtheoretische Modellierung von Kommunikation hat gegenüber allen anderen bekannten Theorien vier genuine Vorteile: 1) Sie macht den Kausalitätsbegriff entbehrlich, der bislang ein angemessenes Verständnis von Kommunikation massiv behindert hat, 2) sie kann die Entstehung von Systemen über das Reflexivwerden von Prozessen beschreiben, 3) sie kann sowohl für Systeme auf der Mikro-Ebene, auf der kleine Systeme wie Kommunikation agieren, als auch solche auf der Meso-Ebene, auf der z.B. Organisationen agieren als auch für Systeme auf der Makro-Ebene der Gesellschaft und ihrer Teilsysteme in Anspruch genommen werden und sie kann 4) Beziehungen zwischen diesen Systemebenen herstellen. Für eine Theorie der PR kann sie in mehrfacher Hinsicht fruchtbar gemacht werden:

a. Da sie *Kommunikation*, den basalen Prozess aller PR, erklären und modellieren kann, kann sie für die gesamte PR auf der Ebene der Instrumente fruchtbar in Anspruch genommen werden.
b. Für die genuinen Elemente resp. Kategorien der PR, nämlich *Organisation* und *Öffentlichkeit* haben sich systemtheoretische Modellierungen längst als dominanter Theorietyp ausgebildet.
c. Auch das strategische Prozesselement aller PR, nämlich das *Management* (Engineering, Konstruktion) lässt sich als Kommunikation identifizieren und folglich systemisch modellieren.
d. PR wird, analog zu anderen Subsystemen des Medien- resp. Kommunikationssystems, als Subsystem angesehen und entsprechend modelliert.
e. Kernbereiche einer Theorie der PR, vor allem das Verhältnis von Journalismus und PR, lassen sich bevorzugt systemisch erklären.

Dass die Funktion der Täuschung als allgemeine Funktion aller PR durch Kommunikation (und nur durch Kommunikation) erfüllt werden kann, lässt sich differenztheoretisch modellieren, denn es gilt: Die Systemtheorie ist ein Sonderfall der Differenztheorie. Gemäß dem eingangs getroffenen Prüfungskriterium gilt also: Alle für die Prüfung auf Anwendung einer fruchtbaren, flächendeckend sinnvollen Theorie der PR verweisen auf die *Systemtheorie* als aussichtsreichsten Theorietyp. Die Eingangsfrage, ob man PR-Theorie fruchtbarer anders als systemisch modellieren kann, muss in Ansehung der hier geführten Argumentation beim derzeitigen Stand der Forschung mit einem klaren „NEIN" beantwortet werden.

Kurt Lewin, einer der vier Väter der Kommunikationswissenschaft, war der einzige Sozialwissenschaftler, der von Anfang an an den Sitzungen des Kreises um Norbert Wiener, den Vater der Kybernetik, am M.I.T. teilgenommen hat. Hätte er länger gelebt, hätte er seine Feldtheorie vermutlich nicht Feldtheorie, sondern Systemtheorie genannt, denn seine Feldtheorie ist bereits im Ansatz als System-Umwelttheorie angelegt. Doch für die Mühen theoretischer Arbeit hat er einen ermutigenden Satz großer Tragweite hinterlassen: „Nichts ist so praktisch wie eine gute Theorie" (vgl. Marrow 1977: 145). Die Theorie sozialer Systeme schickt sich an, davon guten Gebrauch zu machen.

Literatur

Altmeppen, Klaus-Dieter / Ulrike Röttger / Günter Bentele (Hrsg.)(2004): Schwierige Verhältnisse. Interdependenzen zwischen Journalismus und PR. Wiesbaden.

Avenarius, Horst (1995): Public Relations. Die Grundform der gesellschaftlichen Kommunikation. Darmstadt.

Baerns, Barbara (1985): Öffentlichkeitsarbeit oder Journalismus? Zum Einfluß im Mediensystem. Köln.

Bentele, Günter (1999): Parasitentum oder Symbiose? Das Intereffikationsmodell in der Diskussion. In: Lothar Rolke / Volker Wolff (Hrsg.): Wie die Medien die Wirklichkeit steuern und selber gesteuert werden. Opladen: 177-194.

Bernays, Edward L. (1947): The Engineering of Consent, in: Annals of the American Academy of Political and Social Science, 250, 113 – 120.

Boorstin, Daniel J. (1962): The Image. New York.

Burkart, Roland (1996): Verständigungsorientierte Öffentlichkeitsarbeit. Der Dialog als PR-Konzeption. In: Günter Bentele /Horst Steinmann / Ansgar Zerfaß (Hrsg.): Dialogorientierte Unternehmenskommunikation. Grundlagen – Praxiserfahrungen – Perspektiven. Berlin: 245-270.

Dahrendorf, Ralf (1967): Homo Sociologicus: Versuch zur Geschichte, Bedeutung und Kritik der Kategorie der sozialen Rolle. In (Ders.): Pfade aus Utopia. Arbeiten zur Theorie und Methode der Soziologie. München: 128-194.

Goffman, Erving (1961): Encounters. Two Studies in the Sociology of Interaction. Indianapolis/New York: Bobbs-Merrill.

Goffman, Erving (1963): Behavior in public places: notes on the social organization of gatherings. London. (Dt.: Verhalten in sozialen Situationen. Strukturen und Regeln der Interaktion im öffentlichen Raum. Gütersloh 1971).

Goffman, Erving (1980): Rahmen-Analyse. Frankfurt.

Goffman, Erving (^{6}2008): Wir alle spielen Theater. Die Selbstdarstellung im Alltag. München (^{1}1959).

Grunig, James E. (ed.)(1992): Excellence in Public Relations and Communication Management. Hillsdale

Grunig, James E. / Todd Hunt (1984): Managing Public Relations. New York/Chicago.

Harlow, Rex (1976): Building a Public Relations Definition, in: Public Relations Review, 2, Nr. 4: 34-42.

Harlow, Rex (1977): Public Relations Definitions Through the Years, in: Public Relations Review, 3, Nr. 2: 49-63.

Ivory, Theodore Upton (i.e. Klaus Kocks) (1992): Tue nur so und rede darüber. Zum Innenleben der Public Relations. Remagen-Rolandseck.

Jarren, Otfried / Ulrike Röttger (2004): Steuerung, Reflexivierung und Interpenetration: Kernelemente einer strukturationstheoretisch begründeten PR-Theorie. In: Ulrike Röttger (Hrsg.): Theorien der Public Relations. Wiesbaden: 25-45.

Kocks, Klaus (2007): Authentische PR als Paradoxon. Bristol.

Luhmann, Niklas (1970): Öffentliche Meinung, in: Politische Vierteljahresschrift, 11: 2-28.

Luhmann, Niklas (1970a). Reflexive Mechanismen. In: Soziologische Aufklärung. Opladen: 92-112.

Luhmann, Niklas (1972): Einfache Sozialsysteme, in: Zeitschrift für Soziologie, 1: 51-65.

Luhmann, Niklas (2003): Einführung in die Systemtheorie. Darmstadt.

Luhmann, Niklas (^{2}1996): Die Realität der Massenmedien. Opladen.

Marrow, Alfred J. (1977): Kurt Lewin. Leben und Werk. Stuttgart.

Merten (1992): Begriff und Funktion von Public Relations, in: prmagazin, 23, Heft 11: 35-46.

Merten, Klaus (1999a): Öffentlichkeit in systemtheoretischer Perspektive, in: Peter Szyszka (Hrsg.): Öffentlichkeit. Diskurs zu einem Schlüsselbegriff der Organisationskommunikation. Opladen/ Wiesbaden: 49-66.

Merten, Klaus (1999): Einführung in die Kommunikationswissenschaft. Bd.1: Grundlagen. Münster.

Merten, Klaus (1999a): Öffentlichkeit in systemtheoretischer Perspektive. In: Peter Szyszka (Hrsg.): Öffentlichkeit. Diskurs zu einem Schlüsselbegriff der Organisationskommunikation. Opladen/Wiesbaden: 49-66.

Merten, Klaus (2004): Zur Ausdifferenzierung des Mediensystems am Beispiel von Journalismus und PR. In: Juliana Raupp / Joachim Klewes (Hrsg): Quo Vadis Public Relations? Festschrift für Barbara Baerns. Wiesbaden: 17-29.

Merten, Klaus (2007): Medienanalyse in der Mediengesellschaft. In: Thomas Wägenbaur (Hrsg.) Medienanalyse. Methoden, Ergebnisse, Grenzen. Baden-Baden: 21-50.

Merten, Klaus (2008): Zur Definition von PR, in: Medien und Kommunikationswissenschaft, 56 Jg., Heft 1: 44-61.

Merten, Klaus (2008a): Was sind Public Relations? In: Günter Bentele, /Manfred Piwinger / Gregor Schönborn (Hrsg.): Handbuch Kommunikationsmanagement. Kriftel: Luchterhand (Loseblattsammlung). Beitrag 8.24:1-24.

Merten, Klaus (2008b): PR – die Lizenz zu täuschen? In: Klaus Merten / Elke Neujahr (Hrsg.): Handbuch der Unternehmenskommunikation. Köln (im Druck)

Merten, Klaus (^{2}1995): Inhaltsanalyse. Einführung in Theorie, Methode und Praxis. Opladen.

Oeckl, Albert (1964): Handbuch der Public Relations. Theorie und Praxis in Deutschland und der Welt. München.

Parsons, Talcott (1959): General Theory in Sociology. In: Robert K. Merton / Leonard Broom / Leonard S. Cottrell, jr. (eds) (1959): Sociology Today. Problems and Prospects. New York: 3-38.

Popper, Karl Raimund (1966): Logik der Forschung. Tübingen.

Ronneberger, Franz / Manfred Rühl (1992): Theorie der Public Relations. Ein Entwurf. Opladen.

Rühl, Manfred (1969): Die Zeitungsredaktion als organisiertes soziales System. Bielefeld.

Scharf, Wilfried (1971): 'Public relations' in der Bundesrepublik Deutschland, in: Publizistik, 6, Heft 2: 163 -180.

Schmidt, Siegfried J. (1989). Die Selbstorganisation des Sozialsystems Literatur im 18. Jahrhundert. Frankfurt.

Schmidt, Siegfried J. / Brigitte Spieß (1996): Die Kommerzialisierung der Werbung. Fernsehwerbung und sozialer Wandel 1956-1989. Frankfurt.

Watzlawick, Paul/Janet H. Beavin/Don D. Jackson (^{2}1971): Menschliche Kommunikation. Formen, Störungen, Paradoxien. Bern u.a.

Weischenberg, Siegfried (1994): Journalismus als soziales System. In: Klaus Merten /Siegfried J. Schmidt / Siegfried Weischenberg (Hrsg.): Die Wirklichkeit der Medien. Eine Einführung in die Kommunikationswissenschaft. Opladen: 427- 454.

Westerbarkey, Joachim (1991): Das Geheimnis. Zur funktionalen Ambivalenz von Kommunikationsstrukturen. Opladen.

Wiener, Norbert (1968): Kybernetik. Regelung und Nachrichtenübertragung in Lebewesen und Maschine. Reinbek.

Zedtwitz-Arnim, Georg-Volkmar Graf von (1961): Tu Gutes und rede darüber. Public Relations für die Wirtschaft. Berlin (^{2}1982).

Zerfaß, Ansgar (^{2}2004): Unternehmensführung und Öffentlichkeitsarbeit. Grundlegung einer Theorie der Unternehmenskommunikation und Public Relations. Wiesbaden.

Zetterberg, Hans L. (^{3}1973): Theorie, Forschung und Praxis in der Soziologie. In: René König (Hrsg.): Handbuch der empirischen Sozialforschung, Bd. I. Stuttgart: 103-160.

Für Public Relations?
Ein kommunikationswissenschaftliches Theorienbouquet!

Manfred Rühl

1 Vorbemerkungen

Die Einladung zur Ringvorlesung *Welche Theorien für welche Public Relations?* (Zürich, Wintersemester 2002/2003) weckte Erinnerungen an die Pionierzeiten für wissenschaftliche Public Relations. Sie liegen noch gar nicht so weit zurück. Es war im Sommersemester 1980, als wir in einem publizistikwissenschaftlichen Seminar an dieser Universität erstmalig Public Relations als Wissenschaft problematisierten. Ulrich Saxer hatte ein Forschungsfreisemester, ich war eingeladen worden, seine Professur zu vertreten, und das Seminar hieß *Public Relations als gesellschaftliche Funktion und Beruf*. Die Erfindung einer Rezeptologie für eine unmittelbar anzuwendende Public Relations war nicht vorgesehen. Was vorlag war eine üppige Rechtfertigungsliteratur, in der eine PR-Praxis ihr Selbstbild bespiegelte – ohne beispielsweise ein empirisch-vergleichendes PR-Fremdbild zu wagen (Rühl 1986). Public Relations hielt man für eine publizistische Geschicklichkeit, betrieben von Günstlingen der Natur. Wissenschaftliche Bemühungen um PR galten als Einmischung in innere Angelegenheiten. In den Zeitungsredaktionen standen die PR-Leute unter dem Generalverdacht, lediglich kostenlose Werbung platzieren zu wollen. Und die kommunikationswissenschaftlichen Fachkollegen verhielten sich gegenüber einer universitären Public Relations sehr reserviert.

Im deutschen Sprachraum war Franz Ronneberger (Universität Erlangen-Nürnberg) seit Mitte der 1970er-Jahre dabei, eine sozialwissenschaftliche Public Relations zu strukturieren und zu organisieren. Public Relations gehörte – zusammen mit Humankommunikation, Organisationskommunikation und Kommunikationspolitik – zu den ‚Formaten', die ich seit 1976 in den Aufbaustudiengang Journalistik an der Universität

Hohenheim zu integrieren versuchte. Einige der Zürcher Studenten hatten PR-Arbeitsmöglichkeiten durch Praktika kennen gelernt und waren mit Eifer dabei, Public Relations anhand von Fallstudien zu studieren. Das am Semesterende erstellte Thesenpapier dokumentiert, dass das Seminar mit dem damaligen sozialwissenschaftlichen Wissen über Kommunikation, Organisationen, Berufe und Gesellschaft – mit der System/Umwelt-Theorie als Erkenntnishilfe und der Methode des Funktionalismus als Testverfahren – ein Theorienbouquet gefunden hatte, das die PR-Fallstudien zusammenhielt.

2 Wieso keine universalistische Public-Relations-Theorie?

Was wir damals noch nicht wissen konnten: Für eine wissenschaftliche Public Relations kann keine universalistische Theorie entwickelt werden. Zu unterschiedlich sind die Bedingungen und Prämissen, die Laien, Experten (Praktiker) und Wissenschaftler aktivieren, wenn sie PR-Normaltheorien bearbeiten. Diese These wird im nachstehenden Schema im Überblick zusammengefasst, um anschließend diskutiert zu werden.

Abb. 1: Schema möglicher Theorien zur Bearbeitung von PR-Normaltheorien

	Begriffstheorien (Terminologie)	Reflexionstheorien (Epistemologie)	Methodentheorien (Methodologie)
Laien-PR	Alltagsbegriffe	Theorien über den gemeinen Menschenverstand (common-sense-theories)	Versuch-und-Irrtum-Theorien (trial-and-error-theories)
Experten-PR	Expertenbegriffe	Theorien über Erfahrungswissen (knowhow theories)	Arbeitstheorien (working theories)
Wissenschafts-PR	Wissenschaftsbegriffe	Erkenntnistheorien	Erfahrenstheorien (Empirik, Historik, Funktionalismus)

2.1 Laientheorien

PR-Laien argumentieren vorzugsweise mit Begriffen des Alltags und der Umgangssprache. Ihre reflexionstheoretische Instanz ist der gemeine Menschenverstand (common sense), eine wissenschaftlich unkontrollierte Rationalität, die Laien mit der Methode Versuch und Irrtum (trial and error) handhaben: „Probier'n mas halt!" oder „Schau'n ma mal". PR-Laien beobachten alltagsvernünftig, und zwar sensuell direkt ‚mit eigenen Augen und Ohren', und sie urteilen überwiegend emotional und moralisierend. Wir alle kommunizieren in einer differenzierten Weltgesellschaft (Luhmann 1997; Stichweh 2000) überwiegend als Laien. Wenige sind operative PR-Experten, und ein wachsender Teil des kleinen Faches Kommunikationswissenschaft ist seit einem Vierteljahrhundert dabei, Public Relations nach den begrifflichen, methodischen und theoretischen Regeln der Sozialwissenschaften zu etablieren. Werden Public Relations, Journalismus, Werbung und Propaganda als Persuasionssysteme der *Alltagspublizistik* typisiert (Rühl 2001), dann ist für Kommunikationslaien charakteristisch, dass sie Public Relations von den anderen, allgemein interessierenden Persuasionssystemen, kaum unterscheiden. Zunehmend viele werden von Arbeits und Berufs wegen in Spezialbereichen zu Kommunikationsexperten – auch und gerade zu solchen der PR. Daran ist nicht zuletzt die PR distanziert untersuchende und lehrende Kommunikationswissenschaft ‚Schuld'. Es wird immer so sein, dass Kommunikationsexperten und Kommunikationswissenschaftler über das Wetter und das Kinderkriegen, über Politik, Wirtschaft, Religion und Ethik, über Liebe, Krieg, Krankheit und Tod, überwiegend laienhaft kommunizieren. Umso wichtiger ist es, dass im Zeitalter typografischer und elektronografischer Kommunikation alle Menschen Public Relations, Journalismus, Werbung und Propaganda auf eine besondere Weise zu lesen lernen (Rühl 2002) – ein Sachverhalt, der die kommunikationswissenschaftliche Forschung erstaunlicherweise wenig interessiert.

2.2 Expertentheorien

PR-Experten kommunizieren ausdrücklich mit Begriffen, Ideen und Vorstellungen aus ihren Berufen und ihrem Arbeitsalltag. Sie reden und schreiben bevorzugt im Fachjargon (‚PR-Pidgin'), beziehen sich auf eigenes Erfahrungswissen (Know-how), das sie in der beruflichen Arbeit erwerben und ständig erneuern. Die Arbeitstheorien (working theories) der Experten umschreiben die Zwecke der Praktikerarbeit, mit der sie Wirkungen erzielen wollen (McQuail 1983; Rühl 1987). Methodisch bevorzugen Experten die Anschaulichkeit gegenüber der Testfähigkeit. PR-Expertentheorien können wissenschaftliche PR-Forschungen anregen, während Praktikerfragen von der Wissenschaft nicht unmittelbar zu beantworten sind. Bis heute bemüht man sich in der Praxis, Public Relations als persuadierende Kunstlehre (vergleichbar der antiken Rhetorik) zu verstehen und zu betreiben. Erfahrungstheorien und Arbeitstheorien der Experten können keine Substitute für wissenschaftliche PR-Theorien sein. PR-Praktiker analysieren selten. Sie formulieren lieber Ratschläge für ein unmittelbares Anschlusshandeln. Klassisch die Formel: „Tu(e) Gutes und rede darüber" (Zedtwitz-Arnim 1981). Dieser Gemeinspruch strapaziert ein PR-Sonderbewusstsein für PR-Praktiker, das sie befähigen soll, ‚das Gute' zu erkennen und ein ‚richtiges Tun' auszulösen. PR-Expertentheorien kennen offenkundig eine ‚natürliche' PR, Public Relations als Gegebenheit, noch vor aller theoretischen Reflexion. Diese Annahme wird immunisiert, weil PR-Expertenwissen sich von wissenschaftlichem PR-Wissen erst gar nicht verunsichern lässt. Dieses radikal vereinfachende Verhalten gegenüber Wirklichkeiten scheint Heinz von Foersters Verdacht zu bestätigen: „Je tiefer das Problem, das ignoriert wird, desto größer sind die Chancen, Ruhm und Erfolg einzuheimsen" (Foerster 1985: 17).

3 Anforderungen an die wissenschaftliche PR-Theoriebildung

Da Public Relations als kommunikationswissenschaftliche Normaltheorie nicht in jedem Einzelfall erkenntnis- und methodentheoretisch in Frage zu stellen ist, wird erwartet, dass PR-Theorien hinreichend abstrakt konzipiert, gleichwohl testfähig formuliert werden. Alltagsvernünftige Zweckfragen sind keine wissenschaftlichen Leitfragen. Den Alchemisten wurde von hochherrschaftlichen Laien die zweckhafte Aufgabe gestellt, Gold zu produzieren. Aus Vorgaben dieser Art sind keine hypothetischen Problemstellungen für chemische Analysen und Synthesen herzuleiten. Auch die kommunikationswissenschaftliche Public Relations kann keine laienhaft vorformulierten PR-Probleme untersuchen. Sie muss sich allerdings selbstkritisch fragen, ob sie als wissenschaftliche Disziplin schon ihre ‚alchemistische' Phase hinter sich gelassen hat.

Wer im deutschsprachigen Raum vor rund dreißig Jahren Sozialwissenschaften studierte, der konnte den Eindruck gewinnen, in eine Kolonie der Statistik und empirischen Methode geraten zu sein. Wissenschaftstheoretisch wurde zu jener Zeit den Studierenden angemutet, sich entweder für den Kritischen Rationalismus Karl Poppers oder für die Kritische Theorie der Frankfurter Schule zu entscheiden (Adorno et al. 1972). Von bekennenden Kritischen Rationalisten wurde erwartet, dass sie empirisch gehaltvolle, (tierisch) erprobte Verhaltenstheorien informativ konstruierten, sie mit quantitativen Begriffen definierten, um sie erneut streng zu testen (Opp 1970). Wer sich als Sozialwissenschaftler für Probleme menschlicher Kommunikation (human communication), vor allem für Probleme der Publizistik interessierte, der musste zweierlei einsehen:

(1) Mit Verhaltenstheorien sind keine Kommunikationsprobleme zu studieren. Zwar sagen auch Verhaltensforscher „Kommunikation", doch sie meinen körperliche Aktivitäten und biochemisches Wissen, die in Humankommunikation (Sprechen, Hören) als Ursache der Beeinflussung anderer Menschen hineinkopiert werden (Wuketits 1995: 135-160). Definieren Ingenieurwissenschaftler ‚Kommunikation', dann halten sie deren semantische Dimension für irrelevant (Shannon & Weaver 1976: 31). Diese beiden Positionen waren und sind für eine emergierende Kommunikationswissenschaft, und somit für Public Relations, untragbar.

(2) Wer vermutet, PR könnte in den Formen singulärer Schöpfungsakte genialen Köpfen entspringen – per „name-dropping" werden Alexander der Große, Julius Caesar, der Apostel Paulus oder Martin Luther genannt – der verkennt, dass wissenschaftliches PR-Wissen in Auseinandersetzung mit bewährten (preserved), das sind die nicht vergessenen wissenschaftlichen Normaltheorien, und die konsentierten Methoden, in erster Linie erneuert wird – und zwar durch eine Kommunikationskommunität (communications community).

Anders als die Nationalökonomie verfügt Public Relations über keine Dogmengeschichte, das ist eine Geschichte epochalisierter Fachtheorien. Anzunehmen ist, dass es verschiedene theoriehistorische PR-Ansätze für Vorformen der Public Relations gibt. Eine Mutmaßung richtet sich auf die absolutistisch-merkantilistische Persuasions- und Manipulationspublizistik des frühen 17. Jahrhunderts. Damals verfolgte Théophraste

Renaudot die Idee, mit der staatlich privilegierten *Gazette* und anderen Pariser Zeitungen, in Verbindung mit dem *Bureau d'Adresse et de Rencontre* und dem *Feuille du Bureau d'Adresse* (einer Angebots- und Nachfrageliste), den Elendskreislauf aus Armut, Unterernährung, Krankheit, Nicht-Bildung und Dauerarbeitslosigkeit durch eine Wohlfahrtspolitik des Tauschens, Vermittelns, Beratens, Diagnostizierens und Therapierens zu durchbrechen (Solomon 1972; Rühl 1999: 82-90). Eine andere geschichtstheoretische Hypothese nimmt für PR die Wende zum 20. Jahrhundert in den Blick. Aktivitäten, die den heutigen Public Relations funktional vergleichbar sind, hießen seinerzeit *Publicity*, und waren beispielsweise auf das organisierte Helfen gerichtet (Rühl/Dernbach 1996), die, neben Journalismus, Werbung und (Kriegs-)Propaganda, als Systeme öffentlicher Kommunikation ‚entstanden'. Die öffentliche Kommunikation (public communication) Europas wurde im 19. Jahrhundert nachhaltig vom Ideologienwettstreit zwischen Liberalismus und Sozialismus sowie von den Folgeproblemen der Industrialisierung, Elektrifizierung, Urbanisierung, Alphabetisierung, Demokratisierung, insbesondere von Technisierung und Medialisierung geprägt (Rühl 1999, 2000b).

In den neunziger Jahren des 20. Jahrhunderts wird erstmals eine begrifflich und theoretisch durchstrukturierte PR-Theorie entworfen, eingebettet in den sozialwissenschaftlichen Theorienpluralismus der Zeit, mit einer kybernetisch-autopoietischen System/Mitwelt-Theorie als Erkenntnishilfe, gesteuert von der funktional vergleichenden Methode (Ronneberger/Rühl 1992). Werden heute Public Relations, Journalismus, Werbung und Propaganda als funktional-strukturelle Teilsysteme der Alltagspublizistik problematisiert (Rühl 2001), dann treffen auf sie einige Verallgemeinerungen zu:

Alltagspublizistische Probleme sind komplexe Beziehungsverhältnisse, die insofern *kontingent* bleiben, als für ihre Lösung immer mehrere Möglichkeiten zur Auswahl stehen, und getroffene Entscheidungen immer anders ausfallen können, als erwartet wird. Ihre sachlichen, sozialen und zeitlichen Probleme sind lösungsbedürftig, aber nicht bündig zu erledigen. Alltagspublizistik kommt nicht ganz bestimmt zustande, sondern birgt Risiken der Enttäuschung. Die Vor- und Nachteile, die sich beim Kommunizieren situativ für die Beteiligten ergeben, werden während des Kommunikationsprozesses phasenverschieden abgewogen und neu festgelegt, und sie bilden eine – wenn auch keine besonders feste – neue Ausgangslage. Zum vorläufigen Festlegen schlägt die strukurell-funktionale Handlungstheorie Talcott Parsons gemeinsame Wertprämissen als Orientierungen vor, während die funktional-strukturelle Kommunikationstheorie Niklas Luhmanns in dem Ausdifferenzieren neuer Kommunikationssysteme Stabilität vermutet.

Das System Alltagspublizistik wird problematisch als strukturiertes Innen gegenüber dem unkontrollierbaren Außen der Weltgesellschaft. Beide, Alltagspublizistik und Weltgesellschaft, sind Kommunikationssysteme, die eine Einheit in Differenz bilden. Der Modus Kommunikation setzt Leben und Bewusstsein voraus, ohne durch Leben und Bewusstsein ersetzt werden zu können. Damit die Fülle hergebrachter und künftiger Alltagspublizistik geordnet und vergleichbar werden kann, sind alltagspublizistische Systeme, auch Public Relations, durch eine *Funktion* zu definieren und zu identifizieren.

Erwecken Wissenschaftler den Eindruck, epistemisch und methodisch ‚neutral' arbeiten zu können, indem sie wissenschaftliche Wahrheit ‚rein faktisch' feststellen wollen, dann operieren sie nicht theorielos. Sie unterlassen es lediglich, ihre Methoden und Erkenntnistheorien offenzulegen, um sie selbstkritisch zu diskutieren. Faktizität ist eine Wissenschaftsdimension, aber Fakten können bekanntlich nicht für sich selbst sprechen.

4 Zum kommunikationswissenschaftlichen PR-Forschungsprogramm

Public Relations kann als wissenschaftliche Disziplin verwirklicht werden, wenn eine (zeitlich vorab konstituierte) PR-Wissenschaftskommunität (public relations community) wissenschaftsfähige Theorien (researchable theories) mit strukturellen Einheiten (Begriffen) und operativen Einheiten (Methoden, Modellen, Metaphern) bearbeitet. Alle Aussagen über Public Relations werden im PR-System gemacht, bezogen auf Organisationen, Haushalte, Märkte und weitere Gesellschaftsformen. Public Relations und Weltgesellschaft bilden eine System/Mitwelt-Einheit in kommunikativer Dauerzirkulation, in der sich das PR-System selbst emergiert und sich selbst diskriminiert. Die *Funktion* – eingeschlossen die Leistungs- und Aufgabenbereiche –, weshalb Public Relations weltgesellschaftlich ausdifferenziert wurde, kann – in Anlehnung an Ronneberger/Rühl (1992) – wie folgt beschrieben werden: Public Relations ist als alltagspublizistisches Persuasionssystem auf Überreden und Überzeugen weltgesellschaftlicher Öffentlichkeiten ausgerichtet. Mithilfe heterarchisch vernetzter Haushalte, Organisationen und Märkte bearbeitet das PR-Gesamtsystem, anhand vorprogrammierter Entscheidungsprogramme, eine zirkuläre Re-Produktion und Re-Rezeption öffentlicher Kommunikation, mit der spezifischen Absicht, öffentliche Interessen (public interests) und öffentliches Vertrauen (public trust) auf dem Niveau des Bescheidwissens zu verstärken und zu pflegen.

Um Eigenstabilität und Selbststeuerung zu erreichen, strukturiert sich das PR-Gesamtsystem selbst durch das Ausbilden von Rollen, Stellen, Normen, Werten und Entscheidungsprogrammen – sowohl auf der PR-Produktionsseite, als auch auf der PR-Rezeptionsseite (Ronneberger/Rühl 1992). Das PR-Lehr- und Forschungssystem kann als ‚Überschneidungssystem' zwischen dem PR-Gesamtsystem und dem Wissenschafts-Gesamtsystem beobachtet werden. Dieselben Personen kommunizieren durch verschieden kombinierte Rollen- und Stellenstrukturen als Public Relations-Produzenten oder PR-Rezipienten. Erwerbsberuflich produzierende PR-Experten können somit in den Rollen Leser, Hörer und Zuschauer Public Relations rezipieren. Mit ihrem PR-Erfahrungswissen (Know-how) können sie – ohne Stellen – in den Rollen von Lehrbeauftragten in Hochschulen praktische Public Relations lehren. Wenn sie über wissenschaftsfähiges PR-Wissen (researchable knowledge) verfügen, dann können PR-Experten im PR-Wissenschaftssystem wissenschaftsfähig forschen. Die funktional-vergleichende Methode versetzt die wissenschaftliche PR-Kommunität in die Lage, Begriffe, Modelle und Theorien der Public Relations aus psychischen und sozialen Gedächtnissen verfügbar zu machen (Retention), sie auszuwählen (Selektion), abzuwandeln (Variation) und umzubauen (Rekonstruktion).

5 Wissenschaftsbegriffliche Probleme

Vor einhundert Jahren hieß Public Relations in den USA noch Publicity, vor etwa fünfzig Jahren erfand man den deutschen Begriffstitel Öffentlichkeitsarbeit. Begriffstitel sind keine Begriffe. Wissenschaftliche Begriffe sind vorläufig konstant gesetzte Struktureinheiten zum Sondieren wissenschaftsfähiger Probleme. Mit wissenschaftlichen PR-Begriffen wird in Forschung und Lehre Anschluss gesucht an vorhandenes, wissenschaftlich produziertes PR-Wissen, um es zu erneuern. Dabei fungieren Methoden, Modelle, Metaphern als operative Elemente, das sind Anweisungen für die Bildung von Erwartungen in konkreten Situationen. Begriffe, Modelle, Methoden, vor allem PR-wissenschaftliche Theorien, so genannte Normaltheorien, werden Studierenden als Denkzeug und Werkzeug an die Hand gegeben, damit sie lernen, PR-Probleme wissenschaftlich zu bearbeiten.

Den Zürcher PR-Seminarteilnehmern stand 1980 wenig wissenschaftliches PR-Wissen zur Verfügung. Es existierten mehrere hundert fantastischer, wenn auch informationsarmer, ‚Schaubegriffe'. „Concepts are made for use, not for show" (Marshall 1963: 14). Deshalb unterwarfen wir die PR-Begriffsfülle einer Begriffsanalyse (Ronneberger/Rühl 1992: 19-37), die ergab, dass allzu viele PR-Definitionen a-historisch und a-sozial, das heißt ohne theoretische Abhängigkeit von Geschichte und Gesellschaft formuliert werden. Die Urheber von PR-Bestimmungen verhalten sich allzu oft wie mittelmäßige Fußballstürmer: Sie spielen flach, passen gut, bedienen die Mitspieler, setzen sich selbst in Szene – aber sie vergessen zu treffen. Sprachlich elegant formulierte, sachlich plausibel beschriebene, idealtypisierte PR-Definitionen reichen nicht aus, komplexe PR-Wirklichkeiten zu analysieren, um sie PR-politisch zu synthetisieren.

5.1 Nominalistische PR-Begriffe

Nominalistische Begriffe sind sprachliche Festsetzungen. Mit ihnen werden auf Etiketten die Inhalte von Marmeladengläsern angegeben, ohne dass nominalistische Begriffe der Analyse dienen könnten. Nominalistische Begriffe erfüllen in diesem Falle ihre Aufgaben umso besser, je plausibler der Inhalt umgangssprachlich (und werbesprachlich) umschrieben wird. Getrennt davon werden auf dem Etikett mit *analytischen* Begriffen die Ergebnisse der lebensmittelchemischen Kontrolle fachsprachlich präzisiert. Wählen Praktiker(lehr)bücher und die einschlägige Fachpresse (trade press) nominalistische Begriffe (PR-Profis, PR-Gags, Medienresonanz usw.), dann favorisieren sie damit Einzelheiten, mit denen bei Auskunftssuchenden vorwissenschaftliche PR-Erinnerungen geweckt werden. Aus wissenschaftlich ungeprüften Termini sind keine wissenschaftlichen Verallgemeinerungen abzuleiten. Werden mit nominalistischen Begriffen ‚Was-ist-Fragen' beantwortet, dann werden ‚natürliche' PR-Bedeutungen vorausgesetzt, die auch dann empirisch-analytisch unzugänglich bleiben, wenn sie aus dem Mund und der Feder von PR-Prominenz stammen.

5.2 PR-Realdefinitionen

Unter Realdefinitionen versteht die klassische Wissenschaftslehre die Beschreibung des ‚Wesens' (‚the nature of') irgendwelcher Tatbestände. Wesensbestimmungen haben in der geisteswissenschaftlichen Zeitungswissenschaft und in der Praktiker-PR Tradition. Fragt Otto Groth (1960) nach den Wesensmerkmalen der Zeitung, dann wiederbelebt er Platons Ideenvorstellungen, der ideale Begriffe zu realen Wirklichkeiten ins Verhältnis setzen wollte (Rühl 1969a). Schreibt Albert Oeckl (1976) über den ‚Wesensverband' zwischen Public Relations und Umwelt, und definiert er „Öffentlichkeitsarbeit = Information + Anpassung + Integration", dann haben wir es mit einer wesensontologischen Leerformel zu tun, ohne Bezugnahme auf eine soziohistorische Public Relations/Öffentlichkeitsarbeit (Ronneberger/Rühl 1992). Realdefinitionen operieren – seit der mittelalterlichen Scholastik – mit der Gegenüberstellung idealer Formalobjekte und realer Materialobjekte. *Formalobjekte* sind ideale Vor-Bilder, in die alle im Laufe der Geschichte auftretenden, als Realitäten vorab bestimmte Materialobjekte als Forschungsgegenstände hineinverlagert werden. Die begriffsrealistische PR-Lehre definiert ihren Gegenstand zeitlos und sozial unabhängig, und erwartet, dass Definitionen die Wirklichkeit unmittelbar widerspiegeln. Als Idealobjekt wird PR zu einer realdefinitorischen Kategorie, die nach Gattungen, Arten, Unterarten, nach wesentlichen und unwesentlichen Eigenschaften und Merkmalen untergliedert werden kann. Als reine Sprachlichkeiten sind Realdefinitionen empirisch unzugänglich, eignen sich also nicht zum Sondieren von PR-Forschungsproblemen.

5.3 Funktional-vergleichende PR-Begriffe

Werden kommunikationswissenschaftliche PR-Arbeiten mit funktional-vergleichenden Begriffen markiert, dann in der Absicht, Leistungen und Aufgaben zwischen Public Relations als Bezugssystem und Weltgesellschaft als Referenzsystem aufzuweisen und auseinanderzulegen. Die oben beschriebene Funktionalität der Public Relations liegt in der Verstärkung und Pflege öffentlicher Interessen (public interests) und öffentlichen Vertrauens (public trust) – nicht von Partikularinteressen und persönlichem Vertrauen.

Der klassische Funktionalismus ist der *teleologische* Funktionalismus. Ihm liegt eine, für Public Relations untypische Zweck/Mittel-Beziehung zugrunde. Die funktionalistische Soziologie Talcott Parsons und Robert K. Mertons operiert teleologisch. Sie ist auf finale Zwecke ausgerichtet, die positive Wirkungen (Eufunktionen) oder negative Wirkungen (Dysfunktionen) haben können. Auch die traditionelle Betriebswirtschaftslehre konzipiert Unternehmensleistungen teleologisch, als marktförmig wirksame Möglichkeiten zum Messen gesetzter Zwecke (Effektivität), deren Ergebnisse Effizienz ausdrücken (Rühl 1980: 122ff.). Dem teleologischen Funktionalismus geht es um bestandswirksame Leistungen für Sozialsysteme; äquivalenzfunktionalistische Interessen sind dagegen auf Probleme und deren Lösungen ausgerichtet (Görke 1999: 155ff. u. 272ff.). Die Semantik einer *äquivalenten* Funktion meint das Sinnmachen eines zentralen Gesichtspunkts zwischen den System/Mitwelt-Beziehungen von PR-System und Gesellschaftsordnung. Eine gesellschaftlich-vergleichende PR-Funktion ist in jedem Fall auf innerorganisatorische *Aufgaben* und marktbezogene *Leistungen und Gegenleistungen* kleinzuarbeiten. Operiert und kooperiert die Public Relations der hyperkomplexen Weltgesellschaft, dann kann sie keine punktuellen Ziele oder Zwecke festlegen und erwarten, jemals ins Schwarze zu treffen. Mit funktionalen Begriffen werden Vermutungen über Zusammenhänge, Abhängigkeiten oder Beeinflussungsverhältnisse eingegrenzt, die gleichbedeutend sind mit Hypothesen über ausgewählte Beziehungen persuadierender Kommunikationssysteme. Funktional-vergleichend konzipierte PR-Systeme entwickeln autonome Entscheidungsstandards, um zur Weiterkommunikation anzuregen. Eine vergleichende PR-Funktion verzichtet auf exaktes Messen. Mehr als die Faktizität aggregierter Daten interessiert die funktionale PR-Forschung, ob und wie die PR-Funktion in PR-Leistungen und PR-Aufgaben ausdifferenziert werden kann, um Unterschiede zu Werbung, Propaganda, Journalismus und anderen Kommunikationssystemen herauszuarbeiten.

6 Systemtheoretisches Erkenntniswissen und die Tücke des Subjekts

Systeme dienen seit der Antike der Reduktion von Beziehungskomplexitäten. Klassisch die Systemkonzeption des Kosmos, wenn von der Erde aus der gestirnte Himmel beobachtet wird, um bestimmte Beziehungen zwischen Sternen, Menschen, Göttern, Mythen und Naturereignissen herzustellen. Der klassische Systembegriff ist innengerichtet und kennzeichnet umweltlose Ganzes/Teile-Beziehungen. Dem setzt Immanuel Kant (1787/1968: B 92, 93) eine Systemarchitektur entgegen, die durch eine Funktion zusammengehalten wird. Und Georg F. W. Hegel (1807/1986: 12) konzipiert ein (organisches) System, in dem ‚das Neue im Alten' aufgehoben ist: die Blüte in der Knospe, die Frucht in der Blüte usw.

Wichtige Erkenntnishilfen findet die Kommunikationswissenschaft in der zweiten Hälfte des 20. Jahrhunderts in diversen Systemvorstellungen (Rühl 1969b; Saxer 1992). Die Systemtheorie der Kybernetik erster Ordnung, eine im Ansatz planende Theorie beobachteter Systeme (observed systems), wird an Maschinen und Organismen exemplifiziert, und verspricht der Reduktion von Umweltkomplexität zu dienen (Ashby 1974). Wegen ihrer organischen und mechanischen Erblasten wird die Altkybernetik selten zur Erklärung sozialer Kommunikationssysteme herangezogen (Reimann 1974). Mit der Kybernetik zweiter Ordnung als der Theorie sich selbst beobachtender Systeme (theory of observing systems) (Foerster 1982; Maturana 1985), operiert eine Theorie der Kommunikations-Weltgesellschaft (Luhmann 1997), und unsere Public Relations-Theorie (Ronneberger/Rühl 1992).

Als Gegenstück zur System/Umwelt-Theorie wird seit einigen Jahren die Subjekt/Objekt-Unterscheidung wieder nachdrücklich ins Feld geführt (Rühl 1997). Das Subjekt (Akteur, Individuum, Mensch) wird als Bezugseinheit für alles Menschliche im 18. Jahrhundert von der Philosophie des Deutschen Idealismus und der Ideologie des Altliberalismus eingeführt. Akteure können handeln, aber sie können nicht kommunizieren. Schon der Frühaufklärer Christian Thomasius (1692/1995: 89) erkennt ausgangs des 17. Jahrhunderts Wechselbeziehungen zwischen dem Einzelmenschen, der Kommunikation und der Gesellschaft: Der Mensch wird erst durch die Gesellschaft zum Menschen, da menschliche Gedanken nur dann zu kommunizieren sind, wenn es andere Menschen als Gesellschaft gibt. Zur Kommunikation gehören mindestens zwei. Und die Kommunikation ist, im Unterschied zum Handeln, das raffiniertere Äußerungsvermögen – auch vermenschlichter Fabeltiere: „Der Igel und seine Frau besaßen als soziales System prudentia (Klugheit, M.R.) im Verhältnis zum Hasen: Sie konnten schnell hochselektiv kommunizieren, während der Hase nur schnell laufen konnte" (Luhmann 1984: 76).

Wird beansprucht, Public Relations sei eine Profession, die sich anhand bestimmter Eigenschaften und Merkmale von ‚PR-Profis' darstellen ließe, dann vermeidet diese sprachliche Mutmaßung die Ergebnisse der empirischen Arbeits-, Berufs- und Professionsforschung eines halben Jahrhunderts. Werden kontingent kommunizierende Organisationen (Jablin et al. 1987; Luhmann 2000) ‚Akteure' genannt, dann vernebelt dieser Begriffstitel die innerorganisatorischen Strukturen und Managementaufgaben aller Organisation ebenso wie deren marktorientierte Leistungswettbewerbe. Und wird versucht, Joseph A. Schumpeters idealtypischen Unternehmer als homo oeconomicus zur Lösung organisationsförmiger Journalismus- und Public Relations-Probleme wiederzubeleben (Ruß-Mohl 1997), dann ist nach den Erkenntnisversprechen für die Kommunikationswissenschaft zu fragen, nachdem die Wirtschaftswissenschaften diese Individualmodelle – wegen empirischer Unbrauchbarkeit – nur noch dogmengeschichtlich diskutieren.

Als zirkelförmiges Vorgehen muss jede PR-Theoriebildung immer wieder nach erklärungskräftigeren (Komparativ!) Erkenntnistheorien Ausschau halten. Die seit fünfzig und mehr Jahren intensivierte System/Umwelt-Theorie hat, soweit zu sehen ist, keine erkenntnistheoretische Konkurrenz erhalten. Mit der System/Umwelt-Theorie können heutzutage PR-Probleme hinreichend abstrakt formuliert werden, um damit kontingente PR-Realitäten einer hyperkomplexen Weltgesellschaft als *Systeme geordneter Beziehungen* zu rekonstruieren.

7 PR-Theorien als kommunikationswissenschaftliche Normaltheorien

Mit Paradigmen, Images, Schematisierungen oder Supertheorien wird versucht, normaltheoretische Probleme zu vereinfachen, zumal solche, die einzelne Disziplinen übergreifen. Die hier bevorzugten *Supertheorien* sind in der Lage, sich bei der Analyse selbst mit einzubeziehen (Luhmann 1984: 19). Für Public Relations scheinen als Supertheorien in Frage zu kommen: System-, Emergenz-, Kommunikations-, Öffentlichkeits-, Kreislauf-, Organisations-, Markt- und Entscheidungstheorien. Die für diesen Beitrag gebotene Kürze veranlasst, nur drei zentrale Supertheorien auszuwählen und knapp zu charakterisieren: Kommunikations-, Öffentlichkeits- und Kreislauftheorien.

7.1 Kommunikationstheorien

Das Wissen über Kommunikationssysteme wird in Theorien „aufgehoben". Wir wissen nicht, welcher Teil der wissenschaftlichen Kommunikationstheorien, die im Laufe der Geschichte produziert wurden, auch erinnert wird. Die nicht vergessenen bewahren die mit Kommunikation in Lehre und Forschung befassten in ihren Köpfen (psychische Gedächtnisse), und in den Fachbüchern, Fachzeitschriften, Akten und weiteren Schriften der Bibliotheken und Archive (soziale Gedächtnisse). Zur Wiederbearbeitung werden Kommunikationstheorien aus psychischen und sozialen Gedächtnissen retentiert, das heißt verfügbar gemacht (Weick, 1985: 293-305).

Die Kommunikationskommunität (communications community) bearbeitet Kommunikationstheorien in drei Dimensionen. (1) In der Sachdimension kann Kommunikation gelingen, wenn Sinn, Thema, Information, Mitteilung, Gedächtnis und Verstehen aufeinander zugeordnet werden. Sinn steht für das Gemeinte, das Gewusste, Information für das Neue, das Überraschende, Thema operiert als das Eingrenzende und Mitteilung meint Anregung zu weiteren Kommunikationen. Gelingt die Synthese der sachlichen Kommunikationskomponenten, dann können Menschen verstehen. Sie wählen zwischen verbaler und nonverbaler, oraler und literaler Kommunikation, sie kommunizieren durch symbolisierte Modi (Worte, Gebärden, Bilder, Musik), durch vereinfachende Technisierungen und durch Medialisierung programmierter Entscheidungsprogramme. Dabei kommt der Sprache eine Zusatzfunktion insofern zu, als mit Sprache über die Sprache und somit durch Kommunikation über Kommunikation kommuniziert werden kann (Luhmann 1996: 171f.).

(2) In der Sozialdimension orientieren sich Kommunikationssysteme an vorausgedachten Strukturen (Familien, Haushalte, Organisationen, Märkte), die in weltgesellschaftlichen Teilsystemen (Politik, Wirtschaft, Wissenschaft, Recht, Religion) immer wieder ihre Kommunikationsstrukturen umbauen. Sozialstrukturen werden gewöhnlich viel zu fest vorgestellt. Sozialstrukturen sollen das Prozessieren von Kommunikationen stabilisieren, damit sie nicht bei jeder Enttäuschung, bei jedem Widerspruch, und bei jeder Zustimmungsverweigerung aufgegeben oder angepasst werden müssen. Sozialstrukturell interessiert sich die deutschsprachige Kommunikationswissenschaft über-

wiegend für spezielle Kommunikationssysteme (Buchpublizistik, Alltagspublizistik, Presse, Rundfunk, Public Relations, Journalismus). In Nordamerika werden außerdem einfache Kommunikationssysteme (Konversationen, Dialoge, Telefonate, Mutter/ Kind-Beziehungen) und organisatorische Kommunikationssysteme (Unternehmen, Parteien, Verbände, vor allem Krankenhäuser) intensiv erforscht. Diesseits und jenseits des Atlantiks ist es noch nicht gelungen, Technik und Medien aus dem Zustand ihrer Dinghaftigkeit in die Dynamik technisierter und medialisierter Kommunikation überzuführen (Rühl 2000a; 2000b).

(3) Die Zeitdimension bringt das Komplexitätsgefälle zwischen Kommunikationsystemen und gesellschaftlicher Mitwelt zum Ausdruck. „Zeit wird erst dann zum Forschungsproblem, wenn sie in Relation gesetzt wird zwischen einer als System verstandenen Untersuchungsproblematik und deren Umwelt." (Rühl 1992: 177). Kommunikationssysteme profilieren sich beispielsweise als Lesesituationen, durch Redaktionszeiten, oder als historisch periodierte Public Relations-Theorien. Anders als die klassischen Gleichgewichtstheorien der Wirtschaftswissenschaften kennt die Kommunikationswissenschaft keine Kommunikationstheorien in stabilen Ruhelagen, auch solche nicht, in die Kommunikationssysteme, nach Turbulenzen, zurückkehren können. Alle kommunikationstheoretisch beschriebenen Kommunikationssysteme erneuern ihre gesellschaftliche Lage ständig, indem sie eine dynamische Stabilität suchen – wie ein Schiff auf hoher See.

7.2 Theorien der Öffentlichkeiten (und der öffentlichen Meinungen)

Seit den neunziger Jahren des 20. Jahrhunderts ist auch im englischen Sprachraum eine Wiederbeschreibung (redescription) der Publizistik (public communication) als empirische Kommunikationswissenschaft zu beobachten – unter ausdrücklicher Bezugnahme auf das Gemeinwohl (public interest) (Ferguson 1990; McQuail 1992; Rühl 1993a). Publizistik (Marcinkowski 1993), Public Relations (Ronneberger/Rühl 1992) und Journalismus (Blöbaum 1994; Scholl/Weischenberg 1998) werden als autopoietische Kommunikationssysteme analysiert, und gesellschafts-, organisations- und marktförmig unterschieden (Rühl 1993b, 1993c). Öffentlichkeit(en) des Journalismus (Rühl 1980: 228-250; Kohring/Hug 1997; Görke 2002) und der Public Relations (Szyszka 1999) kommen wieder vermehrt in die Diskussion. Ob Öffentlichkeit als Funktionssystem der Gesellschaft gelten kann, oder ob sie als ‚dritter' Kommunikationsbereich zwischen Produktion und Rezeption zur Beschaffung und Verbreitung zu begreifen ist, diese Debatte steht noch aus. Das wachsende Interesse für Öffentlichkeiten in der PR-Forschung legt nahe, ungelöste PR-Probleme in Beziehungen zu öffentlichen Meinungen anzugehen. Öffentlichkeiten und öffentliche Meinungen (Plural!) fungieren in Gesellschaften mit den Grundrechten Kommunikationsfreiheit, Markt- und Wettbewerbsverhältnisse, sodass zu fragen ist, ob Public Relations auch in monozentrierten Gesellschaftssystemen (absoluten Monarchien, Ein-Parteien-Diktaturen) nicht nur als Vokabel vorkommt.

7.3 Kreislauftheorien

Kommunikation hat weder einen feststellbaren Anfang noch ein absehbares Ende. Sie wird kreislaufförmig vollzogen. Werden PR-Kreisläufe vorgeschlagen (Ronneberger/Rühl 1992: 279f.; Dernbach 1998), dann anhand von Modellen des Wasserkreislaufs, Blutkreislaufs, Wirtschaftskreislaufs und ‚re-cycling' im Umweltschutz. Wird PR-Wissen aus psychischen und sozialen Gedächtnissen verfügbar gemacht, ausgewählt, abgewandelt und umgebaut, dann vollziehen sich Kommunikationsprozesse als Zirkel über Märkte der Beschaffung und des Vertriebs. Beschafft werden PR-Ressourcen (gültiges Geld, Sinn machende Informationen, berufliche Arbeit, einschlägige Kenntnisse und Wissen, öffentliche Aufmerksamkeit, verbindliches Recht, mitmenschliche Achtung, Moralgrundsätze und knappe Zeit), ohne die keine PR-Produktion und PR-Rezeption wirklich wird.

8 Abschließende Bemerkungen

Wird versucht, viele Teilstücke bisheriger wissenschaftlicher PR-Forschung zusammenzuschließen (Ronneberger/Rühl 1992; Röttger 2000), dann wird erkennbar, dass viele ihrer Teilstücke aus einem umfangreichen Begriffs- und Theorienpluralismus der Sozialwissenschaften stammen. Dieser Beitrag beabsichtigt zunächst, die vorwissenschaftlichen PR-Theoriebildungen der Laien und der Experten zu charakterisieren, um mögliche, aber vor allem unmögliche Beziehungen zur wissenschaftlichen PR zu unterscheiden. Zu zeigen ist, dass die kommunikaionswissenschaftliche PR-Forschung eigene Erkenntnisabsichten hat. Wissenschaftliche Theorien der Public Relations können nicht unmittelbar für ‚die Praxis' leisten. Wissenschaftliche PR-Theorien sind grundlagentheoretisch orientiert. Sie sind auf Vorrat zu produzieren und zu studieren, damit sie von Fall zu Fall, in unterschiedlichen Kombinationen, als innovativ, planend und vorsorgend für das Wissen des Public Relations-Gesamtsystems der Weltgesellschaft fungieren können.

Literatur

Adorno, Theodor W. / Ralf Dahrendorf / Harald Pilot / Hans Albert / Jürgen Habermas / Karl R. Popper (1972[2]): Der Positivismusstreit in der deutschen Soziologie. Neuwied/Berlin
Ashby, W. Ross (1974): Einführung in die Kybernetik. Frankfurt am Main
Blöbaum, Bernd (1994): Journalismus als soziales System. Geschichte, Ausdifferenzierung und Verselbständigung. Opladen
Dernbach, Beatrice (1998): Public Relations für Abfall. Ökologie als Thema öffentlicher Kommunikation. Opladen/Wiesbaden
Ferguson, Marjorie (Hg.) (1990): Public communication. The new imperatives. Future directions for media research. London/Newbury Park
Foerster, Heinz von (1982): Observing systems. Seaside
Foerster, Heinz von (1985[2]): Die Verantwortung der Experten. In: ders.: Sicht und Einsicht. Braunschweig, Wiesbaden: 17-23
Görke, Alexander (1999): Risikojournalismus und Risikogesellschaft. Sondierung und Theorieentwurf. Opladen

Görke, Alexander (2002): Journalismus und Öffentlichkeit als Funktionssystem. In: Armin Scholl (Hg.): Systemtheorie und Konstruktivismus in der Kommunikationswissenschaft. Konstanz: 69-90

Groth, Otto (1960): Die unerkannte Kulturmacht. Grundlegung der Zeitungswissenschaft (Periodik). Bd. 1. Berlin

Habermas, Jürgen / Niklas Luhmann (1971): Theorie der Gesellschaft oder Sozialtechnologie – Was leistet die Systemforschung? Frankfurt am Main

Hegel, Georg Wilhelm Friedrich (1807/1986): Phänomenologie des Geistes. Frankfurt a.M.

Jablin, Fredric M. / Linda L. Putnam / Karlene H. Roberts / Lyman W. Porter (Hg.) (1987): Handbook of Organizational Communication. An Interdisciplinary Perspective. Newbury Park u.a.

Kant, Immanuel (1787/1968): Kritik der reinen Vernunft. Darmstadt

Kohring, Matthias / Detlef Hug (1997): Öffentlichkeit und Journalismus. Zur Notwendigkeit der Beobachtung gesellschaftlicher Interdependenz. In: Medien Journal 21. Jg. / Heft 1: 15-33

Luhmann, Niklas (1984): Soziale Systeme. Grundriß einer allgemeinen Theorie. Frankfurt a.M.

Luhmann, Niklas (1997): Die Gesellschaft der Gesellschaft. 2 Bde. Frankfurt a.M.

Luhmann, Niklas (2000): Organisation und Entscheidung. Opladen/Wiesbaden

Luhmann, Niklas (1996^2): Die Realität der Massenmedien. Opladen

Marcinkowski, Frank (1993): Publizistik als autopoietisches System. Politik und Massenmedien. Eine systemtheoretische Analyse. Opladen

Marshall, T(homas). H. (1963): Sociology at the crossroads, and other essays. London u.a.

Maturana, Humberto R. (1985^2): Erkennen: Die Organisation und Verkörperung von Wirklichkeit. Ausgewählte Arbeiten zur biologischen Epistemologie. Braunschweig/Wiesbaden

McQuail, Denis (1983): Mass communication theory. An introduction. London, Beverly Hills

McQuail, Denis (1992): Media performance. Mass communication and the public interest. London/ Newbury Park

Oeckl, Albert (1976): PR-Praxis. Der Schlüssel zur Öffentlichkeitsarbeit. Düsseldorf, Wien

Opp, Karl-Dieter (1970): Methodologie der Sozialwissenschaften. Einführung in Probleme ihrer Theoriebildung. Reinbek

Reimann, Horst (1974^2): Kommunikations-Systeme. Umrisse einer Soziologie der Vermittlungs- und Mitteilungsprozesse. Tübingen

Röttger, Ulrike (2000): Public Relations – Organisation und Profession: Öffentlichkeitsarbeit als Organisationsfunktion. Eine Berufsfeldstudie. Wiesbaden

Ronneberger, Franz / Manfred Rühl (1992): Theorie der Public Relations. Ein Entwurf. Opladen

Rühl, Manfred ($1969a/1979^2$): Die Zeitungsredaktion als organisiertes soziales System. Düsseldorf. Überarb. u. erw. 2. Auflage. Fribourg

Rühl, Manfred ($1969b/1987^2$): Systemdenken und Kommunikationswissenschaft. In: Publizistik 14: 185-206. Nachdruck in: Maximilian Gottschlich (Hg.): Massenkommunikationsforschung. Theorieentwicklung und Problemperspektiven. Wien: 43-63

Rühl, Manfred (1980): Journalismus und Gesellschaft. Bestandsaufnahme und Theorieentwurf. Mainz

Rühl, Manfred (1986): Das Selbstbild der Architekten. Eine Untersuchung von Image-Faktoren im Prozeß des Image-Wandels. Unter Mitarbeit von Kurt R. Hesse und Klaus Zeller. Bamberg: Forschungsstelle für Kommunikationspolitik

Rühl, Manfred (1987): Soziale Verantwortung und persönliche Verantwortlichkeit im Journalismus. In: Rainer Flöhl / Jürgen Fricke (Hg.): Moral und Verantwortung in der Wissenschaftsvermittlung. Die Aufgabe von Wissenschaftler und Journalist. Mainz: 101-118

Rühl, Manfred (1992): Redaktionszeiten. Zur publizistischen Bewältigung von Ereignisturbulenzen. In: Walter Hömberg / Michael Schmolke (Hg.): Zeit, Raum, Kommunikation. München: 177-196

Rühl, Manfred (1993a): Kommunikation und Öffentlichkeit. Schlüsselbegriffe zur kommunikationswissenschaftlichen Rekonstruktion der Publizistik. In: Günter Bentele / ders. (Hg.): Theorien

der öffentlichen Kommunikation – Problemfelder, Positionen, Perspektiven. München: 77-102
Rühl, Manfred (1993b): Ökonomie und publizistische Leistungen. Wer bezahlt und vor allem: wie? – Eine nicht nur wirtschaftliche Problematik für die Publizistikwissenschaft. In: Heinz Bonfadelli / Werner A. Meier (Hg.): Krieg, Aids, Katastrophen ... Gegenwartsprobleme als Herausforderung der Publizistikwissenschaft. Konstanz: 307-326
Rühl, Manfred (1993c): Marktpublizistik. Oder: Wie alle – reihum – Presse und Rundfunk bezahlen. In: Publizistik 38. Jg. / Heft 2: 125-152
Rühl, Manfred (1997): Braucht die kommunikationswissenschaftliche Publizistikforschung das unpraktische Subjekt? In: Heinz Bonfadelli / Jürg Rathgeb (Hg.): Publizistikwissenschaftliche Basistheorien und ihre Praxistauglichkeit. Zürich: 25-40
Rühl, Manfred (1999): Publizieren. Eine Sinngeschichte der öffentlichen Kommunikation. Opladen, Wiesbaden
Rühl, Manfred (2000a): Medien (alias Mittel) und die öffentliche Kommunikation. Ein alteuropäisches Begriffspaar im Wirklichkeitswandel. In: Guido Zurstiege (Hg.): Festschrift für die Wirklichkeit. Wiesbaden: 105-118
Rühl, Manfred (2000b): Technik und ihre publizistische Karriere. In: Otfried Jarren / Gerd G. Kopper / Gabriele Toepser-Ziegert (Hg.): Zeitung – Medium mit Vergangenheit und Zukunft. Eine Bestandsaufnahme. München: 93-104
Rühl, Manfred (2001): Alltagspublizistik. Eine kommunikationswissenschaftliche Wiederbeschreibung. In: Publizistik 46. Jg. / Heft 3: 249-276
Rühl, Manfred (2002): Zeitunglesen und die Lesbarkeit der Welt. In: Heinz Bonfadelli / Priska Bucher (Hg.): Lesen in der Mediengesellschaft. Stand und Perspektiven der Forschung. Zürich: 82-96
Rühl, Manfred / Beatrice Dernbach (1996): Public Relations – soziale Ranständigkeit – organisatorisches Helfen. Herkunft und Wandel der Öffentlichkeitsarbeit für sozial Randständige. In: prmagazin 27. Jg. / Heft 11: 43-50
Ruß-Mohl, Stephan (1997): Arrivederci Luhmann? Vorwärts zu Schumpeter! Transparenz und Selbstreflexivität: Überlegungen zum Medienjournalismus und zur PR-Arbeit von Medienunternehmen. In: Hermann Fünfgeld / Claudia Mast (Hg.): Massenkommunikation. Ergebnisse und Perspektiven. Opladen: 193-211
Saxer, Ulrich (1992): Systemtheorie und Kommunikationswissenschaft. In: Roland Burkart / Walter Hömberg (Hg.): Kommunikationstheorien. Ein Textbuch zur Einführung. Wien: 91-110
Scholl, Armin / Siegfried Weischenberg (1998): Journalismus in der Gesellschaft. Theorie, Methodologie und Empirie. Opladen/Wiesbaden
Shannon, Claude E. / Warren Weaver (1976^2): Mathematische Grundlagen der Informationstheorie. München, Wien
Solomon, Howard M. (1972): Public welfare, science, and propaganda in seventeenth century France. The innovations of Théophraste Renaudot. Princeton
Stichweh, Rudolf (2000): Die Weltgesellschaft. Soziologische Analysen. Frankfurt am Main
Szyszka, Peter (Hg.) (1999): Öffentlichkeit. Diskurs zu einem Schlüsselbegriff der Organisationskommunikation. Opladen/Wiesbaden
Thomasius, Christian (1692/1995): Einleitung zur Sittenlehre (Von der Kunst Vernünfftig und Tugenhafft zu lieben. Als dem eintzigen Mittel zu einen glückseligen / galanten und vergnügten Leben zu gelangen / oder Einleitung zur SittenLehre. Nachdruck: Hildesheim/Zürich
Weick, Karl E. (1985): Der Prozeß des Organisierens. Frankfurt am Main: Suhrkamp.
Wuketits, Franz M. (1995): Die Entdeckung des Verhaltens. Eine Geschichte der Verhaltensforschung. Darmstadt
Zedtwitz-Arnim, Georg Volkmar Graf (1981^2): Tu(e) Gutes und rede darüber. Public Relations für die Wirtschaft. München

PR als ‚Literatur' der Gesellschaft?

Plädoyer für eine medienwissenschaftliche Grundlegung des Kommunikationsmanagements

Lars Rademacher

Im vorliegenden Beitrag wird ein alternativer theoretischer Zugang zu Public Relations entworfen, der versucht, die bekannten disziplinären theoretischen Verortungen aus Sicht der Kommunikationswissenschaft (vgl. Baerns 1991; Bentele 2003; Bentele u.a. 1997; Bentele/Nothaft 2004; Burkart 1995; Eisenegger/Imhof 2004; Hoffjann 2001; Merten 1992, 1999; Ronneberger/Rühl 1992; Jarren/Röttger 2004), der Organisationstheorie (v.a. Grunig/Hunt 1984; Hahne 1997/98; Herger 2004; Theis 1994) und der Wirtschaftswissenschaften (vgl. Bruhn/Ahlers 2004; Hillebrecht/Schlaus 2005; Szyszka 2005; Wiedmann 1986; Zerfaß 2004) um eine eigenständige medienwissenschaftliche Perspektive zu erweitern. Theoretische Ausgangspunkte sind dabei Theorien des Medien- und Kulturwandels (vgl. Albrecht 2002; Hejl 1999, 2005; Hügel 2007; Maase 2002), makrotheoretische Grundpostulate des konstruktivistischen Denkens (vgl. Merten/Westerbarkey 1994; Schmidt 1994, 2000; Westerbarkey 1995), medienökonomische Einordnungen der Medienproduktion und des Kommunikationsmanagements (vgl. Hosp 2005; Kiefer 2005; Gläser 2008) und eine kulturwissenschaftliche Grundierung der Public Relations, wie sie in Ansätzen als „Interaktion in Gesellschaft" (vgl. Faulstich 2000) sowie als „Lizenz zur Mitgestaltung der öffentlichen Meinung" (Rolke 1999, 2004) formuliert wurden. Die kulturwissenschaftlichen Grundüberlegungen werden im vorliegenden Text erweitert um eine medienwissenschaftliche Perspektive, die als per se interdisziplinäre Forschungstradition dazu geeignet scheint, einige Defizite der bisherigen PR-Forschung (PRF) auszugleichen.

1 Defizite der bisherigen Forschung

Die aus den jeweiligen Disziplinen heraus geführte Diskussion hat einige Defizite aufgeworfen, die sich mal aufgrund der gewählten Theorieoption, mal aufgrund der mangelnden Realitätsnähe zum Erkenntnisgegenstand „Public Relations" bisher nicht auflösen ließen. Als solche, für die PRF charakteristisch gewordene Defizite sehe ich v.a. die folgenden sieben:

- eine disziplinäre Beschränkung der gängigen Theoriebildung, die immer nur ihre disziplineigenen Anteile der PRF fokussiert, für weitere Probleme aber nahezu ‚blind' bleibt,
- ein implizites Festhalten an veralteten Beispielen der PR-Praxis in der Theoriebildung,
- eine verkürzte Theoriebildung, die ihre Theorieproduktion nur auf Teilgebiete der PR stützt (z.B. die Medienarbeit),
- eine implizite Behandlung von PR als Sonderfall der medialen Produktion,
- eine unzureichende Berücksichtigung von PR als ökonomischem Faktor der Medienwirtschaft,
- eine unzureichende Bezugnahme der PRF auf den sozialen und medialen Wandel,
- eine unzureichende Berücksichtigung der veränderten Produktionsbedingungen und Rezeptionsgewohnheiten.

Mangelnde Berücksichtigung der PR als ökonomischem Faktor: In den letzten Jahren hat zwar der Wertbeitrag, den das unternehmerische Kommunikationsmanagement im Sinne von Corporate Communications zur Wertsteigerung des Unternehmens leistet, eine intensive Beachtung erfahren (vgl. Pfannenberg/Zerfaß 2005; Zerfaß 2005). Umso erstaunlicher ist die Tatsache, dass sich für den Wertbeitrag, den die PR bei der Produktion von Medienbetrieben erbringen, niemand zu interessieren scheint. Denn faktisch tragen sie nicht nur dazu bei, Transaktions- und Suchkosten in Medienunternehmen zu reduzieren, sondern sie leisten z.B. mit ihren Corporate Publishing-Aktivitäten, internen Kommunikationsmaßnahmen und Vorprodukten der Medienarbeit (wie Imagevideos) u.a. über die Auslastung der Druck- und Verlagshäuser, der freien Journalisten und PR-Dienstleister, der Produktionsgesellschaften und Mediendienstleister einen signifikanten Beitrag für eine funktionierende Medienökonomie. Sie schaffen damit langfristige Abhängigkeiten und verändern die ökonomischen Grundlagen des Mediensystems. Doch für solche Konvergenzüberlegungen existiert bisher allenfalls im Rahmen der Medienökonomie verhaltenes Interesse, nicht aber im Rahmen der PRF.

Mangelnde Berücksichtigung des sozialen und medialen Wandels: Die Modelle der PRF stehen in ihrem Ursprung Theorien der Massenkommunikation nahe. Entsprechend schwer fällt es ihnen, den Schwenk zur „Massenindividualkommunikation" (Manfred Faßler) nachzuvollziehen, den die digitale Ökonomie in immer rascherer Folge befeuert (z.B. Blogs, Social Networks etc.). Die historischen Gründe liegen sicher in technikkritischen Diskursen, die sich am Aufkommen der medienkritischen Tradition seit Max Weber und Walter Benjamin bis Jeremy Rifkin (2000) entfacht haben. Die aktuelle Begründung liegt in der hohen Dynamik des medialen Wandels und seinen technologisch induzierten Veränderungen, deren Konsequenzen nur teilweise einzuschätzen sind. Dennoch scheint es angebracht, wenigstens einen Versuch der Integration in die theoretische Modellbildung zu unternehmen.

Mangelnde Berücksichtigung der veränderten Produktsbedingungen und Rezeptionsgewohnheiten: Neue Medientechnologien und ihre Produktionslogiken haben vor dem Hintergrund der sich verstärkenden Ökonomisierung und Konvergenz auch zu neuen Rezeptionsgewohnheiten und Nutzererwartungen geführt. Die Mehrfachverwertung von medialem Content und die Umstellung auf die verstärkte Nutzung von einmal geschaffenen „Assets" der Medienproduktion hat die qualitative Nivellierung vieler Medienprodukte verstärkt. Als Folge hat sich die mediale Produktion im Segment der Unterhaltung stark ausgeweitet. Auch Informationssendungen präsentieren sich immer stärker im Gewand der Unterhaltung (vgl. Hejl 1999). Der zugrunde liegende Code der Rezeption hat sich dementsprechend auch in Bezug auf Informationsangebote gewandelt: von „± Aktualität" (vgl. Görke 2002) zur anthropologischen Grundkategorie „± interessant" (vgl. Hejl 2005). Doch wie und in welchem Ausmaß wirkt sich dieser Schwenk zur Unterhaltung im journalistischen System auf die PR und die PRF aus?

Der vorliegende Text nimmt sich nun nicht das nur schwer zu leistende Ziel vor, alle benannten Defizite im Einzelnen auszuarbeiten. Der Nutzen einer eigenständigen medienwissenschaftlichen Rekonstruktion der PRF soll aber darin bestehen, eine alternative Herangehensweise vorzuschlagen, die das Kommunikationsmanagement so offen und zugleich so umfassend konzipiert, dass zumindest einige der genannten Defizite behoben oder umgangen werden können.

2 Befund: Funktionsausweitung

Am Anfang steht die Beobachtung, dass sich Aufgabenspektrum und Funktion von Public Relations als wesentlichem Leistungssystem des Kommunikationsmanagements enorm ausgeweitet haben. Wenn ich von „PR als Leistungssystem des Kommunikationsmanagements" spreche, wird damit (1) hervorgehoben, dass PR-Arbeit eine dienstleistende Funktion innerhalb eines Funktionssystems wie etwa dem organisationalen Kommunikationsmanagement erbringt und daher (2) auf einer gegenüber dem Kommunikationsmanagement logisch nachgeordneten Ebene angesiedelt ist. Die Ausweitung, die teilweise sogar als Funktionsverschiebung interpretiert werden kann, hat stattgefunden
- aufgrund des sozialen und medialen Wandels,
- aufgrund der veränderten (ökonomischen) Marktbedingungen, unter denen in öffentlichen Arenen Aufmerksamkeit produziert wird (v.a. durch eine Verschiebung des Machtgefüges zu Ungunsten des Journalismus),
- aufgrund des Bedeutungszuwachses des organisatorischen Kommunikationsmanagements für die Wertschöpfung der Organisation sowie

- aufgrund der enorm erweiterten technologischen Realisierungs- und Modularisierungsbedingungen der Medienproduktion.

Von dieser Beobachtung ausgehend ist zu zeigen, warum sich PR immer deutlicher und immer weiter von ihrer historisch gewachsenen Aufgabe – der Darstellung und Durchsetzung von partikularen Interessen gegenüber definierten Publika primär mit den Mitteln der Massenkommunikation – abheben.[1] Die vertretene *Hypothese* dazu lautet: Aus dem Werben um Vertrauen und Verständnis wurde ein Managementprozess mit einer Vielzahl Beteiligter in der Organisation, aus der Selbstdarstellung von Organisationen mit Hilfe der Medien wurde die Übernahme der Medienproduktion, aus der öffentlichen Wahrnehmung als Transformator oder Intermediär wurde die Wahrnehmung als originäre Quelle – und aus dem PR-Aktanten klassischer Prägung wurde ein voll verantwortlicher Autor.

Diese Verschiebungen führten zu einem neuen Verständnis von PR, das ich zusammenfassend „*PR als ‚Literatur' der Gesellschaft*" nenne und in den Kontext einer medienwissenschaftlichen Herangehensweise stelle. Literatur hat einen Autor, Literatur wird an Leser distribuiert über einen Markt, Literatur gehorcht bestimmten Konventionen der Ästhetizität und Polyvalenz – all das, so meine ich – finden wir bei den Public Relations wieder. PR werden mittlerweile ähnlich produziert, distribuiert und rezipiert wie einst Literatur. Sie lösen damit nicht Literatur im eigentlichen, literarischen Sinne ab, aber in der früheren Funktion für die gesellschaftliche wie individuelle Selbstverständigung. Diese bestand in der Unterstützung von individuellen und kollektiven Konstruktionsprozessen von sozialen Gefügen und ihren Regularien, von Welt- und Wirklichkeitsmodellen und ihren Alternativen. Die neuen Autoren der PR fungieren als eigenständige und autarke Quellen. Sie liefern ihr Material über die dem Lesern bekannten Medien; mal als Teil des vorliegenden Programmspektrums, mal erweitert um eigene Zugangswege wie Corporate Publishing-Produkte oder Blogs. Gesellschaften informieren, amüsieren und konstruieren sich in zunehmendem Maße über die Produktion und Rezeption von Public Relations-Produkten.

Unter ‚Literatur' verstehe ich in diesem Zusammenhang aber nicht nur die materialen Kommunikate von PR, sondern auch alle auf sie bezogenen Handlungen, die den gesellschaftlichen Umgang mit der PR-Kommunikation bestimmen – also nicht nur ein „Symbolsystem ‚Literatur' ", sondern auch ein „Sozialsystem ‚Literatur'". Literatur besitzt diese Produktionslogik bereits seit dem 18. Jahrhundert (vgl. Schmidt 1989). Nachfolgend werden die einzelnen Bausteine der theoretischen Entwicklung dargestellt, die mich bis zum Ausdruck von „*PR als ‚Literatur' der Gesellschaft*" führen.

---

[1] Eine ausführliche Darstellung habe ich in meiner Dissertationsschrift *PR als Literatur der Gesellschaft. Kommunikationsmanagement – Wissensmanagement – Poesie.* Universität Siegen: FB Sprach-, Literatur- und Medienwissenschaften 2006 vorgelegt, die 2008 in einer überarbeiteten Fassung erscheint.

3 Kultureller und medialer Wandel

In einer erweiterten Ausgangsbasis werden die wissenschaftlichen Befunde zum medialen Wandel berücksichtigt, die insbesondere durch die so genannten Cultural Studies zusammengetragen wurden. Zwei Befunde sind hier besonders hervorzuheben, die sich mit Maase (2002) als Wandlung der populären Kultur zur repräsentativen Kultur beschreiben lassen und bei Hügel (2007) in einem „Lob des Mainstreams" gipfeln. Laut Maase sind es oft genug marginale Gruppen, die heute hohe Aufmerksamkeit auf sich ziehen und durch diesen Aufmerksamkeitsüberhang eben auch den Status der Repräsentativität beanspruchen. *Prominenz* wird hier als Verfahren eingesetzt, um marginalen und überraschenden Positionen nicht lediglich den Status der originellen Devianz zu sichern, sondern ihre Vergesellschaftung als legitimes Verhalten zu unterstützen. Dabei stützt sich das Prominenz-Schema wesentlich auf anthropologische Konstanten; denn schon früh hat es in kleinen Gruppen einzelne Mitglieder gegeben, deren Verhalten für die gesamte Gruppe von Bedeutung war – und die deshalb unter besonderer Beobachtung standen (vgl. Hejl 1999: 118).

Das Ziel der als deviant bestimmten Gruppe ist die Anerkennung der subkulturellen Haltung als legitimes Verfahren. Die Methode ist die Nutzung bekannter und populärerer Botschafter. Dieser kulturelle Prozess liegt den Verfahren der PR häufig zugrunde, er liefert die Folie, vor deren Hintergrund die Instanzen der PR ihre Deutungsangebote entwickeln. Sie versuchen an mancher Stelle, die Intellektuellen der bürgerlichen Situation zu ersetzen und ihre Texte den kulturell dominierenden Texten einzuschreiben. Der damit skizzierte Prozess ist freilich alles andere als neu. Er setzt letztlich beim „Strukturwandel der Öffentlichkeit" an, den Habermas (1990) diagnostizierte: Aus dem Kultur räsonierenden Publikum wird ein Kultur konsumierendes, die massenmedial manipulative Öffentlichkeit tritt vor die kritische, horizontal vernetzte Öffentlichkeit (vgl. Drepper 2005: 14). Doch neu ist der repräsentative Gestus, der sich bis zu einem „Lob des Mainstream" steigert. Hügel (2007) beteiligt sich nicht an einem blinden Lob des Populären, sondern unterstreicht die Möglichkeit, das Populäre als Selbständiges neben der „ernsten" Kunst und der viel reizvolleren Subkultur zu behaupten. Dies könne nur gelingen, wenn dem Populären eine eigene Ästhetik zugesprochen werde. Dabei fällt natürlich auf, dass auch die Subkultur heute eher als industriell fabriziertes Produkt vorkommt und als solches einen Teilbereich des Populären darstellt – und nicht sein Gegenteil (vgl. Hügel 2007: 8). Das kommt einer Umarmungstaktik gleich, die der Logik der PR entspricht: Statt die gegnerische Position auszugrenzen, wird sie mitgedacht und einbezogen (vgl. Jullien 1999). So werden heute in kritischen Verbraucherforen im Internet immer wieder kritische Beiträge von Unternehmensscouts geschrieben, die hier Themen „testen" und kritische Potenziale ausloten. Sie nehmen Kritik vorweg, bevor sie als unkontrollierbare Welle entsteht.

Unterhaltung, die den wichtigsten Modus des Populären darstellt, lässt sich in ihrem Verfahren und im Blick auf ihre Relevanz wesentlich genauer bestimmen, als dies die vortheoretische Betrachtung unterstellt. Hügel versteht Unterhaltung nicht als „jede

Art von Vergnügen mit massenmedialen Artefakten", sondern als „spezifische kulturelle Praxis" (Hügel 2007: 48f.):

> „Die Funktion der Teilnahme am Unterhaltungsprozess erschöpft sich weder gänzlich darin, Zeit totzuschlagen, noch ist sie reflexhaft einem Ziel zuzuordnen. Unterhaltung erlaubt es, ‚Erfahrungen auf Vorrat' zu machen. Im Unterhaltungsprozess produzieren wir Bedeutungen und wie das Wort es sagt, bedeuten diese etwas, sind also zu irgend etwas gut; aber *ohne* dass wir den Rahmen, in dem sie bedeutsam werden könnten, schon während der Rezeption im Auge haben. Hierin liegt auch der ästhetische Charakter der Unterhaltung wesentlich begründet; denn neben der Bildhaftigkeit, der – wenn man so sagen darf – diskursiven Undeutlichkeit und mit dieser verbunden, ist die funktionale Unklarheit zentrales Kennzeichen des Ästhetischen. Weil wir bei Unterhaltung die auf Vorrat gemachten Erfahrungen weder ‚aktuell pragmatisch nutzen (umsetzen), noch sofort intellektuell oder psychisch Konsequenzen aus dem Erfahrenen ziehen, werden wir von der Unterhaltung nicht bedrängt. Daher unterhalten wir uns auch so leicht und so gut durch die Werbung, die uns etwas anbietet, und zum Kauf, zu einer Haltung auffordert, uns jedoch nicht bedrängt, das Angebot wahrzunehmen. Zugleich aber sind wir nicht teilnahmslos, wenn wir uns unterhalten. Wir verschwenden nicht einfach Zeit und Aufmerksamkeit, wie die kulturkritische Rede von der *time killing industry* es behauptet, sondern nehmen eine Haltung ein, die zwischen umfassender Konzentration und völliger Teilnahmslosigkeit liegt."

Dieser Modus der Rezeption als aktiver Haltung zu den medialen Artefakten kennzeichnet den Umgang mit Medienangeboten – vor allem solchen, die sich immer stärker auf den Unterhaltungsmodus einlassen. Eine entsprechende Entwicklung ist in allen medialen Genres nachzuweisen. Sie ist wesentlich ökonomisch induziert. Die Medienindustrie wird generell zur Unterhaltungsindustrie. Michael J. Wolf (1999) hat darüber hinaus die allgemeine Unterhaltungsausrichtung der gesamten Wirtschaft diagnostiziert. Produkte jeglicher Art – von Autos und Haushaltsgeräten über Dienstleistungen und Versicherungen bis zu Kleidern, Lebensmitteln und Finanzangeboten – werden, so seine These, in einen Unterhaltungskontext gerückt und erhalten beim Einkaufen ihre Wertschätzung durch den Konsumenten immer stärker durch den Unterhaltungsfaktor. Um die beschriebenen medialen Makrotrends auch auf die PR-Forschung beziehen zu können, wird der medienwissenschaftliche Zugang gefordert. Denn die Medienwissenschaften haben sich von vornherein mit einem breiteren Fokus positioniert; sie gehen am Gegenstand der Medien entlang der denkbaren Bezüge. Sie können daher mal sozialwissenschaftlich und mal hermeneutisch argumentieren, mal philosophisch und mal juristisch. Medienwissenschaften stellen eine Querschnittwissenschaft dar, wie sie die Kommunikationswissenschaft oder BWL gar nicht sein möchten, letztlich aber auch sind (vgl. Ludes/Schütte 1997: 44). Doch auf manche Fragen z.B. zum Praxisfeld PR findet die Kommunikationswissenschaft keine Artworten – weil sie an den Gegenstand PR nicht alle relevanten Fragen stellt. Zum Beispiel kann die Erlebnisqualität eines Events, die Inszenierung einer Pressekonferenz, die Positionierung eines Unternehmenschefs oder die Analyse von Pressemitteilungen mit einem rein kommunikationswissenschaftlichen Instrumentarium nur zum Teil erforscht werden. Eine medienwissenschaftliche Perspektive auf die PR kann diese hingegen als multiperspektivisches und -valentes Phänomen sowohl auf einer Systemebene, auf einer Organisationsebene, auf einer Handlungsebene wie auch in den einzelnen Kommunikaten nach Äußerungszusammenhang, Genres, Illokution, Perlokution, ästhetischer Valenz etc. aufgreifen (vgl. exemplarisch Biehl 2007).

Welche Konsequenzen hat die veränderte kulturelle Position des Populären und insbesondere der Unterhaltung für die PR im Rahmen eines medienwissenschaftlichen Zusammenhangs?

- In der Produktpolitik wird das Unterhaltungselement stark an Bedeutung gewinnen. Das betrifft insbesondere die Kommunikationspolitik – auch bei Organisationen, die nicht primär an der Produktion von Medienangeboten beteiligt sind.
- Auch die Produkte der PR müssen diese grundsätzliche Rezeptionserwartung nach mehr Unterhaltung erfüllen können, wenn diese gewünscht ist. Um die Annehmbarkeit der PR-Produkte zu erhöhen, muss der Stil der Kommunikation teilweise boulevardesker werden. Eine zu starke Einbindung von Unterhaltungselementen mag allerdings auch die Glaubwürdigkeit der Produkte oder des gesamten Kommunikationsprogramms gefährden.
- Die Klaviatur der PR muss in den Formen und Formaten flexibler werden, um immer dort präsent zu sein und Angebote unterbreiten zu können, wo die mediale Aufmerksamkeit neue Sammelpunkte bildet (z.B. Blogs, soziale Netzwerke etc.).

Im Rahmen der Darstellung des medialen Wandels muss noch gezeigt werden, wieso die von Wolf konstatierte „entertainmentization of the economy" derart Raum gegriffen hat. Dafür gibt es neben der kulturtheoretischen auch eine ökonomische Begründung. Charakteristisch für Medienprodukte mit hohem Unterhaltungsanteil ist die geringere Entwertungsgeschwindigkeit als bei (reinen) Informationsprodukten. Das erhöht die Möglichkeit der Mehrfachverwertung in unterschiedlichen Verwertungsfenstern und Formaten und erlaubt eine Versionierung des einmal produzierten Contents (vgl. Hess/Schulze 2004: 51, 58). So lange sich PR darauf konzentrieren – über welches Format oder welchen Kanal auch immer – Publika via Media zu adressieren, werden sie ein hohes Interesse an der so möglichen sprunghaften Ausweitung der zu erreichenden Publika besitzen. Die Mehrfachverwertung findet allerdings auch vor dem Hintergrund der Konzentration vieler Medienanbieter beispielsweise zu Senderketten oder von journalistischen Einheiten zu Produktionsgemeinschaften wie etwa Newsrooms statt. Daraus ergeben sich für die PR Vor- und Nachteile. Zum einen muss sich die PR-Abteilung einer Organisation im Idealfall nur noch mit der im Einzelfall verantwortlichen Redaktion eines Anbieters auseinandersetzen, die das Originalprodukt für mehrere Abnehmer der Senderkette erstellt. Allerdings können sich hier erhöhte Suchkosten ergeben, bis dieser Produzent gefunden ist. Und: Scheitert eine Kooperation mit ihm, so ist der Kontakt mit hoher Wahrscheinlichkeit – zumindest für den konkreten Themenanlass – auch ausschlaggebend für die gesamte Senderkette (soweit tatsächlich eine Produktionsverantwortung bei nur einem Produzenten innerhalb des korporativen Zusammenhangs liegt).

Welche Konsequenzen ergeben sich aus diesen mediensystemisch induzierten Veränderungen für die PR?

- Die PR müssen auf die veränderten technischen Standards der Medienproduktion Rücksicht nehmen und ihr vorproduziertes Material in den digitalen Standards ihrer Abnehmer und möglichst medienneutral anbieten, damit eine Mehrfachverwertung begünstigt wird.
- Dieses PR-Material muss sich auch in der journalistischen Aufbereitung an einer Mehrfachverwertung orientieren, d.h., es muss die sequentielle Produktion von Beiträgen unterstützen.
- Die Produktion von PR-Material muss künftig nicht nur in ihrem Wertbeitrag für die Unternehmung, sondern auch in ihrem Wertbeitrag für das Medienunternehmen betrachtet werden.
- Die reine journalistische Vorproduktion von PR-Material wird an Bedeutung abnehmen, die informelle Kommunikation zu Informationsproduzenten, die Funktion von Produktionsgemeinschaften, die Co-Produktion/Finanzierung mit Organisationen sowie die Bedeutung der Public Affairs zu großen Informationsanbietern (etwa Senderketten) werden an Bedeutung zunehmen.

Schließlich haben die medienkulturellen Veränderungen der letzten Jahre die klassischen Medientrennungen und Genres fragwürdig werden lassen. Wo vorher nur der Journalismus oder das ästhetische Produkt als Quelle standen, da existiert spätestens seit dem Aufkommen des Internets als Massenindividualmedium eine neue Medienproduktkategorie, die tief im Corporate Publishing verwurzelt ist. Dieses neue Genre tritt mal in etablierten Medien auf (etwa den Servicerubriken überregionaler Tageszeitungen), mal in eigenständigen Produkten der Unternehmen, Gruppen, Institutionen. Ich folgere daraus, dass die Medienevolution uns neue Produkte aufzwingt, die sich in unsere klassischen Schemata wie „Werbung" oder „Programm" nicht mehr einordnen lassen. Es fällt beispielsweise schwer zu kategorisieren, was genau die Produktshow „Brandneu" auf N24 letztlich ist, die neue elektronische Produkte vorführt. Ist sie Werbung? Dafür wird eigentlich zu viel journalistisch berichtet; es erfolgen zum Teil sogar distanzierte Bewertungen. Doch wie frei sind diese, wie unabhängig? Und wie steht es um die Finanzierung? Kann das kein Journalismus mehr sein, nur weil Media-Markt die ‚Zeche' bezahlt?

Wir kommen mit der Aufteilung in Werbung oder Programm an dieser Stelle nicht recht weiter. Und das ist von den Beteiligten bewusst so gewollt. Wo die Kriterien verschwimmen, fällt es den (jungen) Zuschauern schon heute schwer, zwischen entsprechenden Darstellungsmustern noch zu unterscheiden. Also können wir nur noch darauf reagieren, indem wir zur Bewertung auch die Achse der Unterhaltung und der Ästhetik und Ästhetisierung der Produkte mit hinzunehmen. Damit komme ich aber endgültig zu einem Punkt, an dem die landläufige Berichterstattung an ihr Ende gekommen ist. Vor allem dort, wo das Populäre herrscht, das zum Repräsentativen geworden ist, dort fügen sich Fiktionen zu Fakten, die im Unterhaltenden aufgehoben werden. Botho Strauss (2004) spricht von einem Systembruch zwischen Demokratie und Massendemokratie, der im Kulturellen verlaufen soll: Das Tonangebende ziehe mit dem Populären gleich; das Populäre pflegt ein konfektioniertes Außenseitertum, das jedoch nur als

Projektionsoberfläche existiert – wie die Darstellungswelt, in der wir leben. Das hat direkten Bezug zum politisch-literarischen Zeitdiskurs, der vom Populären ebenso in seinen Bann gezogen wird. Hier übernehmen – wie schon in der Organisation – die PR tatsächlich Autorenfunktion. Es wird geschrieben und geschaffen und markiert. Die Markierungen, die in diesem Prozess kreiert werden – literarisch auch Setzungen genannt – funktionieren über das *Fiktionale*, das nicht identisch ist mit dem Fiktiven. Es lohnt sich zu zeigen wie, da dies auch dazu beitragen kann, den empfundenen Subjektivismus der konstruktivistischen Position zu mildern.

Ich fasse in einem *Zwischenfazit* zusammen:
- PR erfahren heute ein Maß an Aufmerksamkeit, das einst nur journalistischen oder ästhetischen Produkten zuteil wurde. Das zeigt bereits, dass sich Nutzererwartungen an Medienprodukte deutlich verändert haben.
- Die deutlichste Veränderung im Mediensystem besteht in der Umstellung auf Unterhaltung als dem wesentlichen Modus der medialen Darstellung. PR als strategische Kommunikation, die Organisationen bei der Erreichung ihrer Ziele unterstützt, müssen darauf in Zukunft stärker Rücksicht nehmen.
- Zudem haben die technisch und die ökonomische Evolution der Medienwirtschaft dazu geführt, dass die Produkte der PR sich den neuen (z.B. medienneutralen) Produktionsbedingungen unterwerfen müssen und andere Instrumente (etwa die Medienkooperation) in Zukunft stärkere Bedeutung erlangen. Die zu erwartende Aufmerksamkeitsrente des Mediums ist entscheidend für die Produktion von PR-Material.
- Die veränderten Nutzererwartungen treffen zunehmend auf Medienprodukte, die sich nicht mehr innerhalb der Grenzen bekannter Genres bewegen. Hinzu kommt die Konvergenz der Medientechnik, die das Aufkommen neuer Berichterstattungsmuster und Genres befördert. Neue Produkte bewegen sich schon jetzt in einem Niemandsland zwischen Werbung und Programm. Diese traditionelle Grenze wird damit sukzessive unbrauchbar.

4 Public Relations: vom heterogenen Maßnahmenbündel zum Kompaktbegriff

Eingangs wurde als Defizit herausgestellt, dass es praktisch keine Definition von PR gibt, die den Umgang der unter diesem Rubrum zusammengefassten Handlungen abzudecken vermag. Viele Beschreibungen sind daher nicht gegenstandsadäquat. Es wird hier zunächst die Behauptung vertreten, dass PR nicht ein bestimmtes sozialtechnisches Verfahren oder ein eingrenzbares Interaktionsverhalten der Systeme Journalismus und Wirtschaft meint, sondern ein stark heterogenes Maßnahmenbündel. Demnach haben PR auch keinerlei Ziele (im emphatischen Sinn) wie etwa Verständigung, Verständnis, Vertrauen (wie vielfach behauptet; vgl. Szyszka 2004) oder den Ausgleich von Interpretationsgefällen, sondern nur Leistungen – primär die der Interessendurchsetzung im Sinne einer Organisation. Ich unterscheide also nicht zwischen *Funktionen, Zielen* (in einem nicht emphatischen, operativen Sinn), *Aufgaben oder Leistungen* der Public Relations. Public Relations ist der Sammelbegriff für ein heterogenes Bündel von Handlungen/Maßnahmen im (oder in Bezug auf ein) System der Massenmedien (oder ein soziales Orientierungssystem). Ronneberger/Rühl (1992: 252) sehen die Funktion auf der Makro-Ebene in der Fähigkeit zur Produktion und Distribution „effektiver Themen", die im Wettbewerb zu anderen Themen öffentlicher Kommunikation stünden.

Diese Maßnahmenbündel werden erst in der Selbstbeschreibung der Aktanten oder in Fremdbeschreibungen professioneller Beobachter (z.B. Experten, Journalisten) zu Public Relations. Zuvor besteht die Maßnahme im Definieren von kontextorientierten Themen, im Schreiben von Texten, im Vereinbaren von Interviews, im Vorbereiten von Statements, im Knüpfen von Kontakten, im Planen einer Vortragsveranstaltung etc. Jede dieser Handlungen hat konkrete (operative) Ziele im Rahmen ihres Aufgabenzusammengangs; sie hat möglicherweise konkrete Funktionen im Rahmen einer Kommunikationsstrategie (z.B. Sensibilisierung, Aufmerksamkeits- oder Zustimmungskommunikation etc.). Doch auf der Makroebene der aggregierten funktionalen Beschreibung einer Handlungsrolle im Orientierungssystem (oder im System der Massenmedien) fallen die Zielsetzungen und Funktionen schon deshalb in eins, weil solchermaßen abstrakte Beschreibungen und theoretische Positionen ein Zustandsbild reflektieren, also die Zielsetzung *als* Funktion beschreiben, ihr Faktizität unterstellen. Das ist ein kompositorischer intellektueller Akt, der so lange Geltung beansprucht, so lange er nicht durch eine bessere (i.S. von durchsetzungsfähigere) Beschreibung ersetzt wird.

Für eine adäquatere Beschreibung von PR erläutere ich zunächst den Zusammenhang, in dem ich PR eingebettet sehe. Dazu müssen zunächst einige Begriffe und Konzepte erläutert werden, die Voraussetzungen meiner eigenen Konzeption darstellen. Dies gilt vor allem für die Konzepte *Reputation* und *Frame* sowie für den Zusammenhang von *Organisationskommunikation, Kommunikationsmanagement* und *PR*.

Reputation Management und Frame Management

Wer von Reputation nur als neuzeitlichem Phänomen ausgehen wollte, würde übersehen, dass schon in unserer Stammesgeschichte Reputation und Reputationsüberschüsse eine Rolle gespielt haben. Reputation ist dabei zunächst als Orientierungsgröße für Selektionen zu betrachten. Sie kann ihre Begründung in körperlicher oder intellektueller Attraktivität, in besonderer Leistungsfähigkeit oder hoher Erfolgsbilanz haben. Reputation ist gegenüber diesen evident messbaren Kategorien aber als grundsätzlich soziales Phänomen zu betrachten, über das unter Dritten ein minimaler Konsens herrschen muss. Reputation in diesem Sinn ist beeinflussbar, aber nicht unmittelbar, sondern allenfalls (wenn überhaupt) auf Umwegen. Sie ist ein akzeptierter Richtwert, ein „Ersatzcode für Richtigkeit", wie dies Luhmann (1990: 245 ff.) interpretierte.

In modernen Gesellschaften existieren differenzierte Formen (Codierungen) der Reputation, die auf jeweils bestimmte Eigenschaften und Qualitäten der spezifischen Reputations*art* hinweisen. Charakteristisch sind die Kategorien Status, Prestige, Rang oder Ehre. Status ist dabei freilich kein ontologisches Phänomen, keine Eigenschaft, kein Zustand, der Faktizität oder uneingeschränkte Geltung beanspruchen kann. Er benötigt eine Vielzahl von Rahmenbedingungen, um zu funktionieren. Rahmen ist dabei fast wörtlich zu verstehen: Nur in einem Rahmen der Akzeptanz ist es möglich, die Geltung von Status oder Rang einzufordern. Damit ist bereits negativ angezeigt, was auch positiv beschrieben werden kann: Rang und Status müssen über aktive Anerkennung prozessiert werden. Sie sind abhängig vom Rezipienten, sie stellen einen konstruktiven Akt auf seiner Seite dar – nicht auf der Seite desjenigen, der sich auf seinen Status verlässt, ihn anwendet. Wer sich außerhalb der eigenen Anerkennungssphäre bewegt, büßt schnell den Rang, die herausgehobene Position ein.

Beim Wechsel in eine neue Sphäre muss daher auf Leistungsmerkmalen aufgebaut werden. Ab einem bestimmten Statusniveau emanzipiert sich Status schließlich von der Leistungsanerkennung und pflanzt sich von da an nur noch über reine Statusanerkennung fort: Status gebiert Status, genährt allein durch die Aktualisierung von Statuselementen, öffentlicher Präsenz und Statusverweisen. Ein weiteres notwendiges Element ist bereits in den Begriffen Status und Rang enthalten. Die damit ausgedrückte Fokussierung einer hierarchischen Ordnung halte ich für relevant. Was wir sozial als so genannte „natürliche Autorität" codieren – im Gegensatz zu sozialer Autorität, die sich ähnlich generiert wie Status oder Prestige – fußt auf sozialer Dominanz, die sich in jeder sozialen Gruppe schon nach kurzer Zeit einstellt (vgl. Buss 1999: 345).

Reputation wird hier verstanden als eine sozial expandierte Variante der Kombination von Status und Leistungsmerkmalen. Als solche haben *Reputationen* eine höhere Verbindlichkeit als *Images*. Sie sind konkreten Personen oder Dingen zugeordnet und können nicht ohne Weiteres von diesen gelöst oder über sie hinaus erstreckt werden. Anders als Images, die diffus aus dem gesamten Weltwissen und arrondierenden Bewertungsversatzstücken zusammengesetzt werden (und zuweilen ein entsprechend unscharfes ‚Bild' zeichnen), treten Reputationen häufig als sich selbst bestätigende und in sich geschlossene Verweissysteme auf, für deren Überzeugungskraft es oft nicht wichtig ist, dass die Reputationslieferanten von unabhängigen Quellen gespeist würden oder Zugang zu Informationen aus erster Hand hätten (vgl. Bromley 1993: 12).

Damit schließt sich der Kreis des Reputation Management: Reputation ist eben nicht nur auf der Basis von Leistungen (oder deren Relikten) gebaut, sondern auch auf Status – und beide sind durch den medialen Prozess automatisch dynamisiert und sozial expandiert, was ihr Abstraktwerden fördert und sie mit fiktionalen Elementen anreichert. Der Status fungiert als Eintrittsbarriere in den politisch-intellektuellen oder literarisch-intellektuellen Diskurs, in das aktuelle Zeitgespräch. Damit sind wir bei der personalisierten Variante von Reputation angelangt. Festzuhalten bleibt, dass Reputationen sich ständig herausbilden, stets neu aktualisiert und verknüpft werden. Wesentliches Ziel der unternehmerischen Kommunikationsarbeit ist es daher, auf diese Verknüpfungen und aktive Reputationszuweisungen (die poietischen Prozesse der Reputationsbildung) Einfluss auszuüben.

Images sind institutionalisierte Fremdbeschreibungen im Ex-Post-Modus. Frames möchte ich dazu komplementär als institutionalisierte Selbstbeschreibungen konzipieren, die mal als Frame für Personen (Personal Frames), mal als Frame für Organisationen aller Art (Organizational Frames), aber natürlich auch bezogen auf den Spezialfall einzelner Unternehmen (Corporate Frames) existieren können.

Was zeichnet diese Frames aus – und wie werden sie gebildet? Frames sind Ergebnisse eines Prozesses, der i.d.R. ungeplant verläuft. Im Rahmen einer Strategie gezielter Frame-Veränderung – wie bei Corporate Frames – lassen sich allerdings vier Schritte nennen: (1) Medien-Analyse zeigt einen Thematisierungsframe zum Zeitpunkt t_0 auf. Diese Erkenntnisse werden als Ausgangsbasis überarbeitet mit Hilfe von Bausteinen aus (2) der Corporate Philosophy (Unternehmensleitsätze, Leitbild), mit Elementen (3) der Corporate Identity (aktuelle Unternehmensidentität und -kultur) und (4) der Corporate Strategy (Zukunftsstrategie, Unternehmensplanung). Diese Bausteine werden im Frame Management zu einem Regelungsframe (vgl. Fröhlich/Rüdiger 2004) verknüpft, der als Vorbewertung in die Berichterstattung eingehen soll. Diese Vorbewertungen können nur rudimentär sein, also nur bestimmte Tendenzen liefern: traditionell, innovationsfreudig, theorielastig, kompliziert, weltoffen, methodisch, chaotisch, glücklos, spontan etc. Die Erwartung ist, dass sich der Frame als Corporate Frame in den Medien wiederfindet und so eine Interpretationshilfe für die einzelnen Unternehmensbotschaften ist, dass diese auf einen vorbereiteten Grund fallen mögen. Die Erwartung ist, dass das Frame Management in der Lage sein sollte, die aktuell verwendeten Frames im Zeitverlauf zu korrigieren und beispielsweise einen innovationsfreudigen Frame zu kreieren, innerhalb dessen dann einzelne Aussagen (z.B. eine Investition in einen neuen Standort) stärkere Fokussierung erfahren.

Als Komplementär zum Reputation Management erstreckt sich das Frame Management auf Gegenstände der Berichterstattung, die nach dem hier besprochenen Öffentlichkeitsverständnis verhandelt werden. Relevant werden nun die Intersystembeziehungen zwischen Journalismus und PR, die als Akkumulation von Bewertungsansätzen und Interpretationsvorlagen zu begreifen sind. Die Frage muss lauten, ob das journalistische System unter Normalbedingungen in der Lage ist, akkumulierte Bewertungsvorschläge, die durch Reputationsmanagement und Frame Management entstanden sind, noch als konstruktive Elemente zu erkennen und parallel zu analysieren, um diese bewusst anteilig fiktionalen Bewertungsangeboten noch mit Transformationsleistungen zu parieren. Fröhlich/Rüdiger (2004: 137) können dies für die von ihnen untersuchte politische Berichterstattung noch bejahen. Meine Interpretation ist die, dass sich die journalistische Autonomie nur noch in der Konfliktsituation tatsächlich halten lässt. Ein Fehler der meisten Untersuchungen ist es daher, Beispiele auszusuchen, in denen Themen besonders umstritten sind. Bei expressiven Diskussionen kann die jeweilige Deutungsmacht nur so weit ausgespielt werden, so weit keine oppositionelle

Deutung in argumentative oder rhetorische Überlegenheit tritt. Das ist das Wesen der demokratischen Öffentlichkeit.

Sprechen wir hingegen vom *Kommunikationsmanagement in Normalsituationen*, dann ist eine ganz andere Deutungsmacht spürbar. Hier kann schon aus Gründen der journalistischen Aufmerksamkeitsknappheit keine Frameüberprüfung erfolgen. Und passen Frame und Reputation zusammen, stellen sie einen gelungenen Verweiszusammenhang dar, kommt der Journalist in der betrachteten Normalsituation auch nicht in die Verlegenheit, Prüfoperationen einzuleiten. Um seiner Berichterstattung im Zweifel noch die Aura der Neuigkeit, der Eigenleistung anzufügen, wird er bereit sein, die Reputation auf der Basis des vorgefundenen Frames noch ein Stück zu expandieren – und damit einen weiteren kleinen Fiktionalisierungsschub anzustoßen.

Was für die journalistische Seite der Bewertung funktioniert, funktioniert natürlich auch organisationsintern. In Mitarbeiterworkshops z.B. werden gemeinsame Werte erarbeitet, werden Mission Statements vorgelegt etc. Hier ist der Weg schon das Ziel. Eine Reihe von Mitarbeitern wird zu einer ähnlichen Sicht des Unternehmens, zu einem bestimmten Internal Frame bereits über diese Arbeitsgruppen gelangen. Die Beispiele zeigen: Dem Kommunikationsmanagement wird immer stärker die Autorschaft für Selbstdefinitionen, aber auch für Programme übertragen. Diese Autorschaft ist dabei ein verteilter Prozess, da Kommunikationsmanagement nicht nur an einer Stelle im Unternehmen lokalisiert werden kann.

Kommunikationsmanagement in der Organisationskommunikation

Im Folgenden gehe ich davon aus, dass mit Organisationskommunikation sowohl Kommunikationsbeziehungen zur Organisationsumwelt (z.B. anderen Organisationen) als auch innerhalb von Organisationen gemeint sind. Wenn ich darunter auf der Innenseite der Organisation sowohl die formalen kommunikativen Operationen (z.B. Regelkorrespondenz, Warenbestellungen etc.) erfasse, ferner die Fachkommunikation (z.B. Besprechungen) und die Beziehungskommunikation (z.B. Kollegengespräche, Kantinengespräche) sowie die Reflexionskommunikation (z.B. Gerüchte, Unmutsäußerungen, Konfliktbewältigungen, aber auch Mitarbeitergespräche und interne Unternehmens-Kommunikation) einbeziehe, dann wird damit eine möglichst vollständige Darstellung der Organisationskommunikation angestrebt. Auf der Außenseite der Organisation gehören dazu noch alle Kommunikationen, die über die Märkte, die Produkte, Finanzmittel und Meinungen der Organisation handeln (vgl. Szyszka 2004: 208f.).

Ausgehend von einem derart umfassenden Verständnis der Organisationskommunikation wird folgende Aufteilung des Aufgabenspektrums vorgenommen: *Organisationskommunikation ist eine Sammelbezeichnung für Mitarbeiterkommunikation, Kom-*

munikationspolitik und Kommunikationsmanagement.[2] Zentraler Bestandteil ist die Kommunikationspolitik, aus der sich ein konkretes Kommunikationsprogramm ableitet, das an den Organisationszielen orientiert ist. Zur Mitarbeiterkommunikation gehören alle formalen Kommunikationsakte (Arbeitsanweisungen) ebenso wie die interne Kommunikation sowie die Aufbauorganisation der internen Kommunikationsstruktur. Das Kommunikationsmanagement schließlich steuert das Kommunikationsprogramm der Organisation. In der Ausübung dieser Aufgabe bedient sich das Kommunikationsmanagement eines starken Leistungssystems: der Public Relations, die die einzelnen Programmbestandteile des Kommunikationsprogramms bearbeiten. Wird Kommunikationsmanagement als „integrative Regelungsinstanz aller zentralen kommunikativen Einflüsse" (Szyszka 2004: 213) des Unternehmens verstanden, bedeutet dies, dass sich Kommunikationsmanagement als unternehmerische Aufgabe nicht mehr auf eine organisatorische Einheit (etwa die Abteilung Unternehmenskommunikation) zurechnen lässt, sondern sich als Kernfunktion der *Kommunikationspolitik* und des von ihr entwickelten *Kommunikationsprogramms* auf allen Ebenen der unternehmerischen Handlungsfähigkeit bewegt. Wie ist dies zu strukturieren?

Im Mittelpunkt des Interesses steht zunächst die Unternehmensleitung. Sie gibt über strategische Entscheide die Unternehmenspolitik vor, die den Rahmen der Kommunikationspolitik steckt. Kommunikationspolitik in diesem Sinne ist die „operative Dimension der Unternehmenspolitik" (Szyszka 2004: 211). Erstes Element ist das *kommunikative Management von Entscheidungsprozessen*. Das Kommunikationsmanagement muss dafür Sorge tragen, dass Entscheidungen top down kommuniziert werden. Diese Aufgabe ist auf die Interne Kommunikation (als Teil der Abteilung Unternehmenskommunikation) und die unterschiedlichen Managementebenen paritätisch verteilt. Dabei stellt die Interne Kommunikation den allgemeinen Bezugsrahmen her und zeigt auf, welche Auswirkungen die Entscheidung generell hat; das jeweilige Management muss die Konkretion auf Abteilungs- oder Hauptabteilungsebene leisten und die durch die Erstinformation der Internen Kommunikation aufgeworfenen Fragen abarbeiten (soweit dies zum Zeitpunkt der Entscheidungsveröffentlichung möglich und gewollt ist). Entscheidungskommunikation in diesem Sinn spielt sich wesentlich im Unternehmen ab und überschreitet dessen Grenzen nur selten. Ist dies jedoch der Fall, tritt die Entscheidungskommunikation nahtlos in die Akzeptanzkommunikation (Legitimation) über. Intern wie extern ist Entscheidungskommunikation nicht bloße Akklamation, sondern als operative Seite der Unternehmenspolitik vor allem *Durchsetzungskommunikation*. Denn wie sollten Programme sonst durchgesetzt werden abseits der Methoden der Organisationskommunikation.

---

[2] Eine alternative Bestimmung legt Herger (2004: 125-145), vor, dem an einer Unterscheidung von transaktionsorientierter Marktkommunikation und interaktionsorientierten Public Relations liegt. Diesem gut ausgearbeiteten Vorschlag und der Vier-Felder-Matrix der Organisationskommunikation (S. 127) folge ich nur deshalb nicht, weil das komplexe Begriffssystem von Herger den Begriff der PR auf mehreren Ebenen verwendet, was m.E. zu logischen Problemen führt. Inhaltlich kann ich Herger aber weitgehend zustimmen.

Zweites Element ist das *Management der Wissenskommunikation*. Dazu hat Gerd Würzberg (2003) einen Vorschlag gemacht. Er konzipiert Unternehmenskommunikation aus Imagekommunikation und Wissenskommunikation. Letztere wiederum setzt sich bei ihm aus Mitarbeiter-Kommunikation und Wissensmanagement zusammen. Diese Aufteilung ist für ihn sinnvoll innerhalb eines Value Based Management. Würzberg zeigt, dass an Status und Stil der Unternehmenskommunikation abzulesen ist, wie es um die Nachhaltigkeit des Managements der Unternehmung bestellt ist. D.h. Wissensmanagement ist unabhängig vom Kommunikationsmanagement nicht zu denken. Dabei ist weniger die Hierarchisierung relevant, die Würzberg bietet (denn was ist sie anderes als eine alternative Optik). Die Verknüpfung zur Wertorientierung und zur Nachhaltigkeitsdebatte ist hier zu beachten: Nachhaltigkeit sollte als die Fähigkeit des Managements verstanden werden, Umweltänderungen konstruktiv als Irritationen zu verarbeiten, die im Kontext eines Wissensmanagements zu evolutionären Sprüngen führen, also das Lernen fördern. Damit ist Wissensmanagement als Ausweis von Nachhaltigkeit einer der zentralen Werttreiber der Unternehmung. Wie die Kopplung von Kommunikations- und Wissensmanagement konstruiert werden kann, stelle ich im nächsten Teilkapitel vor.

Der dritte Baustein, das *Management von Unsicherheitspotenzialen*, ist in meiner Auslegung stark an Baecker (2003: 169 ff.) orientiert. Er versteht Macht als Attributionsphänomen, das daraus lebt, „dass die Machthaber auch die Attribution zur Bewältigung einer Unsicherheitslage nahe zu legen verstehen." (S. 170) Macht muss also anerkannt werden. Man kann sehr leicht die Analogie zur Reputation erkennen: Es braucht zum einen Insignien (also Statussignale), aber auch initial ein bestimmtes Maß an verliehener Macht. Von da an kann sich der Prozess eigenständig dynamisieren: Macht führt zu Problemlösungen, die eine Machterweiterung zur Folge haben. Wer Macht hat, dem wird die Fähigkeit zur Bewältigung von Unsicherheitslagen unterstellt. Die Entstehung von Macht ist laut Baecker nicht zu verhindern; denn sie entstehe immer aus der Wahrnehmung von Irritationen, die von der Organisation in Form von Chancen und Risiken verarbeitet würden. Die Unsicherheitskommunikation ist also eine spezielle Form der Entscheidungskommunikation, nämlich eine entscheidungsvorbereitende (oder -nachbereitende) Kommunikation. Das Unternehmen muss sicherstellen, dass die Unsicherheit als Chance oder Risiko prozessiert wird. Dabei ist die tatsächliche Bewertung abhängig von der Fähigkeit, die Irritation (die als solche neutral ist) sinngebend (bzw. wertsteigernd) zu verarbeiten. Ob sich eine Irritation als Chance oder als Risiko herausstellt, entscheidet sich also anhand der Prozessfähigkeit der Organisation, mit ihr umzugehen, nicht an der Irritation selbst. Also muss die Unsicherheitskommunikation nur dafür sorgen, dass die Irritation mindestens als Risiko, am besten aber als Risiko und Chance begriffen wird. Dann bleibt stets die Möglichkeit, die Folgen eines Risikos auch im Fall eines Misserfolgs (der sich freilich nur auf die o.g. Fähigkeit bezieht und keinen anderen Kontext hat) im Licht der Chancen zu interpretieren und die Organisation in einer nächsten Entscheidungssituation wieder zu einer Entscheidung der Einteilung einer Irritation als Chance und Risiko zu drängen. Unsicherheitskommunikation stellt also nur eines sicher: dass Irritationen die Unternehmung nicht daran hindern, (weitere) Entscheidungen zu treffen.

Das *Management von kulturellen Prozessen* stellt mittlerweile eine Kernfunktion insbesondere in Großorganisationen dar und steht dem Kommunikationsmanagement als Teil des Wissensmanagements schon sehr nahe. Ich meine damit einerseits die Selbstbeschreibungsdiskurse, die Unternehmen im zeitlichen Rhythmus immer dann einziehen, wenn Identitätsaufrufe fragwürdiger werden. Solche Thematisierungen, die Metakommunikationen darstellen, weil sie die Unternehmung selbst zum Thema machen, sind eigentlich an der Tagesordnung. Es steht zu vermuten, dass in Großorganisationen sogar bis zu 50 Prozent der Kommunikation in Reflexionen über die Organisation besteht. Das kann einerseits notwendig sein, ist aber bei der eingespielten Organisation mehr als hinderlich. Hier drückt sich ein Konfliktpotenzial aus, das langfristig erhebliche Effizienzschwankungen zur Folge haben dürfte.

Also reserviert die Unternehmung eigens Zeit und Raum, um offiziell geduldet und gewünscht über die Unternehmung zu diskutieren. Die Differenz ist also, dass diese Metakommunikation temporär gewünscht wird. Damit wird nicht nur eine Ventilfunktion ermöglicht, sondern auch immer wieder neu die Grundlage für eine Zusammenarbeit von Menschen in Organisationen gelegt. Die erwünschte Selbstthematisierung, die dann in der Unternehmung expandiert wird, liefert Kontextualisierungsansätze. Denn Kultur hat nicht nur die Funktion, den Mitarbeitern in Zeiten der Reorganisation Mut zuzusprechen (vgl. Baecker 2003), sondern auch die Funktion, einen gemeinsamen Bezugsrahmen für die Zusammenarbeit zu kreieren. Unternehmen arbeiten nach ihrer eigenen Rationalität. Sie verfolgen ihr Unternehmensziel oft jenseits des Referenzialisierungsrahmens ihrer Mitarbeiter. Also muss die Unternehmung parallel stets einen kollektiven Bezugsrahmen aufrechterhalten. Denn erst dieser versetzt sie in die Lage, ihrem Organisationsziel gemäß erfolgreich zu handeln. Das Ergebnis dieser Bemühungen ist ein eigenständiges Kulturprogramm der Organisation, das selbst immer wieder Themen der Kommunikation liefert:

„Unternehmen entstehen und bestehen möglicherweise durch das gleichzeitige Entstehen und Bestehen des Wirklichkeitszusammenhangs von Wirklichkeitsmodell und Kulturprogramm. Dieser Wirklichkeitszusammenhang ordnet und gewichtet die Voraussetzungen, die Aktanten bei jeder Operation bzw. bei jeder Setzung in einem der drei Prozess-Systeme (Beobachten, Kommunizieren, Entscheiden) in Anspruch nehmen. Die Inanspruchnahme dieser Voraussetzungen, auf die sich alle Aktanten als kollektives Wissen beziehen, sorgt dafür, dass trotz der kognitiven Autonomie der Aktanten erfolgreiches gemeinsames Handeln und Verstehen möglich werden." (Schmidt 2004: 6)

Schmidt weist Unternehmenskultur zudem als einen Faktor der Wertorientierung aus, was letztlich den umfassenden Beitrag des Kommunikationsmanagements zur Wertsteigerung auch über das Feld der Kulturkommunikation noch einmal belegt. Für die gut ausgearbeitete Darstellung von Aufmerksamkeits- und Akzeptanzmanagement als (ehemalige) Kernfunktionen des als Public Relations verstandenen Kommunikationsmanagements verweise ich auf Szyszka (2004).

Was sich aus dem Geschilderten ergibt, will ich der Klarheit halber hier noch einmal zusammenfassen. Kommunikationsmanagement ist *nicht identisch* mit Public Relations. PR, verstanden als Organisationsfunktion, erfüllt wesentliche Aufgaben in allen genannten Bereichen des Kommunikationsmanagements: bei der Entscheidungs-, Wissens-, Unsicherheits- und Kulturkommunikation, bei Aufmerksamkeits- und Akzeptanzkommunikation. Doch sie tragen diese Prozesse nie allein. Den größten Anteil haben sie bei der Aufmerksamkeitskommunikation, den (im Verhältnis) geringsten möglicherweise bei der Unsicherheits- und Kulturkommunikation. Immer aber sind sie wesentlich beteiligt. Wenn man dieses Verständnis zugrunde legt, dann kann PR natürlich niemals „auf dem Weg zum Kommunikationsmanagement sein", wie Raupp und Klewes (2004) meinen. PR sind schon immer am Kommunikationsmanagement beteiligt, können dieses aber niemals ‚einholen', weil hier zwei unterschiedliche Beschreibungsebenen miteinander verglichen werden. Als Nobilitierungsvokabel für PR fällt Kommunikationsmanagement damit letztlich aus.

Kompaktbegriff PR

Aus dem bisherigen Prozess ergibt sich, dass unter PR durchaus Unterschiedliches verstanden wurde: Während der normale Leser zwischen Werbung und PR kaum unterscheidet (und diese Position findet sich auch im Marketing wieder, wenn von PR als kostenloser Werbung gesprochen wird), findet sich gewöhnlich die Position, PR trage dazu bei, Vertrauen und Verständnis für die Organisation zu befördern. Manche Theorie sieht PR damit als Legitimationskommunikation, andere Theorien sprechen von PR als Werteharmonisierer, wieder andere sehen PR als Werttreiber, als Kommunikationskatalysator, als handwerkliche journalistische Komponente, als Grundform der Gesellschaftskommunikation etc. Die Liste ließe sich fortsetzen. Mindestens lassen sich im Aktionsradius unter Berücksichtigung des aufgestellten Konsolidierungskreises der PR aber Strategien, Aktionen, Organisationsformen und Instrumente unterscheiden. Als (1) *Strategien* gelten mir alle Vorgehensmodelle der Aufmerksamkeitssteuerung (also Aufmerksamkeitserzeugung, -verhinderung und -dosierung), der Legitimation (gesellschaftliche Integration) und der Performanzkontrolle (Selbst-/Fremdbeschreibung, Themenkontrolle, Frames); als (2) *Aktionen* Kommunikationsplanung, Kommunikationsgestaltung, Kommunikationsberatung und Kommunikationsevaluation; als (3) *Organisationsformen* etwa die organisatorische Einbettung in Großunternehmen, Agenturen, Beratungskontexte, Planungsgruppen etc.; *Instrumente* (4) schließlich reichen von der Pressemitteilung über das Redemanuskript, den parlamentarischen Abend, die Adhoc-Mitteilung oder das Mitarbeitermagazin bis zum Geschäftsbericht, zur Nachhaltigkeits-PK, den Redaktionsbesuch oder das Hintergrundgespräch. All das wird situativ immer wieder – verkürzt – PR genannt.

Unter Public Relations verstehe ich – im Sinne einer Definition als Kompaktbegriff (vgl. Schmidt/Zurstiege 2000: 170) – vier Komponentenbereiche, die miteinander verwoben und im Idealfall integriert sind: *Strategien der PR, Aktionen der PR, Organisationsformen der PR und Instrumente der PR*. Die Instrumente dominieren unsere PR-Begriffe für gewöhnlich; dabei sind sie nur die äußere Hülle eines Mechanismus, der von Strategien und Aktionen lebt, die in variierenden Organisationsformen aufeinander bezogen werden.

Die Resultate der PR sind in jedem Komponentenbereich unterschiedlich und ein Erfolg nicht immer sogleich ersichtlich. Grundsätzlich unterliegt PR in allen vier Komponentenbereichen aber immer ein *Resonanzkalkül* im Sinne der Organisation. Um eine Resonanz zu gewährleisten, muss PR die spezifischen Semantiken „der jeweiligen Umweltsysteme (bzw. Stakeholder)" kennen und berücksichtigen; denn „eine nachhaltige Beeinflussung von Beobachtung bedarf der Bezugnahme auf den Beobachter und dessen Beobachtungskriterien." (Jarren/Röttger 2004: 37) Es sei Aufgabe der PR, auf der Basis systematischer Umweltbeobachtungen legitimations- und organisationsrelevante Informationen aus der Organisationsumwelt in die organisationale Systemreproduktion einzuspeisen. Beobachtungen der PR erfolgten dabei – im Unterschied zum Journalismus – immer aus der strategischen und normativen Orientierung einer Organisation heraus. „PR muss Umweltinformationen so übersetzen, dass sie von der Organisation als entscheidungsrelevante Informationen verarbeitet werden können. Über die Einspeisung von Fremdbeobachtung in die organisationale Systemreproduktion ermöglicht PR zugleich die Reflexierung der Organisation." (Ebd.) Über diese strukturationstheoretischen Überlegungen hinaus kann gesagt werden: PR führt nicht nur die Fremdbeobachtung ein, sie greift auch auf diese aus; sie will auch der Fremdbeobachtung Beobachtungsvorschläge unterbreiten, die ihre Sicht stützen. Wie geht sie dabei vor?

5 PR als ‚Literatur' der Gesellschaft

In diesem abschließenden Teil wird nun die Redeweise von der PR als ‚Literatur' plausibilisiert. Mehrfach ist oben bereits betont worden, dass die konstruktivistische Ausgangsbasis stark individualistisch wirkt. Im Rahmen des Reputation und Frame Management ist zudem mehrfach angeklungen, dass diese Verfahren mit Fiktionalisierungen arbeiten. Gegen dieses Denken formierte sich Widerstand, weil unter Fiktionen vorschnell etwas allzu Beliebiges verstanden wird. Das Fiktionale, von dem hier die Rede ist, ist allerdings keineswegs so beliebig wie weithin angenommen. Vermutlich ist die konstruktivistische Position auch wegen der unterstellten Wahllosigkeit des Fiktiven derart in die Kritik geraten. Nach den klassischen Funktionen des Fiktiven zu fragen, kann der Diskussion an dieser Stelle neue Perspektiven eröffnen. Das Fiktive gilt im Allgemeinen als nicht real (vgl. Henrich /Iser 1983: 9). Doch fiktiv ist nicht das bloße Gegenteil von real; denn verglichen mit dem Imaginären erweist sich das Fiktive als „ein in hohem Maße 'Fixiertes'" (ebd.). Die Bestimmtheit des Fiktiven geht für Dieter Henrich und Wolfgang Iser aus ihrem Gebrauchszusammenhang hervor: „Eine Fiktion erfolgt um eines Gebrauches willen, der von ihr zu machen ist, und dieser bestimmt ihre Funktion." (ebd.) Das Fiktive bezieht sich als Wiederholung direkt auf ein Reales, ohne mit diesem identisch zu sein, sondern es „überschießt" dieses, geht über das Reale hinaus, ohne gleich zu einem Imaginären (vgl. Iser 1991) zu werden. Eine Fiktion soll als solche erkennbar sein.

„Wo Fiktion nicht als solche verstanden werden kann, liegt sie nicht vor. Man könnte das verstärken, indem man sagt, sie ist *immer schon* als solche verstanden, wenngleich dieses Verständnis nicht immer durch ein bestimmtes Repertoire von Fiktionssignalen artikuliert sein muß. Es ist dieses Gewußtsein – wie immer es auch zustande kommen mag – durch das Fiktion vom Imaginären wesentlich unterscheidbar bleibt - und zwar immer für denjenigen, für den sie in Gebrauch gesetzt ist." (Henrich/Iser 1983: 10; Hervorhebung vom Autor)

Wie kann das konkret aussehen? Odo Marquard (1983) gibt ein Beispiel anhand der „Theorie des kommunikativen Handelns" von Jürgen Habermas (1981), der Aussagen über den unverzerrten, idealen Diskurs selbst schon als „irrationale Konditionalsätze" aufgefasst habe. Damit ist die Theorie des kommunikativen Handelns eigentlich ein zwar viables, aber letztlich heuristisches und in sich abgeschlossenes (autopoietisches?) Handlungsmodell. Fiktion ist also ein extrem starker ‚Haken', an dem große Referenzialisierungsprojekte sicher ‚aufgehängt', verankert werden können. Wenn das sogar für die Idee des Menschlichen gelingen kann, dann geht das sicherlich auch für einen zu erwartenden Börsenkurs oder ein Unternehmensimage.

Literatur ist nun der vornehmste Ort der Narration, die primär mit Fiktionen arbeitet. Doch was ist Literatur? Man kann keinen genauen Maßstab angeben außer den, dass als Literatur gilt, was so genannt wird (vgl. Brenner 1996). „Die Philosophie, die Poetik, die Literaturwissenschaft reden seit je von Literatur so, als ob es sie gäbe" (Brenner 1996: 12). Doch das qualifiziert Literatur noch nicht inhaltlich. Zumeist wird Literatur aber eine Qualität des Ästhetischen zugeordnet: Sie soll schön sein, fiktional und vieldeutig (vgl. ebd 14ff.). Was schöne Literatur ist, darüber gibt es vielfältige, zeitgebundene Ansichten, die hier nicht referiert werden müssen. Zentrale Erkenntnis aber ist: Über einen normativen Inhalt des Schönen ist man sich nie einig geworden – und das generell in den Künsten. Später hat man z.B. auch eine Ästhetik des Hässlichen postuliert. Auch das Kriterium der Fiktionalität will nicht durchgängig auf Literatur passen. Zum Beispiel ist diese Unterscheidung in der Poetik des Aristoteles nicht gemacht worden (vgl. Schmitt 2004) – und sie ist, wie oben gezeigt werden sollte, auch mit Blick auf den „New Jounalism" nicht sinnvoll. Bleibt noch das Argument der Vieldeutigkeit: Es hat in den Diskussionen der letzten Jahre eher zu- als abgenommen. Wenn sich ein Kunstwerk ohne Rest auflösen und zuteilen lässt, wenn es einem keine weiteren Gedanken aufgibt und sich spontan erschließt, so z.B. die Position Adornos, dann ist es keines. Egal wen man fragt – ob Rezeptionsästhetiker, Konstruktivisten oder Dekonstruktivisten –, man erhält eigentlich immer in der einen oder anderen Form einen Hinweis auf die Überzeugung, dass Polyvalenz wesentliches Unterscheidungsmerkmal literarischer Produkte ist.

Worin besteht nun die Funktion von Literatur – verstanden als Literatursystem – in der Gesellschaft? Das Literatursystem eröffnet Handlungsmöglichkeiten, die kein anderes System eröffnen kann. Für Schmidt (1989: 20f.) ist das ein subjektiver, methodisch nicht geregelter lebensweltlicher Wissensgewinn:

> „Das Literatursystem übernimmt die kommunikative Bearbeitung dieser Dimension subjektiven Wissensgewinns, der Vervielfältigung von Wirklichkeitsmodellen in der Phantasie und der innovativen Vorwegnahme sozialer Erfahrungs- und Handlungsmöglichkeiten in Utopie und Kritik und bieten damit – zumindest in der Theorie – die Möglichkeit der Wiederherstellung eines Kontinuums von Alltag und Kultur." (Ebd., 21)

Public Relations sind in diese Kontinuität eingetreten, indem sie im Rahmen mimetischer Wiederholung der Realität durch die Modulation der vorgefundenen Wirklichkeitsentwürfe gradualisiert abweichende „Modelle" der Wirklichkeit entwerfen. Ich spreche in diesem Zusammenhang von einer *Autonomisierung* der PR. Das bedeutet, durch neue Formen der PR (also der autoinitiativen und unwidersprochenen Selbstbeschreibung) lösen sich diese prinzipiell von ihrem journalistischen Komplementärsystem ab – und das umso mehr, je mehr dieses sich in Richtung Unterhaltung wandelt. Beispiele hierfür sind die immer stärker Verbreitung findenden Corporate-Publishing-Produkte, aber auch die großen Portale der Provider (wie etwa T-Online) genießen die Reputation der Unabhängigkeit. Weitere Eskalationsstufen sind die neuen Formen der Interaktivität im Fernsehen wie im Internet, die sich als Entwicklungsstufen auf dem Weg zu den seit vielen Jahren verkündeten, aber erst jetzt realistisch werdenden Multi-Medien ausnehmen. Viele dieser Produkte, z.B. auch Weblogs (die zudem eine völlig neue Mediengattung darstellen), treten in direkte Konkurrenz zu journalistischen Produkten, andere verändern bzw. transzendieren das klassische Denken in journalistischen Produkten und Produktionen so weit, dass wohl nur noch ästhetische Kategorien greifen. Und selbst im Raum des Ästhetischen wird man sich kaum auf altbekannte Genrebezeichnungen mehr verlassen können. Denn mit den Veränderungen des medialen Umgangs ändern sich auch tradierte Vorstellungen von Autor/Künstler und Werk. Es kommt zum Oszillieren der Handlungsrollen, das ehedem nur die neuere Literaturtheorie beschrieben hatte (vgl. Rademacher 2005).

Wenn wir auf die Handlungsrollen der Produzenten, Distribuenten und Rezipienten schauen, dann wird die strukturelle Ähnlichkeit deutlich. Aus dem PR-Schreiber, PR-Berater und PR-Konzeptioner im Hintergrund werden voll verantwortliche Rollenbilder. Der PR-Redakteur wird zum vollwertigen, satisfaktionsfähigen Autor, der direkt mit diversen Publika kommuniziert. Seine Rolle als stummer Repräsentant und Ghostwriter hat er verlassen und schwingt sich zu eigenständigen Positionsbestimmungen auf. Diese Autorenrolle wird auch (und dort besonders) in Segmenten der politischen PR deutlich spürbar (vgl. Rademacher 2005). Der PR-Berater löst sich aus der Umklammerung des Rollenbildes als Hinterzimmer-Stratege und tritt als „Spin Doctor" und notorischer Besserversteher in die Mitte der medialen Diskussion. Wo er über ausreichende Kontakte, Netzwerke und Abhängigkeitssysteme verfügt, greift er in diese Diskussion ein und steuert sie zu seinem eigenen Vorteil und dem seiner Kunden. Auch der Profiler und Konzeptioner löst sich aus dem Schatten seiner Produkte und betont den kreativen Anteil der eigenen Produktion, der zunehmend die Aufgabe zufällt, die Leistungsversprechen von Organisationen, Unternehmen und Produkten anhand des Medienkonzerts zu strukturieren und Differenzkriterien zu entwickeln, die Aufmerksamkeitsüberschüsse („Aufmerksamkeitsrenten") garantieren. Erst im zweiten

Schritt erfolgt die eigentliche Produktion und mit ihr die Positionierung in einem Marktumfeld, dem unter dem Eindruck weitgehend gesättigter Märkte noch die größtmöglichen Differenzmerkmale zugetraut werden. Hier werden PR vor allem in ihrer Funktion als Distinktionsmechanismus eingesetzt (vgl. Rademacher 2005b).

Die Polyvalenz der PR haftet schließlich nicht den Symbolen an, sondern dem Umgang mit ihnen. Polyvalenz stellt sich in der Wahrnehmung der Betrachter ein. Die PR-Medienangebote müssen also auf vielfältige Weise auf Polyvalenz orientiert sein. Ein Zusammenhang der PR (z.B. bezogen auf ein Produkt, einen Sachverhalt) muss in möglichst vielen Kontexten und Mediengattungen funktionieren, um den medialen Durchsatz zu erhöhen. Wenn der Anspruch darin besteht, mit PR herkömmliche Kommunikationsmaßnahmen (z.B. der klassischen Werbung) zu vernetzen oder diese zu steuern, dann ist die PR treibende Organisation darauf angewiesen, dass das durch die PR-Maßnahmen ventilierte Thesensystem flexibel verarbeitet wird und dass die dort ausformulierten und von zentralen Leitmotiven abgeleiteten Einzelbotschaften sowohl den Kriterien einer Integrationsfähigkeit (im Sinne der widerspruchsfreien, konsistenten Kommunikationsarbeit) entsprechen als auch diese dort durchbrechen, wo es nötig ist, um auf aktuelle Diskussionszusammenhänge oder besondere Informationsbedürfnisse einzugehen. Das begründet in der PR-Praxis ein Primat der Taktik vor der Strategie: Im Bild gesprochen ist damit die Taktik der Fixpunkt, von dem aus immer wieder Verknüpfungen zum theoretischen Überbau anvisiert werden müssen. In diesem Sinne sind PR hoch ästhetisch und stark polyvalent. Sie stellen die Kunst dar, das singuläre Ereignis, die einzelne Aussage, den jeweiligen Anlass konsistent zu verarbeiten und im Zielsystem der Organisation den Anknüpfungspunkt zu finden, der noch am organischsten als potenzielle Kopplungsstelle dienen kann. Im Extremfall kommt es zu einen „Rewriting" der „Organizational Scripts" an dieser Stelle. Diese Funktion kann auch als eine Bemühung beschrieben werden, durch ständige Überarbeitungen und Neubeschreibung der Organisation und ihrer kritischen Stellen zu verhindern, dass der Eindruck des Disparaten entsteht. PR sind dabei, die Organisation und ihr Handeln fortwährend neu zu beschreiben, neue Differenzierungen und Distinktionen einzuführen, die den Eindruck des „semper reformanda" unterstützen – und oft genug gerade dadurch den Effekt der Stabilität hervorrufen, weil die Beschreibungen stets aktuell bleiben, also dem Umfeld der sonstigen Medienangebote und deren Frames angepasst sind.

Weiten wir die Rede von der PR als Literatur der Gesellschaft schließlich auf den Kompaktbegriff von PR aus, den ich vorgeschlagen habe, dann wird deutlich, dass auf der Systemebene Strategien, Aktionen, Organisationsformen und Instrumente zusammenwirken. Erst dieses Zusammenspiel, das wesentlich mehrdimensionaler „gebaut" ist als vergleichbare Systeme zur Herstellung von Medienangeboten, verleiht den PR ihre poietische Potenz.

PR sind dann ‚Literatur' der Gesellschaft – auch in dem Sinne, dass nur ein um die Leistungsfähigkeit und poietische Potenz der PR angereichertes Mediensystem noch in der Lage ist, die Wünsche der Medienkonsumenten zu befriedigen. Der Druck seitens der Abnehmer, der ständige Hunger nach neuen Medienangeboten und die immer kürzer werdende Halbwertzeit der Begeisterung für mediale Angebote fordert das medial gefütterte Aufmerksamkeitssystem bis an seine Belastungsgrenzen. Hinzu kommen hier die neuen Wahrnehmungsmodi: Statt „Verstehen", „Sinnzuschreibungen" oder „Lernen" geht es gleichberechtigt um „Erleben", „Simulieren", „Genießen" oder „Zerstreuen" (Schmidt 2000: 358). Ohne die steigende Leistungsbereitschaft der PR, die zunehmend – wie gezeigt wurde – auch die ökonomische Basis im Mediensektor und die thematische Variationsbreite durch die Produktion von PR-Medienangeboten sichern hilft, wäre eine Orientierungsleistung durch mediale Kommunikationsangebote nicht mehr leistbar.

Diese Gestaltungsverantwortung geht bei weitem über die bislang diskutierten Befestigungen von „wünschenswerten Wirklichkeiten" (Merten/Westerbarkey 1994) hinaus und stellt ganz neue Bedingungen für eine Ethik der Public Relations, die als poietischer und damit als politischer Prozess zu begreifen sind. Die wünschenswerten Wirklichkeiten werden durch PR nicht mehr nur zur Sprache gebracht; sie werden durchgesetzt, in kompositorischen Akten gestaltet. Dabei wird mit medialen Betriebslogiken in großer Freiheit der Verfügung über Ressourcen, Techniken, Methoden und Kontaktnetzwerken gespielt. Langfristig, so will ich mein Votum zusammenfassen, dürfte dies zu einer vollständigen Ablösung der Rollen und Medienprodukte der PR führen, die – egal ob unter den bekannten Begriffen oder unter neuen, die die Tatsachen verschleiern – eine Autonomisierung der Public Relations auch auf der Makroebene bedeuten.

Diese Verschiebungen führten zu einem neuen Verständnis von PR, das ich zusammenfassend *PR als Literatur der Gesellschaft* nenne. Wenn gesagt wird, PR werde wie Literatur rezipiert, dann muss noch einmal kurz geklärt werden, wozu Literatur gesellschaftlich dient. Ich hatte ausgeführt, dass Literatur dazu da ist, Dispositionsräume zu eröffnen bzw. offen zu halten, Entscheidungsräume zu eröffnen, Reflexionsspielräume wach zu halten, kulturelles Gedächtnis zu stützen, kulturelle Erprobungsfelder zu liefern – und das Bestehende produktiv in Frage zu stellen. Der anthropologische Grund für Literaturproduktion ist nach Karl Eibl (1995) die Urerfahrung des Menschen, dass ein „anders" immer mitthematisiert ist, dass eine Nichtwelt existiert, dass die aktuelle Wirklichkeit immer auch anders hätte sein können (wenn man sich anders entschieden hätte). Von diesem Potentialis aus hat sich die Literatur entwickelt – historisch über Zwischenstufen im Kultus und unter Nutzung des Mythos.

Der Mensch ist kognitiv immer wieder dazu gezwungen, sich selbst zu überzeugen: von seiner Existenz, von der Welt, deren Sosein – wir nennen diesen Vorgang auch immer wieder ›Orientierung‹. Zerlegt ist ein Orientierungsprozess nichts anderes als ein Bewohnen von Wirklichkeitsentwürfen, ein ständiges Sich-Überzeugen, das der permanenten Erneuerung und Aktualisierung bedarf. Die, wie Eibl (1995: 31) schreibt, „Selektivität der Überzeugungs-Horizonte, die Entdeckung der Nichtwelt" ist ein Bezugsproblem, das gelöst wird „durch eine Simultanthematisierung von Welt und Nichtwelt, die auf ungebannte Nichtwelt oder zumindest auf einen ungebannten Rest von Nichtwelt verweist. Die Bestimmung [lautet/Verf.] ‚verfremdende Wiederholung von Wirklichkeitselementen'" (ebd.).

Nichts anderes leisten Public Relations heute: Sie bieten alternative Möglichkeiten des Beobachtens, differenzieren durch die Wiederholung von Wirklichkeitselementen dieselben jeweils um ein paar Grad. In ihrem Interesse liegt, das Bestehende so weit zu variieren, dass es als ‚neu' durchgehen kann. In der Umarbeitung von Journalismus, Unternehmensöffentlichkeit, Organisationsstrukturen und Kommunikationsprogrammen zu alternativen Strukturen finden PR bereits ihre Bestimmung. Sie haben kein Ziel im emphatischen Sinn, nur Funktionen. Das hatte ich oben schon einmal betont.

Was heißt es nun, wenn PR als Literatur rezipiert wird, in einer auf Unterhaltung abgestellten Gesellschaft? Denn PR hat keine stabile Autorposition, sie muss vielmehr „sich selbst kontinuierlich legitimieren und autorisieren; sie muss ihre eigene Autorität wenn nicht selbst herstellen, so doch die Existenz einer solchen (mit mehr oder weniger Erfolg) simulieren." (Berensmeyer 2003: 105) Mit dieser Autorität ausgestattet gelingt es den Public Relations, sich an Diskursen zu beteiligen, zu denen sie eigentlich keinen Zugang hätten. In der medienkulturellen Veränderung, in der das Populäre und das Repräsentative zusammenfallen, sind dies beispielsweise politisch-kulturelle Diskurse, moralische Diskurse, ästhetische Diskurse. Es geht nicht (nur) um die Frage, ob eine Pressemitteilung in den Wirtschaftsteil einer regionalen Tageszeitung übernommen wird oder nicht. Es geht vielmehr darum, ob die Konfektionierung der populären Diskurse so akzeptabel ausgestattet ist, dass wir dem nichts mehr entgegenzusetzen haben. Es geht streng genommen noch immer um Prozesse der Ästhetisierung des Alltags und der Lebenswelt. In einer Zeit, in der authentisches Erleben vor allem als Konsum begriffen wird, in der rezeptives Erleben als Handlungsziel durchgeht, erhält eine Erlebnisarchitektur rationale Bedingungen. Eine Erlebnislogistik führt dazu, dass vor allem die Eigenwahrnehmung in den Mittelpunkt rückt.

PR als Quelle neuer Sicherheit verbinden sich mit den Zeitströmungen des Unverbindlichen und Autoritätskritischen (bei gleich bleibender Autoritätshörigkeit) zu einem partiellen Rückzug ins Private. Aus einer solchen, im Laufschritt des Teilrückzugs geformten Position liefern PR einen ebenso guten Anlass zur Anschlusskommunikation wie jede andere kommunikative Modulation. Dass ich nach langen Literaturrundgängen letztlich bei diesen Befunden von Klassikern der modernen Sozialtheorie lande, spricht nicht nur für die Hellsichtigkeit dieser frühen Texte, sondern vor allem dafür, dass sie jetzt eingeholt scheinen. Was vom Ende des 19. Jahrhunderts an bis zum Beginn der 90er Jahre des 20. Jahrhunderts als dräuende Gefahr skizziert wurde, ist heute ins Werk gesetzt: Wir haben die Mittel, kennen die Methode und handeln. Die Ästhetisierung des Alltags ist kein bloßer Topos skeptischer Wissenschaften mehr. Im Gegenteil: Manche nennen das ihr Leben.

Allerdings ist ein Autor, der Variationen anbietet, immer noch besser als kein Autor. Die Autoren der PR schaffen es vielleicht am besten (vgl. Rademacher 2005), in einem Orientierungssystem Markierungen zu setzen und Zäsuren anzubieten. Damit schaffen PR noch immer mehr als manch anderer sozialer Mechanismus der Gegenwart – und sind dadurch in gewisser Hinsicht auch erwünscht (vgl. Rolke 1999). Dass die Zäsuren der PR um konkreter Ziele willen ‚gesetzt' werden, braucht nicht weiter betont zu werden. Ich habe zu zeigen versucht, dass die Potenz der PR in den letzten Jahren tendenziell stark gestiegen ist, dass sie in mehrfachem Sinne ‚Literatur' der Gesellschaft geworden sind. Das begründet letztlich auch eine Ästhetik der PR, die noch zu schreiben wäre. Immer dann, wenn PR Strategien prozessiert, die sich durch hohe Stimmigkeit, durch Konsonanz und Anschlussfähigkeit auszeichnen – dann sind sie besonders „schön". Und wenn sie so schön sind, nimmt man sie fast gar nicht mehr wahr.

Literatur

Albrecht, Christian (2002), Wie Kultur repräsentativ wird: die Politik der Cultural Studies, in: Udo Göttlich / Winfried Gebhard / Clemens Albrecht (Hg.): Populäre Kultur als repräsentative Kultur. Die Herausforderung der Cultural Studies, Köln:16-32.
Baecker, Dirk (2003): Organisation und Management, Frankfurt/Main.
Baerns, Barbara (^{2}1991): Öffentlichkeitsarbeit oder Journalismus? Zum Einfluss im Mediensystem, Köln.
Bentele, Günter (2003): Das Image der Image-Macher. Ergebnisse der ersten repräsentativen Image-Studie der PR-Branche, in: FAZ vom 26.05.2003: 24.
Bentele, Günter / Tobias Liebert/ Stefan Seeling (1997): Von der Determination zur Intereffikation. Ein integriertes Modell zum Verhältnis von Public Relations und Journalismus, in: Günter Bentele / Michael Haller (Hg.): Aktuelle Entstehung von Öffentlichkeit. Akteure, Strukturen, Veränderungen, Konstanz: 225-250.
Bentele, Günter/Howard Nothaft (2004): Das Intereffikationsmodell. Theoretische Weiterentwicklung, empirische Konkretisierung und Desiderate. In:: Klaus-Dieter Altmeppen / Ulrike Röttger / Günter Bentele (Hg.): Schwirige Verhältnisse. Interdependenzen zwischen Journalismus und PR, Wiesbaden: 67-104.
Berensmeyer. Ingo (2003): Exzess und Leerlauf auktorialer Kommunikation. In: Klaus Städtke / Ralph Kray (Hg.) (2003): Spielräume des auktorialen Diskurses. Berlin:89-108.
Biehl, Brigitte (2007): Business is Showbusiness. Wie Topmanager sich vor Publikum inszenieren. Frankfurt a.M/New York.
Brenner, Peter J. (1996): Was ist Literatur? In: Renate Glaser/Matthias Luserke (Hg.): Literaturwissenschaft – Kulturwissenschaft. Positionen, Themen, Perspektiven. Wiesbaden: 11-47.
Bromley, Dennis Basil (1993): Reputation, Image and Impression Management, Chichester.
Bruhn, Manfred / Grit Mareike Ahlers (2004): Zur Rolle von Marketing und Public Relations in der Unternehmenskommunikation. Bestandsaufnahme und Ansatzpunkte zur verstärkten Zusammenarbeit. In: Ulrike Röttger (Hg.): Theorien der Public Relations. Wiesbaden: 97-114
Burkart, Roland (^{2}1995): Kommunikationswissenschaft. Grundlagen und Problemfelder. Wien/ Köln/Weimar.
Buss, David M. (1999): Evolutionary Psychology. The new science of the mind. Boston.
Drepper, Christian (2005): Legitimationsprobleme in der Verhandlungsgesellschaft. In: Lars Rademacher (Hg.): Distinktion und Deutungsmacht. Studien zur Theorie der Public Relations. Wiesbaden: 11-31.
Eibl, Karl (1995): Die Entstehung der Poesie. Frankfurt/Main.
Eisenegger, Mark / Kurt Imhof (2004): Reputationsrisiken moderner Organisationen. In: Ulrike Röttger (Hg.): Theorien der Public Relations. Wiesbaden: 239-260.
Faulstich, Werner (2000): Grundwissen Öffentlichkeitsarbeit. München.

Femers, Susanne (2004): PR-Theorie? PR-Theorie! Plädoyer für eine wissenschaftliche und fachliche Fundierung der Public Relations durch Theoriebildung. In: Ulrike Röttger (Hg.): Theorien der Public Relations. Wiesbaden: 171-182.

Fröhlich, Romy / Burkhard Rüdiger (2004): Determinierungsforschung zwischen ‚PR-Erfolg' und ‚PR-Einfluss'. Zum Potential des Framing-Ansatzes für die Untersuchung der Weiterverarbeitung von Polit-PR durch den Journalismus. In: Juliana Raupp / Joachim Klewes (Hg.): Quo vadis Public Relations? Wiesbaden:125-141.

Gläser, Martin (2008): Medienmanagement, München.

Görke, Alexander (2002): Journalismus und Öffentlichkeit als Funktionssystem. In: Armin Scholl (Hg.): Systemtheorie und Konstruktivismus in der Kommunikationswissenschaft. Konstanz: 69-90.

Grunig, James E. / Todd Hunt (1984): Managing Public Relations. New York u.a.

Habermas, Jürgen (1990): Strukturwandel der Öffentlichkeit. Frankfurt/Main.

Habermas, Jürgen (1981): Theorie des kommunikativen Handelns. 2 Bd. Frankfurt/Main.

Hahne, Anton (1997/98): Kommunikation in der Organisation. Grundlagen und Analyse – ein kritischer Überblick. Opladen/Wiesbaden.

Hejl, Peter M. (1999): Unterhaltung als Information. Information als Unterhaltung. In: Wilhelm Hofmann (Hg.): Die Sichtbarkeit der Macht. Theoretische und empirische Untersuchungen zur visuellen Politik. Baden-Baden: 108-123.

Hejl, Peter M. (2005): Medienwissenschaften und Wahrnehmungsbiologie. Zum Problem einer Nicht-Beziehung. In: Ralf Schnell (Hg.): Wahrnehmung – Kognition – Ästhetik. Neurobiologie und Medienwissenschaften. Bielefeld: 237-257.

Henrich, Dieter/Wolfgang Iser (1983): Entfaltung der Problemlage. In: Dies. (Hg): Funktionen des Fiktiven (= Poetik und Hermeneutik, Bd. X): München: 9-14.

Herger, Nikodemus (2004): Organisationskommunikation. Beobachtung und Steuerung eines organisationalen Risikos. Wiesbaden.

Hess, Thomas / Bernd Schulze (2004): Mehrfachnutzung von Inhalten in der Medienindustrie. In: Klaus-Dieter Altmeppen / Matthias Karmasin (Hg.): Medien und Ökonomie. Bd. 2: Problemfelder der Medienökonomie. Wiesbaden: 41-62.

Hillebrecht, Steffen W. / Antonia Schlaus (2005): Betriebswirtschaftliche Inanspruchnahme von Public Relations. In: Lars Rademacher (Hg.): Distinktion und Deutungsmacht. Studien zur Theorie und Pragmatik der Public Relations. Wiesbaden: 63-80

Hoffjann, Olaf (2001): Journalismus und Public Relations. Ein Theorieentwurf der Intersystembeziehungen in sozialen Konflikten. Wiesbaden.

Hoffmann, Jochen (2003): Inszenierung und Interpenetration. Das Zusammenspiel von Eliten aus Politik und Journalismus. Wiesbaden.

Hosp, Gerald (2005): Medienökonomik. Medienkonzentration, Zensur und soziale Kosten des Journalismus. Konstanz.

Hügel, Hans-Otto (2007): Lob des Mainstream. Köln.

Iser, Wolfgang (1991): Das Fiktive und das Imaginäre. Perspektiven literarischer Anthropologie. Frankfurt/M.

Jarren, Otfried / Ulrike Röttger (2004): Steuerung, Reflexierung und Interpenetration: Kernelemente einer strukturationstheoretisch begründeten PR-Theorie. In: Ulrike Röttger (Hg.): Theorien der Public Relations. Wiesbaden:21-42.

Jullien, Francois (1999): Über die Wirksamkeit. Berlin.

Kiefer, Marieluise (^{2}2005): Medienökonomik. Einführung in eine ökonomische Theorie der Medien. München.

Kohring, Matthias / Detlef Matthias Hug (1997): Öffentlichkeit und Journalismus. Zur Notwendigkeit der Beobachtung gesellschaftlicher Interdependenz – ein systemtheoretischer Entwurf. In: Medien Journal 21 (1997) 1:15-33

Ludes, Peter / Georg Schütte (1997): Informationsumbrüche in einer neuen Zuverlässigkeitskluft. In:

Peter Ludes / Andreas Werner (Hg.): Multimedia-Kommunikation. Theorien, Trends und Praxis. Wiesbaden: 37-71.

Luhmann, Niklas (1990): Die Wissenschaft der Gesellschaft. Frankfurt am Main.

Maase, Kaspar (2002): Jenseits der Massenkultur. Ein Vorschlag, populäre Kultur als repräsentative Kultur zu lesen. In: Udo Göttlich / Winfried Gebhardt / Clemens Albrecht (Hg.): Populäre Kultur als repräsentative Kultur. Die Herausforderung der Cultural Studies. Köln: 79-104.

Marquard, Odo (1983): Kunst als Antifiktion. In: Dieter Henrich / Wolfgang Iser (Hg): Funktionen des Fiktiven. München: 36-54.

Merten, Klaus (1992): Begriff und Funktion von Public Relations. In: PR-Magazin 23 (1992) 11: 35-46.

Merten, Klaus (1999): Einführung in die Kommunikationswissenschaft. Bd. 1: Grundlagen der Kommunikationswissenschaft. Münster.

Merten, Klaus / Joachim Westerbarkey (1994): Public Opinion und Public Relations. In: Klaus Merten/Siegfried J. Schmidt / Siegfried Weischenberg (Hg.): Die Wirklichkeit der Medien. Opladen: 188-211.

Pfannenberg, Jörg / Ansgar Zerfaß (2005): Wertschöpfung durch Kommunikation. Thesenpapier zum strategischen Kommunikations-Controlling in Unternehmen und Institutionen. In: dies (Hg.): Wertschöpfung durch Kommunikation. Frankfurt/Main: 184-198.

Rademacher, Lars (2005): Politik als Autorschaft. Bemerkungen zu einem alternativen Erklärungsmodell politischen Kommunizierens. In: ders. (Hg.): Politik nach Drehbuch. Von der politischen Kommunikation zum politischen Marketing. Münster: 52-61.

Rademacher, Lars (2005b): 'Wir sind uns alle einig!?' Systematisches zum Stand der Innovationskommunikation – als Beispiel einer Distinktionstheorie der PR. In: ders. (Hg.): Distinktion und Deutungsmacht. Studien zur Theorie und Pragmatik der Public Relations. Wiesbaden: 135-153.

Rademacher, Lars (2006): PR als Literatur der Gesellschaft. Kommunikationsmanagement – Wissensmanagement – Poesie, Siegen: Universität, FB Sprach-, Literatur- und Medienwissenschaften (unveröffentlicht)

Rademacher, Lars (2008): Public Relations und Kommunikationsmanagement. Eine medienwissenschaftliche Grundlegung. Wiesbaden (i.D.)

Raupp, Juliana / Joachim Klewes (Hg.) (2004): Quo vadis Public Relations? Auf dem Weg zum Kommunikationsmanagement: Bestandsaufnahmen und Entwicklungen. Wiesbaden.

Rifkin, Jeremy (2000): Access. Das Verschwinden des Eigentums. Frankfurt/Main.

Rolke, Lothar (1999): Die gesellschaftliche Kernfunktion der Public Relations – ein Beitrag zur kommunikationswissenschaftlichen Theoriediskussion. In: Publizistik 44, Heft 4: 431-444.

Rolke, Lothar (2004): Public Relations – die Lizenz zur Mitgestaltung öffentlicher Meinung. Umrisse einer neuen PR-Theorie. In: Ulrike Röttger (Hg.): Theorien der Public Relations. Wiesbaden: 117-148.

Ronneberger, Franz / Manfred Rühl (1992): Theorie der Public Relations. Opladen.

Röttger, Ulrike (2000): Public Relations – Organisation und Profession. Öffentlichkeitsarbeit als Organisationsfunktion. Eine Berufsfeldstudie. Wiesbaden.

Schmidt, Siegfried J. (1989): Die Selbstorganisation des Sozialsystems Literatur im 18. Jahrhundert. Frankfurt/Main.

Schmidt, Siegfried J. (1994): Kognitive Autonomie und soziale Orientierung, Frankfurt /Main.

Schmidt, Siegfried J. (2000): Kalte Faszination. Medien - Kultur - Wissenschaft in der Mediengesellschaft. Weilerswist.

Schmidt, Siegfried J. / Guido Zurstiege (2000): Orientierung Kommunikationswissenschaft. Was sie kann, was sie will. Reinbek.

Schmidt, Siegfried (2004), Unternehmenskultur: Die Grundlage für den wirtschaftlichen Erfolg von Unternehmen. Manuskript (Autoren-Abstract des gleichnamigen Buches)

Schmitt, Arbogast (2004): Was macht Dichtung zur Dichtung? Zur Interpretation des neunten Kapitels der Aristotelischen Poetik (1451 a36-b11): in: Jörg Schönert / Ulrike Zeuch (Hg.): Mimesis – Repräsentation – Imagination. Literaturtheoretische Positionen von Aristoteles bis zum Ende des 18. Jahrhunderts. Berlin/New York: 65-95.

Strauss, Botho (2004): Der Untenstehende auf Zehenspitzen. München.

Szyszka, Peter (2004): Integrierte Kommunikation als Kommunikationsmanagement. Positionen, Probleme, Perspektiven. In: Tanja Köhler / Adrian Schaffranietz (Hg.): Public Relations – Perspektiven und Potenziale im 21. Jahrhundert. Wiesbaden: 199-215.

Szyszka, Peter (2005): Organisationsbezogene Ansätze. In: Günter Bentele / Romy Fröhlich / Peter Szyszka (Hg.): Handbuch Public Relations. Wiesbaden: 161-176.

Szyszka, Peter (2005b): „Öffentlichkeitsarbeit" oder „Kommunikationsmanagement". Eine Kritik an gängiger Denkhaltung und eingeübter Begrifflichkeit. In: Lars Rademacher (Hg.): Distinktion und Deutungsmacht. Studien zu Theorie und Pragmatik der Public Relations. Wiesbaden: 81-94.

Theis, Anna Maria (1994): Organisationskommunikation. Theoretische Grundlagen und empirische Forschungen. Opladen.

Westerbarkey, Joachim (1995): Journalismus und Öffentlichkeit. Aspekte publizistischer Interdependenz und Interpenetration. In: Publizistik, Heft 2: 152-162.

Wiedmann, Klaus-Peter (1986): Public Marketing und Corporate Communications als Bausteine eines strategischen und gesellschaftlichen Marketing, Arbeitspapier Nr. 38. Institut für Marketing. Universität Mannheim.

Wolf, Michael J (1999): The Entertainment Economy. How Mega-Media Forces are transforming our Lives. New York.

Würzberg, H. Gerd (2003): Unternehmenskommunikation. Der ‚Dark Continent' im Wert- und Wissensmanagement. In: Gustav Bergmann / Gerd Meurer (Hg.): Best Patterns Marketing. Erfolgsmuster für Innovations-, Kommunikations- und Markenmanagement. Neuwied: 312-329.

Zerfaß, Ansgar (^{2}2004): Unternehmensführung und Öffentlichkeitsarbeit. Grundlegung einer Theorie der Unternehmenskommunikation und Public Relations. Wiesbaden.

Zerfaß, Ansgar (2005): Rituale der Verifikation? Grundlagen und Grenzen des Kommunikations-Controlling. In: Lars Rademacher (Hg.): Distinktion und Deutungsmacht. Studien zur Theorie und Pragmatik der Public Relations. Wiesbaden: 181-220.

Fokus: Organisation und Gesellschaft

PR-Stellen als Reflexionszentren multireferentieller Organisationen

Matthias Kussin

1 Einleitung

Die Bedeutung von Öffentlichkeitsarbeit für Organisationen wird in der Literatur der PR-Forschung, aber auch in der Praktiker-Literatur überwiegend unter dem Gesichtspunkt einer Darstellung *in* bzw. Kommunikation *mit* ihrer Umwelt gedacht. Es geht um ein Vertreten *von* oder auch ein Werben *für* Interessen der Organisation in der Gesellschaft (siehe u.a. Cottle 2003: 3; Herbst 1997; Rolke 2004: 130ff.). Der Erfolg von PR wird dann üblicherweise „als der Erfolg einer geplanten Kommunikation" betrachtet (Merten 2005: 201).

Eine solche Perspektive kann mit Bezug auf bestimmte theoretische Grundannahmen ein hohes Maß an Plausibilität für sich beanspruchen, und sie stellt vermutlich auch einen Standpunkt dar, der mit der Selbstbeschreibung der meisten PR-Praktiker korreliert. Zugleich jedoch zeigen sich in der PR-Forschung Ansätze, die nicht allein auf die Möglichkeit einer Darstellung und Kommunikation der Organisation verweisen, sondern darüber hinaus die Potenziale der Selbstbeobachtung und Reflexion durch Öffentlichkeitsarbeit betonen. So sieht Olaf Hoffjann in der systemeigenen Beschreibung der Organisationsumwelt durch Public Relations Potenziale der Reflexion (vgl. Hoffjann 2004: 44), Peter Szyszka schreibt den Public Relations Analyseleistungen zu, denen die Gewinnung von Informationen über die öffentliche Meinung und deren Relevanz vorausgeht (Szyszka 2004). Otfried Jarren und Ulrike Röttger sehen schließlich in Public Relations Möglichkeiten der Selbstbeobachtung und damit einer „Reflexierung der Organisation" (Jarren/Röttger 2004: 31). Das dahinter liegende Ziel wird vor allem darin gesehen, eine „Übereinstimmung zwischen Fremd- und Selbstbeschreibung" zu erzielen, um auf dieser Basis eigene Interessen (besser oder ‚begründeter') durchsetzen zu können (Jarren/Röttger 2004: 41).

An diese Überlegungen der Selbstbeobachtung und Reflexion durch Public Relations wollen wir im Folgenden anschließen. Dabei soll gezeigt werden, dass sich die Idee einer Selbstbeobachtung und Reflexion der Organisation über Public Relations noch deutlich ausbauen lässt, wenn von einem handlungstheoretischen/zweckrationalen Ansatz auf ein systemtheoretisches Verständnis umgestellt wird. Deutlich wird dann, dass bereits die Konstruktion eines konsistenten Selbstbildes und die Formulierung und Stabilisierung von Interessen voraussetzungsvolle Operationen darstellen, an denen PR-Stellen potenziell ihren Anteil haben. Was damit zwar aus dem Blick gerät, ist die Frage, ob sich über Public Relations mittelbar ökonomischer Gewinn, gesteigerter politischer Einfluss bzw. wissenschaftliche Reputation erreichen lassen. Dafür aber kann etwas darüber ausgesagt werden, in welcher Weise Public Relations etwas zur Identitätsbildung und -anpassung (an Umweltvoraussetzungen) und damit zur Selbststeuerung und Zweckformulierung in formalen Organisationen beitragen.

Der Beitrag versteht sich damit nicht zuletzt als Angebot an die PR-Forschung, systemtheoretische Forschungsperspektiven einer gesellschaftstheoretisch informierten Organisationstheorie für das eigene Arbeitsfeld zu nutzen. Die Entfaltung unseres Arguments bedarf dabei zunächst einiger organisations- und gesellschaftstheoretischer Erläuterungen. So werden wir zuerst darstellen, warum die Produktion und Reproduktion von Identität sich für viele Organisationen als notwendig, aber zugleich auch als problematisch darstellt. Es wird aufgezeigt: Insbesondere Organisationen, die ein hohes Maß an Binnendifferenzierung aufweisen, benötigen Bezugspunkte wie Identität und (Organisations-)Kultur zur Selbststeuerung und Sicherung ihrer eigenen Systemgrenzen. Die Erzeugung und Reproduktion anschlussfähiger Einheitskonstruktionen muss vor dem Hintergrund gesellschaftlicher Differenzierung und Polykontexturalität als höchst voraussetzungsvoll betrachtet werden.

In diesem Kontext erbringen Public Relations in besonderer Weise Beobachtungsleistungen für die Organisation, in dem sie Divergenzen zwischen Selbst- und Fremdbeschreibungen für die Organisation beobachtbar machen und damit Orientierungspunkte für die Modifikation von Entscheidungen und Selbstbeschreibungen zur Verfügung stellen. Abteilungen für Öffentlichkeitsarbeit übernehmen somit nicht allein Darstellung- und Kommunikationsfunktionen. Sie fungieren – um ihre eigene Arbeit evaluieren und fortsetzen zu können – unweigerlich als „Reflexionszentren" (Kieserling 2004: 241), die sich insbesondere in komplexen und ausdifferenzierten Organisationen für die Konstruktion und Reproduktion konsistenter Einheitsbeschreibungen als unverzichtbar erweisen können.

2   Organisation – zur Funktion von Selbstbeschreibung

Die Literatur sowie die Debatte zur Schaffung einer gemeinsamen Kultur oder einem Leitbild in Organisationen (siehe u.a. Simoes/Dibb/Fisk 2005; Beyer 1996: 917) sind vielleicht die auffälligsten Anzeichen dafür, dass die Vorstellung von Organisationen als einheitlich homogene Akteure empirisch auf Probleme stoßen kann. „Kein PR Experte" – so formulieren es Norbert Gelse und Jeanette Weisschuh – „mag heute noch ernsthaft den besonderen Stellenwert der internen Kommunikation für die Corporate Identity und die Corporate Culture eines Unternehmens bestreiten" (Gelse/Weisschuh 2005: 111). Identität ist Organisationen diesem Verständnis nach nicht sui generis gegeben. Stattdessen bedarf es fortwährend expliziter Anstrengungen, damit sich ihre „Rituale, Klima, Werte und Verhaltensweisen zu einem einheitlichen Ganzen fügen" (Schein 1992: 22).

Bereits an dieser Stelle wird das klassische handlungstheoretisch/zweckrationale Verständnis von Organisationen in seinen Grundannahmen herausgefordert. Denn von seiner Perspektive her ist die fortlaufende Konstitution und Reproduktion organisationaler Identität kaum als Problem zu identifizieren. Die Einheit der Organisationseinheiten lässt sich – folgt man Max Weber – in ein Zweck-Mittel-Schema überführen. Dabei ist ‚Hierarchie' der Mechanismus, der die Einheit des Systems mit Blick auf seine Spitze hin im Sinne einer vertikalen Integration sichert (vgl. Weber 1972: 562). Die Zwecke stabilisieren dann die Einheit der Mittel. Über Bürokratie lässt sich die Organisation schließlich wie eine Maschine steuern, die in der zentralen Entscheidungsinstanz ihre Einheit findet (vgl. Weber 1971; klassisch dazu auch Fayol 1971).

Die Organisationsforschung der 1960er Jahre meldet dann jedoch – auch in Auseinandersetzung mit Weber – grundsätzliche Zweifel an, ob die Betrachtung der Organisation als eine kontextfrei operierende Maschine den empirischen Gegebenheiten entspricht. Ausgangspunkt ist dabei eine Einsicht, die heute ebenfalls zum Kernbestand wirtschaftswissenschaftlichen Wissens (siehe u.a. Picot 1977; Schreyögg 2003: Kapitel 5), aber auch der PR-Forschung[1] zählt. Es geht um die Einsicht, dass Organisationen es mit einer heterogenen und inkonsistenten Umwelt, bzw. Öffentlichkeit zu tun haben und sich damit unterschiedlichen, inkommensurablen Erwartungen gegenübersehen.

Eine Einbeziehung dieser Umweltanforderungen in die Organisationsanalyse erklärt dabei nicht allein die besonderen Kommunikationserfordernisse mit der Umwelt. Sie sensibilisiert zugleich auch für interne Problemlagen. Zwei Arbeiten seien an dieser Stelle angeführt, die mit ihren Analysen den Zusammenhang zwischen Umwelterwartungen und interner Strukturbildung exemplarisch deutlich machen: Paul Lawrence und William Lorsch zeigen beispielsweise mit ihrem so genannten kontingenztheoretischen Ansatz auf, dass die verschiedenen Anforderungen aus der Umwelt Integrationsprobleme für die Organisation mit sich bringen können (Lawrence/Lorsch 1967). Für Lawrence und Lorsch lässt sich dieses Differenzierungsproblem aufgrund inkonsistenter Umwelterwartungen über Integrationsmaßnahmen zwischen den Bereichen der Organisation und einem Austausch ihrer Mitglieder lösen (Lawrence/Lorsch 1967). James Thompson weist in seiner klassischen Einführung in die Organisationswissenschaft darauf hin, dass Organisationen sich in einer turbulenten Umwelt bewegen, die sie vor technische, aber auch institutionelle Herausforderungen stellt (Thompson

---

[1] Siehe dazu beispielsweise in dem Beitrag von Peter Szyszka in diesem Band.

1967). Thompson sieht die Lösung in einer Installation von „Pufferzonen", mit denen es Organisationen gelingt, den technologischen Kern der Organisation gegenüber sehr unterschiedlichen Umwelterwartungen abzuschirmen und damit seine Einheit zu sichern (vgl. Thompson 1967: 20-24).

Der Problemdiagnose dieser Betrachtungen lässt sich auch aus Sicht jüngerer und gesellschaftstheoretisch reflektierter Ansätze der Organisationsforschung zustimmen. Die moderne Gesellschaft – so lautet das Argument in systemtheoretischer Terminologie – ist differenziert in autonome Teilsysteme wie Politik, Wirtschaft, Wissenschaft oder auch Massenmedien, die jeweils eine bestimmte Funktion für die Gesellschaft erfüllen (vgl. Luhmann 1998: 743ff.). Elemente dieser Teilsysteme sind allein bestimmte Formen von Kommunikation, die sich entsprechend bestimmter Systemrationalitäten unterscheiden lassen. Entscheidend ist dabei, dass diese Perspektiven strukturell ‚unversöhnlich' nebeneinander stehen und nicht in eine Metaperspektive integriert werden können. Peter Fuchs spricht in diesem Zusammenhang von einer Polykontexturalität der modernen Gesellschaft (vgl. Fuchs 1992: 43ff). Auf dieser Basis werden Realitätsdefinitionen in den Funktionssystemen erzeugt, die wechselseitig für sich unvereinbar bleiben. Organisationen haben es so – gemäß ihres Typus in unterschiedlicher Gewichtung – in ihrer Umwelt unter anderem mit wirtschaftlicher, politischer, wissenschaftlicher und massenmedialer Kommunikation zu tun.

Auch wenn die Problemdiagnosen überzeugen, lassen sich theoretische Argumente dafür finden, dass die von Lawrence/Lorsch und Thompson genannten Lösungsvorschläge zum Umgang mit gesellschaftlicher Differenzierung zu einfach ‚gebaut' sind. Im Rahmen ihrer eigenen Operationen sind Organisationen schließlich vor die Aufgabe gestellt, ihre Entscheidungen vor dem Hintergrund verschiedener sozialer Rationalitäten zu treffen, ohne diese in ihrem „Kern" über eine übergeordnete Rationalität ‚absichern' zu können. Organisationen – so lässt sich im Anschluss an Christof Wehrsig und Veronika Tacke sagen – müssen als „multireferentielle" Sozialsysteme betrachtet werden (Wehrsig/Tacke 1992), in denen Referenzen an verschiedenen Funktionssystemen zu beobachten sind. Dies betrifft zunächst vor allem Organisationstypen, die keinem Gesellschaftsbereich eindeutig zugeordnet werden können. Ein bekanntes Beispiel dafür ist die Universität, für die sich nicht entscheiden lässt, ob sie sich primär an Gesichtspunkten der Forschung (Wissenschaft) oder der Lehre (Erziehung) zu orientieren hat (vgl. Schimank 1993: 41). Ähnliches gilt für öffentliche Verwaltungen, die zwischen Recht und Politik anzusiedeln sind und bei denen sich deshalb auf der Ebene der Kommunikation fortwährend unterschiedliche Systemreferenzen zeigen (Bora 2001).

Das Charakteristikum der Multireferenz trifft aber zugleich auch auf Organisationen zu, denen eine Leitdifferenz (vgl. Jarren/Röttger 2004: 40) zu einem Funktionssystem zugestanden wird. Einerseits lässt sich zwar davon ausgehen, dass Unternehmen beispielsweise primär einer wirtschaftlichen und Parteien primär einer politischen Rationalität folgen. Andererseits jedoch sind auch diese Organisationstypen von den Logiken anderer Gesellschaftsbereiche geprägt. Nicht selten verfügen Unternehmen über

Forschungs- und Entwicklungsabteilungen, in denen nach technisch/wissenschaftlichen Aspekten entschieden wird. Sie unterhalten zudem Rechtsabteilungen, in denen rechtliche Gesichtspunkte eine Entscheidungsgrundlage bedeuten und sie besitzen möglicherweise auch PR-Abteilungen, in denen die Leitdifferenz der Massenmedien eine tragende Rolle spielt. Ein ähnliches Bild zeigt sich in Parteien, die neben Wahlerfolgen beispielsweise auch auf monetäre Mittel angewiesen sind und ihre Entscheidungen an den Beschränkungen des Rechts auszurichten haben. Die Integrationskraft von Primärdifferenzierungen schwindet vor allem auf so genannten Grenzstellen, auf denen es aufgrund von Umwelterwartungen zu Rollenverflechten der Organisationsmitglieder kommen kann (vgl. Luhmann 1964: 225f.). Besonders in diesen Kontexten muss die (konstruierte) Primärorientierung der Organisation und damit die (entschiedenen) Ziel- und Zweckorientierungen fortwährend explizit gemacht werden.

Multireferentialität zeigt sich somit vor allem in den jeweiligen Fachabteilungen mit Umweltkontakt.[2] Sie spiegelt aber auch bis in die Spitzen der Organisation zurück. Dort muss dann beispielsweise entschieden werden, ob man in langfristige Entwicklungsprojekte investiert, oder Kosten einspart, damit beispielsweise die Börse die ‚richtigen' Signale aussendet und primär der Rationalität des Finanzsystems (vgl. Willke 2007: 53f.) folgt. Auf Basis dieser Oszillation zwischen verschiedenen Systemrationalitäten und einer Vielfalt der Beobachtungsperspektiven stellt sich die Frage nach der Stabilisierung von Zielen und Zwecken und damit auch nach Einheit der Organisation. Wie bringt sie diese unterschiedlichen Realitätskonstruktionen in einen konsistenten Sinn- und Beobachtungszusammenhang? Und auf welcher Maßgabe lassen sich im Kontext dieser heterogenen System- und Umweltverhältnisse konsistente Entscheidungszusammenhänge für Organisationen herstellen? Abstrakter gefragt: Wie zieht und stabilisiert die Organisation ihre Systemgrenzen?[3] Vor allem in komplexeren Organisationen scheint dies über eine eindeutige Ziel- und Zweckbestimmung allein schwerlich möglich zu sein. Sie sind zu allgemein, um alle Entscheidungen auf allen Organisationsebenen erklären zu können. Und sie sind zugleich zu spezifisch, um die Stabilität der Organisation auf Dauer stellen zu können. Schließlich bleibt offen, wo, wann und nach welchen Kriterien diese Ziele und Zwecke formuliert werden.

Keine Frage: Organisationen sind potenziell in der Lage, auf Hierarchie umzuschalten, die Arbeitsteilung unter sachlichen Gesichtspunkten zurückzunehmen und auf Machtkommunikation zu setzen. Aber ebenso steht außer Zweifel, dass dies ab einer

---

[2] Das daraus resultierende Konfliktpotenzial wird bereits auf viel kleinteiligerer Ebene ersichtlich. Bereits die Konflikte zwischen verschiedenen Abteilungen, wie denen zwischen PR und Marketing zeigen auf (siehe u.a. Bruhn/Ahlers 2004), dass eine Wohlgeordnetheit der Organisation und ein mechanisches Zusammenspiel über Zweckprogramme und Hierarchie vielleicht zu inszenieren, jedoch nicht strukturell zu realisieren ist.

[3] Wenn wir von Systemgrenzen sprechen, so sind damit keine territorialen, sondern soziale Grenzen und damit Erwartungsgrenzen gemeint. Es geht darum, welche Operationen als sozial erwartbar angesehen werden können (vgl. Tacke 1997: 5f.). Über die Prozesse der Erwartungsbildung konstituieren sich dann (Erwartungs-)Strukturen, die sich innerhalb der Organisation manifestieren und damit nicht zuletzt die Abgrenzung von der Umwelt markieren, wo die organisationsinternen Erwartungsstrukturen nicht in dieser Form Anschlussfähigkeit genießen.

bestimmten Größe nur unter Inkaufnahme einer Überlastung der Spitze und letztlich eines Verlusts an Systemkomplexität und Leistungsfähigkeit möglich ist. Je komplexer Organisationen aufgestellt sind und je größer ihre interne Binnendifferenzierung unter sachlichen, sozialen aber auch räumlichen Gesichtspunkten ausprägt ist, desto drängender stellt sich die Frage nach ihrer Einheit. Was letztlich immer wieder geschehen muss, ist die Ziehung und Reproduktion der eigenen Systemgrenzen. Und es müssen – über formale Entscheidungsprämissen hinaus – Kriterien zur Verfügung stehen, die zu dieser Grenzziehung beitragen.

An dieser Stelle zeigt sich, auf welches strukturelle Problem textförmige Substantialisierungen einer Organisationsidentität reagieren. Sie reduzieren als Formen der Selbstbeschreibung (vgl. Luhmann 2000: 417ff.) die interne Komplexität, aber auch die (beobachtete) Umweltkomplexität von Organisationen und führen zu Selbstfestlegungen der Organisation (vgl. Martens 2000: 296f.). Sie dienen damit als kommunikative Schemata,[4] die die „Koordination hochkomplexer und fluider Mengen von Aktualisierungen" (Luhmann 2000: 420) ermöglichen. Mit anderen Worten: Texte zur Explizierung einer Organisationsidentität schaffen die Voraussetzungen für die Beobachtung der Organisation als (imaginierte) Einheit trotz polykontexturaler Beobachtungsverhältnisse. Sie sind Teil des Organisationsgedächtnisses, auf dessen Basis die Organisation dann weitere Festlegungen in Form von Entscheidungsprogrammen vornimmt.[5] Auf diese Weise eröffnet sich die Möglichkeit, potenzielle Inkonsistenzen, die sich auf struktureller Basis innerhalb von Organisationen aber auch im Organisation/Umwelt-Verhältnis ergeben, zu überlagern. In der Folge manifestieren sich Systemgrenzen als Erwartungsgrenzen, die weitere Formen der Strukturbildung nach sich ziehen. Organisationen gewinnen in der Folge an kommunikativem Halt. Sie können auf Basis dieser Schemata weitere interne Komplexität aufbauen und die Leistungsfähigkeit verschiedener Organisationsbereiche ‚ausreizen'. Nur auf ihrer Basis lässt sich schließlich klären, wie die Organisation ihre eigenen Systemgrenzen zieht, sich damit als System eigener Ordnung selbst steuert und reproduziert.

Formen der Selbstbeschreibungen bieten somit einerseits Lösungen an, um trotz der internen Turbulenz von Organisationen in turbulenten Umwelten Möglichkeiten der Einheitsfiktionen, Interessenartikulation und Selbstfestlegungen zu erzeugen. Anderseits führt dies zu einer weiteren Frage: Auf welcher Maßgabe kommt es zur Herausbildung und Reproduktion von Selbstbeschreibungen in der Organisation, wenn eindeutige Zweckbestimmungen und Zielsetzungen nicht a priori gegeben sind? Zu den-

---

[4] Im Falle von Schemata handelt es sich (ungeschriebene) kommunikative ‚Regeln', die den fortlaufenden Vollzug sozialer Operationen ermöglichen. Erst mit Hilfe derartiger Schemata ist die Bildung, Stabilisierung und Modifikation sozialer Strukturen möglich – ein Gesichtspunkt, der beispielsweise in Arbeiten zum sozialen Gedächtnis herausgestellt wurde (vgl. Esposito 2002: 32f.).

[5] Es versteht sich von selbst, dass die oftmals allgemein gehaltenen Formulierungen derartiger Selbstfestlegungen in der konkreten Operation des Entscheidens nur bedingt zum Ausdruck kommen. Dafür aber flankieren Texte, die sich beispielsweise an Ideen zur Corporate Governance oder aber zur Corporate Social Responsibility orientieren, einen kommunikativen ‚Spielraum', dessen Überschreitung vor allem nachträglich mit Diskreditierung rechnen muss. Wer sozial verantwortliches Wirtschaften für sich proklamiert, sollte beispielsweise auf Kinderarbeit in Indien als Unternehmensstrategie verzichten.

ken wäre an mimetische Vorgänge, wie sie Günther Ortmann als Formen der Ordnungsbildung innerhalb von Organisationen vorgestellt hat (vgl. Ortmann 2003: 132ff.). Krankenhäuser orientieren sich dann beispielsweise an der Selbstbeschreibung anderer Krankenhäuser, und Protestparteien benutzen die Terminologie anderer Protestparteien. Aber auch diese Lösung mag für sich genommen nicht vollends überzeugen, stellt man in Rechnung, dass Identität zugleich das Besondere und vielleicht gar die Einzigartigkeit einer einzelnen Organisation herauszustellen hat (vgl. Luhmann 2000: 438).

Es ist damit davon auszugehen, dass auch weitere Formen der Selbst- und Fremdbeobachtung ablaufen, vor deren Hintergrund sich Formen der Selbstbeschreibung erst herausbilden (können). Organisationen sind – um sich kommunikativ von ihrer Umwelt abzugrenzen – auf systematische Umweltbeobachtungen angewiesen, um ‚Skripte' der Selbstbeschreibung und Identitätsbildung zu erzeugen (vgl. Schreyögg 2003: 452). Sie befinden sich damit fortwährend in einem Moment der Oszillation zwischen Stabilisierung und Wandel, zwischen Selbstreferenz und Fremdreferenz, auf deren Basis sie Erwartungsstrukturen (re-)produzieren und damit ihre Selbststeuerung realisieren. Dies führt zu der Frage, auf welche Weise diese Umweltbeobachtungen vorgenommen und in Informationen transformiert werden, die für entsprechende Entscheidungszusammenhänge, aber auch für die Konstruktion von Schemata des Systemgedächtnisses von Bedeutung sind?

3 Öffentlichkeit – zum Mechanismus der Kontingenzsetzung

Zunächst können Organisationen auf die Beobachtungs- und Wahrnehmungspotenziale ihrer Mitglieder zurückgreifen. Besonders auf den bereits angesprochenen Grenzstellen sind Organisationsmitglieder anzutreffen, die üblicherweise Interaktion mit Nichtmitgliedern der Organisation betreiben und damit Umweltkontakte pflegen (vgl. Luhmann 1964: 220ff.). Über diese sehr selektiven und situativen Umweltkontakte hinaus, die an den Grenzen der jeweiligen Interaktionssystemen enden, stehen der Organisation außerdem spezifische Beobachtungsmedien zur Verfügung, die sich im Kontext der funktionalen Differenzierung auf der Ebene der Funktionssysteme herausgebildet haben. Mit Blick auf die Wirtschaft ist es der ‚Markt', der die Selbstbeobachtung der Ökonomie ermöglicht. In der Politik ist es die öffentliche Meinung, und in der Wissenschaft sind es beispielsweise Publikationen, über die sich eine Selbstbeobachtung des jeweiligen Systems einstellt.[6]

Organisationen partizipieren an diesen privilegierten gesellschaftlichen Beobachtungspositionen gemäß ihrer Primärorientierung und bilden individuelle Aufmerksamkeitsschwerpunkte heraus. So können Wirtschaftsorganisationen über den Markt ihren Produktabsatz beobachten und dort ihre Position mit der von anderen Mitbewerbern

---

[6] Zum Vergleich der verschiedenen Beobachtungsmedien der Funktionssysteme siehe bei Niklas Luhmann (vgl. Luhmann 1992: 81).

vergleichend in Beziehung setzen. Unternehmen können auf diese Weise die unfassbare Komplexität des Wirtschaftssystems nach systemeigenen Gesichtspunkten ordnen und die durch sie ausgelösten Irritationen in für das System anschlussfähige Informationen transformieren. Die Organisation erfährt dann beispielsweise etwas darüber, zu welchen Preisen welche Verkaufs- und Einkaufspotenziale zu erwarten sind. In der Politik geschieht Vergleichbares: Hier ist es Parteien möglich, über das Medium der öffentlichen Meinung beobachten, zu welchen Positionen welche Potenziale der Zustimmung zu erwarten sind und welche Wahl- und Machtchancen sich daraus für sie ergeben. Auf diese Weise eröffnen sich zugleich auch Möglichkeiten der Selbstbeschreibung. (Selbst-)Bezeichnungen wie die des ‚Marktführers', ‚Hidden Champions' oder auch ‚Volkspartei' erweisen sich dann als Bezugspunkte, über die die Identität der jeweiligen Organisation zum Ausdruck kommt und auf die auch in weiteren Entscheidungen Bezug genommen werden kann.

Diese Medien der Selbstbeobachtung stellen dabei jedoch nur eine Kategorie dar, über die Organisationen ihre eigenen Operationen vor dem Hintergrund gesellschaftlicher Entwicklungen zu spiegeln in der Lage sind. Stellen wir wiederholt in Rechnung, dass Organisationen multireferentielle Sozialsysteme sind, so zeigt sich, dass sie sich über diese Medien nur sehr selektiv beobachten können. Unternehmen erfahren am Markt etwas über Preise und mögliche Absatzchancen ihrer Produkte. Ob sich ihre Produktionsbedingungen jedoch unter gesellschafts*politischen* Gesichtspunkten als anschluss- und annahmefähig erweisen, bleibt im Dunkeln. Sie erfahren somit nicht, auf welche Resonanz ihre Wirtschaftskommunikation in der Politik stößt. Für die Beobachtung dieser Beobachtungen hat sich ein anderes gesellschaftliches Beobachtungsmedium herausgebildet, das in der Systemtheorie mit dem Begriff der ‚Öffentlichkeit' gefasst wird.

Diese Aussage bedarf zunächst einer terminologischen Erläuterung. Mit dem hier verwendeten Begriff des Mediums wird schließlich deutlich, dass „Öffentlichkeit" an dieser Stelle anders verstanden wird, als dies im alltagweltlichen Sinne, aber auch in vielen kommunikations- und sozialwissenschaftlichen Arbeiten der Fall ist. So stellt Öffentlichkeit keine „Sphäre" der Kommunikation (Habermas 1999), oder gar ein eigenes Funktionssystem (vgl. Simsa 2003: 121) dar, sondern wird im Anschluss an Überlegungen von Dirk Baecker und Niklas Luhmann als Beobachtungsmedium verstanden (Baecker 1996; Luhmann 1996: 183-189).[7] Diese Einordnung bringt uns damit in Sichtweite zum Typus der „virtuellen Öffentlichkeit", wie ihn Klaus Merten und

---

[7] Diese Theorieentscheidung weicht damit zugleich auch ab von systemtheoretischen Ansätzen wie dem von Alexander Görke, in welchem ‚Öffentlichkeit' ebenfalls der Status eines Funktionssystems zugestanden wird (Görke 1999: 291ff.). Eine solche Positionierung erscheint aus verschiedenen theorieimmanenten Gründen problematisch, zwei davon seien exemplarisch genannt: Zum einen lässt sich auf die Frage nach der binären Codierung eines solchen Funktionssystems keine überzeugende Antwort geben. Zum zweiten wird die in diesem Zusammenhang zugeschriebene Funktion einer Synchronisation der Funktionssysteme bereits – wie im Folgenden noch deutlich gemacht wird – durch ein anderes Funktionssystem, die Massenmedien, mittels der Bereitstellung einer gesellschaftlichen Hintergrundrealität erfüllt. Auch deshalb erscheint der Begriff des Mediums, der ein relationales Verhältnis zwischen Organisation und (ihrer) Öffentlichkeit aufzeigt, überzeugender.

Joachim Westerbarkey als „virtuelle Öffentlichkeit" herausgearbeitet haben (Merten/Westerbarkey 1994: 198f.). Sie ist dabei nicht allein den theoriearchitektonischen Prämissen der Systemtheorie geschuldet, wonach eine gemeinsame, objektive Öffentlichkeit in einer funktional differenzierten Gesellschaft nicht möglich ist. Zugleich eröffnet sie darüber hinaus auch neue analytisch/heuristische Möglichkeiten. So lässt sich in einer solchen Betrachtung nachvollziehen, dass jedes System eine eigene Öffentlichkeit produziert. Die Öffentlichkeit der Wirtschaft ist dann eine andere als beispielsweise die der Politik. Jeder Beobachter hat es, gemäß seines Standpunktes, mit einer anderen Form von Öffentlichkeit zu tun. Nur: Was bekommt er in der Öffentlichkeit zu sehen?

Es ist die Thematisierung der eigenen Grenzziehung, die – so definiert es Dirk Baecker abstrakt – im Medium der Öffentlichkeit beobachtet werden kann (vgl. Baecker 1996: 95). Durch ‚Öffentlichkeit' kann ein System nun beobachten, wie seine eigene Produktion und Reproduktion von Grenzen durch andere Systeme kontingent gesetzt wird. Es kann beobachten, wie in der Umwelt gegen bestimmte Operationen bzw. Entscheidungen protestiert wird, beziehungsweise Alternativen aufgezeigt werden, die mit den systeminternen Erwartungsstrukturen und Formen der Selbstbeschreibung kollidieren. Dies gilt zunächst auch für Funktionssysteme: So kann im Wirtschaftssystem beobachtet werden, wie die Politik bestimmte Entwicklungen thematisiert und kontingent setzt. Eine solche Operation ist beispielsweise dann zu beobachten, wenn in der Politik die schlichte Orientierung an einer ökonomischen Rationalität kritisiert wird. Die systematische Umwandlung fester Stellen in Zeitarbeitsplätze oder das Unterlaufen des Tariflohns sind Themen, bei denen sich Formen der Kontingenzsetzung finden lassen. In diesen Kontexten finden sich Argumentationsmuster, wonach sich eine solche Entwicklung langfristig nicht auszahle. Oder es wird an die Moral der Wirtschaft bzw. an die gesellschaftspolitische Verantwortung appelliert. Auf der anderen Seite können auch Vertreter in der Politik beobachten, wie bestimmte Entscheidungen von der Wirtschaft diskreditiert werden. Die Politik bekommt so beispielsweise zu sehen, wie eine Entscheidung für die Einführung eines Mindestlohns als standortfeindlich und wirtschaftsschädigend markiert wird.

Die Beobachtung der Kontingenzsetzung der Systemgrenzen im Medium der Öffentlichkeit erscheint im besonderen Maße folgenreich, wenn wir auf die Ebene der Organisation zurückkehren. Denn auch Organisationen produzieren als soziale Systeme ihre jeweils eigene Öffentlichkeit. Unternehmen bekommen dann zu sehen, ob und wie Entscheidungen und ihre Begründungszusammenhänge kontingent gesetzt werden. Der Abbau von Arbeitsplätzen mag dann von einem Unternehmen gemäß einer finanzwirtschaftlichen Primärorientierung den Gesetzen des Finanzmarktes und einer „Logik des Investments" (Willke 2007: 46) als alternativlos dargestellt werden. Zugleich kann das Unternehmen beobachten, dass die vorgenommene Orientierung am (Aktien-)Wert einer Kapitalgesellschaft nicht geteilt wird. Sie kann beobachten, wie sich so genannte Wirtschaftsexperten um langfristige Personalplanungen in Unternehmen sorgen und andere wiederum soziale Verantwortung einfordern bzw. den Gang vor das Arbeitsgericht in Aussicht stellen. Die Organisation bekommt so zu sehen, dass mit Rekurs auf andere Systemrationalitäten oder generalisierte Wertmuster anders hätte entschieden werden können, und dass diese Möglichkeit anderer Entscheidungspräferenzen sozial beobachtet wird.

Im Gegensatz zu Funktionssystemen, die mit fortwährenden Bezug auf ihre Systemrationalität eine Distanzierung von ‚Öffentlichkeit' vornehmen können, besitzt ‚Öffentlichkeit' für Organisationen eine andere Qualität. Schließlich lassen sich ihre Entscheidungen nicht durch die Bezugnahme auf einen Code gegenüber der öffentlichen Kontingenzsetzung in vergleichbarer Weise immunisieren. Zwar finden sich in vielen Fällen Primärorientierungen an Funktionssystemen, die über Entscheidungsprämissen und – wie vorne beschrieben – Formen der Selbstbeschreibung abgestützt werden. Unternehmen werden sich bei der Entscheidung eines Arbeitsplatzabbaus voraussichtlich zunächst primär an Informationen des Marktes und – besonders im Falle von Kapitalgesellschaften – auch des Finanzmarktes orientieren. Es ist dann die Verantwortung gegenüber den Aktionären, die dann als Begründung für eine Entscheidung kommuniziert wird. Zugleich aber sind auch Unternehmen mit dem Code der (Finanz-) Wirtschaft nur lose gekoppelt. Sie sind offen für die Frage, wie eine solche Entscheidung von der Politik bzw. bestimmten Adressen in der Politik beobachtet wird. Man erwartet vielleicht weitere Beihilfen oder die Unterstützung für bestimmte Gesetzesänderungen. Öffentlichkeit stößt dann auf Organisationsstrukturen, für die die alternativen Möglichkeiten der Grenzziehung nicht allein anschluss-, sondern auch annahmefähig sind.

Die Lage spitzt sich zu, wenn Entscheidungen nun vor dem Hintergrund von Unternehmensleitbildern oder anderen Formen der Selbstbeschreibung diskreditiert werden. Die Organisation kann dann beobachten, wie sie mit dem Vorwurf der ‚Heuchelei' konfrontiert wird – zum Beispiel dann, wenn sie einerseits in einem Leitbild ihre Verantwortung für den Standort hervorhebt, zugleich aber Arbeitsplätze abbaut. Oder sich in einem anderen Fall als unternehmerfreundliche Partei begreift, zugleich aber für die Einführung eines Mindestlohns eintritt. So bekommen Organisationen zu sehen, dass aufgrund bestimmter Selbstbeschreibungen andere Entscheidungen erwartet wurden, und in der Folge nun die lose Kopplung zwischen „talk" und „action" (Brunsson 1989: 25ff.), zwischen Semantik und Struktur markiert und diskreditiert wird. Mit Blick auf die Folgen in der Umwelt lässt sich dann von Erwartungsenttäuschungen sprechen, die Akzeptanz- und Vertrauensverluste in die Organisation zur Folge haben können.[8] Zugleich aber darf auch erwartet werden, dass derartige Formen zugleich innerhalb von Organisationen ihre Spuren hinterlassen. Es ist deshalb kein Zufall, dass die Multireferentialität von Organisationen – wie Dirk Baecker hervorhebt – vor allem dann offensichtlich wird, wenn Reformprozesse und damit eine deutliche Verschiebung von Systemgrenzen zur Diskussion steht (vgl. Baecker 2005: 74). Was sich dann

---

[8] In der PR-Forschung werden diese Prozesse vor allem unter dem Begriff des Verlusts von Glaubwürdigkeit problematisiert. Siehe exemplarisch mit Blick auf Risikokontexte bei Lucie Hribal (vgl. Hribal 1999: 195ff.).

beobachten lässt, sind Erwartungsenttäuschungen, die innerhalb der Organisation vorzufinden sind. Die Kontingenzsetzung von Organisationsentscheidungen muss sich dabei nicht auf die Sachdimension beschränken. Sie kann zugleich auch Bezüge und Markierungen in der Zeit- und Sozialdimension herstellen.[9] Dann wird bestritten, dass der Arbeitsplatzabbau gerade zum gegebenen Zeitpunkt eine richtige Entscheidung darstellt, das Unternehmen schreibe schließlich schwarze Zahlen. Oder es wird bestritten, dass die entsprechenden Verantwortlichen überhaupt dazu in der Lage sind, die Perspektiven des Unternehmens zu verbessern.

Fragt man nach dem gesellschaftlichen ‚Ort', an dem derartige Kontingenzsetzungen für Organisationen, aber auch die Gesellschaft beobachtbar werden, so lässt sich an dieser Stelle Verschiedenes denken. Öffentlichkeit kann sich vor dem Werktor, vor einer Parteizentrale oder auf den Gleisen einer Eisenbahnstrecke bemerkbar machen. Eine Beobachtung von Öffentlichkeit über die Nahwelt hinaus und eine gesellschaftliche Beobachtung dieser Beobachtung stellt in der modernen Gesellschaft jedoch ein Problem dar; ein Problem, dem sich die Massenmedien angenommen haben. Die Massenmedien fungieren nach systemtheoretischer Betrachtung als Hintergrundrealität der modernen Gesellschaft. Sie ermöglichen die wechselseitige Beobachtung der Funktionssysteme, sowie schließlich auch die Beobachtung dieser Beobachtung (vgl. Marcinkowski 2002: 117). Vor den Massenmedien gibt es kein Entrinnen. Sie besitzen – so formuliert es Frank Marcinkowski – wie kein anderes Sozialsystem die Möglichkeit, „vermittels [einer, *Erg. M.K.*] Ausdifferenzierung ihrer internen Programmstrukturen Sachverhalte und Ereignisse bis in alle Nischen der Gesellschaft zu beobachten" (Marcinkowski 2002: 115). Es darf damit nicht überraschen, dass auch Kontingenzsetzungen von Grenzziehungen sozialer Systeme, wie sie im Medium der Öffentlichkeit beobachtet werden können, von den Massenmedien aufgegriffen werden. Themen der Öffentlichkeit finden auf diese Weise ihre „Repräsentation" in den Massenmedien (Luhmann 1996: 188).

Die Beobachtung von Öffentlichkeit in den Massenmedien ermöglicht einer Organisation dabei nicht allein eine Reflexion ihrer Entscheidungen vor dem Hintergrund alternativer Möglichkeiten der Entscheidungs- und Identitätsproduktion. Sie stellt der Organisation zugleich auch eine Beobachtung der Beobachtung dieser öffentlichen Kontingenzsetzung durch andere Beobachter zur Verfügung. Die Organisation kann also davon ausgehen, dass die Diskreditierung ihrer Entscheidungen von anderen beobachtet wird und dass zugleich ihre Reaktionen auf diese wechselseitigen Beobachtungsverhältnisse ebenfalls registriert werden.

---

[9] Dieser Mechanismus wurde in einer früheren Arbeit ausgeführt (vgl. Kussin 2006: 110-117).

4 Öffentlichkeitsarbeit – zur Reflexion von organisationaler Selbststeuerung und öffentlicher Kontingenzsetzung

Organisationen sehen sich somit einer fortwährenden Reflexion ihrer eigenen Entscheidungen sowie ihrer Selbstbeschreibung vor dem Hintergrund einer öffentlichen Kontingenzsetzung und ihrer massenmedialen Repräsentation ausgesetzt. Dies mag für wenig komplexe und ausdifferenzierte Organisationen – man denke an kleine Familienunternehmen oder gemeinnützige Vereine auf lokaler Ebene – faktisch keine Rolle spielen. Dass, was im örtlichen Anzeigenblatt möglicherweise über sie berichtet wird, spielt sich in der Nahwelt ab und ist damit in der durch Interaktion geprägten Erfahrungswelt beobachtbar. Für größere Organisationen aber, die über verschiedene Standorte verfügen und möglicherweise sogar multinational aufgestellt sind, stellt sich die Lage anders dar. Hier ergeben sich komplexe Beobachtungskontexte, sowohl innerhalb der Organisation, aber auch in ihrer Umwelt. Eine systematische Beobachtung der massenmedialen Umwelt, auf deren Basis sich Aussagen über Resonanz, aber auch Nicht-Resonanz auf Entscheidungen der Organisation formulieren lassen, erscheint voraussetzungsvoll, zumal in einer multireferentiellen Organisation die Aufmerksamkeitsschwerpunkte deutlich divergieren. In der Forschungsabteilung wird auch die massenmediale Resonanz anders beobachtet, als im Vertrieb. Hier stehen vielleicht neue technische Entwicklungen, dort dagegen veränderte Absatzchancen im Zentrum.

Sucht man nach einem Stellentypus in der Organisation, für den sich die gesamte Medienberichterstattung und damit auch alle Formen der Kontingenzsetzung von Öffentlichkeit in besonderer Weise als informativ erweisen, so stößt man – falls als eigene Stelle ausdifferenziert – allen voran auf einen Stellentypus: den für Öffentlichkeitsarbeit. PR-Stellen sind schließlich darauf ausgerichtet, die Organisation, aber auch die Umwelt unter dem massenmedialen Code der Information/Nichtinformation zu beobachten. Eine fortlaufende Spiegelung der Medienberichterstattung, wie sie unter dem Begriff des Medienmonitorings ihre Entsprechung findet, erweist sich für Stellen der Öffentlichkeitsarbeit bereits als unverzichtbar, um ihre eigene Arbeit evaluieren, aber auch fortsetzen zu können.[10] Sie beobachten intern, welche Entscheidungen und Prozesse sich als Themen für die Medien anbieten. Und sie beobachten extern, in welcher Weise die Organisation in den Medien zum Thema wird. Auf Stellen für Öffentlichkeitsarbeit kann dann im Unternehmen beobachtet werden, wie der Arbeitsplatzabbau in der Öffentlichkeit kritisiert oder eben auch nicht kritisiert wird. Zugleich kann dort aber beispielsweise auch gesehen werden, wie bestimmte Formen des Sponsorings im Radsport als imageschädlich diskreditiert werden. Oder es wird beobachtet, in welcher Weise der Widerstand bestimmter Investitionsvorhaben aufgrund ökologischer Gesichtspunkte in den Medien thematisiert wird.

---

[10] Auf diesen Umstand weisen auch Howarth Nothhaft und Stefan Wehmeier in ihrem Beitrag in diesem Band hin, wenn sie von einer „Dualität von Kontrolle und Informationen" sprechen (siehe in Abschnitt 2.2).

Die Beobachtung von ‚Öffentlichkeit' in den Medien dient als Voraussetzung, um Konvergenzen und Divergenzen zwischen Selbst- und Fremdbild der Organisation zu spiegeln und daraus die entsprechenden Entscheidungen für die nächsten Schritte abzuleiten. Für PR-Stellen geht es dann – wie in der PR-Forschung wiederholt beschrieben – darum, mit der Umwelt in einen Dialog zu treten, um Verständnis zu werben und die Beweggründe für Entscheidungen noch transparenter zu machen. Im Zentrum kann dabei das Bemühen stehen, die in der Öffentlichkeit beobachtete Kontingenzsetzung zurückzuweisen und dadurch das öffentlich erzeugte Fremdbild dem intern konstruierten Selbstbild anzupassen.

Unsere theoretischen Beschreibungen zur internen Ausgestaltung von Organisationen und ihrem Verhältnis zur massenmedialen Öffentlichkeit lassen zugleich jedoch den Schluss zu, dass die Beobachtungsleistungen der Stellen für Öffentlichkeitsarbeit noch weiter gehen. Die „Reflexierung der Organisation" beschränkt sich dann nicht allein auf die Stellen für Öffentlichkeitsarbeit, sondern besitzt zugleich auch Ausstrahlungseffekte in weitere Organisationsbereiche. Abteilungen für Öffentlichkeitsarbeit erweisen sich demnach als Grenzstellen, die nicht allein Aufgaben der Repräsentation, sondern auch in besonderer Weise der Informationsverarbeitung, oder – anders formuliert – das Gatekeepings leisten.[11] Sie beobachten systematisch, welche Entscheidungen der Organisation kontingent gesetzt werden und stellen diese Beobachtungsformen der Organisation zur Verfügung. PR-Abteilungen erzeugen damit organisationsinterne Äquivalente zur gesellschaftlichen Realitätskonstruktion der Massenmedien. Komplementär zu den Massenmedien haben sie an der Erzeugung und fortwährenden Rekonstruktion der innerorganisationalen Realität ihren Anteil. Dies kann zum einen im Zuge eines gezielten „Issues Managements" (Röttger 2001: 16) geschehen, das bestimmte Themen und zugleich auch kontroverse Ansichten und Wertvorstellungen, die für die Organisation von Relevanz sind, aufspürt und intern zur Verfügung stellt. Auch in diesem Zusammenhang ist bereits – wie Kurt Imhof und Mark Eisenegger deutlich machen – eine „systematische organisationsinterne Reflexion über organisationsexterne Vorgänge" zu beobachten (Imhof/Eisenegger 2001: 274). Zu denken ist ebenfalls an die Verfassung organisationsinterner Publikationen wie Mitarbeiterzeitungen, an deren Anfertigung nicht selten PR-Abteilungen beteiligt sind. Vor allem aber über die Distribution von Pressespiegeln kann organisationsintern beobachtet werden, wie die Organisation in der Umwelt beobachtet wird und wie sie sich in der Folge selbst beobachtet.

Diese Mechanismen dienen damit als Reflexionsmechanismen der Organisation und eröffnen Orientierungsgesichtspunkte für die fortlaufende Entscheidungsproduktion. Schließlich ermöglichen sie eine Spiegelung vorangegangener Entscheidungen vor dem Hintergrund der öffentlichen Resonanz. Im Zusammenspiel von Selbst- und Fremdbeschreibung, von bisherigen Entscheidungsgrundlagen und der Beobachtung

---

[11] Zur Unterscheidung von Repräsentation und Informationsverarbeitung bei den Funktionen von Grenzstellen siehe bei Howard Aldrich und Diane Herker (Aldrich/Herker 1987). Die Unterscheidung von Repräsentation und Gatekeeping findet sich im gleichen Kontext bei Raymond Friedmann und Joel Podolny (Friedman/Podolny 1992).

ihrer Kontingenzsetzung ist so auch eine Verschiebung der Referenzen gegenüber Funktionssystemen und damit auch der eigenen Systemgrenzen möglich. Diese Verschiebungen sind dann an einer Modifikation von Zweck- und Zielsetzungen, aber beispielsweise auch internen Strukturänderungen durch die Einrichtung neuer Stellen oder die Verschiebung von Verantwortungsbereichen nachzuvollziehen. Sie können sich aber zudem auch in veränderten Selbstbeschreibungen und Identitätskonstruktionen der Organisation äußern.

PR-Stellen – so lässt sich auf Basis der theoretischen Annahmen folgern – leisten somit einen hervorgehobenen Beitrag zur Irritation und (Re-)Konstruktion von Selbstbeschreibungen und anderen sozialen Schemata, auf deren Basis ausdifferenzierte und multireferentielle Organisationen ihre (imaginierte) Einheit zu modifizieren, aber auch zu sichern in der Lage sind. Erst auf dieser Basis sind fortan Interessen und Primärorientierungen entscheidbar. Es geht zum einen um die Reflexion von Öffentlichkeit als Thema der Massenmedien, das damit auch als gesellschaftliches Thema beobachtbar wird. Gleichzeitig reflektieren PR-Stellen, welche Entscheidungen nicht kontingent gesetzt werden. So kann beispielsweise in einem Unternehmen gesehen werden, ob die Politik (bzw. wer in der Politik) trotz Stellenabbaus (massenmedial) schweigt. Public Relations fungieren damit als Sensoren für das System, mit dem sich die Resonanz, aber auch die (Nicht-)Resonanz auf Entscheidungen der Organisation intern verarbeiten lassen. Auf diese Weise ermöglichen PR-Stellen eine fortlaufende Konsistenzkontrolle ihrer Entscheidungskommunikation sowie der organisationsexternen Reflexion ihrer Entscheidungskommunikation und entlasten auf diese Weise andere Bereiche der Organisation. Sofern keine Diskreditierung von Entscheidungen und Selbstbeschreibungen stattfindet, ist ein „Weiter-So", zumindest unter Gesichtspunkten von Öffentlichkeit möglich. Damit wird deutlich, in welcher Weise Öffentlichkeitsarbeit für die Selbststeuerung multireferentieller Organisationen auch in dieser Hinsicht einen nicht unerheblichen Beitrag erbringen, indem sie extern, aber auch intern zu beobachtende Formen von Unsicherheit absorbieren und damit die Bedingungen der Möglichkeit für die Reproduktion des Systems sichern.

5 Schluss

Ziel dieses Beitrags war es, mögliche Leistungspotenziale von Öffentlichkeitsarbeit aufzuzeigen, die auf Basis handlungstheoretisch orientierter Konzeptionen schwer zu identifizieren sind. In einem ersten Schritt haben wir deshalb aufgezeigt, dass die Stabilisierung organisationaler Einheit keineswegs als gegeben betrachtet werden kann, sondern immer wieder über Entscheidungen, aber auch die Konstruktion von Selbstbeschreibungen reproduziert werden muss. Organisationen gewinnen erst auf diese Weise an kommunikativem Halt und können auf diese Weise weitere Ziel- und Zweckpräferenzen herausbilden. Dies warf zugleich die Frage auf, anhand welcher Orientierungspunkte die Konstruktion von Selbstbeschreibungen vor dem Hintergrund organisationaler sowie gesellschaftlicher Erwartungsstrukturen realisiert wird.

Einer Antwort auf diese Frage näherten wir uns, indem wir ‚Öffentlichkeit' als Reflexionsmechanismus einführten, der Organisationen potenziell mit der Kontingenz ihrer eigenen Entscheidungen, aber auch ihrer Selbstbeschreibung konfrontiert. In der durch die Massenmedien repräsentierten Öffentlichkeit eröffnen sich Beobachtungspotenziale für Organisationen, um die gesellschaftliche Reflexion ihrer eigenen Grenzziehungen sowohl auf der operativen Ebene (Entscheidungen), aber auch der Erwartungsebene (Selbstbeschreibungen) organisationsintern zu reflektieren. Dabei ist davon auszugehen, dass insbesondere PR-Stellen sowohl die Kontingenzsetzung, aber eben auch eine ausbleibende Kontingenzsetzung in hervorgehobene Weise beobachten. Zum einen geschieht dies, da sie aufgrund ihres Leistungsbereiches in besonderer Weise am massenmedialen Code von Information/Nichtinformation ausgerichtet sind. Zum zweiten erscheint eine systematische Betrachtung der Massenmedien für die Evaluation aber auch Fortsetzung der eigenen Arbeit auf PR-Stellen alternativlos. Der Text skizzierte damit nicht zuletzt einen Zusammenhang zwischen Organisationsidentität und -kultur sowie Öffentlichkeitsarbeit, der auch aus Sicht der PR-Forschung noch nicht hinreichend untersucht wurde (vgl. Andres 2004: 128). Und er lieferte Argumente dafür, dass sich eine enge Verzahnung zwischen externer und interner Kommunikation – wie Klaus Kocks sie beispielsweise fordert – in der Organisation als funktional erweisen kann (Kocks 2001).

Es zeigte sich schließlich: Stellen der Öffentlichkeitsarbeit fungieren nicht allein als Grenzstellen, an denen die Darstellung des Systems für Nichtmitglieder angesiedelt ist (vgl. Luhmann 1964: 108). Sie sind darüber hinaus auch als „Reflexionszentren" formaler Organisationen zu betrachten (Kieserling 2004), deren Informationspotenziale auf die Selbststeuerung multireferentieller Organisationen und damit schließlich auf die Herausbildung und Artikulation von Selbstbeschreibungen, Interessen und Entscheidungen einen bedeutsamen Einfluss nehmen (können).

Literatur

Aldrich, Howard E. / Diane Herker (1987): Boundary spanning roles and organization structure. In: Penny L. Whright / Stephen P. Robbins (Hg.). Organization theory: Readings and cases. Englewood Cliffs: 92-103.

Andres, Susanne (2004): Internationale Unternehmenskommunikation im Globalisierungsprozess. Wiesbaden.

Baecker, Dirk (1996): Oszillierende Öffentlichkeit. In: Rudolf Maresch (Hg.): Medien und Öffentlichkeit, Positionierungen, Symptome, Simulationsbrüche. München: 89-107.

Baecker, Dirk (2005): Die Reform der Gesellschaft. In: Giancarlo Corsi / Elena Esposito (Hg.): Reform und Innovation in einer unstabilen Gesellschaft. Stuttgart: 61-78.

Beyer, Heinrich (Hg.) (1996): Unternehmensleitbild und Unternehmensverfassung. Gütersloh.

Bora, Alfons (2001): Öffentliche Verwaltung zwischen Recht und Politik. Zur Multireferentialität der Programmierung organisatorischer Kommunikationen. In: Veronika Tacke (Hg.): Organisation und gesellschaftliche Differenzierung. Wiesbaden: 171-191.

Bruhn, Manfred / Grit Mareike Ahlers (2004): Zur Rolle von Marketing und Ansatzpunkte zur verstärkten Zusammenarbeit. In: Ulrike Röttger (Hg.): Theorien der Public Relations. Grundlagen und Perspektiven der PR-Forschung. Wiesbaden: 97-114.

Brunsson, Nils (1989): The organization of hypocrisy: talk, decisions and actions in organizations. Chichester.

Cottle, Simon (2003): News, Public Relations and Power: Mapping the Field. In: Ders. (Hg.): News, Public Relations and Power. London (u.a): 3-24.

Esposito, Elena (2002): Soziales Vergessen. Formen und Medien des Gedächtnisses der Gesellschaft. Frankfürt/Main.

Fayol, Henri (1971): General and industrial management. London.

Friedman, Raymond A. / Joel Podolny (1992): Differentiation of boundary spanning roles: Labor negotiations and implications for role conflict. In: Administrative Science Quarterly 37: 28-44.

Fuchs, Peter (1992): Die Erreichbarkeit der Gesellschaft. Zur Konstruktion und Imagination gesellschaftlicher Einheit. Frankfurt/Main.

Gelse, Norbert / Jeannette Weisschuh (2005): Wie Mitarbeiterportale die interne Kommunikation verändern. Wiesbaden.

Görke, Alexander (1999): Risikogesellschaft und Risikojournalismus – Sondierung und Theorieentwurf. Opladen

Habermas, Jürgen (1999): Strukturwandel der Öffentlichkeit. Untersuchung zu einer Kategorie bürgerlicher Gesellschaft. Frankfurt/Main.

Herbst, Dieter (1997): Public Relations. Das professionelle 1x1. Berlin.

Hoffjann, Olaf (2004): 62 - Die Folgen einer Zahl. In: Juliana Raupp / Joachim Klewes (Hg.): Quo vadis Public Relations? Wiesbaden: 42-51.

Hribal, Lucie (1999): Public Relations-Kultur und Risikokommunikation. Konstanz.

Imhof, Kurt / Mark Eisenegger (2001): Issue Monitoring: Die Basis des Issues Management. In: Ulrike Röttger (Hg.): Issues Management. Theoretische Konzepte und praktische Umsetzung. Eine Bestandsaufnahme. Wiesbaden: 257-278.

Jarren, Otfried / Ulrike Röttger (2004): Steuerung, Reflexierung und Interpenetration: Kernelemente einer strukturationstheoretisch begründeten PR-Theorie. In: Röttger (Hg.): Theorien der Public Relations. Grundlagen und Perspektiven der PR-Forschung. Wiesbaden: 25-64.

Kieserling, André (2004): Selbstbeschreibung von Organisationen: Zur Transformation ihrer Semantik. In: Ders. (Hg.): Selbstbeschreibung und Fremdbeschreibung. Beiträge zur Soziologie soziologischen Wissens. Frankfurt/Main: 212-243.

Kocks, Klaus (2001): Der informierte Mitarbeiter - ein Phantom? In: Ders. (Hg.): Glanz und Elend der PR. Zur praktischen Philosophie der Öffentlichkeitsarbeit. Wiesbaden: 129-136.

Kussin, Matthias (2006): Public Relations als Funktion moderner Organisation. Soziologische Analysen. Heidelberg.

Lawrence, Paul R. / Jay W. Lorsch (1967): Organization and environment. Managing differentiation and integration. Boston.

Luhmann, Niklas (1964): Funktionen und Folgen formaler Organisation. Berlin.

Luhmann, Niklas (1992): Die Beobachtung der Beobachter im politischen System: Zur Theorie der Öffentlichen Meinung. In: Jürgen Wilke (Hg.): Öffentliche Meinung - Theorie, Methoden, Befunde. Freiburg: 77-86.

Luhmann, Niklas (1996): Die Realität der Massenmedien. Wiesbaden.

Luhmann, Niklas (1998): Die Gesellschaft der Gesellschaft, 2 Bde. Frankfurt/Main.

Luhmann, Niklas (2000): Organisation und Entscheidung. Wiesbaden.

Marcinkowski, Frank (2002): Massenmedien und die Integration der Gesellschaft aus Sicht der autopoietischen Systemtheorie. Steigern die Medien das Reflexionspotential sozialer Systeme? In: Kurt Imhof / Otfried Jarren / Roger Blum (Hg.): Integration und Medien. Wiesbaden: 110-121.

Martens, Wil (2000): Organisation und gesellschaftliche Teilsysteme. In: Günther Ortmann / Jörg Sydow / Klaus Türk (Hg.): Theorien der Organisation. Die Rückkehr der Gesellschaft. Wiesbaden: 263-311.

Merten, Klaus (2005): Möglichkeiten des Effect Controlling. In: Tanja Köhler / Adrian Schaffranietz

(Hg.): Public Relations - Perspektiven und Potentiale im 21. Jahrhundert. Wiesbaden: 201-215.

Merten, Klaus / Joachim Westerbarkey (1994): Public Opinion und Public Relations. In: Klaus Merten / Siegfried J. Schmidt / Siegfried Weischenberg (Hg.): Die Wirklichkeit der Medien. Eine Einführung in die Kommunikationswissenschaft. Opladen: 188-211.

Ortmann, Günther (2003): Regel und Ausnahme. Paradoxien sozialer Ordnung. Frankfurt/Main.

Picot, Arnold (1977): Betriebswirtschaftliche Umweltbeziehungen und Umweltinformationen. Berlin.

Rolke, Lothar (2004): Public Relations - die Lizenz zur Mitgestaltung öffentlicher Meinung. In: Ulrike Röttger (Hg.): Theorien der Public Relations. Grundlagen und Perspektiven der PR-Forschung. Wiesbaden: 117-147.

Röttger, Ulrike (2001): Issues Management - Mode, Mythos oder Managementfunktion? In: Dies. (Hg.): Issues Management. Theoretische Konzepte und praktische Umsetzung. Eine Bestandsaufnahme. Wiesbaden: 11-39.

Schein, Edgar H. (1992): Unternehmenskultur. Ein Handbuch für Führungskräfte. Frankfurt/Main (u.a.).

Schimank, Uwe (1993): Hochschulforschung im Schatten der Lehre. Frankfurt/Main (u.a.).

Schreyögg, Georg (2003): Organisation. Grundlagen moderner Organisationsgestaltung. Wiesbaden.

Simoes, Cláudia / Sally Dibb / Raymond P. Fisk (2005): Managing corporate identity: An internal perspective. In: Journal of the Academy of Marketing Science 33: 153-168.

Simsa, Ruth (2003): Defizite und Folgeprobleme funktionaler Differenzierung. Ein Vorschlag zur Beobachtung von Reaktion der Gesellschaft. In: Soziale Systeme 9: 105-130.

Szyszka, Peter (2004): PR als Organisationsfunktion. Konturen eines organisationalen Theorieentwurfs zu Public Relations und Kommunikationsmanagement. In: Ulrike Röttger (Hg.): Theorien der Public Relations. Grundlagen und Perspektiven der PR-Forschung. Wiesbaden.

Tacke, Veronika (1997): Systemrationalisierung an ihren Grenzen. Organisationsgrenzen und Funktionen von Grenzstellen in Wirtschaftsorganisationen. In: Georg Schreyögg / Jörg Sydow (Hg.). Managementforschung 7: Grenzmanagement. Das Management von Systemgrenzen. Berlin: 1-44.

Thompson, James D. (1967): Organizations in action: Social science bases of administrative theory. New York.

Weber, Max (1971): Gesammelte politische Schriften. Tübingen.

Weber, Max (1972): Wirtschaft und Gesellschaft. Tübingen.

Wehrsig, Christof / Veronika Tacke (1992): Funktionen und Folgen informatisierter Organisationen. In: Thomas Malsch / Ulrich Mill (Hg.): ArByte. Modernisierung der Industriesoziologie? Berlin: 219-239.

Willke, Helmut (2007): The autonomy of the financial system: Symbolic coupling and the language of capital. In: Torsten Strulik / Helmut Willke (Hg.): Towards a cognitive mode in global finance. The governance of a knowledge-based financial system. Frankfurt/Main (u.a.): 36-69.

Organisation und Kommunikation:
Integrativer Ansatz einer Theorie zu
Public Relations und Public Relations-Management[1]

Peter Szyszka

Der Beitrag skizziert einen organisationalen Theorieansatz (Meso-Perspektive) auf systemtheoretischer Basis. Er schreibt frühere Arbeiten des Verfassers fort (Szyszka 1999; 2004; 2008). Public Relations werden dabei als das *Netzwerk öffentlicher Beziehungen* einer Organisation zu ihrer Umwelt aufgefasst. Um ihren Bestand zu erhalten und sich weiterzuentwickeln, ist eine Organisation gezwungen, sich mit den kommunikativen (Aus-)Wirkungen der eigenen Existenz auf ihre Umwelt auseinanderzusetzen und bei Bedarf zu intervenieren (Kommunikationsmanagement). Die Beziehungsqualität von Public Relations schlägt sich im *Sozialkapital* einer Organisation (Reputation, Image) nieder. Sozialkapital kommt im *sozialen Vertrauen* zum Ausdruck, mit dem einer Organisation umweltseitig von Bezugsgruppen bzw. Stakeholdern begegnet wird.

Wird Kommunikation als Prinzip dreifacher Selektion (Mitteilung, Information, Verstehen) verstanden (Luhmann 1984: 203), muss eine Organisation aus existenziellen Gründen ein Interesse daran haben, mit Hilfe spezifischer Kommunikationsoperationen *funktionale Transparenz* zu schaffen, um Einfluss auf Sinn-Verstehen und Akzeptanz in ihrer Umwelt zu nehmen. Ziel dieser Operationen ist die Bildung und Bindung von Sozialkapital (Reputation, soziales Vertrauen), das im Sinne des Stakeholder-Ansatzes als wesentliche Voraussetzung für den Erhalt wie Erwerb von Realkapital angesehen wird. Der Theorieansatz macht es erforderlich, Public Relations begrifflich zu differenzieren, um das Phänomen auf drei Ebenen untersuchen zu können:
- *Public Relations* als Netzwerk der Beziehungen zwischen einer Organisation und ihrem sozialen Umfeld,

---

[1] Beim vorliegenden Beitrag handelt es sich um die überarbeitete und erweiterte Fassung eines englischsprachigen Beitrags des Verfassers (Szyszka 2008).

- *Public Relations-Management* als organisationale Managementfunktion zum Umgang mit diesem Beziehungsnetz und
- *Public Relations-Operationen* als spezifische, auf ausgewählte Teile des Beziehungsnetzes ausgerichtete Aktivitäten mit funktionalen Wirkungszielen.

Es handelt sich um einen integrativen Theorieansatz, da er über Anschlussfähigkeit zu bestehenden PR-Theorieansätzen und -Modellen verfügt, welche hier allerdings nur angedeutet werden kann.

1 Verknüpfung: Organisationen als Teile von Gesellschaft

Das System Gesellschaft basiert auf Organisationen, denn Gesellschaft ist nicht als solche, sondern erst auf der *Meso-Ebene* von Organisationen beobachtbar und durch Kommunikation adressierbar (vgl. Fuchs 2004: 129 f). Organisationen als autopoetische Einheiten sind Sinn-Systeme, d. h. Sinnproduktion ist die spezifische Basis der Operationen ihrer Selbstreproduktion, um stabile Grenzen zur Umwelt aufrechtzuerhalten. Erst Organisationssystemen ist es möglich, mit Hilfe kontingenter *Entscheidungen* Unsicherheit in Sicherheit zu überführen und sich so mittels systemeigener Operationen zu reproduzieren und weiterzuentwickeln (vgl. Luhmann 2000: 9). Der damit verbundene Selektionszwang macht Entscheidungen zu riskanten Prozessen (vgl. Luhmann 1984: 47). In Entscheidungen finden organisationale Sinndispositionen ihren Ausdruck. Weil nur Organisationssysteme die Möglichkeit zur Entscheidung haben, konstituieren und formen sie durch Entscheidungen und Verhalten gemeinsam gesellschaftliche Realität. Die Organisationssoziologie bezeichnet die moderne Gesellschaft daher als Organisationsgesellschaft (vgl. Perrow 1996; Schimank 2005).

Gesellschaft differenziert sich in ebenfalls abstrakte *Funktionssysteme* (Politik, Ökonomie, Wissenschaft usw.), deren Differenz in einem jeweils eigenen spezifischen Leitcode besteht. Als Angehörige eines Funktionssystems entscheiden und operieren Organisationen entsprechend dem Leitcode ‚ihres' Funktionssystems. Organisationen sind damit die *Operatoren eines Funktionssystems*, die systemspezifische Kommunikation produzieren. Da Organisationen als soziale Systeme gleichzeitig über ein eigenes Bestandsinteresse verfügen, sind ihre Entscheidungen immer doppelt kodiert. Sie folgen

- dem *Leitcode des funktionalen Subsystems*, dem eine Organisation als Operator angehört, und
- dem *organisationseigenen, egozentrischen Code*, der darauf ausgerichtet ist, die eigene Organisationsexistenz möglichst optimal zu realisieren.[2]

---

[2] Als *egozentrischer Kode* soll hier kein ICH im Sinne psychischer Systeme verstanden werden, sondern die einer Organisation zugrundeliegende Verfassung, basierend auf in deren Vergangenheit kontinuierlich fortgeschriebenen Selbstbeschreibungen, in denen Funktionen und Erfahrungen reflektiert und Strukturen festgelegt wurden, die Kommunikations- und Entscheidungsspielräume vorstrukturieren.

Organisationen sind funktional binnendifferenziert. Organisationsentscheidungen sind strategische Operationen *des organisationalen Managements* als zentralem organisationalem Funktionssystem. In organisationalem Verhalten finden Entscheidungen zugrunde liegende Haltungen und Intentionen und damit die doppelte Codierung von Sinndispositionen implizit einen Ausdruck (strategische Sinnbindung). Das Problem: Weil Sinn eine implizite Information ist, die Beobachter in der Umwelt rekonstruieren müssen, können durch Fremdbeobachtungen immer nur Sinnunterstellungen entstehen. *Reputation und Images* einer Organisation in der Gesellschaft basieren damit immer auf Annahmen und Interpretationen von Beobachtern. Als kontingente Entscheidung für eine als wahrscheinlich angenommene Vorstellung sind diese dabei nicht nur Ergebnisse von Fremdbeobachtung, sondern ebenso Ausdruck von Erwartungen und Wünschen der Beobachter. Die doppelte Kontingenz dieser Prozesse macht eine Kongruenz von Sinn-Disposition und Sinn-Rekonstruktion unmöglich. Doppelte Kontingenz bedeutet für Organisationen damit *doppeltes Risiko*: nicht nur ein Kontingenzrisiko eigener Entscheidung, sondern auch ein Differenzrisiko aufgrund der immer bestehenden Differenz zwischen organisationaler Sinndisposition und den in System-Umwelt-Beziehungen unterstellten Sinndispositionen.

Das autopoetische Interesse einer Organisation, organisationseigene Ziele für den eigenen erfolgreichen Weiterbestand zu realisieren, findet seine Grenzen in den gesellschaftlichen Parametern *Legalität und Legitimität*. Bei der Verfolgung ihrer Interessen stehen Organisationen im Wettbewerb mit anderen Organisationen, die dem gleichen oder einem anderen gesellschaftlichen Funktionssystem angehören. Aufgrund der System-Umwelt-Differenz führt dies zu permanenten, mehr oder weniger ausgeprägten Konflikten. Analog zur doppelten Codierung von Organisationen sind diese Konflikte Ergebnisse von *Wettbewerb*, der auf zwei unterschiedlichen Ebenen angesiedelt sein kann:

- Wettbewerb mit Organisationen oder sozialen Gruppen, die Operatoren unterschiedlicher Funktionssysteme sind, als *Wettbewerb zwischen deren unterschiedlichen Werten und Zielen* (Leitkodierungen), oder
- Wettbewerb zwischen Operatoren des gleichen funktionalen Subsystems als *Wettbewerb um eine bessere Wettbewerbsposition* gegenüber rivalisierenden Wettbewerbern.

Diese Konflikte, die auf unterschiedlichen Interessen und Zielen, unterschiedlichen Erwartungen und auf den unterschiedlichen Interpretationen gesellschaftlicher Werte und Regeln basieren, werden teilweise in öffentlicher Kommunikation ausgetragen und beeinflussen auf diesem Weg öffentliche Meinungsbildungs- und Sinnbildungsprozesse.

Öffentliche Kommunikation rückt eine Organisation in den Fokus öffentlicher Interpretation und Meinungsbildung. In Fremdbeobachtung werden hier Differenzen zwischen organisationaler Selbstdarstellung und Fremdbeobachtungen rekonstruiert und hinterfragt. Öffentliche Kommunikation fordert einer Organisation Erklärung von Sinndispositionen und damit ein teils organisational gewünschtes, teils aber auch unerwünschtes *Mehr an Transparenz* von Sinndispositionen und damit von Entscheidungen ab (Chance oder Risiko). Sie wird zum *Risiko*, wenn aufgrund zunehmender Transparenz organisationaler Haltungen, Ziele usw. auch Beobachtung intensiviert wird, was wiederum Informationsnachfrage schafft. Je intensiver Beobachtung und je konkreter erklärte Sinndispositionen sind, desto größer werden analoge Konsistenzerwartungen und damit der Erwartungsdruck der Beobachter. Gleichzeitig werden organisationale Entscheidungs- und Handlungsspielräume beschnitten, da mit steigenden Erwartungen die Grenzen enger gezogen werden, innerhalb derer ein eintretendes Ereignis auf eine Ereigniserwartung hin zurückinterpretiert wird. Zudem bindet der Umgang mit Konflikten in öffentlicher Kommunikation organisationale Ressourcen. Organisationen müssen deshalb ein Eigeninteresse daran haben, das *Potenzial problematischer Haltungen, Ziele und Verhaltensweisen einzugrenzen* und sich der Umwelt in einem bestimmten Maße anzupassen.

Öffentliche Kommunikation und damit öffentliche Aufmerksamkeit werden zur *Chance*, wenn ein bestimmtes Maß an öffentlicher Präsenz zur Realisation organisationaler Ziele benötigt wird. In öffentlicher Akzeptanz und Zustimmung spiegelt sich die Qualität öffentlicher Beziehungen. Entsprechend müssen öffentliche Beziehungen als Bestandteil organisationalen Sozialkapitals bewirtschaftet werden. Sie stellen eine besondere Organisationsproblematik dar, für die Organisationen im Bedarfsfall mit *Public Relations-Management ein spezielles Funktionssystem* ausprägen. Public Relations-Management setzt sich dazu als ein *Beobachter zweiter Ordnung* mit der Selbstdarstellung und Fremdbeobachtung von Sinndispositionen auseinander, um

- die mit organisationaler Existenz, Haltung und Entscheidung verbundenen realen wie potenziellen *Thematisierungsrisiken und -chancen* in Bezug auf öffentliche Kommunikation zu erkennen und zu bewerten,
- mittels fachlicher Expertise in Fragen öffentlicher Interpretation organisationaler Haltungen und Entscheidungen *beratend Einfluss auf Entscheidungsprozesse des Organisationsmanagements* zu nehmen, und
- durch *strategische Selbstdarstellungsoperationen* (gezieltes Ein- und Ausblenden organisationaler Themen) die organisationale Präsenz in öffentlicher Kommunikation zu erhöhen und organisationale Mehrwerte zu erwirtschaften.

2 Ansatz: Public Relations und Public Relations-Management

Der Begriff *Public Relations* wird mit Grunig/Hunt oft als „das Management von Kommunikation zwischen einer Organisation und deren Bezugsgruppen" definiert (1984: 6). Er steht dort für das vorstehend skizzierte organisationale *Funktionssystem*. Long/Hazelton definieren konkreter, wenn sie von einer „Kommunikationsfunktion der Organisationsführung mit der Aufgabe, Organisationen an deren Umwelt anzupassen bzw. auf diese Umwelt verändernd oder stabilisierend einzuwirken, um Organisationsziele zu erreichen", sprechen (1987: 12f.; vgl. auch Griswold/Griswold 1948: 4 oder Cutlip/Center/Broom 1994: 2). Harlow hat demgegenüber schon früh vorgeschlagen,

den Begriff Public Relations vorrangig für das Beziehungsfeld einer Organisation und deren Umwelt (Teilöffentlichkeiten, Bezugsgruppen, Stakeholder, Zielgruppen) statt für deren *Management* zu verwenden (1957: xi). Der vorliegende Ansatz schließt sich Harlows Vorschlag an und operiert mit einer dreifachen Differenzierung:
- *Public Relations* als Bezeichnung für das organisationale Beziehungsfeld (öffentliche Beziehungen),
- *Public Relations-Management* als organisationale Regelungsfunktion mit einem speziellen Problemlösungsauftrag (Typ von Kommunikationsmanagement) und
- *Public Relations-Aktivitäten* als deren spezifische Operationen.

Diese Differenzierung macht es möglich, drei im Zusammenhang mit Public Relations zwar verknüpfte, aber dennoch unterschiedliche Untersuchungsobjekte auf theoretischem Weg zu erkunden.

2.1 Public Relations und soziales Vertrauen

In derartiger Differenzierung können Public Relations als das auf Kommunikation und Beobachtung beruhende und wechselseitig adressierbare Netzwerk der Relationen zwischen einer Organisation zu den verschiedenen Teilen ihrer Umwelt (Meso-Makro-Schnittstelle) definiert werden, das sich in der Regel auf einen Ausschnitt von Gesellschaft erstreckt. Einzelne Relationen basieren als Beziehungsstränge auf ein- oder wechselseitigen Beobachtungsinteressen in sachlicher, zeitlicher und sozialer Dimension. Sie sind auf formaler Ebene in der Regel asymmetrisch ausgeprägt, weil sich Interesse und Einfluss nicht in einer Balance befinden. Ihre inhaltliche Qualität ist Resultat mehr oder weniger stark ausgeprägter Beobachtungs-, Interpretations-, Bewertungs- und Meinungsbildungsprozesse sowie der diesen Prozessen zugrunde liegenden Erfahrungen und Erwartungen. Umweltseitig zugewiesene Sinndispositionen können als Meinung und Verhalten auf das Spektrum organisationaler Entscheidungsoptionen und Handlungsspielräume zurückwirken. An die daraus resultierende Differenz von Akzeptanz/Nicht-Akzeptanz knüpfen sich aus organisationaler Perspektive erneut Chancen und Risiken. Relationen werden zu öffentlichen Beziehungen, wenn die Beobachtung relationaler Differenzen in öffentlicher Kommunikation ausgetragen wird. Der Begriff öffentliche Beziehungen meint weiter, dass organisationale Existenz prinzipiell und permanent ein potenzielles Beobachtungsobjekt sein kann („3 P-Prinzip" der Zugänglichkeit für öffentliche Beobachtung).

Die Bezugsgruppen einer Organisation bilden ein Netzwerk mit zwei Merkmalen:[3] Alle Bezugsgruppen haben (1) *dasselbe Referenzobjekt*, aufgrund ihrer unterschiedlichen Interessen aber (2) *unterschiedliche Referenzpunkte*, an denen sich Beobachtung und Meinungsbildung ausrichtet. Public Relations gehen deshalb immer von einem Referenzobjekt aus und bilden aufgefächert ein Netzwerk zu teilweise sehr unterschiedli-

---

[3] Der Begriff *Netzwerk* wird hier bewusst gewählt, weil dem diesem Ansatz zugrunde liegenden Verständnis nach Bezugsgruppen nicht nur in Beziehung zu einer Organisation stehen, sondern auch untereinander in bestimmten Beziehungsverhältnissen stehen (können), die wiederum Gegenstand organisationsseitiger Beobachtung sein können.

chen Beobachtern. Unter ihnen spielen *Massenmedien* in vielen Fällen eine zentrale Rolle, weil sie als *gesellschaftlich autorisierte Fremdbeobachter* in der Lage sind, nicht nur zu beobachten, sondern auch auf breiter gesellschaftlicher Ebene Öffentlichkeit für die von ihnen beobachteten Probleme oder Themen herzustellen. Sie sind dabei Multiplikator, Resonanzboden und Meinungsführer in einem. Durch das Herstellen von Öffentlichkeit können sie direkt – durch Reaktion der thematisierten Organisation – wie indirekt – über die Reaktionen organisationaler Stakeholder auf öffentliche Kommunikation – auf eine Organisation einwirken.

Grunig/Hunt haben die verschiedenen Teile der organisationalen Umwelt als *publics* bezeichnet (vgl. 1984: passim). Dass die deutsche Übersetzung *Teilöffentlichkeiten* „holprig" ist, hat Signitzer schon bei ihrer Einführung angemerkt (1988: 101). Der Begriff verweist lediglich auf eine Ausdifferenzierung unterschiedlicher Gruppen. Da sich die unterschiedlichen Gruppen der Organisationsumwelt am jeweils eigenen Referenzpunkt als Beziehungsmerkmal orientieren, erscheint der Begriff *Bezugsgruppe* hier eindeutiger. Aus Organisationsperspektive verfügen Bezugsgruppen in sachlicher, zeitlicher und sozialer Dimension über unterschiedliche Relevanz: Zentrale Relevanzkriterien sind zum einen das organisationale Interesse an einer Bezugsgruppe (Chance) und zum anderen die mit dem Interesse einer Bezugsgruppe an einer Organisation verbundene Gefahr, einschränkenden Einfluss auf organisationale Existenz- und Entwicklungsbedingungen zu nehmen (Risiko).

Über Beobachtung entscheiden nicht nur die Zugänglichkeit eines Objekts und das Interesse eines Subjekts, sondern auch die Verfügbarkeit von Aufmerksamkeit als beschränkte Beobachtungsressource (vgl. Franck 1998). Das Kriterium der Relevanz als Nutzenerwägungen (Chancen, Risiken) ist dabei für den Einsatz dieser Ressource entscheidend. Dies macht den ökonomischen Terminus *Stakeholder* als Bezeichnung für ausgeprägt relevante organisationale Bezugsgruppen interessant. Mit Stakeholdern ist eine Organisation über existenzielle Beziehungen verbunden. Der Stakeholder-Ansatz unterscheidet zwei Typen: (1) primäre Stakeholder, die direkten Einfluss auf Prozesse und Leistungen (Waren und Dienstleistungen) einer Organisation nehmen, und (2) sekundäre Stakeholder mit indirektem Einfluss, die über den Umweg öffentlicher Kommunikation Einfluss auf primäre Stakeholder nehmen (vgl. Karmasin 2007: 74; auch Post u. a. 2002: 17ff.). Die organisationale Einstufung einer Bezugsgruppe als Stakeholder trifft damit eine Aussage über die *formale Qualität* dieser Beziehung (existenzielle Beziehung). *Inhaltliche Qualität* findet demgegenüber in Image und Reputation als auf wenige Beobachtungsmerkmale verkürzte Bewertung oder Wertschätzung ihren Ausdruck. Sie hat bezugsgruppenseitig Einfluss auf Haltungen, Entscheidungen und Verhalten – auch Beobachtungsverhalten – der Bezugsgruppen gegenüber einer Organisation.

Wenn bislang nach den Bedingungen für Beobachtung und den Konsequenzen von Beobachtung gefragt worden ist, muss nun in gleicher Weise nach *Nicht-Beobachtung* gefragt werden. Die inhaltliche Beziehungsqualität spiegelt sich in der Konstitution bzw. im Grad des sozialen Vertrauens wider, das eine Organisation bei Bezugsgruppen genießt und umgekehrt. Nicht zufällig gehört der Begriff Vertrauen zu den klassischen Begriffen im Public Relations-Diskurs (vgl. z. B. Hundhausen 1951). Vertrauen kann – verkürzt – als eine auf Erfahrungen basierende Kontinuitätserwartung zur Reduktion sozialer Komplexität definiert werden (Luhmann 1968: 20). Als *soziales Vertrauen* ist es die *Erwartung in die Kontinuität von Haltungen, Entscheidungen und Verhalten einer Organisation bzw. einer Bezugsgruppe in sachlicher, zeitlicher und sozialer Dimension*. Vertrauen basiert auf doppelter Kontingenz, denn um Vertrauen zu gewinnen oder aufrechtzuerhalten, kann sich ein Vertrauensobjekt nur innerhalb bestimmter Erwartungsgrenzen des Vertrauenssubjekts verhalten (vgl. Luhmann 1984: 179f.). Soziales Vertrauen entlastet von Beobachtungsdruck, indem ein Vertrauensobjekt aus konkreter Beobachtung ausgeblendet wird, ohne dass dies Einfluss auf die formale Qualität dieser Beziehungen hat: Entscheidungsprozesse werden zu Routinen. Soziales Vertrauen als Nicht-Beobachtung kann damit als Win-Win-Situation und *angestrebte Qualität von Public Relations* aufgefasst werden, weil

- sich das *Vertrauenssubjekt* von Beobachtungs-, Interpretations- und Entscheidungsoperationen entlastet und Ressourcen einspart, und
- dem *Vertrauensobjekt* mit weniger konkreten Vertrauenserwartungen begegnet wird, was dessen Entscheidungs- und Handlungsoptionen erweitert.

In diesem Kontext ist *öffentliches Vertrauen* eine generalisierte Form von sozialem Vertrauen. Öffentliches Vertrauen besteht, wenn soziales Vertrauen, das eine Organisation bei unterschiedlichen Bezugsgruppen genießt, in der öffentlichen Meinung eine ähnliche Ausrichtung hat (vgl. Bentele 1994). Es kann unterstellt werden, dass öffentliches Vertrauen soziales Vertrauen innerhalb des Netzwerks öffentlicher Beziehungen befördert oder zumindest beeinflusst, weil öffentliches Vertrauen in Meinungsbildungsprozessen als generalisierte Orientierungshilfe dient. Weiter kann vermutet werden, dass der Einfluss öffentlichen Vertrauens auf das soziale Vertrauen einer Bezugsgruppe in dem Maße wächst, in dem die Prägung der Relation zwischen Organisation und Bezugsgruppe durch direkte Erfahrungen abnimmt. Stakeholder-Beziehungen wären also folglich eher von sozialem Vertrauen geprägt, während die Beziehungen zu anderen Bezugsgruppen eher dem Einfluss öffentlichen Vertrauens unterliegen.

2.2 Public Relations-Management und Meinungsmärkte

Public Relations und soziales Vertrauen als deren Beziehungsqualität (Sozialkapital) basieren auf Kommunikation. Damit ist das zentrale Problem von Kommunikation (vgl. Luhmann 1984: 191ff.) auch Basisproblem von Public Relations-Prozessen: die *Unmöglichkeit eines gemeinsamen Verstehens* von Haltungen, Entscheidungen und Verhalten, weil immer eine Differenz zwischen organisationaler Selbstbeschreibung und -beobachtung (Sinndisposition) und einer in selektiver Fremdbeobachtung entstandenen Fremdbeschreibung (unterstellte Sinndisposition) als Relation besteht. Die Relation zwischen einer Organisation und einer Bezugsgruppe ist also immer Träger einer *Differenz* der Sinndispositionen zu einem gemeinsamen Referenzobjekt (vgl.

auch Merten 2008). Jede Relation ist dabei Träger einer eigenen Differenz. Je größer im Einzelfall der involvierte Teil des organisationalen Netzwerks öffentlicher Beziehungen ist, desto größer ist auch die Zahl relationaler Differenzen, zwischen denen Differenz-Differenzen bestehen, die im Weiteren als *Diskrepanzen* bezeichnet werden.

Öffentliche Kommunikation – wie auch nicht-öffentliche Kommunikation – lässt sich anhand unterschiedlicher Beobachtungsinteressen in unterscheidbare *Meinungsmärkte* ausdifferenzieren. Meinungsmärkte sind thematisch gebundene *Systeme der Fremdbeobachtung*. Sie thematisieren marktspezifische relationale Differenzen und Diskrepanzen. Aus organisationaler Perspektive kann zur Ausdifferenzierung auf ein im PR-Diskurs gängiges Modell zurückgegriffen werden, das im Kontext des Stakeholder-Ansatzes entstanden ist (vgl. z.B. Szyszka 2004: 161ff.). Es unterscheidet einen *allgemeinen öffentlichen Meinungsmarkt*, der sich an grundlegenden gesellschaftlichen Informationsinteressen ausrichtet, von vier *spezifischen Meinungsmärkten* (Mitglieder, Finanzen, Politik, Leistungsabnehmer) mit fokussierten Beobachtungsinteressen, analoger Themenstruktur, marktspezifischen Werten und Interpretationsprogrammen (Abb. 1). Zentraler Unterschied beider Typen:
- Auf dem *allgemeinen öffentliche Meinungsmarkt* besteht ein breites Themeninteresse bei eingeschränkter Beobachtungstiefe,
- während *spezifische Meinungsmärkte* über ein enger fokussiertes Themeninteresse und größere Beobachtungstiefe verfügen.

Abb. 1: Öffentliche Kommunikation als System von Meinungsmärkten

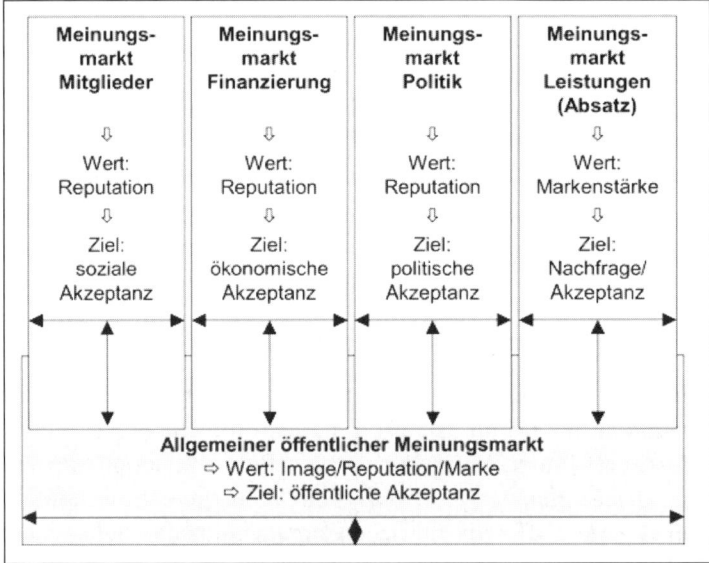

Da der allgemeine öffentliche Meinungsmarkt über ein Beobachtungsinteresse an Themen spezifischer Meinungsmärkte verfügt und sich Beobachter spezifischer Meinungsmärkte auch am allgemeinen öffentlichen Meinungsmarkt orientieren, sind spezifische Meinungsmärkte in den allgemeinen öffentlichen Meinungsmarkt eingebunden.

Auf Meinungsmärkten finden sich *typische Marktprinzipien*: Angebot und Nachfrage, Wettbewerb, unterschiedliche Marktsituationen und -positionen sowie der Tausch von Leistungen. Aufmerksamkeit als Vorbedingung für Beobachtung und Engpassressource steht in öffentlicher Kommunikation immer ein Überangebot an Themen als Möglichkeiten zu Beobachtung und Anschlusskommunikation gegenüber (vgl. im jüngeren PR-Diskurs Fengler/Russ-Mohl 2005). Themen werden jedoch nur dann und dort zu Informationen, wo Beobachtung und Auseinandersetzung als Anschlusskommunikation erfolgt. *In ihrer Breite* sind Meinungsmärkte immer *Angebotsmärkte*, die ein Überangebot an Themen zur Beobachtung anbieten. Wird organisationale Präsenz in öffentlicher Kommunikation angestrebt, geschieht dies immer im *Wettbewerb um Aufmerksamkeit* mit anderen Marktteilnehmern. Werden dagegen Themen als Angebotsausschnitte *in ihrer Tiefe* betrachtet, entsteht bei Beobachtern mit zunehmender Intensität von Aufmerksamkeit *Nachfrage* (z. B. in Konflikt- und Krisensituationen von Organisationen), auf die Organisationen mit Selbstdarstellung reagieren müssen. Sind Organisation-Umwelt-Differenzen über einen längeren Zeitraum Thema oder Teil der narrativen Struktur von Themen (z. B. bei Skandalisierung), wird Beobachtung zum Risiko für bestehendes organisationales Sozialkapital, weil Anschlusskommunikation Beobachtung in Tiefe und Breite intensiviert und dabei soziales Vertrauen entzieht.

Aus organisationaler Perspektive entsteht damit ein *Regelungsproblem*, zu dessen Bearbeitung Organisationen das Funktionssystem Kommunikationsmanagement nutzen. *Kommunikationsmanagement* ist ein *organisationales Beobachtungs- und Regelungssystem, das aus der Beobachtung relationaler Differenzen zwischen einer Organisation und deren Bezugsgruppen sowie der Beobachtung von Diskrepanzen zwischen unterschiedlichen relationalen Differenzen* organisational entscheidungsrelevante Informationen gewinnt. Diese stellt es dem Führungssystem als Expertise für Entscheidungsprozesse zur Verfügung. Auf Basis organisationaler Entscheidungen trifft Kommunikationsmanagement systemeigene Anschlussentscheidungen zur Koordination und Integration organisationaler Kommunikation und überträgt die Weiterbearbeitung dieser Probleme an eigene, zur spezifischen Marktbearbeitung ausdifferenzierte Funktionssysteme, darunter Public Relations-Management.

Koordination und Integration stellen dabei ein besonderes Regelungs- und Entscheidungsproblem dar. Unterschiedliche Meinungsmärkte thematisieren nicht nur unterschiedliche Themen, sondern auch gleiche Themen, die sie in ihrem jeweils spezifischen Beobachtungsmodus behandeln. Durch Fremdbeschreibung entstehen dabei diskrepante Unterstellungen und Bewertungen von Sinndispositionen entlang der unterschiedlichen Werte und Regeln der Meinungsmärkte. Diese Diskrepanzen sind in zweifacher Hinsicht problematisch:
- Meinungsmärkte sind für Organisationen *unterschiedlich relevant*, so dass in bestimmten Meinungsmärkten positive Bewertung als Akzeptanz über den Abbau

von Differenzen (Anpassung) nachgesucht, negative Bewertung in anderen Meinungsmärkten als Fortbestehen von Differenzen in Kauf genommen wird. Differenzen sind damit immer *Ausdruck von Präferenzentscheidungen*.
• Der allgemeine öffentliche Meinungsmarkt thematisiert derartige Präferenzentscheidungen als *meinungsmarktübergreifende Diskrepanzen*. Er spiegelt dabei Meinungen und Positionen zu einer Organisation in der Gesellschaft als öffentliche Akzeptanz wider und wirkt als Resonanzboden auf spezifische Meinungsmärkte zurück.

Um die spezifische Akzeptanzproblematik des allgemeinen öffentlichen Meinungsmarktes bearbeiten zu können, bedienen sich Organisationen des Funktionssystems *Public Relations-Management* (PR-Arbeit, Öffentlichkeitsarbeit). Es ist damit ein nachgeordnetes *Funktionssystem des Kommunikationsmanagements, das sich mit den Fremdbeobachtungen des allgemeinen öffentlichen Meinungsmarkt und den dort verhandelten Differenzen und Diskrepanzen auseinandersetzt*.[4] Wenn in diesem Kontext von der *Legitimation* organisationaler Sinndispositionen durch Information gesprochen wird (vgl. Ronneberger 1977; auch Ronneberger/Rühl 1992: 252), dann ist damit eine spezifische Leistung von Kommunikationsmanagement gemeint, nämlich *Nachvollziehbarkeit* organisationaler Standpunkte und Positionen zu ermöglichen und hierfür bei Beobachtern um *Akzeptanz* nachzusuchen. Im Falle von Public Relations-Managements ist dies eine aufgrund der dargestellten Merkmale des allgemeinen öffentlichen Meinungsmarktes besonders *komplexe Regelungsproblematik*. Ob Public Relations-Management deshalb innerhalb des Kommunikationsmanagement eine Schlüsselrolle zukommt, wie dies die Praxisliteratur gerne darstellt, soll an dieser Stelle nicht näher diskutiert werden.

Reputation und Images – und auch Markenwerte – sind jeweils der kondensierte Ausdruck von *Meinungen über eine Organisation und ihre Leistungen*, die sich auf einer Skala von Akzeptanz und Nicht-Akzeptanz als Qualität gewährten sozialen Vertrauens niederschlagen. Da organisationales Sozialkapital Einfluss auf die Möglichkeiten der Erwirtschaftung von Realkapital nimmt, haben Organisationen ein Interesse daran, Einfluss auf die relationale Qualität ihrer Public Relations zu nehmen, um dieses Sozialkapital zu erwirtschaften. Klassische PR-Definitionen sprechen – wie eingangs gezeigt – bei Public Relations-Management von einer Regelungsfunktion, deren Leistung darin besteht, wechselseitig vorteilhafte Beziehungen zwischen einer Organisation und deren Stakeholdern aufzubauen und aufrechtzuerhalten, weil von diesen organisationaler Erfolg oder Misserfolg abhänge (vgl. Cutlip u. a. 1994: 6). Verkürzt, aber dennoch prägnant ausgedrückt, findet sich dies in den Grundbegriffen früher deutscher PR-Ansätze, die von „Vertrauenswerbung" (Hundhausen 1951) und „Meinungspflege" (Gross 1951) sprachen.

---

[4] *Kommunikationsmanagement* wird hier als Dachbegriff und Kennzeichnung des entsprechenden organisationalen Funktionssystems verwendet, der alle Prozesse organisationaler Kommunikation umfasst. *Public Relations-Management* als Subfunktion des Kommunikationsmanagements ist demgegenüber auf den Umgang mit öffentlicher Kommunikation und Bearbeitung diesbezüglicher Schnittstellen ausgerichtet.

2.3 Public Relations-Operationen und funktionale Transparenz

Wie jedes organisationale Funktionssystem hat Public Relations-Management das Ziel, den Handlungsspielraum der vertretenen Organisation zu optimieren und zur Effizienz organisationaler Prozesse beizutragen. Die Bindung an organisationale Codierung gibt über organisationale Ziele, Entscheidungen und Verhalten den Entscheidungs- und Handlungsspielraum von Public Relations-Management vor. Da soziales Vertrauen immer eine System-Umwelt-Relation zwischen Vertrauensobjekt und Vertrauenssubjekt ist, bilden die Codierung von Bezugsgruppen, deren Relevanz im Kontext allgemeiner organisationaler Operationen und deren allgemeine und organisationsbezogene Befindlichkeit weitere Bezugsgrößen für Operationen des Public Relations-Managements.

Als Beobachter zweiter Ordnung setzt sich Public Relations-Management mit den aus *Prozessen der Selbst- und Fremdbeobachtung und -beschreibung* resultierenden Differenzen und Diskrepanzen sowie den daraus ableitbaren organisationalen Konsequenzen auseinander. Es prüft dabei den Status gewährten sozialen Vertrauens sowie Optionen für Aufmerksamkeit und Nicht-Aufmerksamkeit. Mittels Selbstdarstellung interveniert Public Relations-Management immer dann, wenn organisationsseitig Handlungsbedarf (Chancen, Risiken) geboten erscheint. Über Selbstdarstellung werden organisationale Selbstbeschreibungen für Fremdbeobachter bis zu einem gewissen Grad transparent. Die in der PR-Literatur vielfach vertretene Forderung nach Offenheit und Transparenz unterliegt dabei einschränkenden Bedingungen:

- *Konsistenz-Problem*: Je transparenter und damit konkreter die Selbstdarstellung von Entscheidungen und Absichten ist, desto konkreter werden auch die sich daran knüpfenden Kontinuitätserwartungen, was der Interpretation von Beobachtung als Kontinuität in Vertrauensprozessen engere Grenzen setzt.
- *Kontingenz-Problem*: Wird Transparenz für Entscheidungsmotive geschaffen, kann dies die mit Kontinuitätserwartungen unterstellten Sinndispositionen der Fremdbeobachter in Frage stellen und zur Rücknahme sozialen Vertrauens führen.
- *Konkurrenz-Problem*: Wird Transparenz für Entscheidungsinhalte (Ziele und Wege) geschaffen, sind dies Wettbewerbsinformationen für andere Organisationen, die hieraus wettbewerbsstrategische Vorteile ziehen können.

Die mittels Public Relations-Operationen zu schaffende Transparenz muss daher in Breite und Tiefe immer eine *funktionale Transparenz* sein (vgl. Szyszka 2004: 156), die funktionalen und nicht dysfunktionalen Einfluss auf die Existenz- und Entwicklungsbedingungen der vertretenen Organisation hat.

Im Kontext funktionaler Transparenz verfolgt Public Relations-Management mit seinen Operationen verschiedene operative Ziele:

- *Adressierbarkeit*: Grundlegende Selbstdarstellungsoperationen, um über Basisbekanntheit einer Organisation eine einfache Verknüpfung von Selbstdarstellung und Fremdbeobachtung zu Anschlusskommunikation zu ermöglichen.
- *Aufmerksamkeit*: Strategische Selbstdarstellungsoperationen im Umgang mit den Aufmerksamkeitsregeln der Prozesse öffentlicher Kommunikation, um organisa-

tionale Themen (Organisation und deren Leistungen) gezielt ein-, ggf. aber auch auszublenden.
- *Bekanntheit*: Positionierende Selbstdarstellungsoperationen, um Einfluss auf die selektive Beobachtung und Behandlung organisationsbezogener Themen zu nehmen und bei Beobachtern gewünschte, positiv beurteilte Positionierungen von Organisation und Leistungen zu verankern.
- *Verstehen*: Gezielte Selbstdarstellungsoperationen zur Reduktion relationaler Differenzen, um durch vertiefte Bekanntheit und Wissen ein gemeinsames Verstehen wechselseitiger Positionen und Sinndispositionen zu Themen und Problemen zu ermöglichen.
- *Akzeptanz, Zustimmung, Präsenz*: Auf Glaub- und Vertrauenswürdigkeit ausgerichtete Selbstdarstellungsoperationen, um über gewährtes soziales Vertrauen die Wahrscheinlichkeit gewünschter Anschlusskommunikation bzw. gewünschten Anschlussverhaltens von Bezugsgruppen/Stakeholdern zu erhöhen.

2.4 Public Relations-Modell

Die theoretischen Überlegungen lassen sich zu einem Public Relations-Modell zusammenführen (Abb. 2). Aus Organisationsperspektive beschreiben Public Relations das Netzwerk der System-Umwelt-Beziehungen einer Organisation (Meso/Makro-Schnittstelle). Sie entstehen in der sozialen Umwelt einer Organisation, wenn eine Bezugsgruppe als Beobachter einer Organisation Relevanz im Kontext ihrer eigenen Existenzbedingungen unterstellt. Die Public Relations einer Organisation sind entsprechend ein *Produkt aus der prinzipiellen Möglichkeit* von Fremdbeobachtung und *der tatsächlichen Beobachtung und Bewertung*, die eine Organisation in der sozialen Umwelt erfährt.[5] Für die *Quantität* öffentlicher Beziehungen einer Organisation bedeutet dies: Je größer und bekannter eine Organisation in der Gesellschaft ist und je höher der Stellenwert und Einfluss ist, der dieser Organisation dort unterstellt wird, desto größer und ausgeprägter ist auch deren Public Relations-Netzwerk. Die Public Relations einer Organisation beziehen sich i. d. R. nur auf einen Teil von Gesellschaft. Als Operatoren gesellschaftlicher Funktionssysteme nehmen Organisationen Einfluss auf die Existenzbedingungen anderer Organisationen und Gruppen in der Gesellschaft, damit aber auch auf gesellschaftliche Entwicklungsprozesse an sich. Als offene Systeme und Teile von Gesellschaft stehen sie gleichzeitig unter dem Einfluss gesellschaftlicher Entwicklungsprozesse, sind also zugleich Beteiligte wie Betroffene.

---

[5] Deutlich wird dies an der „Situativen Theorie der Teilöffentlichkeiten" (vgl. Grunig/Hunt 1984: 147ff).

Abb. 2: Allgemeines Public Relations-Modell

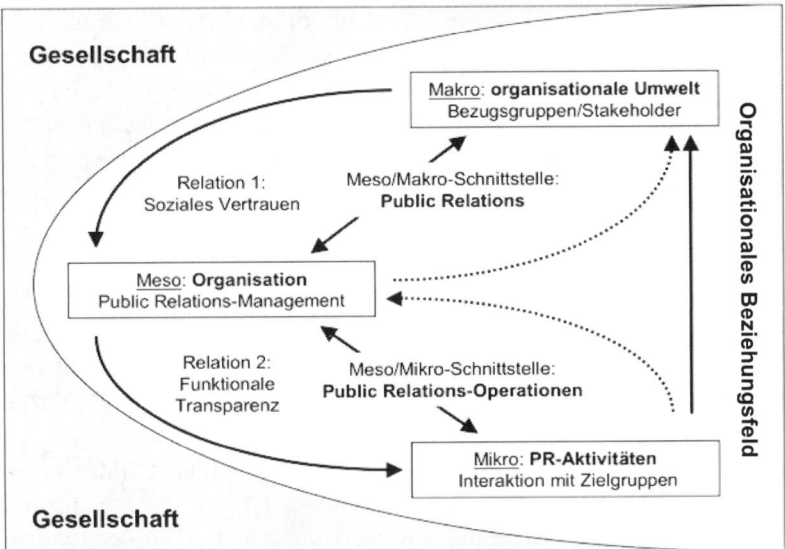

Da Organisationen ihre Entscheidungen und Operationen immer auf die Reproduktion des eigenen Systems ausrichten, ist weniger die gesellschaftliche Reichweite des Netzwerkes ihrer Public Relations, sondern die *Qualität* der Relationen zu Bezugsgruppen und hier insbesondere die zu Stakeholdern von Bedeutung. Genießt eine Organisation soziales Vertrauen, dann minimiert dies das Risiko der doppelten Kontingenz organisationaler Entscheidungsprozesse und erhöht das Potenzial ihrer Entscheidungsoptionen. Sie kann ihre Handlungsmöglichkeiten ausschöpfen, solange sie sich im Rahmen der Vertrauenserwartungen ihrer sozialen Umwelt bewegt. *Quantität und Qualität der Public Relations* einer Organisation als *organisationaler Funktionalisierungsbedarf* entscheiden darüber, in welcher Weise eine Organisation Public Relations-Management funktionalisiert. Abhängig von diesen Parametern finden sich in der Praxis sehr große, aber auch kleinste Organisationseinheiten für Public Relations-Management; sieht eine Organisation im Einzelfall keinen Handlungsbedarf, kann dieses Funktionssystem nur implizit verankert sein oder ganz fehlen.

Quantität und Qualität von Public Relations sind *dynamische Größen*, die kontinuierlich Veränderung erfahren und dabei in negativer wie positiver Weise Einfluss auf organisationale Entscheidungsoptionen nehmen können. Um die Entwicklung der Public Relations einer Organisation nicht der Beliebigkeit zu überlassen, sind prinzipiell *drei Arten von Public Relations-Operationen* notwendig:

- *Beobachtung* der Differenzen und Diskrepanzen sowie Differenz- und Diskrepanzveränderungen, um Risiken oder Chancen für organisationale Entwicklung und möglichen diesbezüglichen Entscheidungsbedarf zu ermitteln,

- *Analyse* der Public Relations-Probleme und Entwicklung von Interventionsprogrammen (ggf. als Entscheidungsvorschläge für organisationale Entscheidungsprozesse, sofern hier keine anschlussfähigen Entscheidungen vorliegen),
- *Intervention* als mit Wirkungsabsicht geplante Selbstdarstellungsoperation, mit deren Hilfe gezielt Einfluss auf die inhaltliche Qualität der bearbeiteten Relationen – ggf. auch auf die Quantität durch Aktivierung von Relationen – zugunsten einer gewünschten Veränderung relationaler Differenzen und Diskrepanzen im Public Relations-Netzwerk genommen werden soll.

Beobachtungsoperationen des Public Relations-Managements bearbeiten Differenzen und Diskrepanzen als thematisch fassbare relationale Probleme an der Meso/Makro-Schnittstelle einer Organisation. Analyseoperationen sind funktionssystemeigene Entscheidungen zur Bewertung beobachteter Probleme und Themen und zur Entwicklung adäquater Interventionsprogramme. Diese müssen über unmittelbare Anschlussfähigkeit zu bestehenden organisationalen Entscheidungen verfügen. Fehlen entsprechende Entscheidungen oder sind bestehende Entscheidungen zu nivellieren, interveniert das Funktionssystem mittels fachlich-funktionaler Expertise zunächst im Organisationssystem, um eine anschlussfähige Entscheidung herbeizuführen. Bei *Interventionsoperationen* geht es zunächst nicht um die Einflussnahme auf eine Relation als solche, sondern um die strategisch geplante Bearbeitung eines bestimmten Problems einer oder verschiedener Relationen mittels eines Interventionsprogramms. Dabei wird eine *Bezugsgruppe zur Zielgruppe* der auf sie gerichteten Public Relations-Aktivitäten. Da Einflussnahme immer nur auf einen ausgewählten Teil einer oder verschiedener Relationen erster Ordnung gesucht werden kann, entsteht in sachlicher, zeitlicher und sozialer Dimension an der Meso/Mikro-Schnittstelle eine funktionale Relation zweiter Ordnung, welche die betroffenen Bezugsgruppen für die Dauer des Interventionsprogramms zu Zielgruppen macht.

Interventionsoperationen sind *Selbstdarstellungsoperationen*, die zielgerichtet funktionale Transparenz schaffen sollen. Nur wenn Selbstdarstellungsoperationen die angestrebte Beobachtung erfahren, kann diese Transparenz entstehen und Wirkung entfalten. Schon die *Operation* an sich und die damit verbundene Möglichkeit einer Beobachtung *bindet eine Organisation an sich an die Mitteilungen ihrer Selbstdarstellung*, da die Auswahl eines Transparenzausschnitts jeweils eine kontingente Anschlussentscheidung an übergeordnete Entscheidungen ist. Presse-/Medienmitteilungen beispielsweise wirken damit immer auf das Ganze rückbezogen und nehmen über ihre Beobachtbarkeit und Interpretierbarkeit bindenden Einfluss auf künftige organisationale Entscheidungsoptionen.

3 Konsequenzen: Kommunikationsmanagement und Mehrwert

Im Rahmen des Kommunikationsmanagements einer Organisation ist Public Relations-Management darauf ausgerichtet, sich mit Public Relations als Bestandteil und Gegenstand der Prozesse öffentlicher Kommunikation auseinanderzusetzen und auf der Basis von Beobachtung, Analyse und Intervention Einfluss auf Qualität und ggf. auch Quantität von Relationen zu nehmen, die als organisationspolitisch relevant eingestuft werden. Merten hat diesen Prozess als einen „Prozess intentionaler und kontingenter Konstruktion wünschenswerter Wirklichkeiten durch Erzeugung und Befestigung von Images in der Öffentlichkeit" definiert (1992: 44). Public Relations-Management ist dabei sowohl *Differenz-, als auch Diskrepanzmanagement zwischen dem beobachteten Status relevanter Relationen und einem als organisational vorteilhaft eingestuften und damit angestrebten Status dieser Relationen.* Übergeordnetes Ziel ist die Erwirtschaftung organisationalen Sozialkapitals als Basis für die Erwirtschaftung von Realkapital. Als organisationale Sekundärfunktion nimmt Public Relations-Management damit indirekt Einfluss auf die Wertschöpfung der vertretenen Organisation.

Innerhalb von Organisationsstrukturen ist Public Relations-Management ein Typus von Kommunikationsmanagement. Es wirkt immer im Verbund mit anderen organisationalen Funktionen, deren Kommunikationsoperationen ebenfalls der Fremdbeobachtung unterliegen und Einfluss auf die Möglichkeiten organisationaler Wertschöpfung nehmen. Da Kommunikationsoperationen bei Fremdbeobachtung nicht einer bestimmten organisationalen Funktion, sondern immer einer Organisation als solcher zugeordnet werden, gehören kommunikative Diskrepanzen zum Alltag von Organisationen. Führen diese bei Fremdbeobachtern zu Irritationen, können diese Vertrauensverluste zur Folge haben (vgl. Bentele 1994: 147ff.). Je breiter deshalb das Spektrum funktional unterschiedlicher Selbstdarstellungsoperationen einer Organisation ist, desto größer ist auch der damit organisational verbundene Koordinations- und Integrationsbedarf, den Kommunikationsmanagement zu erbringen hat, um das Wertschöpfungspotenzial organisationalen Sozialkapitals adäquat ausschöpfen zu können und damit Mehrwerte zu erwirtschaften, die eine Funktionalisierung rechtfertigen.

Literatur

Bentele, Günter 1994: Öffentliches Vertrauen – normative und soziale Grundlage für Public Relations. In: Wolfgang Armbrecht / Ulf Zabel (Hg.): Normative Aspekte der Public Relations. Grundlagen und Perspektiven. Opladen: 131-158.

Cutlip, Scott M. / Allen H. Center / Glenn M. Broom 1994: Effective Public Relations (7. Aufl.). Englewood Cliffs, NJ.

Fengler, Susanne/Stephan Ruß-Mohl 2005: Der Journalist als homo oeconomicus maturus. In: PR-Magazin, Vol. 38, No. 8, 42-46.

Franck, Georg 1998: Ökonomie der Aufmerksamkeit. Ein Entwurf. München/Wien.

Fuchs, Peter 2004: Der Sinn der Beobachtung. Begriffliche Untersuchungen. Weilerswist.

Griswold, Glen/Denny Griswold 1948: Public Relations. Its Responsibilities and Potentialities. In: Dies. (Hg.): Your Public Relations. The Standard Public Relations Handbook. New York: 3-19.

Gross, Herbert 1951: Moderne Meinungspflege. Düsseldorf.

Grunig, James E./Todd Hunt 1984: Managing Public Relations. New York et. al.

Harlow, Rex 1957: Social Science in Public Relations. New York.

Hundhausen, Carl 1951: Werbung um öffentliches Vertrauen – Public Relations. Essen.

Karmasin, Matthias 2007: Stakeholder Management als Grundlage der Unternehmenskommunikation. In: Manfred Piwinger / Ansgar Zerfass (Hg.): Handbuch Unternehmenskommunikation. Wiesbaden: 71-87.

Long, Larry W./Vincent Hazleton Jr. 1987: Public Relations. A Theoretical and Practical Response. In: Public Relations Review, Vol. XIII, No. 2, 3-13.

Luhmann, Niklas 1968: Vertrauen. Ein Mechanismus zur Reduktion sozialer Komplexität. Stuttgart.

Luhmann, Niklas 1984: Soziale Systeme. Grundriss einer allgemeinen Theorie. Frankfurt/Main

Luhmann, Niklas 2000: Organisation und Entscheidung. Opladen/Wiesbaden.

Merten, Klaus 1992: Begriff und Funktion von Public Relations. In: PR-Magazin, Vol. 25, No. 11, 35-46.

Merten, Klaus 2008: Zur Definition von Public Relations. In: Medien und Kommunikationswissenschaft Vol 56, No. 1, 42-59.

Perrow, Charles 1996: Eine Gesellschaft von Organisationen. In Patrick Kenis / Volker Schneider (Hg.): Organisation und Netzwerk. Institutionelle Steuerung in Wirtschaft und Politik. Frankfurt a.M./New York: 75-123.

Post, James E. / Lee E. Preston / Sybille Sachs 2002: Redefining the Corporation. Stakeholder Management and Organizational Wealth. Standford.

Ronneberger; Franz 1977: Legitimation durch Information. Düsseldorf: Droste.

Ronneberger, Franz / Manfred Rühl 1992: Theorie der Public Relations. Ein Entwurf. Opladen.

Ruß-Mohl, Stephan 2004: PR in der Aufmerksamkeitsökonomie. Zur Machtbalance zwischen Öffentlichkeitsarbeit und Journalismus. Eine ökonomische Analyse. In: PR-Magazin Vol. 35, No. 4, 43-48.

Schimank, Uwe 2005: Organisationsgesellschaft. In: Wieland Jäger / Uwe Schimank (Hg.): Organisationsgesellschaft. Facetten und Perspektiven. Wiesbaden: 19-50.

Signitzer, Benno 1988: Public Relations-Forschung im Überblick. Systematisierungsversuche auf Basis neuerer amerikanischer Studien. In: Publizistik 33. Jg., Nr. 1, 92-116.

Szyszka, Peter 1999: „Öffentliche Beziehungen" als organisationale Öffentlichkeit. Funktionale Rahmenbedingungen von Öffentlichkeitsarbeit. In: ders. (Hg.): Öffentlichkeit. Diskurs zu einem Schlüsselbegriff der Public Relations. Opladen, 131-146.

Szyszka, Peter 2004: PR-Arbeit als Organisationsfunktion. Konturen eines organisationalen Theorieentwurfs zu Public Relations und Kommunikationsmanagement. In: Ulrike Röttger, (Hg.): Theorien der Public Relations. Wiesbaden: 149-168.

Szyszka, Peter 2005: Organisationsbezogener Ansatz. In: Günter Bentele / Romy Fröhlich / Peter Szyszka (Hg.): Handbuch der Public Relations. Wiesbaden: 161-176.

Szyszka, Peter 2008: Organization and Communication. An integrative Approach of Public Relations and Communication Management. In: Ansgar Zerfass / Betteke van Ruler / Krishnamurthy Sriramesh (Hg.): Public Relations Research. Innovative Approaches, European Perspectives and International Challenges. Wiesbaden: 97-109.

Vom Umgang mit Komplexität im Kommunikationsmanagement.

Eine soziokybernetische Rekonstruktion.[1]

Howard Nothhaft / Stefan Wehmeier

> „Es gibt keine anerkannte Theorie der Intervention oder des Managements komplexer Systeme. Und es kann sie wohl auch nicht geben, solange nicht die besondere Dynamik und die Verhaltensmuster komplexer dynamischer Systeme besser verstanden werden. Dies ist für solche Intervenierende, vor allem Berater, ein misslicher und oft verleugneter Zustand, die gerne auf Rezepte und schnelle Erfolge zielen."
>
> (Willke 1999: 69)

In der Lehre strategischen Kommunikationsmanagements, besser bekannt als Konzeptionslehre, dominieren kybernetische Vorstellungen und Modelle, die in Bezug auf ihren Gegenstand – das Management, die Planung und Steuerung sozial-kommunikativer Prozesse – unterkomplex sind. Häufig wird entweder auf die Thermostat-Metapher verwiesen, wenn es darum geht, PR-Prozesse zu veranschaulichen (Leipziger 2004) oder aber Kommunikation in Form offener Kreislaufsysteme dargestellt, in die das Kommunikationsmanagement auf Basis erhobener Daten steuernd eingreift und so ihre kommunikativen Ziele erreicht (Cutlip/Center/Broom 2006; Long/Hazleton 1987). Den meisten kybernetischen PR-Konzepten liegt somit ein technomorpher Ansatz zugrunde, der auf linearem Denken beruht und die Steuerbarkeit von Kommunikation voraussetzt. Wir nennen dieses Verständnis Technokybernetik. Bei der Übertragung technokybernetischer Denkweisen auf soziale Prozesse werden Kommunikationsmanager ganz im Sinne des Verständnisses von Edward L. Bernays aus den 1940er Jahren

---

[1] Bei dem Aufsatz handelt es sich um eine leicht geänderte und deutschsprachige Version von: Nothhaft, Howard / Stefan Wehmeier (2007): Coping with Complexity. Sociocybernetics as a framework for communication management. In: International Journal of Strategic Communication, 1(3), 151-168. Alle englischsprachigen Zitate wurden von den Autoren übersetzt.

des vergangenen Jahrhunderts zu Sozialingenieuren (Bernays 1947). Dieses Denken manifestiert sich nicht nur in der PR-Lehre, sondern prägte lange auch die Betriebswirtschaftslehre (z.B. Grochla/Fuchs/Lehmann 1974) und die Sozialwissenschaft (Friedrich/Sens 1976). Kritisch an der Übertragung technokybernetischen Denkens auf das Soziale und Kommunikative ist vor allem der Begriff der Kontrolle. Während der Kontrollbegriff bei der Analyse technischer Regelkreise unproblematisch ist und sich auch in den Wirtschaftswissenschaften im Begriff Controlling widerspiegelt[2], gerät er im sozialen und kommunikativen Raum zum Politikum. Nach den Erfahrungen in totalitären Systemen ist er in den anderen Sozialwissenschaften desavouriert. Diese ideologische Geladenheit erschwert die Akzeptanz moderner kybernetischer Ansätze. Doch schon bei den Gründervätern der Kybernetik (u.a. Ashby 1956; Wiener 1948), die ihre Disziplin ausdrücklich nicht nur auf technische Zusammenhänge reduziert sahen, ist der Kontrollbegriff immer schon ein abstrakter und kein politischer gewesen. Hieran anschließend wollen wir ihn im Folgenden ebenfalls entideologisiert gebrauchen: Mit Kontrolle sind weder Manipulationsversuche noch Aussagen über Machtverhältnisse gemeint. Vielmehr umfasst Kontrolle sowohl Regulierung als auch Selbst-Regulierung und Selbst-Steuerung dynamischer Systeme. So verstanden meint der Begriff lediglich ein Spiel zu spielen ohne komplette Informationen über die Spielsituation und nur wenige Grundregeln zur Verfügung zu haben (Beer 1966: 279). Er ist neutral und drückt aus, dass geplante Operationen in unsicheren Kontexten stattfinden. Damit lehnt er sich an eine ähnliche Interpretation an, die jüngst in der Organisationsforschung Einzug gefunden hat (Barker 2005).

Wir argumentieren, dass kybernetische Begrifflichkeiten und Prinzipien eine brauchbare Metatheorie für die Einordnung und Analyse von Kommunikationsmanagement bieten. Diese Metatheorie soll im Folgenden entfaltet werden. Zunächst wird eine knappe Skizze unterschiedlicher Kybernetiktypen präsentiert. Danach wird in die Soziokybernetik als eine Theorie komplexer, dynamischer sozialer Systeme eingeführt. Anschließend werden Prinzipien eines soziokybernetischen Kommunikationsmanagements umrissen. Am Schluss argumentieren wir, dass der Begriff der Kontextkontrolle oder der ökologischen Kontrolle und nicht der der direkten Kontrolle der Modus Operandi von Kommunikationsmanagement sein sollte.

1 Von der Techno- zur Soziokybernetik

Wissenschaftler unterschiedlicher Disziplinen argumentieren schon länger, dass technokybernetische Konzepte der Steuerung im biologischen und vor allem im sozialkommunikativen Raum mit großer Vorsicht zu genießen sind (Bühl 1989, 1990; Busch 1979; Busch/Busch 1984, 1992; Malik 2003; Taschdjian 1976). Menschen sind keine trivialen Maschinen, die einen bestimmten Input X immer zu einem bestimmten Output Y verarbeiten (von Foerster 1993: 244-252). Menschen sind sinnverarbeitende, in-

---

[2] Zu den kybernetischen Grundlagen des Controllings vgl. Schwarz 2002.

terpretierende Wesen, die den Input X kontext- und erfahrungsbezogen verarbeiten. Die Interpretationen des Inputs werden von Mensch zu Mensch und von Situation zu Situation verschieden sein. Es ist diese situations- und erfahrungsbezogene Verarbeitung von mitgeteilten Informationen, die für eine hohe Komplexität und unklare Kausalketten in sozialen Systemen verantwortlich sind. Komplexität meint dabei nicht nur die strukturelle Dimension als große Anzahl von möglichen Verknüpfungen zwischen Systemelementen, sondern auch die temporale Dimension, die auf die nichtlineare und irreversible Entwicklung von Systemen hinweist (Flood 1987; Degele 1997).

Wir unterscheiden im Folgenden drei Komplexitätsstufen von Systemen: Triviale Systeme wie etwa Maschinen sind charakterisiert durch Linearität, Reversibilität und nur wenige involvierte Variablen. Frühe Kommunikationsmodelle wie das Informationsübertragungssystem (Eisenberg/Goodall 2004) rekonstruieren Kommunikation als triviales System. Sprache wird hier als Übermittler von Gedanken und Gefühlen von einer sprechenden Person zu einer zuhörenden gesehen, die zuhörende Person wird als in der Lage betrachtet, die Bedeutung der Worte 1:1 zu verstehen. Auch das in den Bell Laboratories entwickelte mathematische Kommunikationsmodell von Shannon und Weaver (1949) gilt in seinen Grundzügen als triviales technisches Kommunikationsmodell.

Komplizierte Systeme haben eine Vielzahl von Elementen sowie eine große Bandbreite potenzieller Relationen. Die Systeme können in bestimmte und gegeneinander abgrenzbare Subsysteme aufgeteilt werden, wodurch die Eigenschaften des Gesamtsystems beschreibbar sind (Simon 1978). Dies macht die Systeme trotz der möglichen Vielzahl von Relationen potenziell reversibel und dekomponierbar. Der Ansatz, PR mittels eines Modells offener Systeme zu beschreiben, kann in diese Kategorie gerechnet werden. PR wird als Subsystem des Managementsystems beschrieben, das seinerseits wiederum ein Subsystem der Organisation darstellt (Grunig/Hunt 1984).

Komplexe Systeme unterscheiden sich von komplizierten genau hier: Ihre Elemente sind nicht nur in der Strukturdimension, sondern auch in der Zeitdimension aufeinander bezogen: Es ist nicht oder nur mit einer bestimmten Wahrscheinlichkeit vorhersagbar, wie sich das System im Zeitverlauf t1 bis t2 entwickelt. Andersherum kann von t2 nicht komplett auf t1 rückgeschlossen werden. In diese Kategorie fallen u.a. alle Verhandlungssysteme (Busch/Busch 1992). Kommunikation, öffentliche Kommunikation zumal, repräsentiert ein spezielles kommunikatives Verhandlungssystem: Kommunikationsmanager wissen niemals exakt, was sie mit ihren Versuchen, externe und interne Kommunikationsprozesse zu managen, bewirken – ja, häufig kennen sie auch nicht die Ursachen für eine bestimmte kommunikative Situation. Sie können nur Ursachenpartikel ausmachen, die zu einer bestimmten kommunikativen Ist-Situation geführt haben und müssen auf der Basis unvollständiger Information Entscheidungen für zukünftige Kommunikation treffen.

Tab. 1: Typen von Systemen

Merkmal	triviale Systeme	komplizierte Systeme	komplexe Systeme
Variablen	wenige gerichtet	mittel bis viele gleicher Art	mittel bis viele unterschiedlicher Art
Wissensbereich	klassische Naturwissenschaften	organisierte Systeme	Wahrscheinlichkeitsberechnungen, komplexe Prozesse in Verhandlungssystemen
Zeitdimension / Reversibilität	linear, reversibel	linear, potenziell reversibel, dekomponierbar	nicht-linear, irreversibel, nicht dekomponierbar
Prognosen	sehr genau	Mustervoraussage	wenn überhaupt statistische Wahrscheinlichkeit

Quelle: eigene Abb. (Weiterentwicklung von Weaver 1978)

Forrester (1971: 85ff.) zufolge verhalten sich komplexe Systeme ungewohnt, sie sind weniger intuitiv als vielmehr kontra-intuitiv zu erfassen, denn Ursache und Wirkung sind nicht mehr eng miteinander verknüpft. Symptome können auf Ursachen zurückgehen, die auf den ersten Blick nichts mit ihnen zu tun zu haben scheinen. Ein (semi-)fiktives Beispiel: Unternehmen X, beheimatet in einer ländlichen Region, stellt ein Imageproblem im lokalen Raum fest. Bei einer Umfrage relevanter Teilöffentlichkeiten findet man heraus, dass eine Mehrzahl der Befragten die Firma als unsozial einstuft. Um das zu ändern, führt das Unternehmen Kinderbetreuung ein und unterstützt Pflegedienste in der Region. Die Imagewerte verändern sich darauf hin jedoch nur geringfügig. Unternehmensleitung und PR-Abteilung wissen keinen Rat und vermögen nichts anderes zu tun, als zunächst mit diesen Werten zu leben. Wenige Monate später tritt der Unternehmenschef, wie schon länger geplant, ab. Nicht viel später ergibt eine neue Umfrage, dass das Unternehmen plötzlich eine bessere Reputation hat, obwohl der ehemalige Unternehmenschef hemdsärmelig und bodenständig und damit als Repräsentant auch des ländlichen Raums gegolten hat. Das Problem der Firma war der Sohn des Firmenchefs, der sich durch ausgelassene Parties, Drogenkonsum und ständig wechselnde Partnerinnen in der Region extrem unbeliebt gemacht hatte. Obwohl die Geschichte fiktiv ist, illustriert sie, dass Interventionen in komplexe und dynamische Systeme keine einfache mathematische Gleichung sind, die nach dem Schema funktioniert, dass ein besseres Image in der Region bekommt, wer sich im lokalen Raum sozial engagiert. Erfolgreiche Intervention muss an den neuralgischen Punkten ansetzen – und die müssen erkannt werden. In dem fiktiven Fall war der neuralgische Punkt das Fehlverhalten des Sohnes des Firmenchefs. Alle sozialen Bemühungen der Firma verpufften vor dem Hintergrund dieses nicht als (Firmen-)Problem erkannten Themas.

2 Grundprinzipien eines soziokybernetischen Kommunikationsmanagements

Nachdem skizziert worden ist, dass Kommunikationsmanagement in komplexen sozialen Systemen agiert und die Ergebnisse von Steuerungs- und Interventionsversuchen nicht exakt voraussagbar sind, sollen nun Grundprinzipien eines soziokybernetisch inspirierten Kommunikationsmanagements aufgezeigt werden. Dabei ist zu bedenken, dass es sich bei Soziokybernetik weder um eine Kommunikations- noch um eine PR-Theorie handelt, sondern um ein Mindset oder eine Metatheorie.

Verstanden als Metatheorie, beschäftigt sie sich mit den grundlegenden Annahmen von Theorien (Littlejohn 1992) und analysiert, reflektiert, integriert oder separiert Theorien (Ritzer 1992). Als Mindset gibt sie Wissenschaftlern und Praktikern eine Denkart oder eine Praxisphilosophie mit auf den Weg. Wir benutzen die Soziokybernetik, um allgemeine und kommunikationsbezogene Managementprobleme zu beschreiben und zu verstehen. Wir gehen dabei davon aus, dass sich Kommunikationsmanagement zwar nicht fundamental von allgemeinen Managementpraktiken unterscheidet, doch bestimmte Spezifika aufweist. Kommunikationsmanager sind etwa verantwortlich für symbolische Ressourcen. Wenn sie Personal und Geld als Ressource nutzen, so tun sie dies, um intangible Werte wie Reputation, Image, Glaubwürdigkeit und Vertrauenswürdigkeit zu managen. Insofern werden wir bei der Darstellung der Grundprinzipien eines soziokybernetischen Kommunikationsmanagements versuchen, Beispiele in Bezug auf das Phänomen Kommunikationsmanagement zu suchen.

2.1 Ökologische Kontrolle

Ökologische Kontrolle bedeutet den Versuch, indirekt zu steuern. Es sind unterschiedliche Erkenntnisse, die dazu geführt haben, in vielen Fällen von direkten Kontrollversuchen abzusehen. Für unseren Kontext mag am zwingendsten die Erkenntnis sein, dass direkte Kontrollversuche häufig scheitern, weil sie als Kontrollversuche bzw. Aufforderung bemerkt und verstanden und dadurch abgelehnt werden. Ökologische Kontrolle meint damit zunächst, auf Situationen und Regeln Einfluss zu nehmen, um Kontexte so zu ändern, dass bestimmte Ergebnisse ohne direktes Zutun mehr oder weniger zwangsläufig geschehen. Ein beliebtes Beispiel für ökologische Kontrolle ist die Party-Situation: Eine steife Party, auf der die Gäste im Anzug herumlaufen und sich an ihrem Sektglas festhalten, wird nicht lockerer, weil die Gastgeberin laut ruft: „Hey, seid locker und legt eure Krawatten ab!" Dreht die Gastgeberin aber die Heizung auf, geschieht das gewünschte Ergebnis eher, weil den Gästen warm wird, sie Krawatte und Sakko ausziehen und ungezwungener erscheinen (Saam 2002: 157).

Es sind mithin häufig äußere Rahmenbedingungen, die bestimmte Situationen und deren Fortentwicklung beeinflussen (vgl. Meyer/Rowan 1977). Nicht immer ist es aber so leicht, diese Rahmenbedingungen so zu manipulieren wie im Beispiel der Gastgeberin. Denn Organisationen müssen unterschiedlichsten externen Ansprüchen gerecht werden (Brunsson 2002). Und wenn sie versuchen, die situativen Rahmenbedingungen zu verändern, dann tun sie das nicht alleine, denn zig andere Organisationen drehen auch an den Stellrädern. Macheinschränkung dieser Art erfährt jede Nationalregierung, die in Zeiten globaler Märkte mit Konjunktur- und Investitionsprogrammen keine durchschlagende Wirkung mehr auf dem Arbeitsmarkt erzielt, wie etwa Renate Mayntz (2006) am Beispiel Hartz IV ausführt. In pluralistischen Systemen ist der Korridor für erfolgreiche Interventionen sehr eng, da Pluralismus bedeutet, dass viele widersprüchliche Interessen potenziell gleichberechtigt aufeinandertreffen. Direkte Steuerung der Organisationsumwelt oder auch von Kontextbedingungen ist somit nicht unmöglich, aber ihr Erfolg unwahrscheinlich. Insofern ist ökologische Kontrolle möglicherweise ein überlegeneres Prinzip, da es abgestimmt ist auf die Umweltbedingungen einer Organisation. Es zeigt sich sehr schnell, dass ökologische Kontrolle speziell für Kommunikationsmanagement Anknüpfungspunkte bietet, da direkte Kontrolle über Personen wie Journalisten oder öffentliche Themen weder möglich noch gesellschaftlich erwünscht ist. Wer Glaubwürdigkeit, Vertrauen, Loyalität oder Mitarbeiteridentifikation erreichen möchte, muss sich diese verdienen – kommandieren lässt sich so etwas nicht. Häufig dürfte selbst dort das Prinzip der ökologischen Kontrolle greifen, wo man gemeinhin von einer Determinierung (= hoher direkter Steuerungserfolg) von Journalismus durch PR spricht (Baerns 1991), wenn also ein hoher Anteil des journalistischen Outputs dem Input von PR-Seite entspricht. Journalisten, so die Annahme hier, sind nicht in besonderem Maße überzeugt von der Botschaft, die sie aufnehmen und verbreiten, sie sehen lediglich in vielen Fällen keinen Grund, intensive Recherchen zu betreiben und so der ihnen präsentierten Geschichte andere Drehs und Wendungen hinzuzufügen. In normalen Zeiten handeln Journalisten nach dem Prinzip des Chronisten, PR-treibende Organisationen nutzen so das Prinzip der ökologischen Kontrolle, weil sie dem Journalismus keinen Anlass bieten, anders als gewünscht, über sie zu berichten. Dass das nicht bedeutet, dass PR-Schaffende per se eine Themenhoheit haben und diese durch Adaption an bestimmte journalistische Regeln absichern, zeigt sich immer wieder in Krisensituationen. Dort offenbart sich, wie wenig sich Themen hierarchisch kontrollieren lassen. So sind in Krisensituationen Journalisten besonders investigativ, sie recherchieren mehr, sie glauben der PR-Kommunikation in der Regel weniger als in „Normal"-Situationen. Das Krisenthema lässt sich von PR-treibenden Organisationen in vielen Fällen weder direkt noch ökologisch kontrollieren. Häufig läuft es eigendynamisch aus dem Ruder. Journalisten, PR-Kommunikatoren, Experten und andere üben gewichtigen Einfluss auf den Verlauf des Themas aus (Barth/Donsbach 1992). Häufig haben in solchen Situationen die hierarchisch kontrollierten Organisationen nicht einmal ihre eigene Organisation unter Kontrolle, denn es passiert nicht selten, dass in Krisenzeiten Mitglieder der Organisation die hierarchische Kontrolle unterminieren und zu Top-Informanten der Journalisten werden.

2.2 Dualität von Kontrolle und Information

Information und Kontrolle sind unauflöslich miteinander verwoben, sie sind zwei Seiten einer Medaille. Information kann nur durch Kontrollversuche gewonnen werden, zugleich wird die Information dadurch auch nur auf diese Kontrollversuche bezogen und kann kaum besser sein als diese. Bühl nennt dieses Prinzip „duale Kontrolle" (1990: 54f.). Wir halten Bühls Erkenntnis für wichtig, fassen das Prinzip allerdings unter der unserer Meinung nach präziseren Bezeichnung "Dualität von Kontrolle und Information". Um das Prinzip zu verstehen, muss man sich klar machen, dass Steuerungs- respektive Kontrollversuche Information über das zu steuernde System voraussetzen. Steuerungsrelevante Informationen bezüglich komplexer sozialer Systeme sind jedoch nicht – wie Telefonnummern aus einem Telefonbuch – aus einer neutralen Quelle zu beziehen, sondern erst durch tatsächliche Einflussnahme zu gewinnen. Dualität von Kontrolle und Information bedeutet also, dass erst Steuerungsversuche steuerungsrelevante Information generieren, durch die Grenzen und Möglichkeiten faktischer Steuerung aufscheinen. Konkret und praktisch: Beabsichtigt ein Steuerungsakteur, ein symbolverarbeitendes System (Busch 1979), in ein anderes System einzugreifen, muss er zunächst die Rahmenbedingungen der Steuerung ausmachen, die Strukturen und Interaktionen verstehen. Zunächst präsentiert sich ihm das zu steuernde System entweder als ein diffuses System vieler unbestimmter Akteure oder als ein kollektiver Akteur mit einer Oberfläche, welche die Strukturen verbirgt. Nehmen wir an, eine Organisation möchte bei einem öffentlichen Thema mitreden, es also mit-steuern. Die Fragen, die sich der verantwortliche PR-Akteur zu stellen hat, werden sein: Wer hat bisher öffentlich zu diesem Thema Stellung bezogen? Welche Akteure sind konkurrierende oder kooperierende Steuerungsakteure? Welche Akteure und Interaktionen verdichten sich zu einem Subsystem, das ich versuche, en bloc für meine Sache zu gewinnen? Erst wenn genügend vorläufige Informationen vorliegen, kann der Steuerungsakteur überhaupt mit Steuerungsversuchen beginnen, geeignete Kommunikationsinstrumente kreieren, geeignete Steuerungspunkte – etwa Meinungsführer – identifizieren. Er wird dann feststellen, dass seine Steuerungsversuche weitere, andere Information generieren, anhand der die Ausgangsinformation zu revidieren ist. Möglicherweise muss dann mit genauerer Kenntnis der Strukturen und Interaktionen das ursprüngliche Steuerungsziel variiert werden, da die gewonnene Information das ursprüngliche Ziel entweder als unerreichbar oder gar nicht mehr wünschenswert ausweist. Jeder Steuerungsversuch selbst bleibt also, ähnlich wie bei Heisenbergs Unschärferelation, nicht ohne Einfluss auf den Zustand des Systems.

2.3 Reflexive Steuerung

Steuerung setzt nicht nur ein durch Ressourcenaufwand zu generierendes Mindestmaß an Information über das zu beeinflussende System voraus, sondern es kommt hinzu, dass Menschen im Regelfall wahrnehmen, dass Informationssammlung Steuerungszwecken dient. Da Menschen eben gerade nicht ‚blind', sondern sich ihrer selbst bewusst sind und stets und notwendig ihre eigenen Interessen verfolgen, werden sie deshalb die Informationssuche einer steuernden Entität dazu benutzen, diese steuernde Entität selbst wiederum zu steuern. Das ist ein völlig alltäglicher Vorgang. So wird sich der Leiter einer Abteilung selten darauf verlassen, seine Mitarbeiter schlichtweg zu fragen, ob sie mit Arbeit ausgelastet sind bzw. inwiefern sie noch über freie Ressourcen verfügen. Er weiß sehr genau, dass derartige Rechercheaktivitäten als Vorboten einer Intervention ausgemacht werden – mit dem Ergebnis, dass jeder einzelne Mitarbeiter sein Feedback dergestalt wählt, dass es die Abteilungsleitung im eigenen Interesse beeinflusst. In sozialen Systemen ist es also nicht nur so, dass Steuerung einen verzerrenden Eingriff in das System darstellt. Die mit Steuerungsversuchen notwendigerweise Hand in Hand gehende Suche nach Information gibt den zu steuernden Systemen vielmehr die Möglichkeit, die Steuerungsinstanz im Eigeninteresse mit Daten zu versorgen. Dadurch kommt es im schlimmsten Fall zu einem gegenseitigen In-die-Irre-Führen, zu einer systematischen Desinformation.

Wo Steuerungsakteur und zu steuernder Akteur in einer übergeordneten Struktur gekoppelt sind, wie z.B. in einer Organisation, ist das Problem von begrenzter Bedeutung. Das Beispiel der New Economy-Blase zeigt aber, zu welchen weit reichenden Konsequenzen Steuerungsreflexivität führt, wenn andere Bedingungen – die das Phänomen begrenzen – temporär ausgehebelt werden.

Das Verhältnis zwischen PR und Wirtschaftsjournalismus stellt unserer Interpretation nach ein locker gekoppeltes Interaktionssystem dar, in welchem einzelne journalistische Akteure andere Ziele verfolgen als die PR-Abteilungen der Unternehmen. Das Interaktionssystem ist asymmetrisch insofern, als dass das Unternehmen ein primäres Interesse hat, die Medienakteure zu steuern, während Medienakteure ein primäres Interesse haben, sich selbst, nicht aber das Unternehmen zu steuern – wobei sie zugleich wissen, dass die Unternehmen wiederum sie steuern wollen. Journalistische Akteure sind jedoch in ein System journalistischer Akteure eingebunden, an welchen sie sich, bei so genannten „Leitmedien" sehr ausgeprägt, orientieren. Von entscheidender Bedeutung ist, dass nicht nur die Wirtschaftspresse die Steuerungsversuche der Unternehmen beobachtet, sondern auch die Unternehmen die Selbststeuerung der Wirtschaftspresse. Das Ergebnis ist ein etabliertes Interaktionssystem: Beide Seiten verfügen über in etwa deckungsgleiche Regeln, anhand derer zwischen erfolgreichen und nicht-erfolgreichen, zukunftsträchtigen und nicht-zukunftsträchtigen Unternehmen unterschieden wird.

Was die New Economy anbelangt, galt das Phänomen der gegenseitigen Beobachtung auch. Es kam aber eine Entwicklung hinzu, die das etablierte System zeitweilig auflöste: nämlich, dass Wirtschaftsmedien begannen – vermutlich auch in Koorientierung aufeinander, und beeinflusst von Meinungsführern aus der Wirtschaft – die alten Regeln über Bord zu werfen. In der New Economy hätten die Regeln der Old Economy ihre Gültigkeit verloren, hieß es. Die Börsen- und Wirtschaftspresse begann, Aktienempfehlungen nahezu ausschließlich auf Grund von Zukunftsprognosen zu geben. Soziokybernetisch interpretiert bedeutet das, dass sich das Selbst-Steuerungsinstrumentarium von Wirtschaftsjournalisten verschob. Es verschob sich weg von relativ reliablen Feedback-Indikatoren wie bisherigen Umsätzen und Gewinnen zu heiklen Feedforward-Prädiktoren, zu Wechseln auf die Zukunft, die, um es harsch zu sagen, leicht zu „faken" waren. Das wiederum entfesselte das dysfunktionale, irreführende Potenzial der Steuerungsreflexivität. New Economy-Unternehmer beobachteten, dass die Wirtschaftsjournalisten das Vertrauen in die alten Regeln verloren hatten und nach neuen suchten. Die „Gründer" verfolgten sehr genau, welche „Knöpfe gedrückt" werden mussten, um von Wirtschaftsjournalisten als brandheißer Börsentipp gehandelt zu werden. Die dotcoms wussten, was die Wirtschaftspresse hören wollte, und das erzählten sie. Wer kreative PR-Manager hatte, der sah sich in seiner Zukunftsinterpretation via equity story kaum eingeengt durch gegenwärtige Realitäten wie derzeitige Umsatz- oder Gewinnzahlen. Die Kombination aus Regelunsicherheit bzw. zukunftsbezogenen Regeln einerseits sowie der kontinuierlichen Beobachtung der Beobachter andererseits führte – neben weiteren Faktoren – zu ebenjener gigantischen Blase, die Milliarden an Vermögen vernichtete und das Vertrauen in die Finanzmärkte erschütterte.[3]

2.4 Bifurkationen

Soziale Systeme steuern immer wieder auf so genannte Bifurkationspunkte (Bühl 1990: 174f.) zu. Dies sind Verzweigungen, an denen Systeme entscheiden können oder müssen, welcher Weg künftig eingeschlagen wird. Derartige Punkte sind hochgradig steuerungsrelevant – vor allem deswegen, da Steuerungsversuche in ihrem Umfeld besonders Erfolg versprechend sind.

Ein einfaches Beispiel für einen Bifurkationspunkt sind Wahlen. Wahlen werden in demokratischen Gesellschaften absichtlich herbeigeführt: Die Bürgerinnen und Bürger sind gezwungen, sich für eine neue Regierung zu entscheiden. Aus soziokybernetischer Perspektive ist vor allem die Art und Weise von Bedeutung, wie verschiedene gesellschaftliche Kräfte vor, während und nach Wahlen Anstrengungen unternehmen, die Gesellschaft in eine ihren Interessen entsprechende Richtung zu lenken. Aus Alltagssicht erscheint es als geradezu selbstverständlich, dass Parteien vor der Wahl „Wahlgeschenke" verabschieden, sich mit unangenehmen Reformprojekten aber bis nach der Wahl Zeit lassen. Eine statische Theorie sozialer Systeme vermöchte hingegen nicht zu begründen, weswegen Regierungen gravierende Richtungswechsel nicht auch während der Legislaturperiode durchführen sollten. Erst mit Blick auf Zeitabhängigkeit und Bifurkationspunkte werden Phänomene, die ein Spin Doctor wohl als Timing bezeichnen würde, systematischer theoretischer Analyse zugänglich.

---

[3] Vorangetrieben wurde die Entwicklung auf gesamtmarktlicher Ebene auch durch eine übergeordnete positive Feedback-Schleife, einen „bandwaggon-effect": Auf weiteres Wachstum reagierten Medien und Konsumenten mit weiteren Kaufhandlungen, wobei sich der spekulative, zukunftsgerichtete Börsenwert und der tatsächlich vorhandene Wert (Umsatz, Gewinn) immer weiter voneinander entfernten – was letztlich zu einer Katastrophendynamik führte. Vgl. zu einer ähnlichen Argumentation auch die Podiumsdisskussion um die New Economy 2.0 unter http://de.sevenload.com/videos/1nPHomB/Panel-Was-ist-dran-an-der-New-Economy-2-0. Insbesondere hier die Beiträge des Fachjournalisten Rainer Meyer (Blogname: Don Alphonso). Zitiert als Podiumsdiskussion New Economy 2007.

Die wenigsten Bifurkationspunkte sind allerdings extern gesetzt und damit quasi-objektiv für alle Beobachter gleichermaßen gegeben. Bifurkationspunkte sind grundsätzlich in der Wahrnehmung der Angehörigen eines Systems zu verorten: Nicht jede Abzweigung stellt einen Bifurkationspunkt dar, wohl aber diejenigen Abzweigungen, die das Steuerungssubjekt als Scheidewege identifiziert und als Alternativen erwägt. Wir vermuten, dass es unterschiedliche Typen von Bifurkationspunkten gibt. Die folgende Typologie ist sicherlich ebenso erweiterbar wie sie auch mögliche Typen-Überschneidungen nicht ausschließt. Unter (1) extern gesetzten Bifurkationspunkten sind die oben als Beispiel genommenen Wahlen zu verstehen. Ein weiteres Beispiel für extern gesetzte Bifurkationspunkte sind Jahresbilanzen börsennotierter Unternehmen, die zumeist auf einer Pressekonferenz öffentlich gemacht werden. Der Gesetzgeber verpflichtet die Unternehmen dazu, ihre Bilanzen offenzulegen.

Gleichzeitig ist dieses Beispiel schon der Übergang zu (2) intern gesetzten Bifurkationspunkten, denn die Unternehmen müssen den externen Bifurkationspunkt nicht dazu nutzen, über das Nötigste hinaus weitere Informationen preiszugeben. Dementsprechend verstehen wir unter intern gesetzten Bifurkationspunkten Momente, die Organisationen suchen, um Entscheidungen nicht nur zu fällen, sondern zu kommunizieren und in Handlung zu überführen. Solche Bifurkationspunkte können Pressekonferenzen sein, auf denen gefällte Entscheidungen öffentlich gemacht und damit prozessiert werden.

Ad-hoc-Bifurkationspunkte (3) können sich z.B. in Krisensituationen ergeben, wenn etwa der Parteivorsitzende unerwartet abtritt und mit der Person auch ein strategisches Konzept kippt. Um kein Vakuum entstehen zu lassen, muss Ad-hoc entschieden werden, wer das Ruder übernehmen soll. Ad-hoc-Bifurkationspunkte können sich aber auch bei Pressekonferenzen ergeben, wenn etwa ein intern schlecht informierter Abteilungsleiter auf eine unerwartete Frage von Projekten redet, die noch nicht beschlossen worden sind. Der Druck, den diese Kommunikation anschließend erzeugt, lässt kaum eine andere Wahl als das noch nicht beschlossene Projekt als beschlossen anzusehen und zu kommunizieren, dass der Beschluss natürlich schon länger feststand.

Schließlich dürfte ein häufig auftretender Typ (4) der nachträglich erkannte Bifurkationspunkt sein. Wenn man mit Weick (1995) davon ausgeht, dass Manager häufiger ihre der Gunst situativer Umstände erzielten Erfolge im Nachhinein als strategisch geplant darstellen, dann dürften sich viele Bifurkationspunkte auch erst im Nachhinein als solche erkennen lassen. Entscheidungen also, die in der Situation der Entscheidung eher als wenig bedeutend erscheinen, werden später als richtungsweisend rekonstruiert.

2.5 (Eigen-)Dynamiken

Realiter gibt es wohl sehr wenige Akteure, die über die Macht verfügen, komplexe Systeme quasi beliebig zu gestalten und zu verändern – Unternehmenslenker oder Kommunikationsmanager gehören nicht dazu. Wo Systeme de facto kontrolliert werden, sei es von anderen Systemen oder Einzelakteuren, geschieht das gewöhnlich dadurch, dass Systemdynamiken beherrschbar gemacht werden. In kriegerischen Auseinandersetzungen geschieht es kaum, dass Siege mit der völligen physischen Zerstörung der gegnerischen Streitkräfte erzielt werden. Häufiger geschieht es, dass die unterlegene Armee zerfällt und deshalb die Kampfhandlungen nicht fortsetzen kann. Plötzliche Systemschocks – etwa die vernichtende Niederlage in einem Gefecht – lösen destruktive Dynamiken aus, die das System als System, nicht zwangsläufig seine Bestandteile, zerstören. Man muss sich lediglich vor Augen führen, dass die Koppelungen, welche eine militärische Einheit zusammenhalten, größtenteils Überzeugungen über die Erfolgschancen der Kampfhandlungen, die eigenen Überlebenschancen sowie die diesbezüglichen Einstellungen der Kameraden sind. Verändern sich die genannten Einstellungen dahingehend, dass die eigenen Überlebenschancen durch Abbruch der Kampfhandlungen steigen – wobei die anderen Soldaten das auch so sehen – gerät ein dynamischer Prozess in Gang: Was einmal eine zu koordinierten Aktionen fähige Streitkraft war, zerfällt zu einer Aggregation von Individuen. Auf öffentliche Kommunikation gewendet: Wenn etwa die Brauerei Krombacher versucht, den Verkauf von Bier mit dem Schutz des Regenwaldes in Afrika zu koppeln (Luchtefeld et al. 2006), so hat das offensichtlich erst einmal nichts miteinander zu tun. Dabei versucht Krombacher einerseits auf ein positiv besetztes Thema (Umweltschutz, ökologische Verantwortung) aufzusetzen, also auf eine Dynamik aufzuspringen. Andererseits versucht das Unternehmen dadurch, diese Dynamik beherrschbar zu machen. Bevor also das Unternehmen von dem Mega-Trend „ökologische Verantwortung" eingeholt wird und nur noch reagieren kann, packt es das Thema selbstständig an, koppelt es an prominente Sympathieträger (Günter Jauch, Steffi Graf) und gibt es – möglichst mit Krombacher als positiv mit dem Thema verbundenen Akteur – zurück in die eigendynamische Zyklik öffentlicher Themenbildungsprozesse (Kolb 2005). So zumindest die Idealvorstellung – bissige Kommentare wie „Saufen für den Regenwald" (Ganslmeyer 2002) drücken dagegen aus, dass es gerade keine Interpretationshoheit bei eigendynamischen Prozessen gibt und Eigendynamik immer kontingente Entwicklungen bereitstellt.

Dynamische, turbulente Umwelten vorausgesetzt, kann man nicht erwarten, ein bestimmtes System über einen Zeitraum hinweg in einem bestimmten Zustand zu belassen. Kontrolle lässt sich dementsprechend nur dynamisch interpretieren (Bühl 1990: 179-181). Die Eigendynamik sozialer Prozesse zu betonen, stellt einen Gegenentwurf zu Konzepten linearer Plan- und Steuerbarkeit dar. Wenn, wie Mayntz/Nedelmann (1987: 651) definieren, eigendynamische soziale Prozesse solche sind, „die sich politischer Kontrolle entziehen [...] und sich gegen den Willen handelnder Akteure entfalten", dann gilt dies wohl auch für die Kommunikation. Wie Gerhard Vowe (2001) eindrucksvoll am Beispiel des öffentlichen Kampfes zwischen Shell und Greenpeace um die Versenkung der Bohrinsel Brent Spar gezeigt hat, werden eigendynamische Prozesse durch „Aktions-Reaktions-Sequenzen" (Mayntz/Nedelmann 1987: 656) erzeugt. Jede Entscheidung, die in Kommunikation und Handlung überführt wird, „[...] führt zu einer Handlungssequenz, die den Zustand des umliegenden Systems verändert, damit neue Informationen hervorruft, auf denen weitere Entscheidungen aufbauen." (Forrester 1971: 83)

3 Perspektiven: Kontextsteuerung und „Kultivierung" als Modus Operandi des Kommunikationsmanagements

Aus soziokybernetischer Perspektive ist zu diagnostizieren, dass viele der existierenden PR-Theorien noch immer direkte, persuasive Kommunikation als das Wirkungsprinzip von Public Relations identifizieren. Krude interpretiert, gehen sie implizit oder explizit davon aus, dass der modus operandi der Öffentlichkeitsarbeit der ist, mit verschiedenen Gruppen zu „kommunizieren" – und zwar insofern, als dass man Kunden, Mitarbeiter, Aktionäre, Anrainer und andere Stakeholder dazu bringt, etwas zu denken, sagen oder zu tun, was dem PR-Manager in seiner Kommunikationsplanung vorschwebt. Die Wirkung wird dabei manchmal indirekt, vermittels Journalisten, manchmal aber auch direkt und ohne Umwege angestrebt. Sie basiert manchmal auf geschickter Rhetorik (Überredung), manchmal auf der Kraft des einleuchtenden Arguments (Überzeugung) – immer verbindet aber ein Pfeil den Kommunikator mit dem Rezipienten, und der Pfeil bedeutet: Wirkung.

Freilich gibt es auch andere Ansätze, insbesondere die systemtheoretisch inspirierten, welche hier sehr viel vorsichtiger und trennschärfer argumentieren. Gleichwohl sind wir der Überzeugung, dass ein substanzieller Anteil des heutigen PR-Denkens, insbesondere des praktischen PR-Denkens noch immer versucht, den Modus Operandi direkter persuasiver Kommunikation zwischen Individuen im Mikrobereich mehr oder weniger 1:1 auf entsprechende Zusammenhänge in der öffentlichen Kommunikation, auf gesamtgesellschaftlicher Ebene zu übertragen. Von einem soziokybernetischen Theoriestandpunkt ausgehend, bezweifeln wir die Tragfähigkeit dieses Konzepts. Wie systemtheoretisch argumentierende Autoren auch, gehen wir davon aus, dass die Rede von direkter und unmittelbarer Persuasion auf der Meso- und Makroebene lediglich begrenzte Erklärungskraft entfaltet. Was in kleinen überschaubaren Gruppen womöglich funktioniert, muss nicht zwangsläufig in analoger Art und Weise in größeren Zusammenhängen funktionieren. Der Grund: Mit zunehmender Größe und mit lockerer werdender Koppelung werden soziale Systeme nicht nur schlicht komplizierter, sondern komplex: Sie entwickeln Eigendynamiken und andere Eigenschaften komplexer sozialer Systeme.

Wir postulieren keineswegs – wie das manche systemisch argumentierende Managementkritiker tun –, dass Public Relations keine oder allenfalls erratische Wirkungen zeitigt, dass Kommunikationsmanagement nichts anderes generiert als die Illusion von Kontrolle. Aber wir postulieren, dass die Art und Weise, wie das Wirkungsprinzip von Public Relations gemeinhin theoretisch gefasst und erklärt wird, mehr Kontrolle suggeriert als wir seriös annehmen dürfen – oder, anders ausgedrückt, der Modus Operandi ist ein anderer als es die Metaphorik suggeriert.

Unser Gegenentwurf lautet, die Wirkungsweise von Public Relations weniger über direkte persuasive Kommunikation, als mehr über Kontextkontrolle zu erklären. Ein Beispiel: Die niederländische Stadt Drachten setzt seit Jahren an neuralgischen Verkehrspunkten nicht mehr auf direkte, sondern auf Kontext- oder ökologische Kontrolle. Ampeln und Schilder wurden demontiert. Alle Verkehrsteilnehmer sind prinzipiell gleichberechtigt und müssen aufeinander Rücksicht nehmen. Die Folge: Das auf den ersten Blick zunehmende Verkehrsrisiko führt zu einem sichereren Verkehr. Jeder Verkehrsteilnehmer ist aufmerksamer, was a) zu einer Risikominimierung, b) zu einer Geschwindigkeitsminimierung und c) zu einem besseren Verkehrsfluss führt. Fazit: Kontextkontrolle bewirkt weniger Verkehrsunfälle bei gleichzeitiger Geschwindigkeitsverringerung und besserem Verkehrsfluss und führt daher zu Zeitersparnis (Deutschlandfunk 2008). Mit dem Begriff der Kontextkontrolle versuchen wir, ebenjenen Gedanken zu fassen, welchen von Hayek bereits vor über dreißig Jahren formulierte:

> „Wenn der Mensch in seinem Bemühen, die Gesellschaftsordnung zu verbessern, nicht mehr Schaden stiften soll als Nutzen, wird er lernen müssen, dass er in diesem wie in anderen Gebieten, in denen inhärente Komplexität von organisierter Art besteht, nicht volles Wissen erwerben kann, das die Beherrschung des Geschehens möglich machen würde. Er wird daher, was immer er an Wissen erwerben kann, nicht dazu verwenden dürfen, um die Ergebnisse zu formen wie der Handwerker sein Werk formt, sondern ein Wachsen zu kultivieren, indem er die geeignete Umgebung schafft, wie es der Gärtner für seine Pflanzen macht." (Hayek 1975: 21)

Von Hayek sprach freilich nicht über Kommunikationsmanagement. Aber sein Vergleich ist als Versuch zu lesen, die Metaphorik zu verabschieden, welche das Managementdenken bis heute dominiert: jene, welche Malik (2003) als „technomorphes" Managementdenken etikettiert. In der PR-Lehre spiegelt es sich in der Rede von Image*konstruktion*, dem bereits erwähnten Bernay'schen „engineering of consent" (Bernays 1947), der Rede von Marken*architekturen* oder der von Vertrauens*aufbau* wider.

Für von Hayek sind derartige technische Metaphern irreführend, sie sind Hybris. Als Alternative schlägt er eine Metaphorik vor, die nicht an das technische Konstruieren, sondern an das ökologische Kultivieren andockt. Unsere Überzeugung ist, dass von Hayeks alternatives „mindset" sehr viel besser geeignet ist, die Phänomene zu erklären, welche gemeinhin als die Kernaufgaben von Public Relations angesehen werden: Vertrauen, Glaubwürdigkeit, Loyalität oder Legitimität lassen sich nicht herstellen, sondern lediglich verdienen und erwerben – wir bauen es nicht, es wächst.

Das Konzept der Kontextkontrolle erklärt demnach, wie und weshalb Kommunikationsmanagement in komplexen sozialen Systemen wirkt und auch „Resultate" erzielt. Das Konzept ist jedoch keinesfalls zu verwechseln mit laissez-faire. Schon das Bild des Gärtners vergegenwärtigt, dass Kontextkontrolle durchaus harte Arbeit bedeutet. Unter Kontextkontrolle ist kontinuierliches, kreatives Arbeiten an Bedingungen zu verstehen, die dazu zu führen, dass sich günstige, im besten Fall sogar die gewünschten Resultate nach und nach von selbst, auf Grund der Eigendynamiken des Systems einstellen. Das heißt zum einen, dass der Kommunikationsmanager, wie der Gärtner, die Eigengesetzlichkeiten des Systems bis zu einem Grad kennen, ja kontinuierlich beobachten, lernen und wieder-erlernen muss. Es heißt zum anderen aber auch, dass er sich von der Vorstellung vollständiger Kontrolle verabschieden muss. De facto dürfte es so sein, dass viele PR-Praktiker sich der Grenzen direkter, unmittelbarer Beeinflussung ganz und gar bewusst sind. Viele PR-Praktiker, so unsere Vermutung, praktizieren seit Jahr und Tag, was wir theoretisch beschreiben – einige, ohne jemals darüber nachgedacht zu haben; andere ohne über den wissenschaftlichen Jargon zu verfügen, aber eingedenk der Tatsache, dass ein gewaltiger Unterschied besteht zwischen Konstruktion und Kultivierung.

Die theoretische Diskussion begann mit der Frage des Systemtheoretikers Willke (vgl. Eingangszitat), wie Akteure in komplexen sozialen Systemen intervenieren können, ohne erratische, kontraproduktive oder disruptive Effekte zu verursachen. Sie endet mit einer vorläufigen Antwort: jedenfalls sehr viel weniger so wie der Ingenieur eine Brücke konstruiert, und sehr viel mehr so wie der Gärtner auf das Wachstum und Gedeihen seiner Pflanzen Einfluss nimmt.

Die Rede von der Kultivierung bleibt freilich metaphorisch. Und auch wir sehen nach wie vor die Herausforderung, den soziokybernetischen Ansatz auszubuchstabieren. Es gilt zu einer Theorie zu gelangen, die nicht bloß qua wissenschaftlichem Jargon einen diffusen Hintergrund bildet, sondern faktische und konkrete PR-Taktiken, Strategeme und Strategien soziokybernetisch beschreibt, erklärt, ja unter Umständen sogar Vorhersagen möglicher Entwicklungspfade gestattet.

Eine vollumfängliche soziokybernetisch inspirierte PR-Theorie ist demnach der nächste Schritt – er ist hier nicht leistbar. Gleichwohl wollen wir aufzeigen, wie einige der angesprochenen Grundbegriffe – Komplexität, Kontextkontrolle, Regeln – dazu geeignet sind, gängige und allseits bekannte PR-praktische Probleme als Steuerungs- und Kontrollprobleme zu formulieren, auf allgemeinere Prinzipien zurückzuführen.

3.1 Die Strukturdimension: Komplexität erfordert Komplexität

Im gängigen Managementverständnis wird Komplexität als ein Problem gesehen, welchem durch Reduktion zu begegnen ist. Das ist auch das, was Managementsysteme wie etwa die Balanced Scorecard versuchen: die Komplexität der Organisation und ihrer Geschäfte zu komprimieren auf einige wenige Kennzahlen – „the handful of measures that are most critical", wie Kaplan und Norton es ausdrücken (1992: 73).

Komplexitätsreduktion bis zu einem Grad ist freilich immer notwendig, und Kaplan/Norton zeichnen ein plausibles, attraktives Bild von der Art und Weise, wie Balanced Scorecards Komplexität reduzieren – übrigens ein technomorph geprägtes. Jedoch gilt es zu sehen, dass Komplexitätsreduktion durchaus Gefahren birgt (Wehmeier 2006). Baecker weist beispielsweise darauf hin, dass die kurzfristige Reduktion von Komplexität längerfristig genau das Gegenteil bewirkt: Es kommt zu einer Komplexitätssteigerung (Baecker 1999). Denn die Kennzahlen, die heute wichtig sind, sind morgen schon weniger wichtig, übermorgen ganz und gar unwichtig. Die Konsequenz ist, dass auch das Managementsystem des Managements bedarf – entweder man hält es up-to-date oder akzeptiert, dass es sich nach und nach von den relevanten Steuerungsgrößen entfernt.

Aus soziokybernetischer Perspektive lässt sich sagen, dass es hinsichtlich Komplexität keinen billigen Ausweg gibt. Komplexität ist nicht nur das Problem, sondern auch die Lösung. Ebenjene Gesetzmäßigkeit ist es, welche Ashby bereits 1956 als „Law of

Requisite Variety" formulierte: Varietät, also Komplexität, lässt sich nur mit entsprechender Varietät beherrschen. Ashbys Gesetz ist von entscheidender Bedeutung, wenn man sich beispielsweise die Frage stellt, über welchen „Apparat" eine Kommunikationsmanagerin verfügen muss, um sinnvoll und zielgerichtet in der Organisation und ihrer Umwelt intervenieren zu können. Sieht man genauer hin, stellt man fest, dass Ashbys abstraktes Gesetz das Prinzip ist, welches hinter vielen Praktikerregeln und Berufserfahrungen steckt.

Jeder Praktiker wird beispielsweise bestätigen, dass Kommunikationsmanager ein ausgedehntes Netz von Kontakten innerhalb und außerhalb der Organisation benötigen. Um die Organisation und ihre Umwelt zu verstehen, genügt es nicht, diese aus einer einzelnen, festen Perspektive zu sehen. Es bedarf einer Vielzahl von Perspektiven, um die vielen Aspekte und Positionen zu berücksichtigen, welche Kommunikationsentscheidungen treiben.

Nicht nur das Netzwerk des Kommunikationsverantwortlichen sollte die Komplexität der Umwelt widerspiegeln, auch die Struktur und Organisation der Abteilung sollte eine Isomorphie zur Umwelt aufweisen. Anders ausgedrückt: Die Grenzen von Teams sollten in erster Linie in der Umwelt, nicht primär in der Organisation relevante Grenzen reflektieren: also etwa Themen oder Teilöffentlichkeiten. Denn wo der PR-Verantwortliche für eine spezifische Teilöffentlichkeit die „Sprache" ebenjener spricht, generiert die Interaktion zwischen Organisation und Umwelt sehr wenig zusätzliche Komplexität – wo die Organisationssprache aber unvermittelt und unübersetzt auf die Sprache der Teilöffentlichkeit prallt, entsteht komplexes Kauderwelsch.

Übrigens ist es gerade das Komplexitätsargument, welches dazu führt, dass soziokybernetische Theorie skeptisch bleibt gegenüber Versuchen, Kommunikationsmanagement einen monetären Wert beizumessen. Zwar erkennen wir an, dass es Bereiche gibt, wo das möglich und sinnvoll ist. Hier handelt es sich aber um Zusammenhänge, wo Umwelt und Organisationen auf vergleichbarem Komplexitätsniveau miteinander interagieren: also z.B. im Bereich der Produkt-PR, wo sich die Frage stellt, wie viel mehr Produkte durch PR verkauft, oder welcher höhere Preis durch PR gerechtfertigt wurde.

Ganz anders sieht es aus, wo Kommunikationsmanagement die „licence to operate" eines Unternehmens gegenüber Einflüssen aus der Umwelt schützt, die nicht, wie Produktabsatz, von vornherein in betriebswirtschaftlicher Logik erfass- und darstellbar sind. Niemand dürfte ernsthaft in Abrede stellen, dass Kommunikation einen wertvollen, mitunter überlebensnotwendigen Beitrag leistet, wenn aufgebrachte Verbraucher das Unternehmen boykottieren oder Umweltschützer die Werkstore belagern. Die niedrigkomplexere betriebswirtschaftliche Unternehmenslogik ist aber nicht in der Lage, die höherkomplexe Gesellschaftslogik 1:1 widerzuspiegeln. Das zeigt sich besonders eindrücklich, wo der Wert verhinderter, sozusagen „abgewehrter" gesellschaftlicher Durchgriffe auf die Organisation monetär nachgewiesen werden soll. Selbst neuere betriebswirtschaftliche Ansätze wie Stakeholder-Management verstricken sich hier in Schwierigkeiten, weil sie in letzter Konsequenz nichts anderes versuchen, als die

Komplexität der betriebswirtschaftlichen Logik auf ein höheres Niveau zu heben. Das führt entweder zum Aufgeben genuin betriebswirtschaftlicher Logik oder es ist zum Scheitern verurteilt: Die Komplexität der Gesellschaft ist niemals ganz und gar betriebswirtschaftlich abbildbar, denn sie ist nicht betriebswirtschaftlicher Natur.

3.2 Die Informationsdimension

Für PR-Praktiker sind „Kontakte" von allergrößter Bedeutung. Soweit wir das überblicken, gelingt es kaum einer PR-Theorie, die enorme Bedeutung von Kontakten adäquat widerzuspiegeln. Für die soziokybernetische Theorie repräsentieren Kontakte jedoch Information. Information dient zum einen der Komplexitätssteigerung. Hier handelt es sich um den Zusammenhang, der bereits an anderer Stelle besprochen wurde: Der Kommunikationsmanager spricht mit vielen Personen und verfügt dadurch über ein vielfältigeres, also komplexeres Bild der Organisation und ihrer Umwelt. Es ließe sich auch sagen: Der Kommunikationsmanager steigert seine eigene Komplexität. Zum anderen dient Information aber auch der Komplexitätsverringerung. Nehmen wir einen Kommunikationsmanager, der sich einer mächtigen, großen Behörde, der Europäischen Kommission etwa, gegenübersieht. Zunächst weiß der Manager nur, dass er es mit einer Institution zu tun hat, die sich zwar aus individuellen Akteuren zusammensetzt, ihm gegenüber jedoch als kollektiver Akteur auftritt. Je mehr er mit der Behörde interagiert, desto mehr Informationen sammelt der Manager aber. Sein Bild von der Behörde wird komplexer im ersteren Sinne: präziser. Es wird jedoch auch weniger komplex: einfacher. Was vorher die Europäische Kommission in einem vagen, diffusen Sinne war, reduziert sich jetzt auf ein Dutzend Key Player, die für das spezifische Anliegen unseres Akteurs von entscheidendem Interesse sind. Es ließe sich auch sagen: Der Kommunikationsmanager hat Informationen genutzt, um die Komplexität der Umwelt für sich zu reduzieren. Komplexitätssteigerung des Akteurs, Komplexitätsverringerung der Umwelt sind also Kehrseiten ein- und derselben Medaille. Verknüpft man dies mit den Ausführungen, welche zur Dualität von Kontrolle und Information gemacht wurden, versteht man die zentrale Rolle der Information bei der Ausarbeitung und Durchführung von Kommunikationsstrategien.

3.3 Die Regeldimension

Bedingungen zu schaffen, welche die eigendynamische Entwicklung gewünschter Resultate begünstigen, setzt eine Kenntnis der Eigengesetzlichkeiten voraus, entlang derer die Entwicklung verläuft.

Eigengesetzlichkeiten stellen in letzter Konsequenz nichts anderes dar als Regeln. Von Regeln ist auf verschiedenen Ebenen zu sprechen. In der Presse- und Medienarbeit ist es beispielsweise von Vorteil, die Regeln des journalistischen Handwerks zu beherrschen: Wie schreibt man eine Nachricht, was erwarten Journalisten in einem Interview, wann hat eine Zeitung Redaktionsschluss etc. Die handwerklichen Regeln journalistischen Arbeitens stellen freilich die grundlegende Ebene dar. Fortgeschrittene PR-Praktiker entwickeln darüber hinaus ein Gefühl für die Gesetzmäßigkeiten journalistischer Ko-Orientierung und die Dynamiken der Interaktion zwischen Journalismus und PR – mit anderen Worten, sie lernen die Regeln. Sie wissen z.B., dass eine Story nur halb so viel wert ist, wenn sie das Konkurrenzblatt einen Tag früher „bringt".

Nur um Missverständnissen vorzubeugen: Wo von Regeln die Rede ist, geht es uns um Gesetzmäßigkeiten der tagtäglichen, konkreten Interaktion, nicht um journalistische Standesregeln. PR-Manager interessiert es herzlich wenig, ob und unter welchen Bedingungen sich Journalisten an „off-the-record"-Vereinbarungen halten *sollten* – PR-Manager interessiert, auf Basis welcher Überlegungen sie vorhersagen können, ob der spezifische Journalist dies im spezifischen Fall tut oder nicht. Und hier, so unsere These, gelten für verschiedene journalistische Felder verschiedene Regeln. Im hochkompetitiven Boulevardjournalismus haben aggressive Journalisten wenig Interesse daran, langfristige freundschaftliche Beziehungen zu ihren Äquivalenten auf der anderen Seite des Schreibtisches aufzubauen. Boulevardjournalisten suchen nicht die akkurate, plausible Geschichte hinter der Geschichte, sondern die Sensation. Auf der anderen Seite sind Publikationsfelder zu sehen, welche sich als quasi-journalistisch bezeichnen ließen: Anzeigenblätter etwa, die ökonomisch von Anzeigenkunden abhängig sind; oder Fachzeitschriften in Segmenten, wo lediglich zwei, drei Anzeigenkunden in Frage kommen. Hier gelten völlig andere Regeln der Interaktion zwischen Public Relations und Journalismus.

3.4 Die Dimension der „Accountability"

Das Prinzip der ökologischen Kontrolle verweist darauf, dass Organisationen sich in Milicus bewegen, wo sie den Einflüssen verschiedener Gruppierungen und Teilöffentlichkeiten ausgesetzt sind. Organisationen sind darauf angewiesen, als glaub- und vertrauenswürdig zu gelten, ihnen muss Legitimität zugesprochen werden. Falconer (2002) bezeichnet dies als externe Accountability, als Verantwortung, als „Zurechnungsfähigkeit" also. Ebenjene ist aber nicht Eigentum des Unternehmens, nicht Kapital, sondern ein von außen, durch Dritte zugebilligter Status. Folgt man Falconer, so sind zwei Konzepte von entscheidender Bedeutung. Das erste Konzept ist Transparenz. Unternehmen werden zu Transparenz gezwungen. Sie versuchen diesem Anspruch durch Veröffentlichung von Daten, wie etwa durch Social Reporting oder Sustainability Reporting, gerecht zu werden. Das zweite Konzept ist Verantwortung. Nur Organisationen, die verantwortlich agieren, wird Accountability zugesprochen werden. Accountability ist also nicht etwas, was sich wie ein Industrieprodukt am Fließband herstellen lässt, sondern das Resultat einer Interessen- und Machtkonstellation sowie des Geltens verschiedener Regeln, welche Erwartungen und Erwartungserwartungen steuern.

> „Accountability in komplexen Systems ist nichts Konsistentes, sondern ein Konstrukt, das vielen ‚Realitäten' unterliegt. Es ist subjektiv (jeder Stakeholder hat seine eigene Sicht der Dinge) und oftmals stillschweigend (eine Verbalisierung ist oft schwierig oder sinnlos). Accountability entzieht sich der seriösen Modellierung oder gar Quantifizierung auf konventionellem Wege. […] Die Grenzen der Accountability sind vage und werden selten, und dann allenfalls oberflächlich ausgetestet." (Falconer 2002: 31).

Dass Vertrauen und Legitimität kritische Faktoren für Unternehmen sind, ist keineswegs neu. Es bedarf keiner betriebswirtschaftlichen Komplexitätstheorie (Allison/ Kelly/Cook 1999) um das zu sehen. De facto sind Vertrauenstheorien und Ansätze, welche die Wichtigkeit von Legitimität betonen (Dowling/Pfeffer 1975), sehr viel älter als die Karriere der Komplexitätstheorie in den Sozialwissenschaften.

Die Bedingungen zu schaffen, welche ein positives Medienimage begünstigen, setzt voraus, dass die Kommunikation eines Unternehmens kongruent ist mit seinem Handeln – und das dauerhaft. In einer globalen Weltwirtschaft, die mehr und mehr von der kurzfristigen Börsen- und Shareholder-Value-Logik bestimmt ist, fällt es Unternehmen jedoch schwer und schwerer, diesem Anspruch gerecht zu werden. Wo Unternehmen sich konfligierenden Anspruchshaltungen in einer schnelllebigen, turbulenten Umwelt ausgesetzt sehen, wird es unter Umständen geradezu unmöglich, längerfristige Pläne zu verfolgen – und damit auch, dauerhaft zu sagen was man tut, und zu tun was man sagt.

Das heißt nicht, dass Pläne, insbesondere aber Planung nicht immer noch von Bedeutung wären. Aber Programme und Aktionen sollten aus strategischer Flexibilität heraus erwachsen: komplexe soziale Systeme verändern sich nicht nur sporadisch, sie sind in ständiger Veränderung begriffen. Strategische Flexibilität bedeutet also nicht nur, Strategien von Zeit zu Zeit zu überprüfen, sondern Veränderung als Konstante zu begreifen. Das Grundverständnis von Strategie ist demnach nicht sture Planerfüllung, sondern ein geradezu hartnäckiges Beharren auf Anpassung (Weber 2007). Strategische und operative Flexibilität sind „fundamental, wo es darum geht, eine organisatorische Landschaft zu schaffen, in der aufkommende Themen schnell aufgegriffen und die Unternehmensstrategie flexibel angepasst werden kann, um ihnen zu begegnen und sie zu gestalten." (Falconer 2002: 36)

4   Fazit

Ziel des vorliegenden Beitrags war es, das grundlagentheoretische Fundament für eine fortgeschrittene Theorie des Kommunikationsmanagement vorzuzeichnen. Wir argumentieren, dass die Kybernetik in ihrer ambitionierten Ausprägung als Soziokybernetik besonders gut geeignet ist, als ein derartiges Fundament zu dienen. Als metatheoretische Basis gestattet sie es, Organisationen und ihre Umwelten als komplexe soziale Systeme zu begreifen. Aus Sicht der Soziokybernetik sind derartige Systeme nicht „kontrollierbar" in der Art und Weise, die Unternehmens- oder Kommunikationsberatungen propagieren. Sie sind nicht durch Kommunikation „steuerbar", auch wenn manche PR-Theorie dies suggeriert. Simplifizierende Ansätze führen deshalb in die Irre, zu falscher, sogar schädlicher Kommunikation.

Als einen Gegenentwurf schlagen wir das Konzept der Kontextkontrolle vor, welches unserer Meinung nach den Modus Operandi von Kommunikationsmanagement sehr viel plausibler beschreibt. Kontextkontrolle heißt Bedingungen zu schaffen und zu erhalten, welche es gestatten, dass sich günstige oder sogar gewünschte „Resultate" gemäß ihrer Eigengesetzlichkeiten, entlang der Systemdynamiken entwickeln. Ein Image zu kultivieren anstatt es zu konstruieren; Vertrauen fördern statt es zu bauen.

Literatur

Allison, Mary A. / Susanne Kelly / Colin Cook. (1999): The complexity advantage: How the science of complexity can help your business achieve peak performance. New York
Ashby, W. Ross (1956): An introduction to cybernetics. London
Ashby, W. Ross (1958): Requisite variety and its implications for the control of complex systems. Cybernetica, 1 (2): 83-99
Baecker, Dirk (1999): Organisation als System. Frankfurt a.M.
Baerns, Barbara (1991): Öffentlichkeitsarbeit oder Journalismus? Zum Einfluss im Mediensystem. Köln: Verlag Wissenschaft und Politik. 2. Aufl.
Barker, James R. (2005): Toward a philosophical orientation on control. In: Organization, 12 (5): 787-797
Barth, Henrike / Wolfgang Donsbach (1992): Aktivität und Passivität von Journalisten gegenüber Public Relations. Fallstudie am Beispiel von Pressekonferenzen zu Umweltthemen. In: Publizistik, 37 (2), 151-165
Beer, Stafford (1966): Decision and control. The meaning of operational research and management cybernetics. London
Beniger, James (1986): The control revolution: Technological and economic origins of the Information Society. Cambridge, MA
Bentele, Günter / Tobias Liebert / Stefan Seeling (1997): Von der Determination zur Intereffikation. Ein integriertes Modell zum Verhältnis von Public Relations und Journalismus. In Günter Bentele / Michael Haller (Hg.): Aktuelle Entstehung von Öffentlichkeit. Akteure, Strukturen, Veränderungen. Konstanz: 225-250
Bernays, Edward L. (1947). The engineering of consent. In: Annals of the American Academy of Political and Social Science, 250, 113-120
Brunsson, Nils (2002): The organization of hypocrisy. Talk, decisions and actions in organizations. Oslo. 2nd. Edition
Bühl, Walter L. (1989): Entwicklungslinien einer soziologischen Systemtheorie. In: Annali di Sociologia, 5(2): 13-46
Bühl, Walter L. (1990): Sozialer Wandel im Ungleichgewicht. Stuttgart
Busch, John A. (1979): Cybernetics III. A system-type applicable to human beings. In: Cybernetica, 22 (2), 89-103
Busch, John A. / Busch, Gladis A. (1984): The elaboration of cybernetics for the study of social systems. In John A. Busch / Gladis A. Busch (Eds.), Issues in Sociocybernetics: Current perspectives. Seaside, CF: 3-8
Busch, John A. / Busch, Gladis A.. (1992): Sociocybernetics. A perspective for living in complexity. Jeffersonville, IN
Cutlip, Scott M. / Allen H. Center /Glen M. Broom (2006): Effective Public Relations. Upper Saddle River, NJ. 9th Edition
Degele, Nina (1997): Zur Steuerung komplexer Systeme. Eine soziokybernetische Reflexion. In: Soziale Systeme, 3: 81-99
Deutschlandfunk (2008): Stadt ohne Schilder: Ein neues Verkehrskonzept als Modell für die Zukunft. Sendetag: 7.1.2008. http://www.dradio.de/dlf/sendungen/europaheute /719895/ Zugriff am 9.1.2008
Dowling, John / Jeffrey Pfeffer (1975): Organiziational legitimacy: Social values and organizational behavior. In: Pacific Sociological Review, 18 (1): 122-136
Eisenberg, Eric M. / H. Lloyd Jr. Goodall (2004): Organizational communication. Balancing creativity and constraint. (4th ed.) Boston, MA.

Falconer, James (2002): Accountability in a complex world. In: Emergence, 4(4): 25-38
Flood, Robert L. (1987): Complexity: A definition by construction of a conceptual framework. In: Systems Research, 4 (3): 177-185
Foerster, Heinz von (1993): Wissen und Gewissen. Versuch einer Brücke. Frankfurt a.M.
Forrester, John W. (1971): Planung unter dem dynamischen Einfluß komplexer sozialer Systeme. In Volker Ronge / Günter Schmieg (Hg.): Politische Planung in Theorie und Praxis. München: 81-90
Friedrich, Jürgen / Eberhard Sens (1976): Systemtheorie und Theorie der Gesellschaft. Zur gegenwärtigen Kybernetik-Rezeption in den Sozialwissenschaften. In: Kölner Zeitschrift für Soziologie und Sozialpsychologie, 28 (1): 27-44
Ganslmeyer, Karin (2002): „Saufen für den Regenwald". In: Jusos in München, Mitgliederzeitung, Dezember, 10f. http://www.jusos-muenchen.de/Mitgliederzeitung/jusos-m1202.pdf Zugriff am 15.10.2007
Grochla, Erwin / Herbert Fuchs / Helmut Lehmann (1974): Systemtheorie und Betrieb. Schmalenbachs Zeitschrift für betriebswirtschaftliche Forschung, Sonderheft 3. Opladen
Grunig, James E. / Todd Hunt (1984): Managing public relations. Fort Worth
Hayek, Friedrich von (1975). Die Anmaßung von Wissen. Ordo, 26: 12-21
Kaplan, Richard S. / David P. Norton (2004): Measuring the strategic readiness of intangible assets. In: Harvard Business Review, 82 (2): 53-63
Kaplan, Robert S. / David P. Norton (1992): The balanced scorecard: Measures that drive performance. In: Harvard Business Review, 70 (1), 71-79
Kolb, Steffen (2005): Mediale Thematisierung in Zyklen. Theoretischer Entwurf und empirische Anwendung. Köln
Long, Larry W.; Vincent Hazleton Jr. (1987): Public relations: a theoretical and practical response. In: Public Relations Review, 13 (2), 3-13
Leipziger, Jürg W. (2004): Konzepte entwickeln. Frankfurt a.M.
Littlejohn, Stephen W. (1992): Theories of Human Communication. Belmont, CA
Luchtefeld, Anja / Jörg Neidhart / Sören Schröder / Astrid Schwital (2006): Unternehmerische Sozialkampagnen - total sozial? Eine Untersuchung am Beispiel der Krombacher Regenwald-Kampagne. In: Ulrike Röttger (Hg.): PR-Kampagnen. Über die Inszenierung von Öffentlichkeit. (3. Aufl.) Wiesbaden: 313-237.
Malik, Friedrich (2003): Systemisches Management, Evolution, Selbstorganisation. (4. Aufl.). Bern
Manytz, Renate (2006): Der Fluch der Komplexität. Wenn guter Wille böse Folgen hat. Staatliche Eingriffe scheitern wie bei Hartz IV zunehmend an unkalkulierbaren Wirkungen. In: Handelsblatt, Nr. 181, 19. September: 9.
Mayntz, Renate / Birgit Nedelmann (1987): Eigendynamische soziale Prozesse. Anmerkungen zu einem analytischen Paradigma. In: Kölner Zeitschrift für Soziologie und Sozialpsychologie, 39 (4): 648-668
Meyer, John W. / B. Rowan (1977): Institutionalized organizations: Formal structure as myth and ceremony. In: American Journal of Sociology, 83 (2), 340-363.
Podiumsdiskussion New Economy 2007: http://de.sevenload.com/videos/1nPHomB/Panel-Was-ist-dran-an-der-New-Economy-2-0. Zugriff am 9.1.2008
Ritzer, George (1992): Metatheorizing in sociology. Explaining the coming of age. In: George Ritzer (Ed.): Metatheorizing. Newbury Park, CF.: 7-26
Saam, Nicole J. (2002): Prinzipale, Agenten und Macht. Eine machttheoretische Erweiterung der Agenturtheorie und ihre Anwendung auf Interaktionsstrukturen in der Organisationsberatung. Tübingen
Schwarz, Rainer (2002): Controlling-Systeme. Eine Einführung in Grundlagen, Komponenten und Methoden des Controlling: Wiesbaden: Gabler.
Shannon, Claude E. / Warren Weaver (1949): The mathematical theory of communication. Urbana, Il
Simon, Herbert (1978). Die Architektur der Komplexität. In Klaus Türk (Hg.): Handlungssysteme. Opladen: 94-120

Taschdjian, Edgar (1976): The third cybernetics. In: Cybernetica 19 (2), 91-104.

Vowe, Gerd (2001): Feldzüge um die öffentliche Meinung. Politische Kommunikation in Kampagnen am Beispiel von Brent Spar und Muroroa. In: Ulrike Röttger (Hg.): PR-Kampagnen. Über die Inszenierung von Öffentlichkeit. Wiesbaden: 121-140

Weaver, Warren (1978): Wissenschaft und Komplexität, in: Klaus Türck (Hrsg.): Handlungssysteme. Opladen: 38-46

Weber, Winfried W. (2007): Complicate your life. Göttingen

Wehmeier, Stefan (2006): Dancers in the dark: The myth of rationality in public relations. Public Relations Review, 32 (3): 213-220

Weick, Karl E. (1995): Der Prozeß des Organisierens. Frankfurt am Main: Suhrkamp.

Wiener, Norbert (1948): Cybernetics or control and communication in the animal and the machine. New York

Willke, Helmut (1999): Systemtheorie II: Interventionstheorie. (3. Aufl.) Stuttgart

Public Relations – die Lizenz zur Mitgestaltung öffentlicher Meinung

Umrisse einer neuen PR-Theorie

Lothar Rolke

1   Die Praxis funktioniert auch ohne Theorie

Nichts ist praktischer als eine gute Theorie, hat sich als geflügeltes Wort bei denjenigen eingebürgert, die sich ihrer Erkenntnisgrundlagen auf wissenschaft-lichem Weg vergewissern möchten.[1] Und zugleich den Anspruch auf Nutzwert für die Praxis nicht aufgeben wollen. Auch in der eher sporadisch geführten Diskussion um eine Theorie der Public Relations lässt sich dieser Anspruch entdecken (vgl. Merten 1993: 55). Doch Hand auf Herz und Stirn: Wie viel ist tatsächlich von dem zu gebrauchen, was da durch Nachdenken und vor allem Nachlesen entstanden ist (vgl. dazu kritisch Avenarius 2000: 37ff.)? Vor allem für wen und wofür? Gerade mit Blick auf das Missverhältnis von blanker Reproduktion (Stand der Forschung wiedergeben), endloser Beschreibung des Sachverhalts (Gegenstand definieren und abgrenzen) und Methodendiskussion (Qualitätsanspruch beweisen) einerseits und dem wirklich Neuen einer Arbeit andererseits mag schon unter zeitökonomischen Aspekten Zweifel angebracht sein. Was also bringt die PR-Theorie und Theorie-Diskussion dem praktisch Orientierten wirklich?

---

[1] Wer bei Google dieses Zitat eingibt, dem werden über 900 Einträge angezeigt. Allerdings verbindet der gedankliche Urheber Plato mit diesem Anspruch einer praxis-nützlichen Theorie eher die Vorstellung einer (quasi-religiösen) Lebensweise: „Die Theorie verspricht einen Bildungsprozess, der Erkenntnis- und Heilsweg in einem ist. Sie löst eine Katharsis aus, die zur Umkehr des Gemüts, zu einer heilsamen Konversion des Geistes führt" (Habermas 1999: 319f). In einer heutigen säkularen Form kann dieser Anspruch nur noch erfüllt werden, wenn wir bereit sind, Erkenntnisse dem praktischen Scheitern in konkreten Anwendungssituationen auszusetzen. Beispielsweise, wenn sich Beraterwissen in der Praxis bewähren muss. Dann gilt: „Wir lernen aus Enttäuschungen, indem wir Überraschungen mit abduktiver Urteilskraft verarbeiten und das problematisch gewordene Wissen revidieren" (ebd. 108). Und zwar meistens in handlichen Dimensionen, weil es nur so verhaltenswirksam werden kann.

Bekanntlich stellt eine Theorie nichts anderes als ein wissenschaftliches Deutungsangebot dar, auf das keiner zwingend zurückgreifen muss: „Wissenschaftler mögen zwar durchaus der Meinung sein, dass sie die Realität besser erkennen, als sie (beispielsweise, L.R.) in den auf ‚Popularisierung' verpflichteten Massenmedien dargestellt wird. Aber das kann nur heißen: die eigene Konstruktion mit einer anderen zu vergleichen" (Luhmann 1996: 20). Auch das Management in den Unternehmen deutet und konstruiert sich „seine" Realität nach eigenen (bewährten?!) Erfolgsregeln, was nichts anderes heißt, als dass es sich unter dem Gesichtspunkt der Zweckmäßigkeit eine eigene „Vorstellung über die Umwelt aufbaut" (Hinterhuber 1996: 8). Ob dann das daraus abgeleitete Handeln im Sinne der Organisation tatsächlich erfolgreich ist oder nicht, hängt nicht von einem explizierten Theoriebezug ab. Wirtschaftlicher, politischer oder auch kommunikativer Erfolg kann sich bekanntlich auch ohne theoretische Reflexion einstellen. Insofern ist Wissenschaft gut beraten, die Praxis als Kunden mit seinen spezifischen Nutzen-Erwartungen zu akzeptieren, wenn sie ihre gesellschaftliche Relevanz behaupten will.

Nutzen oder neue verwertbare Erkenntnis schafft Theorie doch nur dann, wenn sie dort ansetzt, wo die Praxis nicht mehr weiterkommt: Bei Problemen, widersprüchlichen Daten und Orientierungslosigkeit. Und dabei neue, erfolgswahrscheinliche Wege aufzeigt. Wer auf diese Weise den Anspruch ernsthaft einlösen will, dass Theorie der Praxis von Nutzen ist, der muss zunächst einmal Feldkompetenz besitzen. Also den Gegenstand, den er untersuchen will, aus der Praxisperspektive verstehen. Er muss ferner fähig sein, gedanklich das angestammte Handlungsfeld auf unterschiedlichen Abstraktionshöhen zu verlassen und nach einer (möglicherweise auch sehr weiten) Wegstrecke mit einem neuen Blick und neuen Ideen zurückzukehren. Und er muss schließlich darauf achten, dass er auf dieser Reise all jene Rezipienten nicht verliert, die wegen der erwarteten neuen Erkenntnisse für das eigene Handeln die Beschwerlichkeit der Gedankenreise auf sich genommen haben. Denn mit seinen Lesern ist auch der wissenschaftliche Autor eine Art Vertrag eingegangen (vgl. Franzen 2002).

Franz Ronneberger und Manfred Rühl haben durchaus Recht mit ihrem Hinweis: Von all denjenigen, die Theorie-Diskussionen mitverfolgen, „muss erwartet werden, dass sie die vertrauten Denkbahnen verlassen und bereit sind, sich dem Problemfeld Public Relations einmal anders als gewohnt zu nähern" (dies. 1992: 14). Doch – diese Frage muss hier auch zugelassen werden – wie groß ist der Gegenwert, den der Leser für all die verlangten Mühen und Anstrengungen erhält. Am ehesten scheint ein angemessener Lesegewinn dann in Aussicht zu stehen, wenn das angebotene Theoriematerial gleichermaßen von Feldkompetenz, Abstraktionsvermögen und Rezipientenfreundlichkeit durchformt wird.

Dieser sicherlich auf Erfahrung und Reflexion basierende, aber doch vortheoretisch bleibende Dreiklang der Erwartungen lässt sich übrigens auch als Qualitätsprofil für eine Theorie der Public Relations reformulieren. Und damit an die für den wissenschaftlichen Diskurs institutionell vorgegebene Kleiderordnung anpassen. Ich will deswegen ganz im Sinne wissenschaftlicher Qualitätssicherung zunächst die wesentlichen Anforderungen an eine Theorie der Public Relations systematisch entwickeln und sie auf diesem Weg dem diskursiven Härtetest der wissenschaftlichen Kritik aussetzen (vgl. Abschnitt 2). Erst dann will ich wenigsten in Umrissen den Ansatz einer neuen Theorie der Public Relations skizzieren (vgl. Abschnitt 3). Die wesentlichen Einsichten werde ich in Hinblick auf die PR von Unternehmen spezifizieren (vgl. Abschnitt 4) und mit der Frage nach der Wirkungskontrolle verbinden (vgl. Abschnitt 5), bevor die wichtigsten Ergebnisse noch einmal zusammengefasst werden (vgl. Abschnitt 6).

2 Anforderungen an die Theoriebildung

PR-Theorie teilt mit aller anderen sozialwissenschaftlichen Theoriebildung bekanntlich das Problem der „doppelten Hermeneutik": Nicht nur die Datenbeschreibung ist theorieabhängig, sondern die Gegenstände der Beschreibung entziehen sich durch ihre symbolische Vorbelastung der „bloßen Beobachtung" (Habermas 1981: 162). Insofern ist eine PR-Theorie auch vor dem Hintergrund der generellen Anforderungen an sozialwissenschaftliche Theoriebildung zu reflektieren und zu konkretisieren.

Die Qualitätsanforderungen an eine Theorie der PR können dann als gewährleistet gelten, wenn die folgenden vier Kriterien erfüllt sind:
1. *Die Beachtung der Innenansicht von Wirklichkeit*, die gegeben ist, wenn eine hinreichende Nähe zu der sich fortwährend selbst interpretierenden Wirklichkeit besteht.
2. *Die Beachtung der gesellschaftlichen Komplexität*, wodurch berücksichtigt wird, dass PR nur im Kontext einer modernen hochdifferenzierten Gesel-schaft, die individuelles Handeln immer schon präjudiziert, funktionieren kann
3. *Die Beachtung von Theorien kleinerer Reichweite*, deren gelungene Integration in größere Theoriezusammenhänge die Wahrheitswahr-scheinlichkeit beider hebt, was im Übrigen auch für die Übernahme von Erkenntnissen aus benachbarten Disziplinen gilt.
4. *Die Beachtung der Zeit*, womit der Anspruch verbunden ist, die Dynamik realer Veränderungen durch methodische Innovationen antizipierend zu berücksichtigen.

Ad 1: Die Beachtung der Innenansicht von Wirklichkeit. Sich Public Relations vorzustellen, heißt, zunächst einmal sich konkrete Handlungen vorzustellen: Pressemitteilungen verfassen, mit Journalisten oder anderen Meinungsmachern sprechen, Imageanzeigen veröffentlichen oder einen „Tag der offenen Tür" organisieren u.v.m. Alles mit dem generellen Ziel, die Reputation einer Organisation und die Beurteilung ihrer Leistungen in der Öffentlichkeit zu verbessern, um vielleicht an Einfluss zu gewinnen oder zumindest (potenzielle) Kritik zurückzudrängen.

Wenn über solche Handlungen dann methodisch nachgedacht wird, kann (wissenschaftliche) Erkenntnis entstehen. Aber am Ende steht immer die Frage der Praxistauglichkeit: „Als empirischer Prozess hat Denken ein konkreten Zweck zu erfüllen" betonten schon die Gründungsväter des Pragmatismus, Charles S. Peirce und William James: „Es soll den Zweifel zur Ruhe bringen und uns zum Handeln befähigen, indem es zu einer Überzeugung führt [...] Eine Überzeugung (wiederum, L.R.) ist [...] eine Gewohnheit des Verhaltens, die in der Bereitschaft besteht, unter bestimmten Umständen auf bestimmte Weise zu handeln" paraphrasiert Pape (2002: 61) diesen philosophischen Ansatz. Solange unser Handeln erfolgreich ist, haben wir aus pragmatischer Sicht wenig Grund nachzudenken. Wir handeln wie immer: Veranstalten als PR-Manager Pressekonferenzen, publizieren Geschäftsberichte und diskutieren vielleicht mit Greenpeace. Und wir sind überzeugt, dass damit das Image des Unternehmens verbessert wird. „Aus der Perspektive lebensweltlicher Routinen wird die Wahrheit von Aussagen als solche erst zum Thema gemacht, wenn gescheiterte Praktiken und auftretende Widersprüche die bis dahin geltenden Selbstverständlichkeiten als bloß ‚in Anspruch genommene Wahrheiten', d.h. als grundsätzlich problematische Wahrheitsansprüche zu Bewusstsein bringen." (Habermas 1999: 52).

Nur weil (PR)-Handeln scheitern kann, provoziert es die Chance zum Nachdenken. Und wissenschaftliche Reflexion wird daraus, wenn das eigene Tun explizit durch vermeintlich gültiges Wissen begründet, der Realität dann ausgesetzt und – soweit Differenzen auftreten – mit anderen reflektiert wird. Das erfordert zwingend sprachliche Verständigung, die sich aber immer wieder der Veto-Autorität der Wirklichkeit stellen muss: „Erst die sprachliche Darstellung des Gewussten und die Konfrontation des Wissens mit einer Realität, an der eine begründete Erwartung scheitern kann, ermöglichen einen rationalen Umgang mit Wissen" (ebd. 108). Damit ist auch in der wissenstheoretischen Perspektive der entscheidende Bezugspunkt aller Reflexionen noch einmal bekräftigt: das Handeln in der Praxis. Konsequent haben sich daher die Pragmatiker von Anfang an gegen die Vorstellung gewandt, „dass irgendeine Art von Erkenntnis, ob in der Philosophie oder in den Wissenschaften, imstande sei, ohne Bezug auf Handeln oder Praxis eine in sich abgeschlossene Theorie zu formulieren" (Pape 2002: 23).

Diese Rückbesinnung auf die Praxis ist erkenntnistheoretisch keineswegs unproblematisch, weil letztere weder selbstevident noch selbstredend ist, sondern sich fortwährend verändert und selbst interpretiert. Demnach gilt: Wer die Praxis verstehen will, muss erfahrungsgemäß über eine Binnenperspektive als Teilnehmer verfügen. Wenn sich nun also ein Dritter – sei er ein Wissenschaftler oder nicht – ein Bild von der PR-Praxis macht, sogar beschreibt, ist immer erst einmal zu prüfen, inwieweit sich ihm die Realität tatsächlich erschlossen hat oder nicht. Ohne dem geht es nicht: Denn „das Verstehen einer symbolischen Äußerung erfordert grundsätzlich die Teilnahme an einem Prozess der Verständigung. Bedeutungen, ob sie nun in Handlungen, Institutionen, Arbeitsprodukten, Worten, Kooperationszusammenhängen oder Dokumenten verkörpert sind, können *nur* von innen erschlossen werden." (Habermas 1981: 165 H.i.O.).

Wer sich also nur auf das Beobachten beschränkt (ohne Teilnahme), dem droht die auch im wissenschaftlichen Zusammenhang unverzichtbare Verständnisfähigkeit verloren zu gehen. Auch die PR-Wissenschaft ist nicht davor gefeit, auf bestimmte Aspekte der Praxis mit Unverständnis zu reagieren. Jedenfalls dann, wenn sie auf eine übermäßige Distanz setzt. Von einem Übermaß an Distanz muss gesprochen werden, wenn sich der Prozess des Vorstellens von Realität nicht nur vom praktischen Handeln (zeitweilig) entkoppelt (das kann durchaus erwünscht sein), sondern dann, wenn er anschließend nicht mehr die Rückverbindung zum praktischen Handeln schafft.

Je mehr sich (PR-)Wissenschaft ungeprüft und ausschließlich auf ihr eigenes Kategoriensystem verlässt – also ihre Theoriesprache mit der Realität verwechselt –, desto mehr wird ihr das aus dem Blick geraten, was sie vorgibt zu untersuchen. Nicht etwa die Sprache ist dabei das Problem, sondern der Verstehensprozess, also das Einlassen auf explizite wie implizite Bedeutungen bzw. die Selbstinterpretation der Handelnden, die durch Handlungserfolg immer auch ein Deutungsrecht erwerben.

Allerdings ist auch die umgekehrte Akzentuierung kritisch zu bewerten: Denn die (PR-)Wirklichkeit ist keine „nackte Wirklichkeit", sondern selber immer schon „sprachlich imprägniert" und damit vorinterpretiert (vgl. Habermas 1999: 48). Deswegen muss sich eine Theorie der Public Relations immer wieder kritisch die Bedeutung der konkreten Handlungen, Dokumente, etc. von innen her erschließen, ohne dabei auf den epistemischen added value von Abstraktion zu verzichten. Das bedeutet, dass das Verhältnis von Theorie und Praxis gerade keinen prinzipiellen Gegensatz bilden darf. Denn wenn beide – über welche Zwischenschritte auch immer – nicht kompatibel wären, müsste auf Dauer von einer Erkenntnisstörung ausgegangen werden.

Der Praktiker muss die Wirkungen von PR managen können, egal wie er sich das Zusammenspiel der einzelnen Faktoren und Sachverhalte denkt. Erfolg ist für ihn wichtiger als Recht zu behalten. Demgegenüber muss der Theoretiker die Sachverhalte verstehen. Die Sichtweisen und Sprachen beider mögen also verschieden sein. Dennoch muss es immer um ungefähr die gleichen Sachverhalte und Wirkungszusammenhänge gehen. Denn nur wenn eine gewisse Kompatibilität zwischen Erkennen und Handeln besteht, können Erkenntnisse überhaupt sichtbar scheitern. Wären Handlung und Denken vollständig entkoppelt, gäbe es auch kein Scheitern. Und Theoretiker wie Praktiker könnten getrost ihre eigenen Wege gehen. Auf der Strecke bliebe allerdings die Generierung neuer Erkenntnisse.

Ad 2: Die Beachtung der Komplexität von Gesellschaft. PR-Handeln zielt aus Sicht der Akteure immer auf konkrete Wirkungen wie die Veränderung von Meinungen, das Auslösen eines bestimmten Verhaltens oder einfach nur auf die Steigerung des Wissens bei den Zielgruppen. Dabei kommunizieren die Akteure nicht ohne Beeinflussung durch die Hintergrundbedingungen, die präjudizierend wirken. Manchmal sind die Akteure sich dessen bewusst, manchmal nicht.

Unabhängig davon vollzieht sich PR-Kommunikation im Kontext von Organisationen wie Unternehmen oder Parteien, die ihrerseits wieder gesell-schaftlichen Imperativen unterworfen sind. Wer diese Hintergrundbedingungen verstehen will, muss das Phänomen PR auf unterschiedliche Abstraktionshöhen analysieren. Wodurch allerdings die Wahrnehmungsperspektive wechselt: An die Stelle der Akteurssicht tritt mit zunehmender Abstraktionshöhe die Systemperspektive. Statt die Handlungslogik zu verstehen, gilt es die Systemlogik zu rekonstruieren, die als stumme Struktur Kontingenzspielräume des Handelns definiert.

Zur Abgrenzung von handlungsbezogenen, institutionellen und gesellschaft-lichen Fragestellungen hat sich auch in der PR-Theorie die Unterscheidung von Mikro-, Meso- und Makroebene etabliert (vgl. Ronneberger/Rühl 1992: 249). Spannend ist die Frage, welche Beziehungen diese Ebenen zueinander haben.

Erkenntnistheoretisch muss der Makroebene eine vorentscheidende Rolle zugewiesen werden, weil sie für die anderen Ebenen den Reflexionshintergrund abgibt, vielleicht sogar den kategorialen Rahmen schafft, mindestens aber die Erkenntnisreichweite bestimmt. Der Grund dafür ist selbstevident: Weder Parteien oder Unternehmen noch Individuen können außerhalb der Kommunikationslogik der Gesellschaft kommunizieren, zu der sie gehören.

Wer von der Makroebene spricht, kann nur Gesellschaft meinen und muss damit das „Problem der Komplexität" akzeptieren, das sich nicht mehr mit Kategorien der Kausallogik erfassen lässt. Und wer dieses einmal (an)erkannt hat, kann kaum auf die Systemtheorie mit ihrer Universalität und der damit verbundenen Erkenntnisreichweite verzichten (vgl. Willke 1996) – auch nicht eine Theorie der Public Relations.

Vielmehr hat sie vor dem Hintergrund eines systemtheoretisch rekonstruierten Gesellschaftsbegriffs die Grundfrage zu klären, welche Funktion in modernen Gesellschaften der PR zukommt oder zugespitzt formuliert: warum Public Relations in den modernen Gesellschaften längst erfunden worden wäre, wenn es sie nicht bereits gäbe. Die Antwort kann übrigens nicht in der „Herstellung und Bereitstellung durchsetzungsfähiger Themen" (Ronneberger/Rühl 1992: 297) liegen. Denn damit würde sie ununterscheidbar zum Journalismus, wie Ulrike Röttger (2000: 33) zutreffend herausgearbeitet hat. Auch der ursprünglich eher für die Meso-Ebene entwickelte Vorschlag, PR „als Konstruktion wünschenswerter Wirklichkeiten" (Merten/Westerbarkey 1994) zu verstehen und für die gesellschaftstheoretische Folierung weiterzuentwickeln, verfängt nicht, weil jegliche Form gesellschaftlicher Kommunikation unvermeidlich konstruktiv und interessengeleitet ist, also die erwünschte Wirklichkeit herstellen will. Und worin bestünde beispielsweise der Unterschied von PR zur Werbung?

Vorschläge nun, PR als System/Umwelt-Interaktion zu begreifen (vgl. exemplarisch Faulstich 2000: 45), bleiben in dieser Form viel zu unspezifisch. Denn gesellschaftliche Subsysteme befinden sich fortwährend in den unterschiedlichsten Austauschbeziehungen mit ihrer Umwelt (vgl. Röttger 2000: 35) und kommunizieren dabei über unterschiedliche Steuerungsmedien, beispielsweise auch über Macht und Geld (Habermas 1981), die Luhmann bezeichnenderweise „symbolisch generalisierte Kommunikationsmedien" oder neuerdings auch „Erfolgsmedien" (ders. 1997) nennt. Doch mit dem Gedanken, dass die System/Umwelt-Beziehungen bzw. die Inter-System-Beziehungen funktional vorstrukturiert sind, lässt sich weiterarbeiten, wenn man den Blickwinkel verändert: also die Umwelt/System-Prozesse genauer untersucht werden.

Public Relations ist dann weder als selbständiges System wie etwa das Mediensystem, das nach eigenen Regeln funktioniert, aber auch nicht allein über eine konkrete Leistung wie die „Bereitstellung durchsetzungsfähiger Themen" zu begreifen. Vielmehr schafft sie die Voraussetzung für eine Leistung, die eine sehr spezifische Umwelt-System-Interaktion darstellt und für die modernen (Medien-)Gesellschaften unverzichtbar ist, weil angesichts sehr begrenzter Ressourcen nur so der große Bedarf an Informationen sichergestellt werden kann. Im Gegensatz zur handlungsbezogenen Wahrnehmung der Journalisten stellt PR aus gesellschaftstheoretischer Sicht ein Angebot des Mediensystems (bzw. in der erweiterten Fassung: des Orientierungssystems) an die Umwelt (z.B. das politische oder ökonomische System) dar, systemkonform Einfluss zu nehmen. Medien evozieren also zwangsläufig PR. Insofern sehe ich die gesellschaftliche Funktion von PR – aus der Makroperspektive formuliert – „in der Bereitstellung eines funktionalen intersystemischen Interventionsprogramms zur Mitgestaltung der öffentlichen Informations- und Interpretationsprozesse, vornehmlich im Mediensystem. Dieses Interventionsprogramm unterwirft die Akteure systemkompatiblen Handlungsmustern" (Rolke 1999: 441). PR ist systemtheoretisch betrachtet also kein Interventionsprogramm für das Mediensystem (vgl. Wehmeier 2003: 295f.), das andere System instrumentell nutzen (das entspräche einer handlungstheoretischen Sichtweise), sondern vom Mediensystem, um funktionskompatibel den Inputprozess vorzustrukturieren.[2]

Habermas würde hier mit Blick auf den Anpassungszwang der Akteure vermutlich einen weiteren Beleg für die „Kolonialisierung der Lebenswelt" durch das System sehen. Doch diese kraftvolle Metapher verleitet zu einem Fehlschluss. Denn auch wenn PR in der Akteurssicht mitunter wie ein „billiger" Beeinflussungsversuch aussehen mag, ist zunächst einmal die mit Public Relations verbundene „wertvolle" Systemleistung herauszustellen: Gesellschaften, die sich mit den unabhängigen Medien professionelle Beobachtungssysteme zur täglichen, aber gerade nicht an Wahrheitsansprüchen orientierten Selbstbeschreibung schaffen (Luhmann 1996), eröffnen den Beobachteten mittels PR zugleich die Möglichkeit zur Intervention, Reklamation und Mit-

---

[2] In Anlehnung an Norbert Elias (1983), der drei Grundfunktionen zur Überlebenssicherung von Gesellschaften identifiziert hat, lassen sich das ökonomische, das politisch-administrative und das Orientierungssystem als die drei wichtigsten ausdifferenzierten (Sub-)Systeme begreifen (vgl. Rolke 1999). Innerhalb dieser Systeme haben sich weitere (Teil-)Systeme herausgebildet: innerhalb des Orientierungssystems z.B. das Mediensystem, das evolutionär dort in Führung gegangen ist. Alle Systeme (unabhängig von Ebene und Komplexität) müssen ihre Interaktionen zur Umwelt organisieren, d.h. in Form von Input- und Output-Programmen vorstrukturieren. PR lässt sich vor diesem Hintergrund als ein Input-Programm des Mediensystems verstehen, das eine systemadäquate Intervention der Umwelt (also anderer Systeme) ermöglicht. Je dominanter das Mediensystem im Orientierungssystem wird, desto stärker mutiert PR zum Interventionen ermöglichenden Input-Programm des gesamten Orientierungssystems. D.h. auch Wissenschaft und Kunst, Bildung und Religion müssen ihre Medientauglichkeit verbessern und/oder erschlaffen in ihrer Orientierungsleistung. Während sich das Mediensystem über den Code „Nachricht/Nicht-Nachricht" steuert, unterscheidet das Orientierungssystem viel gröber zwischen „Information" und „Nicht-Information". Wie sich beide zueinander verhalten ist selbstevident: Eine Nachricht ist immer eine Information, aber nicht jede Information ist eine Nachricht. Zu beobachten ist heute, dass die Nachrichtentauglichkeit immer häufiger den Informationsgehalt „aussticht".

steuerung, um am Ende die Akzeptanz und Realiendeckung (vgl. dazu Rolke 1999a) der publizierten Beobachtungsergebnisse zu verbessern. „Denn wie sollten die Medien für ihre Berichte Glaubwürdigkeit und Authentizität gewinnen können, wenn sie die Information nicht aus der gesellschaftlichen Kommunikation bezögen – mögen diese recherchierte Sachverhalte, Indiskretionen, offizielle Pressemitteilungen oder was sonst sein" (Luhmann 1997: 1103).

Bereits auf der Makroebene ergeben sich daraus eine ganze Reihe spannender Fragen, die nur im Rahmen einer leistungsfähigen Gesellschaftstheorie geklärt werden können: Wie konstituiert sich dieses Interventionsprogramm in unterschiedlichen Gesellschaften? Mit welchen anderen Interventionsprogrammen ist es vergleichbar? Welchen Einfluss können dabei das politische und das ökonomische System in Hinblick auf die Gesamtgesellschaft nehmen? In welchem Umfang ist diese PR-Funktion substituierbar bzw. welches sind die Bedingungen ihrer Emergenz? Etc. Viele weitere spannende Fragen ergeben sich auch unterhalb der Makroebene, die hier allerdings aus Platzgründen nicht einmal formuliert werden können.

Theorie-konzeptionell ist allerdings davor zu warnen, die Systemtheorie zu totalisieren (vgl. bspw. Ronneberger/Rühl 1992). Denn sie unterstellt, dass sich aller persönlicher Intentionen zum Trotz die Systemlogik gewissermaßen hinter dem Rücken der Subjekte durchsetzt, die kategorial gar nicht mehr vorkommen. Wie sich System- und Handlungstheorie ergiebig zusammenbringen lassen, hat Jürgen Habermas in seiner „Theorie des kommunikativen Handelns" (1981) eindrucksvoll vorgeführt. Der theoretisch-konzeptionelle Trick besteht darin, zwei Perspektiven aufrechtzuerhalten und die gleichen Phänomene von unterschiedlichen Standpunkten her zu denken. Im Vergleich dazu zeigen sich bei all den Autoren Probleme, die eine Perspektive aufgeben und sich mit einer eindimensionalen Erklärungslogik begnügen. Sei es, dass sie auch das Akteurshandeln mit der Sprache der Systemtheorie beschreiben (vgl. dazu kritisch Röttger 2000: 34), was häufig so klingt, als würden Liebesbeziehungen in der Sprache von Neurologen beschrieben, oder sei es, dass sie wie im Falle Burkarts (1996) darauf verzichten, die an sich sehr interessanten handlungstheoretischen Betrachtungen mit der

Systemperspektive abzugleichen und deswegen mitunter in Erklärungsnotstand geraten bzw. zu idealistischen Schlussfolgerungen neigen.[3]

Ad 3: Die Beachtung von Theorien kleinerer Reichweite. Also von Theoremen, Modellen und empirisch getesteten Thesenbündeln. Gegen diese so genannten Theorien kleinerer Reichweite, die traditionell mit Definitionen beginnen, ohne ihre erkenntnistheoretischen Grundlagen zu reflektieren und mehr oder minder stark auf Selbstevidenz setzen, ist überhaupt nichts einzuwenden. Im Gegenteil, sie sind zunächst einmal sehr hilfreich, um bestimmte Problemstellungen klarer herauszuarbeiten. Beispielhaft sei auf das „Intereffikationsmodell" (Bentele u.a. 1997; Bentele 1999) oder die „vier PR-Modelle" (Grunig/Hunt 1984) hingewiesen. Doch die entscheidende erkenntnistheoretische Frage lautet: Sind sie – in welcher Form auch immer – anschlussfähig an bzw. kompatibel mit Theorien größerer Reichweite? Wenn nicht, bleiben sie zufällige Momentaufnahmen oder werden zu Auslösern, die eine Theorie größerer Reichweite durchaus ins Wanken bringen können.

Denn die Frage der Anschlussfähigkeit bzw. Kompatibilität ist zugleich auch der Prüfstein für die so genannten Theorien großer Reichweite. Um ihre Plausibilität zu begründen, sind sie zwingend darauf angewiesen, eine hinreichend kritische Menge an wichtigen Modellen bzw. Theoremen zu adaptieren und zu reformulieren, um sie dann in den eigenen Theorieansatz integrieren zu können. Mindestens, indem sie die Problemstellungen aufnehmen. Allen Vorurteilen der Skeptiker zum Trotz liegt also gerade darin eine wichtige Möglichkeit, Supertheorien zu überprüfen, worauf Habermas deutlich hingewiesen hat. Der Wahrheitsanspruch solcher Theorien größerer Reichweite, betont er, „kann nur an der Evidenz von Gegenbeispielen geprüft und am Ende dadurch gestützt werden, dass sich die rekonstruktive Theorie als fähig erweist, interne Aspekte der Wissenschaftsgeschichte (also offene Forschungsfragen und funktionierende Modelle, Einf. durch L.R.) herauszupräparieren und, in Verbindung mit empiri-

---

[3] Habermas hat in seinem Theoriekonzept herausgearbeitet, wie durch Systembildung verständigungsabhängige Koordinationsformen (Gespräche, Normen, Traditionen etc.) überformt werden. Steuerungsmedien wie „Geld" und „Macht" der selbstreferentiell organisierten Systeme Wirtschaft und Politik ersetzen partiell oder ganz die Verständigung. Preise werden in der Regel nicht diskutiert, sondern akzeptiert; Verträge vielleicht kritisiert, aber sind sie einmal geschlossen, können sie nicht einfach eliminiert werden. Diese kommunikative Entlastung der Gesellschaft ist die Voraussetzung für ihre Komplexitäts- und Leistungssteigerung in allen Bereichen. Im Orientierungssystem ist die Information, in der Wissen und Erfahrung entkoppelt sind, das Steuerungsmedium. Aber was machen die Akteure? Sie behandeln Geld und Macht wie Tatsachen und verhalten sich verständigungs- und vor allem kausalorientiert. Dass die Systeme nach einer anderen Logik funktionieren als ihre Handlungspläne, erfahren sie auf indirektem Weg: Handlungsziele und -ergebnisse sind in komplexen Zusammenhängen nie deckungsgleich. Anders formuliert: Die Differenz von Geldwert und Nutzwert, Recht und Gerechtigkeit, Information und Erfahrung gehört für den Menschen in den komplexen Gesellschaften zu den konstitutiven Lebenseindrücken. Das bedeutet für die Sozialwissenschaften: Die unterschiedlichen Logiken von Systemfunktionalität und Handlungsrationalität müssen zwar zunächst situativ getrennt rekonstruiert, aber im zweiten Schritt aufeinander bezogen werden. Insofern muss PR sowohl als Systemwie auch als Handlungsperspektive verstanden werden. Also als ausdifferenziertes Input-Programm des Mediensystems (und in Erweiterung des Orientierungssystems) und als professionelle Handlungsoption der gesellschaftlichen Akteure, die die öffentliche Meinung mitgestalten wollen.

schen Analysen, die tatsächlich narrativ belegte Wissenschaftsgeschichte im Kontext gesellschaftlicher Entwicklungen systematisch zu erklären" (Habermas 1981: 17)[4].

PR-Theorien unterschiedlicher Reichweite, die kategorial gar nicht miteinander konkurrieren können, bilden also keine Alternative, sondern bleiben aufeinander angewiesen. Denn gerade am Beispiel von Luhmanns totalisierender Systemtheorie, aber auch der gesellschaftstheoretischen Abstraktionen eines Jürgen Habermas, ließe sich zeigen, dass sie – trotz aller unbestreitbarer Erkenntniskraft – strukturell der Gefahr unterliegen, sich blickverstellend gegenüber dem zu verselbständigen, das sie vorgeben zu erklären. Wenn sie sich nicht Korrektiven aussetzen. Theorien großer und kleiner Reichweite bilden auf diese Weise zusammen eine Art Korrekturpartnerschaft: Gesellschaftstheorien müssen eine hinreichende Anzahl von Einzelerkenntnissen reformulieren können; theoretische Modelle müssen umgekehrt auf ihre Anschlussfähigkeit an größere Theoriezusammenhänge achten.

Die PR-Wissenschaft leidet derzeit allerdings eher daran, dass es ihr bisher nicht gelungen ist, eine anspruchsvollere gesellschaftstheoretische Sichtweise zu entwickeln, wenn man von dem Impuls gebenden, aber eben doch eindimensional bleibenden und falsch pointierten Vorschlag von Ronneberger/Rühl absieht. Eine solche übergreifende Sichtweise könnte viele Einzelerkenntnisse in Beziehung zueinander setzen. Das würde den Stellenwert mancher singulären Untersuchung verbessern, anderen mehr oder eine neue Bedeutung geben. Und vor allem würde es interessante neue Forschungsarbeiten provozieren.

Ad 4: Die Beachtung der Zeit. Nur was sich nicht verändert und übersichtlich bleibt, kann in Ruhe und störungsfrei beobachtet werden. Die äußerst dynamischen Hochleistungsgesellschaften bilden dazu einen Gegensatz. Die Globalisierung, die heute Unternehmen wie auch politische Organisationen zu einer 24-stündigen Kommunikationsbereitschaft zwingt und damit eine höhere öffentliche Konfliktfähigkeit verlangt (vgl. Rolke 2001), und das Internet (Rolke/Wolff 2002), das den einzelnen wie nie zuvor in der Menschheitsgeschichte empowert hat, haben eine Grundtendenz moderner Gesellschaften nachhaltig verstärkt: „die Beschleunigung" (Glotz 2001: 93). Die damit verbundene Institutionalisierung von Dynamik und offener Veränderung kann nicht ohne Auswirkungen auf die wissenschaftliche Beobachtung von Gesellschaft und ihren Kommunikationsbeziehungen bleiben. Sowohl das Prinzip diskursiver Teilbarkeit als auch das der erfahrungswissenschaftlichen Prüfung sind in Veränderungsprozessen und unter Zeitdruck im traditionellen Sinne nur schwer einlösbar.

Gerade die Kommunikationswissenschaften (einschließlich der PR-Disziplin) sind davon folgenreich betroffen, weil der Wahrheitsbegriff davon berührt ist, wie Klaus Merten in einem stilisierten Gespräch mit dem Agenturholding-Chef Rainer Zimmer-

---

[4] Das ist übrigens auch der Grund gewesen, warum ich in meinem vorbereitenden Beitrag (Rolke 1999) die oben genannten Modelle und einige weitere Basisannahmen genutzt habe, um zu zeigen, dass die von mir beschriebene Funktion von PR als systemisch zur Verfügung gestelltes Interventionsprogramm eben mit diesen kompatibel ist.

mann bereits vor einiger Zeit zutreffend herausarbeitet: „Die Kompliziertheit von Kommunikation nimmt rasant zu, sodass auch die Forschung aufwendiger wird; zugleich verändern sich die kommunikativen Rahmenbedingungen insgesamt. Das hat die langfristig bedrohliche Folge, dass der Kumulus gesicherten Wissens und gesicherter Erfahrung immer schneller überholt wird und auf einmal mit einer Halbwertzeit belastet erscheint, die geradezu bedrohlich sinkt" (Merten/Zimmermann 1998: 356; schon Merten 1994: 328). Mehr noch, Wissenschaft, die sich auf die traditionelle Erzeugung analytischer Momentaufnahmen beschränkt, historisiert sie im Moment des Entstehens (vgl. den vorsichtigen Hinweis von Bentele 2003: 71) und macht sie damit für die Gegenwart nicht selten wertlos. Wissenschaft muss daher heute als praxisbegleitender Lernprozess konzipiert werden – unter antizipativer Einbeziehung möglicher Zukünfte.

Der Bedrohung, im Moment gesicherter Erkenntnis bereits ein historisches Dokument vor Augen zu haben, ist nur dann halbwegs zu entkommen, wenn sich die (PR-)Wissenschaft selber mitverändert: Beobachtung, Prüfung, Handeln und Erfolgskontrolle müssen stärker vernetzt und um die Dimension des Erwartbaren erweitert werden. Denn das zu Beobachtende verändert sich nicht nur rasant und unberechenbar, sondern es zeigt sich auch in unterschiedlichen Aggregatzuständen.

Public Relations und die Wissenschaft von ihr haben sich in den vergangenen Jahren besonders rasant entwickelt. Damit die (PR-)Wissenschaft beim Lauf um die Zukunft mithalten kann, wird es nicht ausreichen, sich – um im Bild zu sprechen – damit zu begnügen, die Rolle des Streckenpostens zu übernehmen. So jemand mag dann zwar in seinem Blickfeld das Geschehen valide prüfen können, aber weder die Gesamtübersicht haben noch über eine erfahrungsgestützte Vorstellung darüber verfügen, mit welchen Problemen die Fahrer tatsächlich kämpfen müssen. Er wird vielleicht gerade deswegen bestimmte Vorkommnisse missdeuten, weil ihm der Sinn verborgen bleibt. Im Rennen um die Zukunft gehört die PR-Wissenschaft häufiger auf den Beifahrersitz der Praxis, um – wie jeder Rallyepilot weiß – den Fahrer auf die nächsten Streckenabschnitte vorzubereiten, mitunter zu warnen und in einem umfassenden Sinne des Wortes wach zu halten. Auf diesem Weg lassen sich zweifelsohne auch neuartige Erkenntnisse gewinnen. Es bedeutet aber auch, dass die (PR-)Wissenschaft an ihrer eigenen Kondition arbeiten muss, um fit für die Praxis zu werden.

Die führenden Unternehmensberatungen, die bis zu 10 Prozent ihres Jahresumsatzes in Branchenforschung stecken, wissen um die Erkenntnismög-lichkeiten der Beifahrer-Perspektive. Wichtige induktiv entwickelte Modelle, die heute zum Basiswissen der Betriebswirtschaftslehre gehören, wie die „Lernkurve", die „Portfolioanalyse" oder auch das Konzept der „Balance Scorecard" sind auf diese Weise entstanden. Closer to consultancy kann das Credo eines modernen Wissenschaftsverständnisses nur lauten, wobei Grundlagenforschung nicht zurückgedrängt, sondern anschlussfähig gemacht werden soll. In diesem Sinne sind auch die nachfolgenden Überlegungen zu verstehen.

Den vorstehenden Anforderungskatalog zusammengefasst, spricht also einiges dafür, dass eine Theorie der Public Relations erst dann – erkenntis-erweiternd und nutzensteigernd – Ordnung in die komplexen Beobachtungen bringen kann, wenn sie gleichzeitig die Voraussetzungen ihres Beobachtens mitzureflektieren vermag und ihren Platz als „beratender Teilnehmer" im Geschehen findet. Nur so wäre im emphatischen Sinne des Wortes „Rationalität" (Rolke 1992a) herstellbar. So wie Ronneburger/Rühl vom Leser einfordern, er solle „vertraute Wege verlassen" und zu neuen Gedankenwegen bereit sein (s.o.), so fordert der Leser aus der Praxis längst, dass die Wissenschaftler ihre Schreibtische und Lehrstühle regelmäßiger verlassen sollten, um als Teilnehmer des Geschehens Erfahrungen aus erster Hand zu sammeln. Und dabei möglicherweise zu erleben, wie Erkenntnisse/ Empfehlungen realtime scheitern oder eben auch nicht. Lehnstuhl-Forscher jedenfalls verpassen die Wirklichkeit – mit oder ohne Vorsatz.

3 Umrisse einer neuen Theorie der Public Relations

Wenn Public Relations also nur aus der Handlungspraxis heraus zu verstehen ist (handlungstheoretische Perspektive), aber die damit verbundenen Wirkungsmöglichkeiten nur im Rahmen der Gesellschaftstheorie (systemtheoretische Perspektive) rekonstruierbar sind, dann muss die Basisdefinition von PR bereits beide Dimensionen enthalten. Erst dann können ihre verschiedenen Bestandteile semantisch ausgewickelt werden. Mit einer solchen komplexen Definition will ich starten, um die damit verbundenen Implikationen dann anschließend schrittweise offenzulegen. Wie so oft klingt auch hier Komplexes zunächst einmal sehr einfach.

3.1 Die Definition

Public Relations ist – im Verständnis des hier vorbereiteten Theorieansatzes – *die gesellschaftlich lizenzierte Möglichkeit[5] zur Mitgestaltung öffentlicher Meinung(sbildung)* – unter Nutzung des Mediensystems oder an ihm vorbei. Doch erstens, was bedeutet Mitgestaltung öffentlicher Meinung? Und zweitens, was ist mit einer gesellschaftlichen Lizenzierung gemeint. Beides ist im vorliegenden Aufsatz noch genauer zu klären. An dieser Stelle kann aber schon unter Rückverweis auf das oben entwickelte Anforderungsprofil an (PR-)Theorien angegeben werden, wo die jeweiligen theore-

---

[5] Diese Formulierung mag die Fragen provozieren: Wer ist der Lizenzgeber? Was sind die vertraglichen Grundlagen? Wer wird ausgeschlossen? Gibt es Kontrollen? Solche Fragen sind berechtigt, aber führen nicht weiter, weil sie einem handlungsrationalen Fragehorizont entnommen sind. In der systemtheoretischen Perspektive ist mit Luhmann (1997: 866) daran zu erinnern, dass die Gesellschaft „keine Adresse" hat: „Sie ist auch keine Organisation, mit der man kommunizieren könnte". Sie muss als Totalität immer schon „vorausgesetzt" werden. Insofern besteht nur die Möglichkeit, „in der Gesellschaft zwar nicht *mit* der Gesellschaft, aber *über* die Gesellschaft zu kommunizieren" (ebd. 867; Hervorhebung durch N.L.). Folglich können wir auch nicht mit der Gesellschaft über Regeln und Lizenzen verhandeln; wir können sie erleben, rekonstruieren und beschreiben. Rekonstruktion, Beschreibung und Re-Designing für die Praxis sind daher wesentliche Aufgaben der (PR-)Wissenschaft.

tischen Fundamente liegen: Nun, die mit dem Begriff der Mitgestaltung verbundenen Implikationen lassen sich nur über eine handlungstheoretische Perspektive forschungskonzeptionell konkretisieren, und die mit dem Begriff der gesellschaftlichen Lizenzierung verknüpften Aspekte können wir uns nur über die Systemtheorie (re-)konstruktiv erschließen. In beiden theoretischen Sichtweisen lässt sich unsere Eingangsdefinition weiter präzisieren. Doch jeweils mit einem klar unterscheidbaren epistemologischen Focalpoint.

Eine solche duale Betrachtung hat enorme forschungsstrategische Vorteile: Einerseits können wir aus der reflexiven Teilnehmerperspektive fragen, wie sich die kommunikativen Handlungschancen konkret darstellen, mit welchen Mitteln sie sich nutzen lassen und welche Ertragserwartungen die Handelnden damit verbinden können. Andererseits können wir – nun theoretisch adäquat foliert – kontextbezogene Fragen beantworten. Beispielsweise, warum moderne Gesellschaften ihre Mitglieder bzw. den sich herausbildenden Organisationen die Chance eröffnen, Meinungen mitzugestalten, und wo möglicherweise die Handlungsgrenzen liegen. Aber auch, worin die Vorteile gegenüber Gesellschaften bestehen, die diese Funktion nicht ausdifferenziert haben, wo die Voraussetzungen dafür liegen und wo die Belastungsgrenzen des Mediensystems in demokratischen Gesellschaften zu vermuten sind. Schließlich wirken beide Perspektiven füreinander anregend.

3.2 Das funktionale Interesse der Gesellschaft

Warum erteilen Gesellschaften beliebigen Organisationen oder auch einzelnen Personen die Lizenz, öffentliche Meinung aktiv mitzugestalten, obwohl es sich nicht um Journalisten oder Medien handelt?[6] Abstrakt lautet die Antwort auf all diese Fragen: Weil es der Gesellschaft mehr Nutzen bringt, als wenn sie diese Möglichkeit ausschließen würde. Doch was heißt Nutzen für die Gesellschaft?

Diese Frage lässt sich sehr viel ergiebiger dann beantworten, wenn wir einen Perspektivenwechsel vornehmen. Wenn wir also Gesellschaft nicht aus der Binnenansicht der Handelnden zu erfassen versuchen, sondern aus dem systemischen Eigeninteresse der Gesellschaft begreifen. In dieser Sichtweise nutzt einer Gesellschaft und ihrer Teilsysteme, was die Überlebensfähigkeit sichert und deren Komplexität erhöht. Was das im Einzelnen bedeutet, darüber hat uns die Systemtheorie hinreichend aufgeklärt: System-/Umwelt-Abgrenzung, Differenzierung, Referenz, Autopoiesis, Selbstbeschreibung, Entwicklung von spezifischen Steuerungs- bzw. Kommunikationsmedien etc. (vgl. Luhmann 1997). Am Beispiel der gesellschaftlichen Ausdifferenzierung von Teilsystemen lässt sich der Erkenntnisnutzen für die PR-Theorie verdeutlichen.

---

[6] Übrigens lässt sich derzeit sehr gut beobachten, wie sich die Lizenzbedingungen mit der Entwicklung des Internets zum Universalmedium verändern (Vgl. Alby 2007; Pleil 2007), ohne dass sich die Grundlogik verändert: Jeder kann sich heute jeder für jeden sichtbar machen, alles bewerten und kommentieren. Aber massenhaft wahrgenommen wird es nur, wenn es über einen hinreichenden Nachrichtenwert verfügt. Blogger und Bürgerjournalisten können so zu Wettbewerbern im etablierten Meinungsmarkt werden.

Zu den Erfolgskonstituenten von modernen Gesellschaftssystemen gehört also die Binnendifferenzierung – wie ich in Anlehnung an Norbert Elias (1983) vorgeschlagen habe – in drei untereinander ausbalancierte Teilsysteme, die für folgende Basisfunktionen zuständig sind: materielle Versorgung der Gesellschaftsmitglieder (Wirtschaftssystem), die Kontrolle der Gewaltpotenziale (politisch-administratives System) und die Weitergabe von Wissen und Erfahrung (Orientierungssystem). Ich hatte bereits vor einiger Zeit tentativ begründet, warum es für die Entwicklung einer Theorie der Public Relations hilfreich ist, zunächst von diesen drei Basissystemen auszugehen, wobei das Orientierungssystem die Bildungs- und Wissenschaftsinstitutionen ebenso umfasst wie die Medien (vgl. Rolke 1999). Denn bereits auf dieser ersten Differenzierungsstufe lässt sich – wie wir sehen werden – die Funktion von PR sichtbar machen.

Teilsysteme einer Gesellschaft, so vermittelt uns die Systemtheorie, entwickeln sich dann erfolgreich, wenn sie ihre Funktion selbstreferentiell erfüllen und die Impulse aus ihrer Umwelt in die systemeigene Logik übersetzen und dann weiterverarbeiten können. Insofern müssen Systeme bei Strafe ihrer Existenz funktionslogisch mit sich selbst identisch bleiben, ohne durch eine hundertprozentige Immunisierung sich gegenüber ihrer Umwelt abzuschotten. Die Politik kann sich also nicht total gegenüber den Ansprüchen aus der Wirtschaft verschließen und umgekehrt. Aber jedes System kann die externen Ansprüche immer nur in der eigenen Logik (weiter-)verarbeiten: Politik muss normieren und entscheiden, Wirtschaft muss Chancen für Geschäfte erkennen und generieren. Und die Medien als Teil des Orientierungssystems müssen Nachrichten identifizieren und entsprechend vermitteln.

Damit allerdings der systemadäquate Transfer von außen nach innen funktionieren kann, benötigen die gesellschaftlichen Teilsysteme kompatible Input-Programme zum Beeinflusst*werden* durch die Umwelt: Public Relations ist ein solches Input-Programm, das in das Orientierungssystem mit all seinen Öffentlichkeiten und Plattformen veröffentlichter Meinung hineinwirkt. Im Klartext: Das Mediensystem (als wesentlicher Teil des Orientierungssystem) generiert unter entwickelten Bedingungen nicht nur Journalismus, sondern immer auch ihren Gegenpart: die Public Relations, um eine professionelle Zulieferung zu ermöglichen. In diesem Sinne habe ich vorgeschlagen, *PR aus dem Blickwinkel der Gesellschaftstheorie als ein funktionales Interventionsprogramm zur Mitgestaltung der öffentlichen Informations- und Interpretationsprozesse, vornehmlich im Mediensystem,* zu definieren. Etwas anschaulicher formuliert lässt sich die Bedeutung noch leichter abschätzen: Über PR als Interventionsprogramm erhalten Politik und Wirtschaft die Möglichkeit, Medieninhalte und öffentliche Wahrnehmungen nach den Lizenzbedingungen der Gesellschaft zu beeinflussen, an denen sie sich wiederum orientieren. Im Akzeptieren der Lizenzbedingungen liegt allerdings der Kaufpreis. Er besteht darin, dass sich die beiden anderen grundlegenden Funktionssysteme (also Politik und Wirtschaft) der Logik des Orientierungssystems – heute dominiert vom Mediensystem – unterwerfen müssen, wenn sie öffentliche Meinung mitgestalten wollen.

Das bedeutet: Der nicht verhandelbare Zwang zur Unterwerfung unter die Regeln des Mediensystems sind Teil des impliziten Lizenzvertrags, den jeder eingeht, der in den modernen Gesellschaften PR betreibt. Insofern kommt es einem Kategorienfehler gleich, wenn sich unerfahrene Unternehmensvertreter darüber beschweren, dass die Medien nicht genau das drucken oder senden, was die PR-Abteilungen ihnen zur Verfügung gestellt haben. Trotz relativer Offenheit gegenüber PR-Material reagieren Medien nun einmal – wie alle anderen Systeme auch - im Interesse an sich selbst. PR kann die Systemlogik der Medien nutzen, aber nicht verändern.

Warum, so lässt sich weiter fragen, überlässt die Gesellschaft nicht monopolhaft ausschließlich den Journalisten diese mediale Orientierungsaufgabe: Warum beispielsweise werden sie nicht fürstlich aus Steuergeldern bezahlt und behalten doch gegenüber dem Staat ihre vollständige Unabhängigkeit? Oder anders herum gefragt: Warum liegt es im Interesse des Systems – entgegen dem persönlichen Interesse des Journalisten –, dass dieser weiterhin Beeinflussungsversuchen ausgesetzt bleibt? Die Antwort ist im Grunde naheliegend: Weil der „Gegenstand", über den tagtäglich berichtet wird, eine Art öffentlichkeitswirksames Vetorecht benötigt, damit die Berichterstattung eine hinreichende, wenn auch nicht vollständige Adäquatheit zum „Gegenstand" behält. Luhmann hat völlig Recht, wenn er sagt: „Es hat [...] wenig Sinn, zu fragen, ob und wie die Massenmedien eine vorhandene Realität *verzerrt* wiedergeben; sie *erzeugen* eine Beschreibung der Realität, die eine Weltkonstruktion und das *ist* die Realität, an der die Gesellschaft sich orientiert" (Luhmann 1997: 1102; H.i.O.). Doch gerade weil die Medien Realität schaffen, ist es für die Gesellschaft insgesamt überlebenssichernd, dass auch die anderen Basissysteme an der Generierung dieser Wirklichkeit beteiligt werden. Denn sie orientieren sich ja an eben diesem Wirklichkeit definierenden Output. Allerdings kann diese Mitgestaltung nur in der Logik des Mediensystems selbst erfolgen, das funktional die Aufgabe übernommen hat, Wirklichkeit(sbilder) zur Orientierung zur Verfügung zu stellen.

Verzerrungen kommen bekanntlich schon allein durch die Art und Weise zustande, wie Medien Informationen verarbeiten. Doch es macht einen großen Unterschied, welchen informationell vorgeformten Input die Medien erhalten und über welche Begleitprogramme die Öffentlichkeit zusätzlich informiert wird. Public Relations als kompatibles Interventionsprogramm übernimmt genau diese Aufgabe: den Realitätsgehalt von (medial vermittelter) Wirklichkeit zu verbessern. Deswegen sind moderne Gesellschaften an PR funktional interessiert. Dysfunktionale Selbstbeschreibungen – zu schön oder zu schlecht, zu panisch oder im Gegenteil zu verdrängend – führen zur Irritation der anderen Systeme, die diese Leistung für sich selber benötigen, und am Ende zur Selbstgefährdung der ganzen Gesellschaft, wie „sterbende Diktaturen" immer wieder eindrucksvoll veranschaulicht haben.

Ich habe an anderer Stelle mit Bezug auf Luhmann den Begriff der „Realiendeckung" in der Mediengesellschaft eingeführt (vgl. Rolke 1999a: 87). Hierbei geht es nicht um „wahr" oder „falsch", sondern darum, ob die von den Medien immer auch mitgelieferten Realitätsannahmen funktionieren oder nicht. Produzieren die Massenmedien zu viel Symbolik, die in der subjektiv erfahrenen und gedeuteten Welt nicht gedeckt werden kann, entsteht kommunikative Inflation. Sie wird erlebbar, „wenn die Kommunikation ihr Vertrauenspotential überzieht, d.h. mehr Vertrauen voraussetzt, als sie erzeugen kann" (Luhmann 1997: 383).[7] Durch die antagonistische Kooperation von Journalismus und PR wird dieses Risiko gebändigt.

Wie durch die vorhergehenden Ausführungen illustriert werden konnte, lässt sich mit Hilfe der Systemtheorie vor allem der gesellschaftliche Funktionskontext rekonstruieren, vor deren Hintergrund Menschen handeln. Die handelnden Akteure erleben diesen Handlungsrahmen als (soziale) Tatsachen, die als Selbstverständlichkeit in der Regel unhinterfragt akzeptiert werden. Die wirtschaftlichen Imperative bei der Vermittlung von Medienangeboten beispielsweise, die journalistischen Freiheiten und die Rezeptionsgewohnheiten von Lesern, Hörern und Zuschauern, um nur einige solcher sozialen Tatsachen zu nennen. PR-Praktiker fragen nicht, warum die Verhältnisse so sind, wie sie sind. Sie nutzen sie einfach und lernen durch Versuch und Irrtum.

3.3 Die Sichtweise des Unternehmens

Die praktischen Ansatzpunkte, um öffentliche Meinung mitzugestalten, lassen sich am einfachsten in einer handlungstheoretischen Perspektive identifizieren. Das Mediensystem erscheint in dieser lebensweltlichen Sichtweise nicht als ausdifferenzierte Funktion der gesellschaftlichen Selbstbeobachtung und aktuellen Selbstbeschreibung, sondern als ein handlungslenkender Meinungs- und Deutungsproduzent. Konkret als eine Ansammlung von Institutionen, die über öffentliche Aufmerksamkeit und Meinungsbilder entscheiden. Und die eben deswegen ständigen Beeinflussungsversuchen von außen unterliegen. Weil Unternehmen und Parteien, Greenpeace ebenso wie der ADAC oder die Gewerkschaften von all dem erfolgswirksam betroffen sind, beginnen sie, eine Beziehung zu dieser Institution aufzubauen und sie mit solchen Inhalten zu versorgen, die dort ankommen und in etwa so weiterverarbeitet werden, wie es den Interessen der PR-treibenden Organisation (gerade so) entspricht. Das lässt sich durchaus als Lernprozess begreifen.

Organisationen wie Parteien oder Unternehmen – auf letztere will ich mich im Folgenden beschränken – verhalten sich dabei unilateral. Ausgangspunkt aller Wahrnehmung sind sie selbst. Sie bauen Beziehungen zu anderen Organisationen bzw. zu den

---

[7] Gesellschaften, mit denen man – wie wir gesehen haben (vgl. Anm. 7) – nicht kommunizieren kann (nur über sie), generieren tagtäglich eine ganze Reihe von Selbstbeschreibungen: wissenschaftliche, journalistische, religiös motivierte, künstlerische etc. (vgl. Luhmann 1997: 866ff.) – übrigens allesamt Leistungen des Orientierungssystems. Doch welche spielt die größte Rolle? Unverkennbar in der Bedeutung wachsend ist die Selektionsleistung des Mediensystems (ebd. 1096ff.). Angesichts seiner Beschreibungsmacht wäre es aus Sicht der Gesellschaft insgesamt dysfunktional, wenn nicht gar überlebensgefährdend, wenn das Mediensystem gegenüber dem Einfluss von außen immunisiert wäre. Es erhöht die Akzeptanz und vor allem die Realiendeckung seines Outputs, wenn prinzipiell alle Systeme, alle Organisationen, alle Personen einer Gesellschaft als Inputgeber akzeptiert werden. Allerdings nach den Regeln des Mediensystems. Das zu ermöglichen – darin liegt die Kernleistung von PR. Da sich mit dem Internet das Mediensystem verändert, verändern sich auch die Möglichkeiten (Systemvariationen) und damit die spezifischen Leistungen von PR.

von ihnen definierten Institutionen und Personengruppen (Zielgruppen) auf (vgl. ausführlich das Konzept des Stakeholder-Kompasses: Rolke 2002; zur Empirie: Rolke 2003) und organisieren dann eine erfahrungsgemäß eher restringierte Kommunikation (einseitig; asymmetrisch, diskontinuierlich) zu diesen: Soviel wie möglich, aber nicht mehr als nötig: Doch welches sind die wesentlichen Zielgruppen? Warum ist die Kommunikation mit diesen so wichtig? Und was sind die Mittel?

Zielgruppen sind dann wichtig, wenn sie in der Lage sind, den Erfolg einer Organisation zu mindern oder zu steigern: Kunden haben für Unternehmen Relevanz, Mitarbeiter, Aktionäre, und auch Journalisten. Kindergärtnerinnen, Briefmarkensammler oder Obstpflücker hingegen, sofern sie nicht zu einer der vorgenannten Gruppen gehören, eben nicht. Warum? Was unterscheidet die erste Gruppe von der zweiten? Kunden, Mitarbeiter, Aktionäre und Journalisten repräsentieren für Unternehmen die relevanten Märkte: den Absatz-, Personal-, Finanz- und Akzeptanzmarkt, von denen die Unternehmen abhängig sind. All diese Zielgruppen lassen sich auch kommunikativ erreichen. Es gibt jeweils spezielle Abteilungen, die für sie zuständig sind. Doch ihren besonderen Status für Unternehmen erlangen sie dadurch, dass ihr Verhalten marktrelevant ist. Kunden kaufen oder kaufen nicht. Mitarbeiter bleiben im Unternehmen und sind produktiv oder eben nicht. Aktionäre bleiben Shareholder oder eben nicht. Journalisten berichten positiv, neutral oder negativ über ein Unternehmen und beeinflussen damit die öffentliche Akzeptanz, die jederzeit entzogen werden kann und so oder so die anderen Märkte beeinflusst.

Im Management dieses Doppelcharakters von Kommunikation und Leistungsaustausch liegt der Erfolgsschlüssel für Unternehmenskommunikation: also die genannten Zielgruppen zugleich als Marktteilnehmer und Kommu-nikationspartner zu behandeln. Interessanterweise können Unternehmen durch Kommunikation (z.B. Werbung und PR) monetär wirksames Verhalten auslösen bzw. entsprechende Widerstände frühzeitig wahrnehmen, bevor sie monetär sichtbar werden. Deswegen haben Unternehmen in den vergangenen Jahren ihre öffentliche Kommunikationsfähigkeit so enorm erhöht. Allerdings bleibt ihr basaler Orientierungscode – organisationsgenetisch bedingt – das Geld. Dieser Code ist nicht verhandelbar, sondern systemisch vorgegeben. Und insofern aus Sicht der Akteure eine Tatsache.

Unternehmen sind im gegeben Systemkontext keine Beschäftigungs-anstalten, sondern Leistungsanbieter mit der Absicht der Gewinnrealisierung. Gerade dadurch wird der systemisch eingebrannte Code sichtbar, der alle in Marktwirtschaften agierende Unternehmen – unabhängig vom Willen der Handelnden – vorjustiert. Ob das Unternehmen kostendeckend arbeitet oder nicht, Überschüsse realisiert oder nicht, ist kein verhandelbares Ziel, über das das Management entscheiden können. Das Streben, dieses Ziel zu erreichen, ist aufgrund des systemischen Hintergrunds organisationsgenetisch vorgegeben.

Deswegen sind Unternehmen primär auf das Steuerungs- oder, wie Luhmann sagen würde, Kommunikationsmedium Geld justiert. Die Botschaften, die es am leichtesten versteht, drücken sich in Gewinn und Verlust, Cashflow und Return on Invest, Marken- und Unternehmenswerten aus. Erst sekundär hören Unternehmen auf die Botschaften aus der verständigungsbasierten Kommunikation, wie sie beispielsweise von den Massenmedien übermittelt werden: auf Informationen also, die allerdings in einem entscheidenden Punkt den monetären Signalen überlegen sind. Informationsbasierte Kommunikation signalisiert frühzeitiger, was auf das Unternehmen zukommt, also zu einem Zeitpunkt, wo das Management noch intervenieren kann. Der Blick in die Bilanz oder Gewinn- und Verlustrechnung ist der Blick in den Rückspiegel, in dem nur die Entwicklung der Vergangenheit sichtbar wird. Die Beteiligung an Kommunikation ist wie der Blick durch die Frontscheibe. Man sieht, was vor einem passiert, und kann reagieren. Und genau das haben Unternehmen intuitiv gelernt. Darin liegt zugleich die betriebswirtschaftliche Begründung der Unternehmenskommunikation. Zeit ist Geld. Das ist längst bekannt. Hier wird diese Grundeinsicht sehr anschaulich. Weil sich durch Rechtzeitigkeit Krisen verhindern und Chancen nutzen lassen.

Übrigens ließe sich auch für andere Organisationen wie Parteien, die primär in einem anderen Systemkontext operieren, ein ähnlich unilateral organisiertes Beziehungsgeflecht rekonstruieren (Stakeholder-Kompass). Auch hier würde sich die Relevanz der Zielgruppen nach der Stärke des Einflusses auf den Organisationserfolg ergeben.

Was die Frage anbetrifft, welche Mittel wie eingesetzt werden und auf welche Weise sich der Erfolg nachweisen lässt, so ist dies in jedem besseren How-to-do-Buch nachzulesen. Problematisch an all diesen Handreichungen ist nur, dass sie im professionellen Eifer um die medienbasierte und zielgruppengerechte Kommunikation häufig den organisationsgenetischen Code der Unternehmung vergessen: die monetäre Wertschöpfung, die mitunter Entscheidungen hervorbringt und rechtfertigt, die aus der reinen Perspektive verständigungsorientierter Kommunikation (vgl. Burkhart 1996) kritisch beurteilt würde. Tatsächlich aber können sie höchst rational sein, wie die jüngere Diskussion um die Wertschöpfung durch Kommunikation zu erhellen vermag (vgl. Pfannenberg/Zerfaß 2005; Piwinger/Porák 2005; Rolke/Koss 2005).

4 Beobachtung und Erfahrungswert

Wer Beziehungen zu Öffentlichkeiten alias Anspruchsgruppen alias Märkten[8] aufbaut, muss diese Beziehungen managen, und zwar mittels Informationsaustausch. Aus der Satellitenperspektive der Luhmannschen Systemtheorie mag im Umfeld des Unternehmens lediglich das Mediensystem und ein übriger „diffuser Kommunikationsfluss" (ders. 1997: 1103), gegen den sich ersteres abgrenzt, erkennbar sein. Doch aus der Perspektive der agierenden Manager wird das unilateral organisierte Beziehungsgeflecht der Unternehmen sichtbar (für Parteien und andere Organisationen gilt Ähnliches, was

---

[8] Die unterschiedliche Begrifflichkeit ist den jeweiligen Theoriesprachen geschuldet. Aber trotzdem geht es um das gleiche komplexe Phänomen, das eben nur aus unterschiedlichen Blickwinkeln wahrgenommen wird: mal als Öffentlichkeit, mal als Anspruchsgruppe, mal als Repräsentanten eines Marktes. Kunden, Mitarbeiter, Aktionäre und Journalisten sind jeweils alles drei zugleich.

hier jedoch nicht weiter verfolgt wird). Für Unternehmen sind das primär, wie wir gesehen haben:
- die Kunden (Absatzmarkt)
- die Mitarbeiter (Beschaffungsmarkt)
- Aktionäre (Finanzmarkt)
- Journalisten (Akzeptanzmarkt)

Mit Blick vor allem auf diese Anspruchsgruppen gilt: Unternehmenskommunikation ist das Management der Kommunikationsbeziehung eines Unternehmens zu seinen Anspruchsgruppen, um mit diesen (monetär bewertbare) Kooperationsvorteile zu erzielen bzw. um kostenwirksame Störungen zu vermeiden. Hier gibt es erheblichen Forschungsbedarf (vgl. Rolke 2003). Denn die Kommunikationsbeziehungen zu diesen Anspruchsgruppen sind schon aus ökonomischen Gründen restringiert, informationsasymmetrisch und wahrnehmungsdifferent. Je mehr wir darüber wissen, desto erfolgreicher und kostenangemessener lassen sich die Kommunikationsbeziehungen organisieren. Allerdings hilft dabei weniger die Retrospektive traditioneller Sozialwissenschaften als vielmehr eine abduktive, also von der überraschenden Beobachtung ausgehenden Vorgehensweise bzw. die perspektivische Analyse, wie Bentele (2003: 71) es nennt. Dazu einige Erläuterungen.

Restringierte Kommunikation: Kommunikation kostet Zeit und Geld. Kein Unternehmen ist auf Dauer finanziell in der Lage, mit allen möglichen Anspruchsgruppen zeitlich unbefristete Diskursgemeinschaften zu bilden. Im Gegenteil: Solange einseitige, einfache massenmediale Kommunikation funktioniert, wird sie auch favorisiert (vgl. die empirische Bewertung der Kommunikationsmodelle bei Avenarius 2000: 87). Nur bei ausgewählten Zielgruppen und in Krisen ist eine höhere Dialogbereitschaft feststellbar. Doch auch umgekehrt gilt: Der Kommunikationspartner (beispielsweise ein Kunde oder Journalist) will nicht unbedingt wegen einer einzelnen Information in ein umfassendes Dialogprogramm eingebunden werden. Zwischen einem Unternehmen und seinen Anspruchsgruppen bleibt immer ein Beziehungsgap, das auch ein kommunikatives Restrisiko impliziert. Es muss beobachtet, aber nicht aus prinzipiellen Gründen zum Verschwinden gebracht werden. Die Art der Kommunikation kann nur situativ, nicht prinzipiell richtig oder falsch sein.

Informationsasymmetrien: Die Beziehungen von Kunden und Unternehmen und auch von Unternehmen und Mitarbeitern unterliegen dem Problem der ungleichen Verteilung von Information. Die Prinzipal-Agent-Theorie kann diesen Sachverhalt aufhellen (vgl. Pico 2001 et al.: 56f.). Das Problem, um das es dabei geht: Der Auftragnehmer (zum Beispiel das Unternehmen) trifft Entscheidungen, die der Auftraggeber (zum Beispiel der Kunde) nicht kennt, von dem dieser aber betroffen ist. Zum Beispiel im Bereich der Produktentwicklung oder der Serviceentscheidungen. Dadurch entsteht eine für den Kunden (strukturell) unübersichtliche Situation. Er misstraut dem Unternehmen (in diesem Fall Agent) weil er befürchtet, das dessen Entscheidungen zu seinen Ungunsten ausfallen, ohne dass er es bemerken würde (zum Beispiel schlechteres

Material, Verzögerung beim Service). Dieses Problem ist für die Kommunikation gerade dort interessant, wo sich Erwartungen nicht vertraglich regeln lassen. Zum Beispiel die Frage, wie umweltfreundlich ein Produkt hergestellt wird oder wann die neue Produktgeneration auf den Markt kommt, welchen Wertzuwachs ein Fonds realisieren wird oder welche Versicherungsleistung am Ende erbracht wird (vgl. dazu Bittle 1997).

In der Beziehung zwischen Unternehmen und Mitarbeitern sind beide sowohl Auftraggeber als auch Auftragnehmer. Im betriebswirtschaftlichen Prozess der Leistungserstellung ist der Mitarbeiter Agent: Er übernimmt Aufgaben und entscheidet in einem bestimmten Rahmen selbständig, sammelt sogar Know-how, was dem Unternehmen verloren geht, wenn er nicht mehr dort beschäftigt ist. Beim Verkauf seiner Arbeitskraft ist der Mitarbeiter Prinzipal. Er stellt dem Unternehmen seine Arbeitskraft zur Verfügung, damit dieses sie optimal weiterverwertet. Der Mitarbeiter weiß aber nicht, welche Entscheidungen das Unternehmen zukünftig trifft und ob er nicht nach einer gewissen Zeit wegrationalisiert wird. In solchen Kommunikationsbeziehungen spielen Transparenz und Commitments eine große Rolle. Zugleich entstehen Überwachungs- und Garantiekosten. Insofern kann Vertrauen kein kostenloses Gut sein, sondern muss immer wieder neu hergestellt werden. Vertrauen ist aber preiswerter als der Versuch, alle erdenklichen Aspekte vertraglich zu fixieren. Die Herstellung von Vertrauen wiederum ist nur mit Kommunikation möglich.

Wahrnehmungsdifferenz: Dieses Problem lässt sich leicht anhand der Beziehung des Unternehmens, vertreten durch die PR-Manager, zu den Journalisten illustrieren, gilt aber auch für andere Beziehungen: Nach einer breit angelegten Studie von Siegfried Weischenberg (1997: 6ff.) sehen 75 Prozent der Journalisten keinen Bedarf für PR-Angebote, sei es, weil sie diese für überflüssig, gefährlich oder eben nicht nutzbar halten. Eine Befragung der PR-Manager wiederum zeigt ein ganz anderes Bild. Nach ihrer Erfahrung sind über 50 Prozent der Journalisten an PR-Angeboten interessiert und nutzen sie auch (vgl. Rolke 2003). Der Grund für dieses Wahrnehmungsparadoxon liegt in den ritualisierten Beziehungen zwischen Journalisten und PR-Managern, für die eine aufgeklärte Selbsttäuschung konstitutiv ist: Wenn PR-Informationen von Medien genutzt werden, wird das Medium (mitunter explizit durch den angegebenen Namen eines Journalisten) zum Absender des Beitrags – auch wenn der Text oder das Bild materiell zu 100 Prozent übernommen wird.

Insgesamt betrachtet wird aus diesen wenigen Hinweisen bereits deutlich: Unternehmen sind gezwungen, eine Reihe hochkomplexer Beziehungen zu organisieren, die sich immer wieder als störanfällig erweisen, aber dennoch nicht völlig kontingent sind. Um kommunikative Verhaltensmuster und Interventionserfolge gleichermaßen sichtbar machen zu können, gibt es nur eine Möglichkeit: die Evaluation von PR-Wirkungen.

5 PR-Theorie braucht Wirkungsmodelle

PR ist nun mal – wie jegliche Form der Kommunikation – auf Wirkung angelegt. Wirkungen wiederum sind entweder prozessual oder formativ, also vom Ergebnis her evaluierbar. Da Prozesse als Abfolge von Zwischenergebnissen gedacht werden können, und Ergebnisse im sozialen Kontext nicht stabil sind, also zeitlich gesehen selber nur Zwischenergebnisse darstellen, ist jede Kommunikationswirkung vom Ergebnis her zu denken – als ein veränderter Zustand mit begrenzter Haltbarkeitsdauer.[9] Im hier ausgeführten Theoriekonzept, was die Dualität von Systemfunktionalität und handlungsrationaler Perspektive ausdrücklich fordert, lassen sich PR-Wirkungen aus beiden Perspektiven beleuchten:

- In der funktionalen Perspektive (vgl. 5.1) können Wirkungsmuster sichtbar gemacht werden, die nicht aufgrund, sondern trotz intentionalem Handeln entstehen und am einfachsten über Benchmarkinganalysen zu erkennen sind: Diese Muster markieren Grenzen.
- In der handlungsrationalen Perspektive (vgl. 5.2) lassen sich die singulären, intentionsausgelösten Wirkungsketten sichtbar machen, deren Ergebnisse mit den ursprünglichen Zielen verglichen werden: Die Abweichungen zeigen den Optimierungsbedarf.

Was das für die Unternehmenskommunikation heißt, will ich zumindest andeuten.

5.1 Wirkungsmuster durch Benchmarkanalysen erkennen

Die Beziehungen zwischen den Unternehmen oder anderer Organisationen (wie Parteien, Verbände oder Bürgerinitiativen, worauf hier nicht eingegangen wird) zu ihren jeweiligen Stakeholdern ist keineswegs völlig kontingent. Dies lässt sich am Beispiel der Kommunikationsbeziehungen zu den Medien gut illustrieren. Auch in dieser Hinsicht gibt es einerseits Regelmäßigkeiten, also Interaktions- und Wirkungsmuster, und andererseits Variationsspielräume. Beides lässt sich durch die Setzung von Benchmarks und die Beobachtung von Abweichungen genauer ermitteln.

Dazu zwei Beispiele. Bereits vor zehn Jahren – nach Durchführung einer Reihe von Medienresonanzanalysen für Unternehmen – konnten wir im Auswertungsteam so etwas wie ein Muster erkennen: Wir sahen eine Optimalrelation – so habe ich das damals genannt – zwischen selbstinitiierter und fremdinitiierter Berichterstattung (vgl. Rolke 1992). Sie beträgt 70 zu 30. Inzwischen konnten diese Werte nicht nur in vielen weiteren Medienresonanzanalysen, sondern auch in einer breit angelegten Untersuchung unter den 1200 umsatzstärksten Unternehmen in Deutschland bestätigt werden

---

[9] Für die Theoriebildung in der PR könnte der philosophische Pragmatismus, der Phänomene über ihre Wirkungen zu bestimmen sucht („pragmatische Maxime), sehr anregend sein. Interessanterweise ist er in Deutschland in dieser Hinsicht kaum rezipiert worden. „Die pragmatische Maxime fordert dazu auf, eine Beziehung zu Begriffen herzustellen: Der *Begriff* des Gegenstandes soll durch den *Begriff* seiner praktischen Wirkungen erklärt werden: Durch die Beziehung auf mögliches Handeln öffnet sich die Entwicklung der Theorie gegenüber der Umwelt, in der diese Handlungen möglich sind oder scheitern können" (Pape 2002: 21).

(Rolke 2003). Dieser Wert ist leicht plausibel zu machen: 100 Prozent selbstinitiierte Berichterstattung hieße, das Unternehmen hat künstlich öffentliche Aufmerksamkeit geschaffen, wie das manchmal bei substanzlosen Produktlaunches zu beobachten ist. Sinkt der Wert der selbstinitiierten Berichterstattung aber deutlich unter 70 Prozent, dominiert möglicherweise sogar der Anteil der fremdausgelösten Medienbeiträge, dann haben wir es in der Regel mit einer kritischen Situation für Unternehmen zu tun. Sie sind nicht mehr Herr der eigenen Kommunikationssituation.

Medien können gar nicht alles selbst beobachten und recherchieren (das ist journalistische Fiktion), sondern müssen unter dem Imperativ der Wirtschaftlichkeit dorthin ihre Ressourcen für die Recherche lenken, wo Konflikte, Krisen und Skandale vermutet werden können. Journalisten müssen auch gar nicht alles selbst recherchieren, um zu akzeptablen Ergebnissen zu kommen. Die Fähigkeit, es zu können, wenn man wollte, reicht als Drohkulisse aus, um zu verhindern, von Unternehmen und anderen Organisationen allzu sehr getäuscht zu werden. Dennoch mag die 70:30-Relation den Einen oder Anderen irritieren, weil er glaubt, die Unabhängigkeit der Medien sei in Gefahr. Aber das ist nicht der Fall. Vielmehr signalisiert dieser Wert, das publizistische Unabhängigkeit und der Zwang zur Kooperation keinen prinzipiellen Widerspruch bilden.

Aus der Perspektive der beteiligten Akteure mag es anders aussehen. Hier scheint es darum zu gehen, den eigenen Einfluss zu maximieren. Journalisten wollen möglichst exklusive und nach journalistischen Standards selbst aufbereitete und geprüfte Nachrichten absetzen. PR-Manager hingegen wollen möglichst häufig ihre Sprachregelungen und implizierten Sichtweisen durchsetzen. Sie wollen Zeitpunkte bestimmen und vielleicht den Vorstandsvorsitzenden als Spokesman positionieren. Doch aus der Distanz, also der funktionalen Perspektive der Gesellschaft, wird deutlich, dass in der antagonistischen Kooperation zwischen PR und Journalismus beide unter einem Optimierungsimperativ agieren, der in der 70:30-Regel sichtbar und zur Benchmark wird. Die Entwicklung solch praxisnaher Benchmarks hilft, die sich andeutenden Veränderungen frühzeitig wahrzunehmen. Vergleichswerte ermöglichen es dem zukunftsorientierten Management, Veränderungsdynamiken zeitnah sichtbar zu machen und damit das eigene Entscheidungs-handeln auf (wissenschafts-)rationale Grundlagen zu stellen. Erfolgskriterium hierbei ist allerdings nicht ein abstrakter Wahrheitsbegriff, sondern kann immer nur Wirksamkeit sein, die mitunter allerdings viel Forschungsaufwand erfordert.

5.2 Wirkungssteuerung durch Erfolgskontrolle

Während sich mit Hilfe von Wirkungsmustern Handlungsspielräume ausloten lassen, dienen die Modelle der Erfolgskontrolle bzw. des Kommunikations-Controllings (zur Übersicht vgl. Rolke 2006; Rolke/Jäger 2008) dazu, die von einer Organisation generierten Kommunikationseffekte mit den zuvor gesetzten Zielen abzugleichen und durch Abweichungsanalysen die eigene Steuerungsfähigkeit zu erhöhen. Unabhängig davon, ob es sich dabei um Ansätze aus der Marketing- oder PR-Kommunikation handelt,

geht es immer um ähnliche psychologische Kausalketten, die stufenweise – dabei Streuverluste in Kauf nehmend – ihre Wirkungen entfalten sollen:
- In der PR orientieren sich Wissenschaftler wie Berater überwiegend an den vier Stufen *Output* (erzeugte Kontaktchancen), *Outhgrowth* (Wahrnehmung; Verständnis), *Outcome* (Wissen; Meinung) und *Outflow* (geldwertes Verhalten).
- Im Marketing hat sich das psychologische Zielsystem mit den Dimensionen *kognitiv* (Wahrnehmung; Bekanntheit; Wissen), *affektiv* (Interesse; Vertrauen; Einstellungen) und *konativ* (Kauf oder Kaufabsicht; Weiterempfehlung) durchgesetzt.

Wenn man Stilisierung nicht scheut, dann lassen sich hier starke strukturelle Übereinstimmungen erkennen, die implizit von folgendem – hier sehr stark idealisiertem – Wirkungsbild ausgehen: Qualifizierte Kontaktangebote, über die der Adressat etwas über das Unternehmen bzw. seinen Produkten erfährt, sorgen bei der Zielgruppe für Beachtung und lösen positive Vorstellungen wie etwa Zustimmung oder Begeisterung aus, was in Folge dann zu einem geldwerten Verhaltenseffekt führt. Konzeptionell ausformuliert oder nicht orientieren sich Unternehmen idealtypisch an solchen handlungslogischen Wirkungsbildern, um ihren kommunikativen Erfolg zu planen. Damit ist veranschaulicht, was sich theoretisch wie folgt zusammenfassen lässt: Während die Gesellschaft ihren Mitgliedern – organisiert oder nicht – die Lizenz zur Mitgestaltung öffentlicher Meinungsbildung zur Verfügung stellt, nutzen die Akteure diese im Interesse an sich selbst. Am Ende dient alles der Orientierungsfähigkeit der Gesellschaft.

6 Summary: Perspektiven für die unternehmensbezogene PR-Forschung

Public Relations ist im Verständnis des hier skizzierten Theorieansatzes die gesellschaftlich lizenzierte Möglichkeit, öffentliche Meinung mitzugestalten – mit und mitunter versuchsweise auch gegen die Medien als die Hauptverantwortlichen für die tägliche Selbstbeschreibung der Gesellschaft. Auch unter Nutzung des erweiterten Kommunikationsnetzes der Gesellschaft, das auf Erleben, Dialog und Empfehlung basiert. In der Systemperspektive lässt sich die PR-Funktion bereits in der ersten Differenzierungsstufe sichtbar machen. Dort, wo sich das ökonomische System, das politisch-administrative und das Orientierungssystem funktional von einander abgrenzen. In der Inter-System-Beziehung zwischen dem Orientierungssystem und den beiden anderen Teilsystemen erscheint PR als Interventionsprogramm (= Inputprogramm des vom Mediensystem dominierten Orientierungssystems), um den beiden Fremdsystemen die Möglichkeit zu geben, die öffentlichen Informations- und Interpretationsprozesse nach nicht verhandelbaren, aber historisch sich verändernder Lizenzregeln mitzugestalten. Diese aktive Mitgestaltung ist funktional erwünscht, weil sie die Qualität der täglichen Selbstbeschreibung der Gesellschaft erhöht. Insofern lässt sich zugespitzt sagen, dass PR in der Mediengesellschaft zu einer Art „fünften Gewalt" geworden ist. Das bedeutet aber auch, dass Parteien, Unternehmen und andere gesellschaftliche Organisationen eine Mitwirkungspflicht haben. Wer sich vor der Mitgestaltung öffentlicher Meinung drückt, wird bestraft: in der Regel durch ein öffentlichkeitswirksames Image, das ihm nicht gefällt.

Unternehmen (auch andere Organisationen wie Parteien, auf die hier nur am Rande eingegangen wurde) nutzen heute überwiegend diese Möglichkeiten zur Mitgestaltung öffentlicher Meinung, indem sie Beziehungen zu deren wichtigsten Repräsentanten ihres Umfeldes entwickeln. Diese sind Teil eines Netzes multilateraler Kommunikationsbeziehungen, die sie zu stabilisieren und zielführend zu nutzen suchen: Kunden sollen wiederholt kaufen; Mitarbeiter kontinuierlich die Produktivität steigern; Aktionäre Aktien halten und welche dazu kaufen; die Öffentlichkeit, vertreten durch die Medien, soll für dies alles verstärkende Zustimmung signalisieren und positiv darüber sprechen. Diese Art von Kommunikationsbeziehungen sind aus ökonomischen Gründen prinzipiell restringiert, asymmetrisch und wahrnehmungsdifferent – also in hohem Maße erfolgsgefährdet. Und dennoch haben alle Beteiligten daran ein Interesse, weil sie sich darüber verteilbare Kooperationsgewinne erarbeiten bzw. sich Kosten durch Nicht-Kooperation vermeiden lassen.

Unternehmen versuchen diese Kommunikationsbeziehungen in ihrem Sinne zu optimieren, um möglichst nachhaltig von den Kooperationsgewinnen zu profitieren. Insofern muss Unternehmenskommunikation als Investition verstanden werden, die einen angemessenen Return on Invest zu realisieren sucht. Die Qualität dieser Investition hängt allerdings nicht allein von der Größe des finanziellen Mitteleinsatzes ab, sondern vor allem von der Qualität des Kommunikationsmanagements. Da hier Muster und Regelmäßigkeiten zu beobachten sind, lassen sich auch Benchmarks entwickeln, die der Profession zur weiteren Professionalisierung dienen.

Literatur

Alby, Tom (2007): Web 2.0. Konzepte, Anwendungen, Technologien. München.
Avenarius, Horst (2000): Public Relations. Die Grundform der gesellschaftlichen Kommunikation. Darmstadt.
Bentele, Günter (1999): Parasitentum oder Symbiose? Das Intereffikationsmodell in der Diskussion. In: Lothar Rolke / Volker Wolff (Hg.): Wie die Medien die Wirklichkeit steuern und selber gesteuert werden. Opladen/Wiesbaden: 177-193.
Bentele, Günter (2003): Kommunikatorforschung: Public Relations. In: Günter Bentele / Hans-Bernd Brosius / Otfried Jarren (Hg.): Öffentliche Kommunikation. Handbuch Kommunikations- und Medienwissenschaft. Wiesbaden: 54-78.
Bentele, Günter / Tobias Liebert / Stefan Seeling (1997): Von der Determination zur Intereffikation. Ein integriertes Modell zum Verhältnis von Public Relations und Journalismus. In: Günter Bentele / Michael Haller (Hg.): Aktuelle Entstehung von Öffentlichkeit. Akteure, Strukturen, Veränderungen. Konstanz: 225-250.
Bittle, Andreas (1997): Vertrauen durch kommunikationsintendiertes Handeln. Wiesbaden.
Burkhart, Roland (1996): Verständigungsorientierte Öffentlichkeitsarbeit: Der Dialog als PR-Konzeption. In: Günter Bentele / Horst Steinmann / Ansgar Zerfaß (Hg.): Dialogorientierte Unternehmenskommunikation. Berlin: 245-270.
Elias, Norbert (1983): Über den Rückzug der Soziologen auf die Gegenwart. In: KZfSS, 35. Jg., 29-40.
Faulstich, Werner (2000): Grundwissen Öffentlichkeitsarbeit. München.

Franzen, Jonathan (2002): Du sagst Kunst, ich sage Unterhaltung. FAZ Literatur, 5.11., L2.
Glotz, Peter (2001): Die beschleunigte Gesellschaft. Kulturkämpfe im digitalen Kapitalismus. Reinbek bei Hamburg.
Grunig, James E./Todd Hunt (1984): Managing Public Relations. New York.
Habermas Jürgen (1999): Wahrheit und Rechtfertigung. Frankfurt am Main.
Habermas, Jürgen (1981): Theorie des kommunikativen Handelns. Frankfurt am Main, 2 Bde.
Hinterhuber, Hans H. (1996): Strategische Unternehmensführung. I. Strategisches Denken. Berlin. New York.
Luhmann, Niklas (1996): Die Realität der Massenmedien. Opladen.
Luhmann, Niklas (1997): Die Gesellschaft der Gesellschaft. Frankfurt am Main, 2 Bde.
Merten, Klaus (1993): Kommentar zu Klaus Krippendorff. In: Günter Bentele / Manfred Rühl (Hg.): Theorien öffentlicher Kommunikation. München: 52-55.
Merten, Klaus (1994): Wirkungen von Kommunikation. In: Klaus Merten / Siegfried J. Schmidt / Siegfried Weischenberg (Hg.): Die Wirklichkeit der Medien. Eine Einführung in die Kommunikationswissenschaft. Opladen: 291-328.
Merten, Klaus / Joachim Westerbarkey (1994): Public Opinion und Public Relations. In: Klaus Merten/ Siegfried J. Schmidt / Siegfried Weischenberg (Hg.): Die Wirklichkeit der Medien. Eine Einführung in die Kommunikationswissenschaft. Opladen: 188-211.
Merten, Klaus / Rainer Zimmermann (Hg.) (1998): Handbuch der Unternehmenskommunikation. Köln/Neuwied.
Pape, Helmut (2002): Der dramatische Reichtum der konkreten Welt. Der Ursprung des Pragmatismus im Denken von Charles S. Peirce und Williams James. Weilerswist
Pfannenberg, Jörg / Ansgar Zerfaß (Hg.) (2005): Wertschöpfung durch Kommunikation. Frankfurt am Main.
Pfetsch, Barbara (2003): Politische Kommunikation. Politische Sprecher und Journalisten in der Bundesrepublik und den USA im Vergleich 2003. Wiesbaden.
Picot, Arnold/Ralf Reichwald/Rolf T. Wigand (2001): Die grenzenlose Unternehmung. Wiesbaden.
Piwinger, Manfred / Victor Porák (Hrsg.)(2005): Kommunikations-Controlling. Wiesbaden
Pleil, Thomas (Hg.) (2007): Online-PR im Web 2.0. Konstanz.
Rolke, Lothar (1992): Messen und Bewerten. Die Wirkung von PR. In: PR-Magazin 8: 35- 42.
Rolke, Lothar (1992a): Rationalität, Rationalisierung. In Joachim Ritter/Karlfried Gründer (Hg.): Historisches Wörterbuch der Philosophie Bd. 8. Basel, 55-62.
Rolke, Lothar (1999): Die gesellschaftliche Kernfunktion von Public Relations – ein Beitrag zur kommunikationswissenschaftlichen Theoriediskussion. Publizistik 44: 431-444.
Rolke, Lothar (1999a): Die Selbstgefährdung der Mediengesellschaft durch Irrtümer, Korrekturverweigerung und kommunikative Inflation. In: Lothar Rolke / Volker Wolff (Hg.): Wie die Medien die Wirklichkeit steuern und selber gesteuert werden. Opladen/Wiesbaden. 73-91.
Rolke, Lothar (2001): Öffentliche Konfliktfähigkeit erforderlich – Unternehmen im Vergleich mit politischen Organisationen. In: Ulrike Röttger (Hg.): Issue Management. Wiesbaden: 235-254.
Rolke, Lothar (2002): Kommunizieren nach dem Stakeholder-Kompass. In: Bodo Kirf / Lothar Rolke (Hg.): Der Stakeholder-Kompass. Navigationsinstrument für die Unternehmenskommunikation. Frankfurt am Main: 16-33.
Rolke, Lothar (2003): Produkt- und Unternehmenskommunikation im Umbruch. Was die Marketer und PR-Manager für die Zukunft erwarten. Hrsg. Vom F.A.Z.-Institut. Frankfurt am Main.
Rolke, Lothar (2006): Kommunikations-Controlling – Die Steuerung eines weichen Erfolgsfaktors. In: Update 3/2006: 12-22.
Rolke, Lothar/Koss, Florian (2005): Value Corporate Communications: Wie sich Unternehmenskommunikation wertorientiert managen lässt. Norderstedt.
Rolke, Lothar / Wolfgang Jäger (2008): Kommunikations-Controlling. Messung und Entwicklung eines Returns on Communication. In: Manfred Bruhn / Franz-Rudolf Esch / Tobias Langner (Hg.): Handbuch Kommunikation. Stuttgart (im Erscheinen).

Ronneberger, Franz/Manfred Rühl (1992): Theorie der Public Relations. Ein Entwurf. Opladen.

Röttger, Ulrike (2000): Public Relations – Organisation und Profession. Öffentlichkeit als Organisationsfunktion. Eine Berufsfeldstudie. Wiesbaden.

Wehmeier, Stefan (2003): PR als Integrationskommunikation? Das Internet und seine Folgen für die Öffentlichkeitsarbeit. In: Martin Löffelholz / Thorsten Quandt (Hg.): Die neue Kommunikationswissenschaft. Wiesbaden: 281-302.

Weischenberg, Siegfried (1997): Selbstbezug und Grenzverkehr. Zum Beziehungsgefüge zwischen Journalismus und Public Relations. Public Relations Forum für Wissenschaft und Praxis 1: 6-11

Willke, Helmut (1996): Systemtheorie I: Grundlagen. Stuttgart.

Fokus: Dualität von Theorie und Praxis

PR-Theorie? PR-Theorie!

Plädoyer für eine wissenschaftliche und fachliche Fundierung der Public Relations durch Theoriebildung und reflektiertes Handeln im Berufsfeld

Susanne Femers

Sie ist es. Sie ist es nicht. Sie ist es. Ja, sie ist es. Eine Wissenschaft! Schluss - aus! Keine Diskussion mehr! Public Relations ist eine angewandte Wissenschaft. Dennoch kann und muss Theoriebedarf und -notwendigkeit vernehmlich und kritisch hinterfragt werden. Dies gerade macht die Wissenschaftlichkeit einer Disziplin aus und stellt sie nicht etwa in Frage. Die systematische (Selbst-) Reflexion vorhandener theoretischer Ansätze und die Identifikation der Defizite von PR-Theoriebildung sind eine zwingende Notwendigkeit auf dem Weg zur Bildung einer konsistenten Theorie. Dieser Hintergrund rechtfertigt es allerdings keineswegs, Public Relations heute noch als „unreife"[1] Wissenschaft zu verstehen. Und wenn man denn meint, sie immer noch als „unreif" bezeichnen zu müssen, so ist doch zu bedenken, dass das Kokettieren mit der Unreife umso weniger Erfolg versprechend wird, desto mehr Altersflecken sich zu den Sorgenfalten der Selbstreflexion gesellen.

Die gegenwärtige Reife bzw. der aktuelle wissenschaftliche Status der PR kann mit Bentele/Will (2006: 153 f.) wie folgt skizziert werden: „In dem Maße, in dem dieser Gegenstand als einheitlich untersucht wird, kann von einer 'PR-Wissenschaft' bzw. einer wissenschaftlichen Disziplin 'Kommunikationsmanagement' gesprochen werden. Diese im Entstehen befindliche Disziplin beschäftigt sich mit der Geschichte und Ent-

---

[1] Vgl. hierzu die Bilanzierung zum Wissenschaftsstatus der PR Anfang der 1990er Jahre bei Avenarius (2000: 36): „Trotz aller akademischer Emsigkeit gelang es kaum, die Public Relations von dem Makel zu befreien, eine 'immature science' zu sein."

wicklung des Gegenstands PR, entwickelt Theorien, beschreibt und analysiert das Berufsfeld PR und dessen Teilfelder (...) empirisch, diskutiert ethische Probleme etc."

Wenn PR eine Wissenschaft ist, so braucht sie auch Theorie(n). Dies ist aus wissenschaftlicher Sicht kaum eine Erklärung wert. Aber wie stellt sich dies aus der Perspektive der Praxis dar? Die Theorie ist kein Identitätsmerkmal der Praxis, gleichwohl kann sie aber für die Praxis Identifikationsmöglichkeiten schaffen. Vor den Begründungszwang gestellt, die Frage „Wozu PR-Theorie?" beantworten zu müssen, sollen im Folgenden Antworten aus verschiedenen Perspektiven gegeben werden: der Perspektive der Wissenschaftstheorie, der Perspektive der Theoriekritik und der Perspektive der Praxis der Public Relations.

1   Die Perspektive der Wissenschaftstheorie

Erinnert werden muss hier, was an Theoriezweckbestimmung dazu gehört, will man von wissenschaftlichem Status sprechen, sei er auch ein angewandter und noch dazu ein „unreifer". Wie andere moderne Wissenschaften auch ist die Lehre der Public Relations da entstanden, wo konkrete Praxiserfordernisse Spezialwissen und Perspektiven der gemanagten Auftragskommunikation zur Beziehungspflege moderner Organisationen verlangten[2], die „gegenstandsungebundene" Wissenschaften im Sinne ihrer Anwendungsneutralität nicht leisten konnten und mussten. Die Praxisorientierung einer anwendungsorientierten Disziplin darf selbstverständlich nicht zum puren Pragmatismus verkommen. Vielmehr bedarf es der sukzessiven Theorie-Praxis-Integration, der Integration unterschiedlicher, auf das Anwendungsfeld bezogener Wissens-Disziplinen und konsistenter, konsensfähiger Theoriebildung bei gleichzeitiger Spezifizierung von Gegenständen für spezifische PR-Theorien aus als brauchbar herausgefilterten bestehenden wissenschaftlichen Theoriegebäuden und empirischen Erfahrungsschätzen (z.B. der Kommunikationswissenschaft oder der Psychologie). Zum Überblick über entsprechende Theorieansätze siehe z. B. die Übersicht bei Kunczik (2002).

Da eine Verwissenschaftlichung der Fortschreibung von Professionalisierung zuträglich ist, liegt den Protagonisten der Public Relations unter den Kommunikation-

---

[2] An dieser Stelle soll die historische bzw. gesellschaftspolitische Einordnung und Vorbedingung der PR nur mit einem Hinweis auf die Grundlegung von Ronneberger/Rühl erfolgen (1992: 9): „Wir optieren (...) für die Auffassung, daß Public Relations im engen Verbund industriegesellschaftlicher Prozesse und deren öffentlicher Kommunikation (Publizistik) etwas Neues ist, das als Kommunikationsform erst 'erfunden' werden mußte. Wir behaupten und versuchen zu belegen, dass Public Relations nur in modernen Gesellschaftsformationen zu beobachten ist, in denen die Motive und Lebensweisen der Menschen durch Freiheit und Frieden, durch Arbeit und Beruf, durch Sicherheit und Chancengleichheit, durch soziales Vertrauen, soziale Verantwortung sowie durch weitere Lebensgrundlagen von bisher ungeahnter Komplexität ermöglicht werden."

Schaffenden – in der Praxis wie in der Theorie – auch daran, an diesem Prozess der Verwissenschaftlichung aktiv mitzuwirken. Ziele der Theoriebildung in der PR sind[3]:
- Begründung des Bedarfs und Abgrenzung des Bereichs der Public Relations,
- Erarbeitung eines Inventars von Grund- und Spezialbegriffen der Public Relations zur möglichst widerspruchsfreien Verständigung über den Gegenstandsbereich in Form eines theoretischen Kategoriensystems bzw. mehrerer Systeme,
- sukzessive Modellbildung, um kommunikative Ereignisse bzw. Prozesse abbilden zu können, verstehbar, erklärbar und bestenfalls vorhersagbar zu machen sowie
- Fokussierung der theoretischen Modellbildung insbesondere in dem Gegenstandsbereich der Public Relations, in dem ein hohes und originäres Problemlösungspotenzial dieser anwendungsbezogenen Wissenschaft gesehen wird (damit einhergehend: Identitätsstiftung und Abgrenzung zu anderen Kommunikationsdisziplinen).

Aufbauend auf der Gegenstandsbestimmung und -klärung stellen Theorien bekanntlich ein System von Begriffen, Definitionen und Sätzen dar: „Unter Theorie versteht man ganz allgemein Sätze oder Gesetze mit gewissen Eigenschaften und Inhalten. Theorien dienen vor allem der Zusammenfassung, Koordination, Reproduktion, Erklärung und Voraussage von Phänomenen." (Götschl in Speck 1980: 636). Theorien sollen also eine Gegenstandswelt wie die Public Relations ordnen und die sich im Wechselspiel mit der während der empirischen Prüfung der Theorie sukzessive entwickelnde Erkenntnis über den Gegenstandsbereich strukturieren und den Erkenntnisprozess lenken. Theorien sind folglich an der Wirklichkeit zu überprüfende und prüfbare wissenschaftliche Behauptungen (vgl. Mast 2006: 29). Sie stellen die relevanten Beobachtungskategorien für den Kommunikationsalltag dar, den es angemessen zu erfassen gilt. Für den Bereich der Kommunikations- und Sozialwissenschaften gelten dabei Theorien von nur „mittlerer Reichweite" (vgl. Scheufele 2006: 186) (des Vorhersage-, Erklärungs- und Bedeutungshorizonts) als typisch bzw. üblich.

Ob sich aufgestellte Theorien der Public Relations aus wissenschaftstheoretischer Perspektive als sinnvoll erweisen, hängt davon ab, ob sie die ihnen grundsätzlich zugesprochenen Funktionen erfüllen (vgl. Merten 2000a: 319 f. bzw. auch Kunczik 2002: 70 in Anlehnung an Hazleton/Botan 1989: 11 f.):
- Sie sollen die soziale Wirklichkeit von „Kommunikation" ordnen, d.h. sie haben eine *Ordnungsfunktion*.
- Sie sollen Vorhersagen über kommunikatives Geschehen erlauben, d.h. sie haben eine *Prognosefunktion*.
- Sie sollen uns die Welt der Kommunikation erklären, d.h. sie haben eine *Erklärungsfunktion*.

---

[3] Die nachfolgende Aufzählung orientiert sich an den Ausführungen von Szyszka, dargelegt im Vortrag „Standortbestimmung: Public Relations als Angewandte Wissenschaft. Ein Werkstattbericht." auf der Fachtagung „Public Relations als Angewandte Wissenschaft" am 4./5. Oktober 2001 am Institut für Kommunikationsmanagement der Fachhochschule Osnabrück, Standort Lingen.

- Und sie sollen schließlich auch noch helfen, neue Zusammenhänge über Kommunikation zu entdecken, d.h. sie haben schlussendlich eine heuristische, eine *Entdeckungsfunktion*.

Bezogen auf die Begriffsklärung und ihre Ordnungsfunktion gibt die PR bis heute ein ambivalentes Ergebnis ab: In der Definitionsarbeit sind die Hausaufgaben gemacht, ja, es ist hier vielleicht auch zu viel des Guten getan worden. Hunderte von Definitionen sind von verschiedenen Forschern im In- und Ausland erarbeitet und zusammengetragen worden (vgl. hierzu z. B. Kunczik 2002: 23f sowie Mast 2006: 11). Aber noch gibt es kein gefestigtes Selbstverständnis, der Begriff der PR ist vielmehr unklar, umstritten und wird mit wildem Eifer auch gerne widersprüchlich oder zumindest multiperspektiv und facettenreich definiert (Merten 1999: 256f.; Bentele/Will 2006: 151; Fröhlich 2008: 95f.). Dies steht allerdings in der guten alten Tradition akademischer Selbstveredelung durch Vernebelung. „Welche Wissenschaft weiß schon sicher, worüber sie redet?" möchte der Zyniker fragen.

In diesem Zusammenhang ist auf einen selbst verursachten Teufelskreis der (PR-) Wissenschaft für die Theoriebildung zu verweisen: „Solange das Erkenntnisobjekt nicht präzise definiert ist, ist es schlechterdings nicht möglich, Theorien über PR als brauchbar oder weniger brauchbar einzustufen." (Merten 1999: 278). Wer sich selbst ein Bein stellt, darf nicht klagen, wenn er stolpert. Kunczik (2002: 51) identifiziert allerdings das Klagen über den Mangel an Theorie bzw. die Unzulänglichkeiten der bisherigen Theoriebildung als charakteristisch für die sozialwissenschaftliche Theoriediskussion.

Als ein praktisches wie wissenschaftstheoretisches Kernproblem der Theorieschaffenden in den Public Relations auf dem Wege der wissenschaftlichen Fundierung erweist sich vor dem Hintergrund der oben geschilderten funktionalen Anforderungen der Gegenstand der „Beziehungspflege" einerseits wie die Komplexität des damit einhergehenden Kommunikationsgeschehens andererseits. Was macht es so schwer, Ereignisse in dieser Kommunikationsform vorherzusagen und zu erklären? Erfahrene PR-Leute lehren, dass „Beziehungskisten" (Avenarius 2000: 49) nicht immer voraussehbar und planbar sind. Mehr noch möchte der im Leben weise und in seinen wissenschaftlichen Bemühungen noch immer nicht klug Gewordene hinzufügen: Beziehungen haben eine Eigendynamik, die sich rationalen Erwägungen entzieht. Außerdem gibt es so unterschiedliche Beziehungstypen: Hier sind sowohl geordnete als auch ungeordnete Verhältnisse zu betrachten, Zweierbeziehungen mit Vertragscharakter stehen neben solchen, die man als „wild" klassifizieren muss und einige sind so flüchtig, dass kaum Zeit für die wissenschaftliche Anschauung des Erkenntnisobjektes bleibt.

Nun zur Komplexität des Gegenstandes der Wissenschaft Public Relations: Gerne wird diese argumentativ bemüht, wenn es Kritik an einer Theorie zu entkräften gilt, die nicht leistet, was sie leisten soll. Hierzu ist anzumerken, dass das Schicksal der Gegenstandskomplexität schon andere Wissenschaften getroffen hat – und: Sie haben es erlebt, sie haben es erlitten und sie haben es gemeistert (vgl. die Wirtschaftswissenschaften oder die Psychologie als die Wissenschaft vom Erleben und Verhalten des Menschen). Eine große Menge an bzw. ein hoher Grad von Komplexität wissenschaftlicher Inhalte sind quasi als Normalzustand einer Wissenschaft – auch einer recht unreifen – aufzufassen. Wess (2005: 10) bezeichnet den daraus resultierenden Zustand auch als „informationelle Hyperventilation" – und dies ist nicht als „Krankheitssymptom", sondern wie gesagt als Normalbefund zu verstehen.

Die Komplexität der Inhalte von Wissenschaft war bislang kein Grund am eigenen Selbstverständnis einer Disziplin permanent zu zweifeln, statt dessen wurden Theorien mit hohem Detaillierungsgrad, wenn auch nicht breiter Funktionalität hervorgebracht. Auch in den Nachbarwissenschaften stünde es den Skeptikern an zu resümieren: „Aber die letzte Verallgemeinerung des Wissens zur einzig richtigen Theorie über einen Forschungsgegenstand bleibt nur ein fernes Ideal." (Avenarius 2000: 44). „Aber natürlich!" ist darauf zu entgegnen und das ist auch völlig in Ordnung und dem Gegenstand angemessen. Man kann sich – wenn man will – auch mit der Einsicht James Grunigs (zit, n. Leeper 2001: 93) trösten, der befand, dass „... many theories apply to public relations but there is no public relations theory." „So what?" – möchte man hinzufügen: Das ist eben die viel beschworene gegenstandsgebundene Interdisziplinarität.

Bezogen auf die oben genannten Ansprüche an Theoriebildung aus der Metaperspektive der Wissenschaftstheorie bleibt festzuhalten, dass die Public Relations im Vergleich zu anderen „Novizinnen" so schlecht gar nicht abschneiden. Aber: „Bis zu einem gewissen Grade scheint es chic zu sein, diesen jungen Wissenschaftszweig mit einer ähnlichen Häme zu besprechen wie den Berufsstand selbst." (Avenarius 2000: 36). Das Jammern anderer junger, wissenschaftlicher Disziplinen könnte durchaus größer sein. Aber sie jammern nicht. Vielleicht wissen sie vielmehr: Nicht Selbstanklage, sondern Klappern gehört zum Handwerk. Und darin, im Klappern, in der Image-Politik an der eignen Haustür, sind PR-Leute von Hause aus einfach schlecht. Das trifft wohl auf die Wissenschaftler wie die Praktiker in gleicher Weise zu.

2 Die Perspektive der Theoriekritik

Der Ruf nach einer „ganz eigene(n), aus dem Fach selbst erarbeitete(n) und an seinen Gegebenheiten geprüften Theorie der PR" (Avenarius 2000: 36), den haben wohl schon viele gehört, aber haben sie ihn auch verstanden? Glaubt man den unermüdlichen und harten Kritikern der PR-Theorieansätze, dann gab es trotz redlichem Bemühen bislang so manches Scheitern. Im grundsätzlichen Glauben, dass man aus Fehlern lernen kann und Kritik konstruktiv sein kann, sollen hier die Grundsatz-Kritiken an PR-Theorien daraufhin geprüft werden, ob und wenn ja, welche Antworten sie auf die Kernfragen erlauben: Was soll eine PR-Theorie leisten? Und was leistet sie nicht? Welche der als grundlegend herausgearbeiteten wissenschaftstheoretischen Grundfunktionen erfüllt die Theorie? Es gilt also die wissenschaftstheoretische Grundfunktionalität der bestehenden Ansätze zu hinterfragen, um eine Bilanz der wissenschaftlichen Fundierung zu ziehen. Das Ergebnis stellt dann die Antwort auf die Frage dar, ob eine Theorie oder Theoriegruppe die ihr abverlangte Ordnungsfunktion, Prognosefunktion, Erklärungsfunktion und Entdeckungsfunktion erfüllt. Dabei sind unterschiedliche Typen von Theorien auf ihre Funktionalität hin zu unterscheiden (vgl. Bentele/Will 2006: 152).

Alltags- und Anwendungstheorien der PR-Praktiker, auch „How-to-do-Theorien" genannt, sind u.a. dafür kritisiert worden, dass sie keine Denkprämissen haben bzw. diese nicht explizit machen und auch ihr Reflexionswissen der empirischen Prüfung entbehrt, dafür aber vorschnelle Generalisierungen in Gang setzen, die in ihren Konsequenzen mehr dem Ruf der PR schaden als nützen können (vgl. zusammenfassend z.B. Ronneberger/Rühl 1992: 25ff; Avenarius 2000: 54f. sowie Bentele/Will 2006: 152). Die Fehlertoleranz in der Wissenschaft ist gemeinhin gering. Es gilt, besser nichts zu wissen, als etwas Falsches gesagt zu haben, und etwas Genaues weiß man sowieso nie. Diese Vorsicht ist sicher in begrenztem Maße sinnvoll. Doch sollte sie mehr als Ansporn begriffen werden, dort die empirische Bestätigung des Wissenschaftlers für kommunikative Sachverhalte nachzutragen, wo sie im Einzelfall dem Praktiker als Lehre aus dem Berufsleben schon sinnfällig geworden ist.

Ein weiterer Vorwurf ist dieser Theoriegruppe insofern zu machen, als dass sie schon der Definitions- und Ordnungsfunktion von Theorien nicht ganz gerecht wird, in dem sie stark erklärungsbedürftige Begriffe (wie z.B. Vertrauen) zur Klärung des Gegenstandsbereiches von PR nutzt und auch eine Interessenidentität verschiedener Kommunikatoren in und außerhalb der Unternehmenswelt unterstellt – und somit also dem inhärenten Spannungsfeld der Öffentlichkeitsarbeit nicht gerecht werden kann (vgl. Mast 2006: 31). Hier wäre zur Gewährung der Funktionalität zu fordern, dass die Wissenschaft sich nicht im Nörgeln an der Praxis und ihren Theorieversuchen verliert, sondern sich als eine Art „Technischer Überwachungs-Verein" der PR-Praxis engagiert und überprüft, ob das, was nach Aussage des Praktikers funktioniert, auch wirklich funktioniert, wie es funktionieren soll.

In diesem Zusammenhang gibt es sicher viel Neues zu finden, so dass die Entdeckungsfunktion einen hohen Stellenwert hat. Abstrahierte Gesetzmäßigkeiten über das beschriebene Funktionieren sind Praktikern wie Theoretikern sicher am Ende herzlich willkommen. Aber vorher ist zu fragen: Wie könnte der TÜV funktionieren? Kriterien für die technische Überprüfung sind dort zu finden, wo konsistente Theoriebildung schon stattgefunden hat und empirisches Wissen (so weit möglich) als gesichert angesehen werden kann. Selbstverständlich haben sich die Kontrolleure des „Theorie-TÜVs" in ihrer Scientific-Community der Peer-Review zu stellen, um sich selbst so als tauglich und tüchtig unter Beweis zu stellen. Eine TÜV-Pflicht ist selbstverständlich in diesem Szenario nur als Selbstverpflichtung denkbar. Mit Blick auf die so genannten „Praktikertheorien" ist allerdings in Anlehnung an den Überblick und die Analyse von Kunzcik/Szyszka (2008: 110f.) zu sagen, dass diese Theorien als „reflektierende Auseinandersetzung" mit der praktischen PR-Arbeit formuliert für sich in Anspruch nehmen können, in der Berufsfeldgeschichte lange Zeit den fehlenden wissenschaftlichen Begleitdiskurs ersetzt zu haben und wesentliche Begriffe und Aspekte der PR – wenn auch zwangsläufig oberflächlich – erfasst zu haben.

Im Rahmen der wissenschaftlichen Auseinandersetzung mit den kommunikativen Wirklichkeiten der PR-Welt wurden dann eine ganze Reihe von Ansätzen entwickelt, die auf reges Interesse und dann auf Kritik stießen. Eine sehr gute Übersicht zu wissenschaftlichen Theorien, Ansätzen und Modellen findet sich im Handbuch der Public Relations von Bentele/Fröhlich/Szyszka (2008). Nur einige dieser Ansätze sollen hier exemplarisch aufgegriffen werden.

An der definitorisch reifen *systemtheoretischen Perspektive* mit ausgeprägter Ordnungsfunktion für die Public Relations beispielsweise wurden folgende Aspekte kritisch betrachtet: Der systemtheoretisch beschworene (vermeintlich) zu starke Einfluss der Umwelt auf die Organisation konnte empirisch nicht so weit erhärtet werden, als dass hier ein genuines Erklärungs- und Vorhersagepotenzial für Public Relations ernsthaft weiter unterstellt werden konnte und sie daher auch für die Organisationspraxis unattraktiv erscheinen ließ (vgl. Avenarius 2000: 56; Theis-Berglmair 2003: 201). Die amerikanische „Ehrenrettung" der organisationalen Freiheit und kommunikativen Selbstbestimmtheit fand deutliche deutsche Erwiderungen bzw. Relativierungen (vgl. z.B. Ronneberger/Rühl 1992), die mit „Systemausdifferenzierungen" und „Systemrationalitäten" Organisationen nicht mehr als reaktiv und überdeterminierte „Umfeldopfer" begreifen, sondern der Gestaltbarkeit und damit dem Management von Kommunikation, eben dem der Public Relations zugesprochenen Wesen, wieder mehr Raum geben. Heuristisch hat sich der Ansatz daher ausdrücklich bewährt. Allerdings ist er blind für einige unschöne Grundwahrheiten der Kommunikationswirklichkeit: Es können (und sollen) nun mal nicht alle wichtigen Interessen in dem durch Medien hergestellten öffentlich Raum artikuliert werden und die Kommunikationschancen sind in unserer Gesellschaft ja durchaus asymmetrisch verteilt (Bentele/Haller 1997, zitiert nach Mast 2006: 33). Auch der Mensch als handelndes Subjekt findet hier nicht die angemessene Beachtung, die die Kommunikationswirklichkeit hingegen aber zeigt (vgl. Femers 2005: 91).

Was muss PR-Theorie vor dem Hintergrund dieser Kritik leisten? Sie muss dem Gegenstand der intendierten Kommunikation in der Organisation Raum geben, d.h. ihm theoretisch angemessen gerecht werden. PR-Theorie muss ihren Gegenstand ernst nehmen, sonst kann sie ihn auch nicht erklären. Nicht nur zweckgerichtete, intendierte Kommunikation mit Ursache-Wirkungs-Beziehungen ist schematisch abzubilden, sondern auch nicht zweckgerichtete Kommunikation bzw. solche, deren Intention sich zunächst dem Blick verstellt, ist in die Untersuchung einzubeziehen[4].

Nicht als genuine PR-Theorie, sondern auch als allgemeiner Ansatz zur Kommunikation PR aufgreifend und im disziplinären Zusammenhang sehr gut einordnend, versteht der *Konstruktivismus* diese allgemein als „Prozeß zur Konstruktion wünschenswerter Wirklichkeiten" (Merten 1999: 260-261) und kann damit gerade das intendierte, das strategische Moment dieses Kommunikationsprozesses und vor allem auch die pointierte Fokussierung der Nutzenkommunikation in der Praxis der PR besonders gut

---

[4] Zur methodischen Erfassung derartiger Phänomene und Prozesse stehen in den Sozialwissenschaften genügend Instrumente bereit.

fassen und so zumindest teilweise Verstehen und Erklären mit der Fokussierung auf mediale Kommunikation möglich machen (vgl. Mast 2006: 33). Allerdings gibt es ja hier so viele Wirklichkeiten wie es Menschen gibt (vgl. Merten 1999: 283), was den Konstruktivismus aufgrund des hohen Stellenwertes der Subjektivität wissenschaftstheoretisch zumindest im nomothetischen Sinne so verdächtig wie das Unbewusste der Psychoanalyse macht (vgl. im Überblick Femers 2005: 90 f.), da dort das Ausmaß des intersubjektiv geteilten Wissens durchaus als begrenzt erscheinen muss bzw. mit unübersehbarem Aufwand der Erkenntnissicherung verbunden ist. Heuristisch betrachtet bleiben hier allerdings keine Wünsche offen.

Das Konzept der *verständigungsorientierten Öffentlichkeitsarbeit* von Burkart (1993) erinnert auf wunderbare Weise an die Dialog- und Verständigungseuphorie der 1980er Jahre, doch vermag das Konzept nur Teilbereiche des Gegenstandes der Public Relations zu fassen (vgl. Mast 2006: 32) – die Ordnungsfunktion ist also nur unzureichend erfüllt. Und: Das Ideal erweist sich als ungeeignet, Normalität zu verstehen und zu erklären: „Die wissenschaftliche Verwendung des Dialogbegriffs folgt einer kommunikationswissenschaftlichen Spur robusten Irrtums." (Merten 2000a: 336). Dieser Ansatz leistet im Hinblick auf die Abbildfunktion und die Abstraktion von der Realität leider nur wenig und kann auch nur bedingt die Suche nach Neuem in der Kommunikation inspirieren.

Organisationstheoretische Ansätze schließlich begreifen Public Relations bekanntlich als Kommunikationsfunktion der Organisation mit der Fokussierung auf die Managementfunktion, die sicher gewünscht und doch nicht immer verwirklicht ist (vgl. hierzu die Grundmodelle nach Grunig/Hunt 1984). Auch als normatives Modell der exzellenten PR-Praxis (Mast 2006: 37) die reale Asymmetrie kommunikativer Akte eingestehend, kann der Ansatz doch nicht als rationales Entscheidungsmodell des Handels in der Öffentlichkeitsarbeit überzeugen, da solche Entscheidungen oftmals nicht bewusst, nicht rational sind und schon gar nicht in der Hand des „Kommunikationsmanagers" liegen müssen. Das organisationstheoretische Modell hat aber einen hohen heuristischen Wert und in dieser Funktion durch spätere „Win-Win-Visionen" immer wieder die Debatte über die ideale PR angeregt (vgl. hierzu Mast 2006: 38 f.). Aber: Fairness in der Kommunikation kann es sicher nicht durch die blinde Vorhersage der Gewinne aller thematischen Anspruchsgruppen geben, sondern maximal durch die Fairness, die im Prozess von allen Beteiligten einem Konsensfindungsverfahren zugesprochen wird. In der nachfolgenden Tabelle 1 werden, wenn auch nur in Grobskizzierung und Unschärfen im Detail durchaus eingestehend, zusammenfassend die zur Illustration ausgewählten PR-Theorieansätze einer Prüfung im Hinblick auf die Erfüllung wissenschaftstheoretischer Grundfunktionen einer Theorie unterzogen:

Tab. 1: Grundlegende Theoriefunktionen und ihre Erfüllung durch ausgewählte Theorien der Public Relations

Theoriefunktion Theorieansatz	Ordnungsfunktion	Prognosefunktion	Erklärungsfunktion	Entdeckungsfunktion
Alltags- und Anwendungstheorien	Teilweise	Nein	Nein	Ja
Systemtheorie	Ja	Teilweise	Teilweise	Ja
Konstruktivismus	Ja	Teilweise	Teilweise	Ja
Verständigungsorientierte Öffentlichkeitsarbeit	Teilweise	Nein	Nein	Teilweise
Organisationstheoretische Ansätze	Ja	Teilweise	Teilweise	Ja

Selbstverständlich kann man das zu betrachtende Funktionsspektrum noch ausweiten (vgl. Merten 2000b: 266) und PR-spezifischere Theorienfunktionen einbeziehen (wie etwa die Betrachtung unterschiedlicher Teilbereiche der PR, verschiedener Gegenstände und Anlässe der Beziehungspflege sowie den Instrumenteneinsatz und seine Wirkung (vgl. hierzu im Überblick wiederum Bentele/Fröhlich/Szyszka 2008). Aber es würde nichts an der Gesamtaussage ändern, die als Resümee der untersuchten Theorieperspektive steht: PR-Theorien können nur teilweise die ihnen wissenschaftstheoretisch abverlangten Funktionen erfüllen und stellen daher auf die Frage „Wozu PR-Theorie?" noch eine unbefriedigende Antwort dar[5]. Das positiv formulierte Ergebnis der obigen Untersuchung lautet daher: PR-Theorien leisten viel, noch nicht alles, was man ihnen abverlangen müsste, aber sie befinden sich auf einem spannenden Weg. Denn in Bezug auf die Entdeckungsfunktion bestechen sie durch ein großes heuristisches Spektrum. Dieser „heuristische Hype" darf allerdings nicht durch übertriebene Ansprüche an die „Machbarkeit" von Theoriearbeit erstickt werden.

3 Die Perspektive der Public Relations-Praxis

Nun zur fachlichen Fundierung und dem, was die Praxis an dieser Bilanzierung an Beiträgen zu verzeichnen hat: Dass Theorien unglaublich praktisch sind[6,] hat sich unter Theoretikern weithin herumgesprochen, für Praktiker sind sie aber unglaublich theore-

---

[5] Dies trifft beispielsweise auf die Determinierungsthese (vgl. Raupp 2008: 192ff.) und das Intereffikationsmodell (vgl. Bentele 2008: 209ff.) zu. Zur Rehabilitierung der Ansätze bzw. zur Vorbeugung von Missverständnissen ist allerdings anzumerken, dass hiermit PR-Teiltheorien vorliegen, die vom Anspruch her nicht den gesamten Gegenstandsbereich und das riesige Instrumentarium der modernen PR abdecken wollen (vgl. Merten 2000b: 267f.). Ähnlich kann man auch die Ansätze von Grunig und Hunt (1984: 22f.) bezüglich der Entwicklung von PR würdigen, aber muss auch die begrenzte Aussagekraft für den Gesamtfunktionsbereich reklamieren (vgl. Merten 1999: 278; Röttger 2000: 45).

[6] Dem Feldforscher Kurt Lewin wird bekanntlich der populäre Satz zugeschrieben „Nichts ist in der Praxis brauchbarer als eine richtige Theorie." (vgl. Kunczik 2002: 70)

tisch. Über die Theoriefeindlichkeit von Praktikern ist an anderer Stelle genug gesagt worden und der Theorie-Praxis-Antagonismus ist ausreichend reanimiert worden. Zugegeben – es gibt sie durchaus: Die in Theoriefreiheit unbekümmert handwerkelnden PR-ler, die mit der begrenzten Sicht des Pragmatismus auf ihr Tun blicken und zufrieden sind. Doch dies ist nur eine immer geringer werdende Teilpopulation einer immer stärker akademisierten Berufsgruppe, die des Denkens über sich und ihr Tun durchaus mächtig ist.

Tatsächlich sollte man davon ausgehen, dass kaum Praktiker so beschränkt sind in ihrem Reflexionsvermögen, dass sie das Reflektieren über sich und ihr Tun tatsächlich für überflüssig halten. Nur ist es nicht ihre originäre Aufgabe und sie finden sich nicht so unterstützt wie die Wissenschaft Public Relations mit ihrem Anwendungsbezug im Anspruch hier Unterstützung leisten müsste. Daher ist zu fragen: Was muss PR-Theorie für den PR-Praktiker leisten?

Vielen PR-Praktikern ist im Verkaufsgespräch der unerschütterliche Glaube an den Sinn und die Wirkung ihrer kommunikativen Bemühungen für den Kunden deutlich anzumerken. Zu fragen ist doch hier: Woher nehmen sie diesen Glauben, ja die Gewissheit, dass das Ganze, die Kampagne, das Event funktioniert? Aus der Theorie – auch wenn es bei vielen „nur" eine Praktiker-Theorie im Sinne der „PR-Alltagstheorien" bzw. der „Anwendungstheorien" (vgl. Avenarius 2000: 54ff.) ist.

Neben dieser „Sinngebung" und dem „Funktionsglauben" durch Theoriebildung muss die Wissenschaftlichkeit der Disziplin vor allem in solchen Situationen für den Praktiker sinnfällig werden, wenn er vor Erklärungsnotstände gestellt ist. Diese ergeben sich immer dann, wenn es Etats zu verteilen, vom Kommunikationskuchen ein Stück abzuschneiden oder die Fahne der PR im Wettkampf gegen andere kommunikative Instrumente bzw. Disziplinen hochzuhalten gilt. Die gesamte Diskussion um die Notwendigkeit der Evaluation in den Public Relations ist mit der theoretischen Kernfrage des „Warum-funktioniert-das?" (bzw. im Problemfall auch der Negation: „Warum funktioniert das nicht?") verknüpft.

Neben dem Anspruch erklären zu können, warum etwas funktioniert und erklären zu können, warum etwas besser funktioniert als etwas anderes, bleiben einem Theoretiker auch nicht die anspruchsvollen Fragen aus der Anwendungserfahrung mit dem Kommunikationstypus PR zu den misslichen Situationen erspart, wenn etwas einmal nicht ganz oder überhaupt nicht funktioniert. Weil Wissenschaft hierzu Defizite aufweist, mag mancher Praktiker zur Frage „Wozu-PR-Theorie?" nur noch müde lächeln und abwinken. Aber Wissenschaftsverdrossenheit muss, um ernst genommen zu werden, schon auf dem Boden eines angemessenen Verständnisses, von dem was Wissenschaft ist und tun kann, bleiben. Alles hat man eben noch nicht erforscht und situative, spezifische Theorien zu jedwedem „Wie und Warum" der Public Relations stehen eben noch aus. Hier kann dann der kollegiale Schulterschluss zwischen Wissenschafter und Praktiker gewagt werden, damit der Anwender von Theorien auch zu deren fachlichen Fundierung seinen Beitrag leistet.

Die Theorie braucht die Praxis, um eine „mature science" der Public Relations zu erarbeiten. Warum? Wozu PR-Praxis? Welche Funktionen hat diese zur Theoriebildung? Sie muss Transparenz über ihr Tun schaffen, Einblicke in Tätigkeiten gewähren, die aus Gründen der Qualitätsherstellung und der Professionalisierung nachvollziehbar zu machen sind. Sie muss sich offen erweisen für Reflexion und Kritik, sie muss sich darüber hinaus auch zum Nichtwissen des „Wie" und „Warum" ihres Alltagsgeschäfts „Kommunikation" sowie des resultierenden Erfolgs und Misserfolgs der kreierten Konzeptionen und gestalteten Kampagnen stellen. Denn nur mit diesem Wissen um die Details und Tücken des kommunikativen Gestaltungsauftrags können Theorien mit der abstrahierenden und reflektierenden Abbildfunktion für die Realität sowie mit Vorhersage- und Erklärungskraft entstehen.

Vor dem Hintergrund der „integralen Bedeutung" von Kommunikation in der unternehmerischen Wertschöpfung (Schmid/Lyczek 2006: 129) ist dieses Wissen unabdingbar. Und alle Anstrengungen, diesen wert schöpfenden Beitrag nachzuweisen, würden ansonsten gegenstandslos (vgl. hierzu im Überblick Zerfaß 2006: 430ff sowie Pfannenberg/Zerfaß 2005). Zu fordern und zu fördern sind daher auch insbesondere anwendungsorientierte Ansätze der Evaluationsforschungen wie der von Bonfadelli/Friemel (2006), die zeigen, wie gut von einer systematischen Meta-Analyse Theorieentwicklung durch Praxis-Theorie-Transfer profitieren kann. Erst dann, wenn die Praxis allgemein reif genug ist, dies selbstbewusst (mit) zu leisten, würden sich auch lange theoretische Abhandlungen zur unreifen PR-Theorie erübrigen.

Literatur

Avenarius, Horst (2000): Public Relations. Die Grundform der gesellschaftlichen Kommunikation. Darmstadt.
Bentele, Günter (2008): Intereffikationsmodell. In: Günter Bentele / Romy Fröhlich / Peter Szyszka (Hg.): Handbuch der Public Relations. Wissenschaftliche Grundlagen und berufliches Handeln. Wiesbaden: 209-222.
Bentele, Günter / Romy Fröhlich / Peter Szyszka (Hg.) (2008): Handbuch der Public Relations. Wissenschaftliche Grundlagen und berufliches Handeln. Wiesbaden: 209-222.
Bentele, Günter / Michael Haller (Hg.) (1997): Aktuelle Entstehung von Öffentlichkeit. Akteure, Strukturen, Veränderungen. Konstanz.
Bentele, Günter / Markus Will (2006): Public Relations als Kommunikationsmanagement. In: Beat F. Schmid / Boris Lyczek (Hg.): Unternehmenskommunikation. Kommunikationsmanagement aus der Sicht der Unternehmensführung. Wiesbaden: 148-181.
Bonfadelli, Heinz / Thomas Friemel (2006): Kommunikationskampagnen im Gesundheitsbereich. Grundlagen und Anwendungen. Konstanz.
Burkart, Roland (1993): Public Relations als Konfliktmanagement. Ein Konzept für verständigungsorientierte Öffentlichkeitsarbeit. Wien.
Carl H. Botan / Vincent Hazleton (Ed). Public Relations Theory. New Jersey: 3-16.
Femers, Susanne (2005): Ode an den Freudianer unter den Publizisten. Ein Vergleich zwischen Psychoanalyse und Systemtheorie. In: Edith Wienand / Jochen Westerbarkey / Armin Scholz (Hg.): Kommunikation über Kommunikation. Theorien, Methoden, Praxis. Wiesbaden: 83-95.
Fröhlich, Romy (2008): Die Problematik der PR-Definition (en). In: Günter Bentele / Romy Fröhlich

/ Peter Szyszka (Hg.): Handbuch der Public Relations. Wissenschaftliche Grundlagen und berufliches Handeln. Wiesbaden: 95-109.

Götschl, Johann (1980): Theorie. In: Josef Speck (Hg.): Handbuch wissenschaftstheoretischer Grundbegriffe, Band 3, Göttingen: 636-646.

Grunig, James E. / Tott Hunt (1984): Managing Public Relations. New York.

Hazleton, Vinvent / Carl H. Botan (1989): The Role of Theory in Public Relations. In: Michael Kunczik (2002): Public Relations. Konzepte und Theorien. München.

Kunczik, Michael / Peter Szyszka (2008): Praktikertheorien. In: Günter Bentele / Romy Fröhlich / Peter Szyszka (Hg.): Handbuch der Public Relations. Wissenschaftliche Grundlagen und berufliches Handeln. Wiesbaden: 110-124.

Leeper, Roy (2001): In Search of a Metatheory for Public Relations. In: Robert Heath (Ed.), Handbook of Public Relations. Thousand Oaks: 93-104.

Mast, Claudia (2006): Unternehmenskommunikation. Ein Leitfaden. Stuttgart.

Merten, Klaus (1999): Einführung in die Kommunikationswissenschaft. Band 1: Grundlagen der Kommunikationswissenschaft. Münster.

Merten, Klaus (2000a): Das Handwörterbuch der PR. R-Z. Frankfurt a.M.

Merten, Klaus (2000b): Das Handwörterbuch der PR. A-Q. Frankfurt a.M.

Pfannenberg, Jörg / Ansgar Zerfaß (Hg.) (2005): Wertschöpfung durch Kommunikation. Frankfurt a.M.

Raupp, Juliana (2008): Determinierungsthese. In: Günter Bentele / Romy Fröhlich / Peter Szyszka (Hg.): Handbuch der Public Relations. Wissenschaftliche Grundlagen und berufliches Handeln. Wiesbaden: 192-208.

Ronneberger, Franz / Manfred Rühl (1992): Theorie der Public Relations. Opladen.

Röttger, Ulrike (2000): Public Relations – Organisation und Profession. Wiesbaden.

Scheufele, Bertram (2006): Theorien mittlerer Reichweite. In: Günter Bentele / Hans-Bernd Brosius / Otfried Jarren (Hg): Lexikon Kommunikations- und Medienwissenschaft. Wiesbaden: 286-287.

Schmid, Beat F. / Boris Lyzcek (2006): Die Rolle der Kommunikation in der Wertschöpfung der Unternehmung. In: Beat F. Schmid / Boris Lyczek (Hg.): Unternehmenskommunikation. Kommunikationsmanagement aus der Sicht der Unternehmensführung. Wiesbaden: 3-146.

Speck, Josef (Hg.) (1980): Handbuch wissenschaftstheoretischer Begriffe, Band 3. Göttingen

Theis-Berglmair, Anna Maria (2003): Organisationskommunikation: Theoretische Grundlagen und empirische Forschungen. Münster.

Wess, Günther (2005): Die Entdeckung der Öffentlichkeit. In: Günther Wess / Kerstin von Aretin (Hg.): Wissenschaft erfolgreich kommunizieren. Erfolgsfaktoren der Wissenschaftskommunikation. Weinheim: 3-16.

Zerfaß, Ansgar (2006): Kommunikations-Controlling. Methoden zur Steuerung und Kontrolle der Unternehmenskommunikation. In: Beat F. Schmid / Boris Lyczek (Hg.): Unternehmenskommunikation. Kommunikationsmanagement aus der Sicht der Unternehmensführung. Wiesbaden: 430-465.

PR-Theorien – Vergebliche Versuche in der Halbwelt amerikanisierter Wissenschaft

Klaus Kocks

> *„We know that the tail must wag the dog, for the horse is drawn by the cart; But the Devil whoops, as he whooped of old: It`s clever, but is it Art?"*
> *(Rudyard Kipling, The Conundrum of the Workshops, 1890)*

Nicht jeder mitteilsame Volkswirt, der sich in Investor Relations versucht, gehört zum Fach – auch dann nicht, wenn er sein gehobenes Laienverständnis von Kommunikation in Aufsätzen und Büchern formuliert, die vor Amerikanismen überlaufen; vor diese bittere Wahrheit wird die Wissenschaft die Branche der Do-it-yourself-PR-Manager stellen müssen. Dies ist kein Beitrag zum Antiamerikanismus, wenngleich der Terminus der Amerikanisierung in der Theoriebildung verwendet wird; es geht um den deutschen Wissenschaftsbetrieb. Großen Mythen und Marken geschieht mit dem Ruhm, den ihre bloße Bekanntheit bringt, auch das Unrecht, das man erfährt, wenn man zum Symbol wird: Es werden unter dem Markenimage auch fremde Inhalte und Bezüge gesehen. Man könnte dies semantische Piraterie nennen. So geht es sicher der Fast-Food-Kette McDonalds, deren ‚brand' in der Kritik der Globalisierungsgegner nun als Namensgeber für die Gefahr der ‚McDonaldisierung' herhalten muss. Die Kritik an der McDonaldisierung der Welt ist Teil einer Kritik an Phänomenen der Amerikanisierung, die ein kulturelles Paradigma postmoderner Dienstleistungsindustrie meinen, das als amerikanisch wahrgenommen wird, ungeachtet der Frage, ob dies faktisch zutrifft (wie bei der ‚Starbuckisierung' der Kaffeehauskultur) oder eben nicht (wie bei der in Schweden ersonnenen Konfektionierung der Wohnkultur namens IKEA). Dies geschieht vor einem kulturellen Horizont, den der Calvinismus geprägt hat, in dem man sich also vor einem großen wissenschaftlichen Werk mit derselben Ehrfurcht verneigt wie vor einem großen Vermögen, das jemand angehäuft hat (Letzteres ist zweifelsfrei der Ausweis göttlicher Gnade, Ersteres nur, wenn es die Indizierung Darwins beachtet). Wenn hier also von Amerikanisierung der Wissenschaft gesprochen wird, so ist dies als ein solcher symbolischer Topos gemeint; man wird passim erinnert sein müssen, dass es in den USA sehr europäische Orte gibt und in Europa sehr amerikanische. Gemeint ist der Wandel des erwägenden ‚philosophischen' Diskurses der europäischen Geisteswissenschaften in die pragmatisch determinierten ‚how to do in ten days'-Rezepte der ‚news to use'-Kultur. Der Duktus aus Großmutters Kochbuch („Man nehme...") mischt sich in diesen PR-Theorien mit einer Kompilation angelesenen Halbwissens und einem englischen Managementjargon, der der internationalen Seefahrt unter Billigflagge eher entstammt als abendländischer Konversation (‚meet the press'/‚press the meat'). Es gibt, so wird hier angenommen, keine originären PR-Theorien, weil es keine originäre PR-Wissenschaft gibt, es sei denn, sie ist Publizistik, die sich ebenso Journalismus, Lobbying, Propaganda oder Werbung widmen kann. Da PR keine eigenständige oder gar eigengesetzliche gesellschaftliche Praxis ist, jedenfalls nicht im Unterschied zum Journalismus, kann sie auch keine originäre Theorie hervorbringen oder ihrer bedürfen. Mit der wissenschaftlichen Diskussion der Hypothesen des Radikalen Konstruktivismus entwickelt sich in der deutschen Publizistik eine systematische und kybernetische Annäherung an die Phänomene der Massenkommunikation, die die alten Sortierkästchen beiseite fegt; die tragfähigsten Beiträge kommen aus dem Westfälischen. Dem stehen als Managementlehren, insbesondere aus den Federn ambitionierter Praktiker, aber viele rezeptologische Publikationen gegenüber, die handwerklichen Ausbildungszwecken dienen sollen oder der Eigen-PR der halbgebildeten Autoren nützlich sind oder bloße legitimatorische Funktion haben; die Potsdamer Behandlung der so genannten Hunzinger-Affäre durch den Verband seiner Berufskollegen, die scheinheilig bereit sind, den biblischen ersten Stein zu werfen, und etwas, das typischerweise ‚media mind' heißt, stehen dafür als Beispiel.

Der Präsident des Berufsverbandes der Öffentlichkeitsarbeiter, der DPRG, hat sich passim damit zitieren lassen, dass die Ausübung der Public Relations der wissenschaftlichen Vorbildung nicht so sehr bedürfe, eher schon einiger Practica. Dies legt die Schlussfolgerung nahe, dass es sich bei den Public Relations um eine Profession handelt, die in erster Linie auf Erfahrungswissen und einer gewissen handwerklichen Geschicklichkeit beruht. Das Entsetzen der Hochschullehrer, jedenfalls in Münster und München, über die Einlassung des Berufsverbandes ist verständlich, aber vielleicht angesichts der Maßstäbe, die der Verband an seine Mitglieder stellt, gar nicht berechtigt. Pädagogen wissen, dass eine ganz verhängnisvolle Ungerechtigkeit darin bestehen kann, dass man sein Gegenüber vorsätzlich überschätzt und so die mittlere Begabung unter den Anforderungen leiden lässt, die nur dem oberen Drittel gerecht würden. So mag der Präsident der DPRG nicht nur die mittlere Qualität der Mitgliedschaft seines Verbandes gerechtfertigt haben (wofür diese ja Beiträge bezahlen), sondern auch eine Lebensweisheit bedient haben, die jeder kennt, der einmal unter einem vermaledeiten Hexenschuss gelitten hat. Während vor dem gemeinen Bandscheibenvorfall ganze Geschlechter von Professoren und Doktoren ratlos bleiben, also vorschnell zum Rezeptblock oder Skalpell greifen, gibt es einige Chiropraktiker, die mittels weniger geheimnisvoller Verrenkungen das Problem im Handumdrehen lösen. An der Wand eines solchen Wunderheilers hängt keine Promotionsurkunde einer gestandenen Alma Mater, sondern ein exotisch wirkendes Blatt einer amerikanischen ‚university' im Mittleren Westen, an der man das segensreiche Knocheneinrenken zu lehren vermag. Weitere Geschichten von den Heilerfolgen ungenannter Heilpraktiker sind bekannt, die die Schulmedizin gleichwohl mit Verachtung und wohl auch mit Neid ignoriert.

Die Theorien, derer sich beide Berufe, der des Mediziners und der des Heilpraktikers, bedienen, sind gänzlich unterschiedlicher Perspektive: Die eine öffnet sich wie ein Trichter in immer weitere Verzweigungen immer speziellerer Teilwissenschaften, die nur noch von den jeweiligen Fachwissenschaftlern beherrscht oder auch nur verstanden werden, die andere besteht aus einer überschaubaren Anzahl von Regeln, die den Trichter intellektuellen Zweifelns schließen auf das Weltbild weniger Mythen. Man nehme, just for the sake of the argument, an, dass der Schulmediziner viel weiß, bis in Teilgebiete der neuesten Grundlagenforschung kundig ist, aber dem von der Hexe geschossenen Zeitgenossen nicht helfen kann, und der Heilpraktiker zwar akademisch unbeleuchtet blieb und wohl auch gefährliche Wissenslücken hat, aber eben auch glückliche, jedenfalls schmerzfreie Patienten. Wen gilt es nun zu loben und wen zu tadeln? Die Frage beantwortet sich für denjenigen, den ein Problem plagt, von selbst. Der Präsident der DPRG lobte also mit einem gewissen Recht seine amerikanisierten Heilpraktiker der PR, die mit wenigen Handgriffen das Unmögliche zu vollbringen vermögen – sich jedenfalls dessen rühmen.

Kein anderer Wissenschaftsbetrieb hat dem Prinzip der Ökonomie so sehr zur Geltung verholfen wie der amerikanisierte. Damit ist hier nicht so sehr die wirtschaftliche Verfassung der akademischen Landschaft insgesamt und einzelner Institute in den USA gemeint, also das Verhältnis von staatlicher Förderung oder der Trägerschaft und den Sponsorships aus der Privatwirtschaft; dies ist, wie Kipling sagt, eine andere Geschichte. Besonders beeindruckend unter gehaltlichem Gesichtspunkt ist das Verhältnis von intellektuellem Aufwand und Ertrag. Es kann nicht bestritten werden, dass die erdrückende Mehrzahl von Nobelpreisen in den Vereinigten Staaten landen und das Gros der Patente und Lizenzen amerikanischen Ursprungs ist. Gleichzeitig gibt es keine so genannte Kulturnation, in der ein vergleichbar hoher Prozentsatz von Schulabgängern Analphabeten sind oder mit Besinnungsaufsätzen im Realschulniveau akademische Abschlüsse erzielt werden können. Selbst in der Spitze der Universitäten sind Legionen von Dissertationen zu finden, die eine Mischung aus Besinnungsaufsatz, Proseminararbeit und Gebrauchsanleitung charakterisiert. Vor Jahren wurde mir von einer Arbeit ‚summa cum laude' berichtet, die die Goethe-Forschung mit der Frage aufhellen wollte „How good is Faust?" und zu dem mit acht Literaturangaben bewehrten Ergebnis kam, dass er ziemlich gut sei. Dies erschien meinem Zeugen als Exempel eines recht ökonomisch erworbenen Doktortitels, worauf sein Träger mit einigem Stolz verwiesen habe.

Wir wissen, dass das ökonomische Prinzip immer und überall das des Mangels und seiner zielorientierten Bewältigung ist. Im Garten Eden bedarf es nicht der ökonomischen Sachwaltung, aber im irdischen Jammertal, wo die Mittel karg und die Menschen roh sind. Das Effizienzprinzip sucht aus möglichst geringem Mitteleinsatz einen möglichst hohen Ertrag zu erzielen. Das heißt freilich, dass dem derart ökonomischen Prozess eine Vorstellung dessen vorausgeht, was sein Ziel sein soll. Wenn man so will, unterscheidet dies einen Arbeitsprozess von dem der künstlerischen Schöpfung. Im Entstehen eines Kunstwerkes entwickelt sich dieses durch eine hochkomplexe Auseinandersetzung des künstlerischen Handwerks und der intellektuellen Intention mit dem zu gestaltenden Gegenstand: Am Ende darf die Überraschung ruhig allseitig sein. Anders in unserem philosophischen Verständnis die Arbeit, die eben kein Spiel (im Schiller'schen Sinne) ist, die eine zweckdienliche Vorstellung zu einer eben diesem Zweck dienenden Realität gestaltet. Der Bildhauer Rodin hat seinen „Denkenden" einem gewaltigen Stein abgerungen; ein Stuhl bedarf des Tischlers und des Holzes, aber nicht jener Genialität, die drei Beine nach unten und eines nach oben weisen lässt; was man allenfalls einem Beuys hätte durchgehen lassen. Im alten Europa ist Wissenschaft eine Ambition in einem großen und tiefen Mythos, der Religion nicht unähnlich und zugleich ihr eigentlicher Feind, allenfalls noch im Schiller'schen Sinne Spiel (also Kunst), jedenfalls nie und nimmer irgendeinem Zweck verpflichtet, eine schnöde Absicht verfolgend. Im neuen Amerika ist Wissenschaft Arbeit, wenn nicht gar ein ‚job'. Die ‚get it done'-Kultur misst auch ihre wissenschaftlichen Angänge am ökonomischen Prinzip des möglichst geringen intellektuellen Aufwandes, um ein Problem ‚in den Griff zu kriegen', also eine pragmatische Perspektive aufzuweisen. Das hat nichts mit der auch in Europa geläufigen Unterscheidung von Anwendungsforschung und Grundlagenforschung zu tun, also grosso modo den Aufgabenbereichen von Fachhochschulen und Universitäten; es geht um ein ‚cultural gap'. Dem Stellenwert des Ökonomischen im Intellektuellen entspricht ein anderer kultureller Stellenwert von Wissen einerseits und Pragmatismus andererseits, den man in traditioneller europäischer Sprache vielleicht mit Bauernschläue hier und Bildung dort umschreiben könnte.

Die Bauernschläue, auch die der rauchenden Colts, stilisiert in hunderten von Filmen durch vagabundierende Viehtreiber, vulgo Cowboys, sollte, obwohl uns die Sprachgeschichte ein solches Wort nicht geschenkt hat, Handwerkerschläue, im Englischen viel treffender ‚craftmanship', heißen. Der Handwerker, wollen wir ihn vom Künstler unterscheiden, setzt sehr großes Geschick auf die Herstellung eines Gebrauchsgegenstandes, der seinen Wert in eben dieser Gebräuchlichkeit findet. Dabei wird man mit Achtung bemerken, dass der Gebrauchsgegenstand seine eigene Ästhetik hat, eben das, was man heute Design nennt und so treffend definiert mit ‚form follows function'. Die künstlerische Form, also die eines Kunstwerkes, mag vielem folgen oder niemandem, jedenfalls nicht einer Funktion des sie tragenden Gegenstandes. Die amerikanische Soziokultur findet aber ein so vorwiegendes Interesse an der Funktionalität, an dem, was irgendetwas macht oder nicht macht, dass es als Pendant dazu die schier ungebrochene Bereitschaft gibt, das Ding selbst als Black Box zu akzeptieren.

Die Kybernetik bezeichnet als Black Box ein System, dessen Struktur man nicht kennt und nicht kennen muss, weil man es über seine Funktionen ‚definiert' (niemals lassen sich die Strukturen aus den Funktionen deduzieren – man weiß aus Erfahrungswissen, was es voraussichtlich tut, aber nicht, was es ist, aber das ist eben auch nicht die Frage). In diesem Horizont stellt man erstaunt und mit Erheiterung fest, dass der Zitronenfalter gar keine Zitronen faltet, obwohl er so heißt; ein europäisches Paradoxon, das der Neuen Welt fremd ist. Der Umgang mit Computern lässt vielleicht der gesamten Menschheit keine andere Chance, als sich demütig gegenüber den überhand nehmenden Black Boxes zu verhalten, aber auch das ist eine andere Geschichte. Boris Groys (2000) erhellt sie in ‚Unter Verdacht', seiner ‚Phänomenologie der Medien', mittels der Annahme eines ontologischen Verdachtes: „Für Marx offenbart sich das Innere der sozialen Welt als die verborgenen ökonomischen Kräfte und Verhältnisse, die die Realität des menschlichen Lebens zwar innerlich bestimmen, aber sich dem menschlichen Bewusstsein üblicherweise in entstellter ‚unwahrer' unaufrichtiger Form zeigen. Für Freud manifestiert sich das Innere als libidinöses Unterbewusstsein, das seine eigentliche Beschaffenheit und Dynamik hinter seinen äußerlichen Symptomen verbirgt. Und für Nietzsche offenbart sich als Weltinneres der Wille zur Macht, der, um seine Lebensziele zu erreichen, notwendigerweise mit Lügen und Illusionen operieren muss, die somit die Oberfläche des Bewusstseins vollständig besetzen. Die Dinge präsentieren sich dem Weltbetrachter demnach notwendigerweise falsch. Nur in wenigen Ausnahmefällen wie in sozialen Revolutionen, Träumen von Neurotikern oder Willensausbrüchen von blonden Bestien offenbart sich das Innere der Welt so, wie es in Wahrheit ist – und bestätigt damit den anfänglichen Verdacht." Von solchen Hintergründigkeiten eines quasi-ontologischen Verdachtes sind die amerikanisierten Wissenschaften frei. Hier wird nicht räsonniert, sondern repariert.

Der Tempel jenes menschlichen Typus, den die Philosophie schon vor der Entdeckung, die Christopher Kolumbus zugeschrieben wird, ‚homo faber' genannt hat, um ihn vom ‚homo ludens', dem spielenden, kreativen Menschen, oder dem ‚homo politicus' zu unterscheiden, ist der DIY (‚do it yourself'), auch Baumarkt genannt. Es herrscht der Gestus des Reparierens in jenem Halbwissen und Halbkönnen, das den Heimwerker auszeichnet, eine Semiprofessionalität, die auch die herrschende PR-Praxis leider bis heute kennzeichnet. Die Verschiebung der Frage, was ein bestimmtes Ding ist, zu der Frage, was es mache (Funktion statt Identität), feiert hier Triumphe bis in die Sprache hinein. Der klassische Expositharzkleber („Woraus besteht er?") hieß eine Zeit lang Zweikomponentenkleber („Wie wende ich ihn an?"), bis er ein amerikanisches Rebranding erfahren hat und nun stolz als Markennamen führt: „Fix-it-all" („Was macht er?" – „Er macht alles wieder heil!"). Das ist der Diskurs der ‚hidden persuaders' der Werbung: die Auslobung eines Gebrauchswertversprechens, das nicht mehr den eigentlichen Gebrauchswert als Eigenschaft des Produktes beschreibt, sondern ein Glücksversprechen, das an seiner Funktion hängt. Marlboro ist Freiheit und Abenteuer – kein kleines Versprechen. Der Kleber heilt alles, ein messianischer Anspruch. Dabei kann auch eine Nebennutzung zur Auslobung kommen; wer als Heimwerker (‚do it yourself') mit dem Hammer auch schon mal den Daumen getroffen hat statt des Nagels, dem braucht man nicht zu erläutern, warum ein Montagekleber, mit dem Deckenleisten und Rahmen geklebt werden können, jetzt als Produktnamen führt: „No more nails". Man muss neidlos zugeben, dass die Homonymie der ‚nails' vom vertrackten Metallstift einerseits und dem blauen Daumennagel andererseits durchaus literarische Qualität hat. Eine Analyse der Erfolgstitel von Sachbüchern in den amerikanischen Charts würde zeigen, dass die vorherrschenden Diskurse, die die Titel der Bücher formulieren, die der Funktion und des Aufwandes sind. So werden in Deutschland die Titel des Magazins Focus („... und immer an die Leser denken!") gemacht. Eine möglichst weitgehende Funktion wird mit einem möglichst überschaubaren Aufwand versprochen; es herrscht die Stilistik der Rezeptologie, die Paul Simon bereits vor Jahrzehnten in ‚Fifty ways to leave your lover' charakterisiert hat. Deshalb liegen amerikanische Dissertationen vor uns, die sich lesen wie der Packungsaufdruck einer Fertigsuppe. Der größte Teil der PR-Literatur der 1960er, 1970er und 1980er Jahre hat den Charakter eben dieses prätentiösen Pragmatismus; in der Sprache der 1950er Jahre handelt es sich um Handreichungsliteratur: „Hop on the bus, Gus. Just drop the key, Lee."

Eine Theorie, die diesen Namen verdient, also zumindest den ohnehin bescheidenen Ansprüchen des Positivismus entspricht, liefert eine einheitliche Erklärung von Phänomenen auf der Basis eines gesicherten induktiven Zugangs, die in einem System eineindeutiger Begriffe zwischen gesicherter Erfahrung, abgeleiteten Hypothesen und vermuteten Gesetzlichkeiten präzise unterscheiden lässt. Es ginge um eine erste Kybernetik, wenn man das Niveau des Konstruktivismus, wie es Niklas Luhmann mit Bezug auf Heinz von Foerster tut, Kybernetik zweiter Ordnung nennt. Wenn man zur Beruhigung der Gemüter einräumt, dass es sich bei der Systemtheorie nicht um eine Glaubensbewegung handelt und Luhmann so viel und so gelegentlich Verstiegenes geschrieben hat, dass es also reicht, seinen Ansatz verstanden zu haben, wird man doch sagen dürfen: Nicht einmal die Kybernetik erster Ordnung ist den hier inkriminierten PR-Theorien gemein. Es wird so nonchalant gegen das Induktivitätsgebot verstoßen, dass man von ideologischen Texten sprechen muss, die aus einer weltanschaulichen Voreingenommenheit deduzieren. Der unglückselige Terminus aus der marxistisch-leninistischen Literatur von der „Einheit von Theorie und Praxis" tut als Gespenst sein Übriges. Ein wissenschaftlicher Anspruch beginnt aber nicht mit einer hübschen Lösung eines hässlichen Problems, sondern mit einer ganzen Reihe von radikal ‚unpraktischen' Verweisungen. Es gibt keine Erkenntnis ohne Erkenntnistheorie. Es gibt keine Wissenschaft ohne Wissenschaftsgeschichte. Es gibt keine Theorie ohne Begriffe (das meint Kategorien, nicht Deskriptionen!). Es gibt keine Begriffe ohne Systeme. Wer bei einem System nicht zwischen Struktur und Funktion unterscheiden kann, sollte für den wissenschaftlichen Verkehr die allgemeine Fahrerlaubnis verlieren ...

Mit alldem sind die wissenschaftlich wirklich relevanten Fragen, die Luhmann (1996) am Ende seiner ‚Realität der Massenmedien' verklausuliert „Beobachtungskybernetik zweiter Ordnung" genannt hat, noch nicht berührt. Da es um die Frage gehe, was das wissenschaftliche Beobachten beobachte, gerate man in der „Technik der Erschütterung des festgefahrenen Glaubens", des common sense, in die Figur der Paradoxie. Gerade die Publizistik sei hier aufgerufen, sagt Luhmann; und man kann in seinem Sinne hinzufügen, die PR allemal. „Der krasse Widerspruch zwischen den Selektionsverfahren der Massenmedien und ihrem Erfolg im Konstruieren der Realität, nach der die Gesellschaft sich richtet, mag dazu ein besonderer Anlaß sein." (Luhmann 1996) Es gehe nicht darum, was der Fall sei, was uns als Welt und Gesellschaft umgebe. Die wirklich intellektuelle Frage laute: „Wie ist es möglich, Informationen über die Realität zu akzeptieren, wenn man weiß, wie sie produziert werden?" (Luhmann 1996) Die von Luhmann gefundene und mit großem intellektuellen Vergnügen ertragene Paradoxie mag man in einer Episode um den eingangs zitierten Kipling wiederfinden. Als ein Magazin, etwas voreilig, seinen Tod meldete, schrieb er an den Verlag: „I've just read that I am dead. Don't forget to delete me from your list of subscribers."

Nun mag man, ganz beseelt durch den im Anspruchsniveau schlichteren Popper'schen Positivismus, einwenden, dass die Praxis doch hinlänglich beweise, ob eine Theorie richtig oder falsch gewesen sei. „The proof of the pudding is in the eating." Das ist natürlich dummes Zeug. Dass etwas in der Praxis ‚geklappt' hat, hat keinerlei Aussagewert darüber, ob das, was man für die Theorie dieser Praxis hält, wahr oder unwahr ist. Zunächst einmal liegt zwischen dem Attribut ‚richtig' und der Kategorie ‚Wahrheit' eine Welt. Dann ist völlig ungesichert, ob das, was ein Akteur vor seiner Tat als Theorie auffasst, überhaupt sein Handeln bestimmt hat. Die Eigeninterpretation eines Handlungswilligen und die seiner Handlung implizit zugrunde liegende Auffassung vom Handlungsgegenstand sind zunächst einmal getrennte Welten. Natürlich kann man eine Vaterschaft auch dann auslösen, wenn man meint, dass der Klapperstorch die kleinen Kinder bringt. Oder einen Völkermord unter Berufung auf die christlichen Tugenden begehen.

Marx hat im ersten Band des Kapitals das Mysterium zu untersuchen gesucht, das man kurz als Wertermittlung im Warentausch bezeichnen könnte. Dabei fällt der Satz zur impliziten Logik des Warenverkehrs, die herrscht, auch wenn sie den einzelnen Händlern nicht bewusst ist: „Sie wissen es nicht, aber sie tun es!" Der Satz hat Wissenschaftsgeschichte gemacht: Georg Lukacs macht ihn später zum Motto seiner Ästhetik (er stammt ursprünglich aus Goethes Faust). Es geht um nicht mehr als die Erkenntnis, dass die Elemente eines Systems zwar sich selbst als Elemente wahrnehmen, da ihnen ein Ausschnitt des funktionalen Wirkens deutlich ist, aus diesen Funktionen aber nicht die Struktur deduziert werden kann, die die eigentliche Identität des Systems bestimmt – ob die Elemente ‚subjektiv' nun über dieses Wissen verfügen oder nicht. Es ist halt, da hat Georg Büchner eben leider Recht, nicht jeder frei, der seinen Ketten spottet.

Die Selbstinterpretation des eigenen Handelns unterliegt neben der Wahrheitsfunktion mindestens ebenso stark der Darstellungsfunktion des Akteurs. Wenn es sich dann auch noch um eine gesellschaftliche Tätigkeit handelt, die eine okkulte Dimension hat, zumindest aber eine gewisse Diskretion pflegt, wie es bei PR ja ganz zweifellos der Fall ist, so ist nicht zu erwarten, dass die öffentliche Eigeninterpretation auf wissenschaftliche Transparenz zielt. Gerade kommunikative Prozesse sind so hochkomplex, dass die Komplexitätsreduktion, die die Akteure im Sinne ihrer Eigeninterpretation vornehmen, nicht nur ausschnitthaft sind und auf Eigenlegitimation perspektiviert, sondern kontrafaktisch sein können. PR ist also nicht das, was die PR-Praktiker als ihre Praxis wähnen oder als solche darstellen. PR ist auch nicht, was die akademischen Beobachter der PR-Praxis mittels Zeitungslektüre als Theorie der PR wähnen. Es nicht mal sicher, dass das, was die Beobachter für die Praxis halten, wirklich die Praxis ist. Möglicherweise handelt es sich nicht nur um einen Ausschnitt, sondern um jenen Teil der PR, der der Selbstdarstellung der PR dient. Oder es handelt sich um so genannte ‚case studies', ‚Störfälle' der PR, deren Aussagekraft von der Kenntnis des Normalbetriebes abhängt, die wiederum nicht gegeben ist.

Der erste Schopf, um sich aus diesem Sumpf der Selbstbezüglichkeit und Referenzunsicherheit zu ziehen, ist die empirische Sozialforschung, also eine Kybernetik der ersten Ordnung, die sich auf eine zweite Ordnung öffnen lässt. Sie ist in der Lage, das Induktivitätsgebot einzulösen. Man wird an die PR herangehen müssen, wie Marie Jahoda an die Arbeitslosigkeit in Marienthal (Jahoda 1933). Eine neue Generation der Wissenschaftler geht seit einigen Jahren diesen Weg: Ulrike Röttger (2000) und Edith Wienand (2003) seien genannt, weil sie nicht mit beiden Beinen im Himmel ihres ideologischen Vorsatzes stehen, sondern sich der Realität versichern. Dass die empirische Sozialforschung wie jede Soziologie der philosophischen Fundierung bedarf, wissen wir. Natürlich wird hier keinem naiven ‚Fliegenbeinzählen' das Wort geredet. Man könnte vorschlagen, PR-Theorien, die sich nicht durch Befunde der empirischen Sozialforschung ausweisen, die Zumessung der kommunikativen Kompetenz zu verweigern. Wenn nur aus einem ideologischen Vorverständnis deduziert wird, das meist auch noch unhinterfragt bleibt, dann sollte man vielleicht doch lieber über Fußball, Sex oder das Wetter reden.

Wenn der Anspruch einer Bildung, die als Voraussetzung kommunikativer Kompetenz in der Publizistik gesehen wird, berechtigt ist, so könnte man einen Streit um den Kanon beginnen, der dazu als ‚Eintrittskarte' rezipiert sein muss. Es ist schwer vorstellbar, dass es dabei abgeht ohne Kants Kritiken, Hegels Phänomenologie und das Marx'sche Kapital, Freuds Psychoanalyse und den französischen Strukturalismus, Lazarsfeld und Jahoda, Habermas und Luhmann, S. J. Schmidt und Merten ... eigentlich eben all jene Werke, die zum Philosophicum gehören und darüber hinaus von Holtz-Bacha und Kutsch dankenswerterweise in dem leicht zugänglichen Band ‚Schlüsselwerke für die Kommunikationswissenschaft' (Holtz-Bacha/Kutsch 2002) versammelt sind. Die der akademischen Lehre ernsthaft verpflichteten Publizisten sollten dazu und darüber hinaus ein Kompendium planen, in dem im Sinne der kommunikativen Kompetenz für PR jene Studientexte versammelt werden, die man idealtypisch als Bildungsstrecke verstehen möchte, die rezipiert und diskutiert sein sollte. Man sähe, nur um dem Gedanken eine äußere Form zu geben, ein fünfbändiges Werk mit gut zweitausend Seiten vor sich, eine Quellensammlung, die als intellektuelles Archiv dieser Publizistik verstanden würde. Bei allem berechtigten Widerwillen gegen eine Verschulung der akademischen Lehre hätte das Kompendium den Vorteil zu definieren, von welchem Grad der Ignoranz an die Gesellschaftsfähigkeit für einen PR-Theoretiker nachhaltig gefährdet wäre. Wie bei den Enzyklopädisten des 18. Jahrhunderts wäre ein Regulativum der innerakademischen Diskussion der Streit darum, was in das Kompendium endlich aufgenommen werden sollte oder nicht mehr dazugehört. Natürlich ist dem Autor dieser Zeilen klar, dass es sich bei diesem Gedanken um eine Provokation handelt, die ein postpubertäres Moment hat. Es wird hier und jetzt gleichwohl vorgeschlagen, mit überhaupt niemandem mehr über ‚PR-Theorie' zu diskutieren, der nicht mindestens die ‚Arbeitslosen von Marienthal' gelesen hat, die achte Feuerbach-These aufsagen kann und erinnert, wer wo aus der Eröffnungsszene des Hamlet den guten Horatio („So have I heard, and do in part believe it.") zitiert.

Dass die Definition des Mindestmaßes an Belesenheit eben nur eine notwendige und noch keine hinreichende Voraussetzung des Wissenschaftsbetriebes bildet, versteht sich von selbst. Nur ein Beispiel sei genannt, das in die wissenschaftliche Diskussion eingegangen ist, weil sich die Redaktion der anspruchsvollen Fachzeitschrift „Publizistik" entschlossen hat, einen überaus polemischen Angriff des Mainzer Publizistikprofessors Michael Kunczik (2001) auf seinen Kollegen Rolke abzudrucken. Lothar Rolke zeigt sich in seinen Aufsätzen als gnadenloser Eklektiker, der alles zusammenrafft, was es zusammenzuraffen gibt. Er weiß in dem angesprochenen Kanon Theorieansätze zu verbinden (Rolke 2002), die wissenschaftsgeschichtlich und systematisch schlicht nicht zu verbinden sind; so kompiliert er etwa Habermas und Luhmann, als seien sie Pat und Patachon aus dem Harvard-Baumarkt. Er kann dies, weil er, das muss man unterstellen, Adorno nicht kennt. Ein wenig peinlich ist das schon. Norbert Bolz bringt es so auf den Punkt: „Nach Adornos Tod gab es nur die Alternative zwischen Paradigmenwechsel und Theoriesanierung. Für das neue Paradigma steht Luhmanns Systemtheorie, für die sanierte Kritische Theorie steht Habermasens Projekt der Moderne ... Was viele Anhänger von Jürgen Habermas an seinem großen Gegenspieler Niklas Luhmann geärgert hat, ist, dass dieser es scheinbar bei einer Beschreibung der modernen Gesellschaft beließ, statt sie zu ermahnen und zu kritisieren. Das ganze Leben lang von der Gesellschaft lernen – das soll Soziologie sein? Ganz anders Habermas. Er will die Gesellschaft belehren, statt von ihr zu lernen ... Dafür gibt es ein für uns unüberbietbares Paradigma: die Reeducation, das Besatzungsregime in den Köpfen." (Tagesspiegel vom 3. Mai 2003) Auf die Luhmann'schen Korpuskel in Rolkes Kompilationen hat Michael Kunczik, dem selten allzu große theoretische Belesenheit nachgesagt wird, dramatisch reagiert (Kunczik 2001): mit der Forderung eines Lehrverbotes für seinen Kollegen; das dürfe man nicht an Studenten Ohren gelangen lassen! Dass die Herausgeber der wissenschaftlichen Zeitschrift ‚Publizistik' einem solchen Unterfangen, das mindestens grundgesetzwidrig ist, wie einleitend angesprochen, die Ehre der Publikation gaben, ist ein weiterer Skandal. Die ‚Publizistik' mag als Organ einer demokratischen Wissenschaftsgemeinde damit diskreditiert sein; das ist eine Frage des Geschmacks oder der ‚political correctness', also keine wissenschaftlich relevante. Eigentlich sind viele solcher Skandale zu wünschen, wenn sie auf dem Boden des Kanons wissenschaftliche Disputation und damit Fortschreiten der Erkenntnis sind. Es gilt, was Umberto Eco in seiner Analyse der ‚Kraft des Falschen' (Eco 2003) gesagt hat: „Wenn man bedenkt, dass jemandem der Verdacht, die Sonne drehe sich um die Erde, in einem bestimmten Moment der Geschichte ebenso verrückt und verwerflich erschienen war wie uns heute der Verdacht, das Universum existiere womöglich gar nicht, dann ist es gut, sich den Kopf frei und kühl zu halten für den Moment, in dem die Gemeinschaft der Wissenschaftler dekretieren könnte, dass die Idee des Universums eine Illusion war, so wie die der Erde als flacher Scheibe und die der Rosenkreuzer. Im Grunde ist es die erste Pflicht des gebildeten Menschen, sich bereit zu halten, die Enzyklopädie jeden Tag neu zu schreiben."

Die Kanonisierung fachlicher Mindeststandards und der ständige akademische Streit um den Kanon ist nicht so elitär, wie es der Begriff vielleicht nahelegt; mit allen anderen Kolleginnen und Kollegen, die sich vorsätzlich außerhalb der Kenntnis des Kanons (nicht Befürwortung einzelner Elemente! Kenntnis!) bewegen, kann man ja über die Praxis reden oder das Wetter oder Fußball oder über ‚Fifty ways to leave your lover', wo es ganz konstruktivistisch heißt: „The problem is all inside your head ..." und dann ganz praktisch wird: „Just slip out the back, Jack. Make a new plan, Stan. Don't need to be coy, Roy. Hop on the bus, Gus. Just drop off the kee, Lee, and get yourself free."

Literatur

Eco, Umberto (2003): Die Bücher und das Paradies. München
Groys, Boris (2000): Unter Verdacht. Eine Phänomenologie der Medien. München
Holtz-Bacha, Christina / Arnulf Kutsch (Hg.) (2002): Schlüsselwerke für die Kommunikationswissenschaft. Wiesbaden
Jahoda, Marie (1933): Die Arbeitlosen von Marienthal. Ein soziographischer Versuch über die Wirkungen langandauernder Arbeitslosigkeit. Leipzig
Kocks, Klaus (2001): Glanz und Elend der PR. Zur praktischen Philosophie der Öffentlichkeitsarbeit. Wiesbaden
Kocks, Klaus (2002): Journalismus und PR: Yin und Yang. In: PR-Magazin, 33. Jg. / Heft 4: 43 ff.
Kunczik, Michael (2001): Dr. Fox lebt oder warum laut Lothar Rolke Public Relations gesellschaftlich erwünscht sind: „If you can't convince them, confuse them". In: Publizistik, 46. Jg. / Heft 4: 425-437
Luhmann, Niklas (1996): Die Realität der Massenmedien. 2. erw. Aufl. Opladen
Rolke, Lothar (2002): „Don Quichote never dies!" Auf dem gefährlichen Weg zu einer Theorie der Public Relations. In: Publizistik, 47. Jg. / Heft 1: 83-89
Röttger, Ulrike (2000): Public Relations – Organisation und Profession. Eine Berufsfeldstudie. Wiesbaden
Wienand, Edith (2003): Public Relations als Beruf. Kritische Analyse eines aufstrebenden Kommunikationsberufes. Wiesbaden

PR-Theorie und PR-Praxis: Historische Aspekte

Michael Kunczik

Vorbemerkungen und Begriffsklärung
Das Verhältnis von Theorie und Praxis stand im Zentrum des Wissenschaftsverständnisses von Kurt Lewin, dem der Satz zugeschrieben wird, dass nichts so praktisch sei wie eine gute Theorie (Marrow 1969: VIII). Lewin war einer der Begründer der Aktionsforschung, der es um die Lösung praktischer Probleme in Organisationen ging, die aber ohne Theorie nicht möglich sei (z.B. Marrow 1969: 153ff.). Aktionsforschung verbindet die Analyse eines zumeist als unerwünscht eingestuften Zustandes mit einem Programm der Änderung. Eine Theorie hat für Lewin zwei Funktionen zu erfüllen, nämlich das vorhandene Wissen zu systematisieren und Wege zu neuem Wissen aufzuzeigen (Marrow 1969: 30).

Der *Theoriebegriff* wird allerdings in der Literatur oft sehr unscharf gebraucht. Paul F. Lazarsfeld (1973: 63) zählt z.B. folgende Beispiele für „soziale Theorien" auf: „Sorgfältige Klassifikationsschemata; komplexe Begriffe, die den Beobachter zu interessanten Fakten führen; die Formulierung von Forschungsproblemen hoher sozialer Signifikanz; allgemeine Ideen über den Weg, auf dem sozialer Wandel stattfindet oder herbeigeführt werden könnte; Erwartungen von empirischen Ergebnissen, die noch nicht bestätigt worden sind (Hypothesen); die Verbindung von empirischen Ergebnissen mit anderen, entweder bestätigten oder hypothetischen (Interpretation)." Angesichts dieser begrifflichen Unklarheit schlägt Lazarsfeld vor, statt von „Theorie" von „analytischer Reflexion" zu sprechen. Hypothesen können als Annahmen über die Beziehungen zwischen Ereignis und Ursache(n) angesehen werden. Theorien sind dann nach Hans Albert (1973: 74) durch Prüfung (noch) nicht verworfene Hypothesensysteme, „die die Erklärung größerer Komplexe sozialer Tatbestände ermöglichen." Anders formuliert ist eine Theorie eine Gesamtheit logisch zusammenhängender Urteile über Teile der Realität. Als Theorien werden in Abwandlung einer Formulierung von Hans Albert (1973: 82) allerdings vielfach auch empirisch gehaltlose Sprachsysteme bezeichnet, die keinerlei Erklärungswert besitzen und den Bezug zur Realität verloren haben. Im Folgenden wird davon ausgegangen, dass sozialwissenschaftliche Theorien empirisch überprüfbar sein müssen. Gerade in Bezug auf kommunikationswissenschaftliche Theorien zur Massenkommunikation gilt, dass diese im Rahmen soziologischer Theorien häufig so behandelt werden, „als ob die Massenmedien außerhalb der Gesellschaft angesiedelt wären, obgleich Kommunikationsprozesse von vielen Autoren als zentrale gesellschaftliche Strukturmerkmale angesehen werden" (Kunczik 1984: 235).

Dabei sind die Sozialwissenschaften ein integraler Bestandteil der jeweiligen Gesellschaft. Deren Probleme bestimmen, wie z.b. Gunnar Myrdal in Objektivität in der Sozialforschung (1971) betont, die jeweiligen Fragestellungen. Hier soll untersucht werden, inwieweit Menschen, die Öffentlichkeitsarbeit/Public Relations als Beruf ausgeübt haben, Konzepte und theoretische Erklärungen für PR entwickelt haben. Zwischen ‚Theorie' und ‚Praxis' ist dabei nicht klar zu trennen, da die vielen ‚PR-Aktionen' zugrunde liegenden Theorien nicht explizit ausformuliert wurden. Deshalb wird hier auch auf PR-Aktionen eingegangen. Festzuhalten ist, dass die ‚klassischen' Texte zur PR von Autoren verfasst worden sind, die zumeist keine Wissenschaftler waren und die relevante sozialwissenschaftliche Literatur oftmals nicht kannten. Das Schwergewicht wird auf die deutsche Literatur gelegt.

Entwicklungen in den USA

Ivy Ledbetter Lee (1877-1934), Sohn eines Methodistenpredigers aus Georgia, gilt als einer der Begründer der amerikanischen PR. Er studierte in Princeton und war danach als Reporter in New York tätig. 1904 gründete der „Minnesinger to Millionaires"[1] (Cutlip 1994: 40) mit George Parker das PR-Büro Parker & Lee. Lee bezeichnete sich bereits 1916 sowohl als *Adviser in Public Relations* als auch als *Publicity and Advertising Counsel* (Raucher 1968: 121). Bereits 1906 veröffentlichte Lee seine berühmt gewordene *Declaration of Principles* (z.B. Kunczik 2002: 152). Darin wurde darauf verwiesen, dass man kein geheimes Pressebüro betreibe, sondern in aller Offenheit agiere. Das Ziel sei, die Presse mit korrekten Informationen zu versorgen: Die Declaration of Principles enthält grundsätzliche Vorstellungen von PR-Arbeit und beeinflusste die weitere Entwicklung der PR nachhaltig. Albert Oeckl (1987: 23) schreibt: „Dies war die Geburtsstunde der Public Relations." PR hat demnach vorrangig die Aufgabe, die Öffentlichkeit schnell, genau und gründlich zu informieren. Lee begnügte sich nicht damit, als Sprachrohr der von ihm betreuten Unternehmen zu fungieren, sondern legte seinen Kunden nahe, ihre Geschäftspolitik zu überprüfen und Fehlverhalten zu korrigieren, um so ein günstiges Klima in der Öffentlichkeit und ein vorteilhaftes Presseecho zu schaffen. In einer Zeit, da das Motto der Unternehmen war „the public be damned" (so angeblich William Henry Vanderbilt (1821-1885); Präsident der New

---

[1] TIME schrieb am 7. August 1933 (Cutlip 1994: 126): „No competitor can approach Ivy Lee in wealth and social stature. His friends are the Rockefellers, Mackays, Guggenheims (...). He lives magnificently in swank East 66th Street."

York Central Railroad), betonte die Declaration das Recht der Öffentlichkeit auf angemessene Information (Cutlip 1994: 45).

Edward L. Bernays (1891-1995) veröffentlichte 1923 mit *Crystallizing Public Opinion* das erfolgreichste Buch zur PR (Kunczik/Zipfel 2002). Bernays war ein (doppelter) Neffe von Sigmund Freud und u.a. Mitarbeiter des *Committee on Public Information* (,Creel-Committee'), das im 1. Weltkrieg (ab 1917) für die amerikanische Propaganda verantwortlich zeichnete. Crystallizing Public Opinion beginnt mit dem Satz: „A new phrase has come into language – counsel on public relations." Die Berufsrolle des PR-Beraters charakterisierte Bernays als Vermittler (1923: 57): „He acts [...] as a consultant both in interpreting the public to his client and in helping to interpret his client to the public. He helps to mould the action of his client as well as to mould public opinion." Damit wird PR als Zweiwege-Kommunikation verstanden. Die Diskussion darüber, ob PR und Propaganda unterschiedliche Phänomene sind, hat Bernays pragmatisch gelöst (1923: 212): „The only difference between ,propaganda' and ,education', really, is the point of view. The advocacy of what we believe in is education. The advocacy of what we don't believe in is propaganda." Bernays argumentierte in Crystallizing Public Opinion, dass die Macht der öffentlichen Meinung immer weiter zunehmen werde (1923: 217). Der Einfluss von Bernays auf die deutsche PR ist unbestritten.

In *Propaganda* (1928: 47f.) wird die These vertreten, die Menschheit könne mit Hilfe der Erkenntnisse der Massenpsychologie manipuliert werden. Wenn die Mechanismen und Motive des Gruppenbewusstseins verstanden würden, wäre es möglich, die Massen zu kontrollieren und zu steuern, ohne dass sich die betroffenen Menschen dessen bewusst seien. Diejenigen, die diese unsichtbaren Steuerungsmechanismen der Gesellschaft beherrschten, seien die unsichtbare Regierung, in deren Händen die wahre Macht liege. Da er die bewusste Manipulation der öffentlichen Meinung als wichtiges Element einer Massendemokratie sah, steht Bernays in der Tradition der ,Sozialingenieure', d.h. jener Autoren, die glaubten, dass es möglich sei, die Gesellschaft durch Experten bzw. Expertengremien zum Wohle aller steuern zu können. Bernays (1928: 11f.) argumentierte: „It might be better to have, instead of propaganda and special pleading, committees of wise men who would choose our rulers, dictate our conduct, private and public, and decide upon the best types of clothes for us to wear and the best kind of food for us to eat."

In *Propaganda* argumentiert Bernays (1928: 52) in Anlehnung an Freud, dass viele Gedanken und Bedürfnisse des Menschen kompensatorische Substitute für jene Bedürfnisse darstellten, die der Mensch zu unterdrücken gezwungen sei. Erfolgreiche PR-Berater müssten die wahren, den Menschen selbst nicht bewussten Bedürfnisse kennen und dieses Wissen instrumental nutzen. Dies ist nach Bernays auch für die Manipulierten von Vorteil, da ihnen dadurch das ansonsten ausbrechende Chaos erspart bliebe: Nur durch PR könne die Ordnung der Gesellschaft erhalten werden. Das Individuum wird dabei als Zelle im Organismus der menschlichen Gesellschaft gesehen. Es komme darauf an, die Nerven des sozialen Körpers an der richtigen Stelle zu treffen; dann erhalte man, wie beim Pawlow'schen Hund, die richtige Reaktion. Wenn es gelinge, die Anführer zu beeinflussen, dann habe man automatisch auch die ihnen zugehörige Gruppe beeinflusst (1928: 37).[2] In Crystallizing Public Opinion wurde auch die Frage der Ethik der PR diskutiert. Bernays (1923: 215) forderte, PR-Berater sollten nicht die Interessen von Klienten vertreten, deren Anliegen von moralisch zweifelhafter Qualität sei. Kriterien zur Festlegung dieser moralischen Qualität fehlen allerdings, obwohl die besondere Verpflichtung von PR gegenüber der Öffentlichkeit betont und auf die Bedeutung der Wahrheit verwiesen wird (1923: 218): „It is the creation of a public conscience that the counsel on public relations is destined [...] to fulfill his highest usefulness to the society in which he lives."

In der PR-Theorie von Bernays findet eine Synthese der beiden großen Denkrichtungen der Soziologie zu Beginn des zwanzigsten Jahrhunderts statt. Auf der einen Seite wird Gesellschaft als quasi-biologischer Organismus verstanden, als stabile Ordnung, die sich immer weiter ausdifferenziert. Auf der anderen Seite steht die Massenpsychologie, die den Menschen in der Mehrzahl als triebgeleitet und irrational auffasst, aber den Einzelnen als durchaus rational und schöpferisch akzeptiert. PR ist das Instrument, das die Synthese beider Modelle ermöglicht: Intelligente Individuen erhalten die Stabilität der Gesellschaft und verhindern zum Vorteile aller das Chaos.

Entwicklungen in Deutschland bis zum Zweiten Weltkrieg

Obwohl Bernays ohne Zweifel die einflussreichste PR-Theorie entwickelt hat, ist PR keine amerikanische Erfindung, sondern hat auch in Deutschland eine eigenständige Entwicklung genommen (Kunczik 1997). Die im September 1807 verfasste *Rigaer Denkschrift* stellt einen Markstein in der Geschichte der deutschen PR dar. Die Autoren, Karl August Fürst von Hardenberg (1750-1822) und sein ‚intimer Freund' (Ranke 1881: 362), der Geh. Oberfinanzrat Karl Freiherr von Stein zum Altenstein (1770-1840), die bereits bei der Verwaltung der fränkischen Fürstentümer Ansbach und Bayreuth zusammengearbeitet hatten, sind durchaus als Praktiker *und* Theoretiker der PR anzusehen. Hardenberg hat in seiner Ansbach-Bayreuther Zeit (1791-1800) erkannt, wie wichtig es war, die öffentliche Meinung in den außerhalb des Preußischen Kernlandes liegenden Gebieten zugunsten Preußens zu steuern und für die Durchführung von Reformmaßnahmen zu gewinnen. Die Erfahrungen in Ansbach-Bayreuth zeichneten ohne Zweifel für die Ideen verantwortlich, die in der *Rigaer Denkschrift* ihren Niederschlag fanden. Darin wird ein Programm für staatliche PR entworfen. Großzügiges Auftreten des Staates sei wichtig, weil dies Kredit gebe und Vertrauen erzeuge. Empfohlen wird die Benutzung von Reisenden und Schriftstellern („Hauptmänner der Literatur"). Auch Lobbying im Ausland (ehrlich als Bestechung bezeichnet) wird angeraten. Hardenberg konstatierte (von Ranke 1881: 373): „Die Opinion zu gewinnen, ist höchst wichtig, und doch vernachlässigt man dieses im In- und Ausland viel zu sehr. Ebensowenig sollte man versäumen, durch gute Schriftsteller auf sie zu wirken [...]."

---

[2] Damit wird das Konzept des Zwei-Stufen-Flusses der Massenkommunikation vorweggenommen (vgl. Kunczik/Zipfel 2001: 322ff.).

Betont wird auch die Bedeutung von Symbolen und geschickt inszenierten Feierlichkeiten für die Herausbildung einer preußischen Identität. Nach Andrea Hofmeister-Hunger (1994: 372) ist unter Hardenberg bereits 1816 ein ‚Literarisches Büro' nachweisbar. Wie modern Hardenbergs Vorstellung von PR war, zeigt sich auch an der Terminologie. Selbst das Konzept *Vertrauen*, zentrales Element vieler moderner PR-Definitionen, wurde verwandt. 1810 argumentierte Hardenberg (Hofmeister-Hunger 1994: 216): „Durch zweckmäßige Publikationen sind die notwendigen Einrichtungen bekanntzumachen und eine allgemeine Einleitung dazu, so daß Vertrauen zur Verwaltung erregt und bestärkt werde."

Friedrich List (1789-1846), Nationalökonom und Vertreter des Schutzzollgedankens sowie bedeutendster politischer Publizist des Vormärz, forderte als einer der ersten PR im wirtschaftlichen Bereich. List gründete Verbände, die als Vorläufer der späteren Zentral- und Spitzenverbände von Handel und Industrie angesehen werden können. Das Ziel war, im öffentlichen Leben Gehör zu finden und Sachverstand der Unternehmer einzubringen. List erkannte bereits das Problem der internen Öffentlichkeitsarbeit. 1834 schlug er sächsischen Fabrikanten vor, ein *Illustriertes Journal für Fabrikarbeiter* zu begründen, das durch Massenabonnements der Fabrikanten eine Auflage von 50.000 bis 100.000 Stück erreichen könne (Lenz 1956: 240). Mitte des 19. Jahrhunderts plädierte der rheinische Industrielle Gustav von Mevissen (1815-1899), ein Anhänger der Ideen von List, dafür, die Kritik an Aktiengesellschaften durch größtmögliche Öffentlichkeit zu entkräften (Hansen 1906; 1906a). Durch Publizität sollte Vertrauen aufgebaut werden. Mevissen entwickelte die Idee, Jahresberichte zu verfassen, um – modern ausgedrückt – in der Finanzwelt ein positives Image zu erzeugen.

In der Industrie kommt ohne Zweifel der Firma Krupp Führungsrolle bei der Entwicklung der Öffentlichkeitsarbeit in Deutschland zu, wobei von Anfang an die Idee vorherrschend war, ein positives Image dauerhaft aufzubauen und zu pflegen, um das Wohlergehen der Firma zu sichern. PR sollte nicht erst im Krisenfall betrieben werden. Dieser Gedanke wird deutlich in einem Brief, den Alfred Krupp am 27. November 1866 an seinen Prokuristen Albert Pieper schrieb (Krupp 1928: 225f.). Darin wird gefordert, „daß regelmäßig wiederholt aus der Feder von Autoritaeten wahrheitsgetreue Berichte über die Fabrik durch Zeitungen, welche die ganze Welt erleuchten, verbreitet werden. Wir können das Material dazu liefern und sofern wir nicht die geeigneten Autoritaeten dazu bereit finden, möchten wir uns selbst mit den entsprechenden respectablen Zeitungs-Redactionen in Verbindung setzen." Auch Überlegungen zur internen Öffentlichkeitsarbeit sind bei Krupp früh aufzufinden. 1872 wurde das Generalregulativ der Firma Fried. Krupp verfasst. Nach Ernst Schröder (1956: 37) spürt man bei dessen Lektüre „sofort die Atmosphäre, in der sie gewachsen ist. Krupp spricht als der Herr im Hause, der pater familias, der die Verantwortung für das Ganze und für jeden einzelnen trägt, der seine eigene Familie und die große Werksgemeinschaft als zwei konzentrische Kreise ansieht und gerecht und bestimmt Rechte und Pflichten festlegt." Richard Ehrenberg (1911: 128f.) argumentiert in *Die Frühzeit der Kruppschen Arbei-*

terschaft, dass die Arbeitsgemeinschaft in der Firma „in erster Linie auf gegenseitiger Treue, auf gegenseitigem Vertrauen (beruht)."

1893 erfolgte die Einrichtung eines Nachrichtenbüros, das zum ersten Mal im Jahre 1901 auf dem Organigramm der Firma erschien (Guratzsch 1974: 197). Nach Hans Otto Kirchner (1984: 14) betrieb das Haus Krupp eine sehr differenzierte PR und achtete darauf, dass wesentliche Aspekte der Öffentlichkeitsarbeit (im Sinne der Umweltkontrolle) der Öffentlichkeit verborgen blieben, „denn die Herren Krupp waren immer darauf bedacht, nicht persönlich in den Industrieverband-Vorständen vertreten zu sein und möglichst sogar die Mitgliedschaft geheim zu halten." Das Nachrichtenbüro hatte Input- und Outputfunktionen zu erfüllen. Neben der Beschaffung und Aufarbeitung von Zeitungsausschnitten wurde Informationspolitik betrieben, deren „zweifelhafte Methoden eher die Regel als die Ausnahme zu bilden schienen" (Benz 1976: 202). Gemeint sind u.a. geheime Zahlungen an Fachautoren, ehemalige Militärs als Mitarbeiter, die verdeckt Informationen sammelten, usw. Wilhelm Muehlon, stellvertretender Direktor bei Krupp, berichtet, dass das Nachrichtenbureau die gesamte artilleristische Fachpresse im Krupp'schen Sinne beeinflusst habe (Benz 1976: 202). Vertraglich abgesicherte Kontakte zum Wolff'schen Telegraphenbureau hatte Krupp seit 1904. Carl Hundhausen, der im Jahre 1937 den Begriff Public Relations in einem Sonderbericht für die *Deutsche Werbung* mit dem Titel *Public Relations. Ein Reklamekongreß für Werbefachleute der Banken in den USA* in den deutschen Sprachraum einführte, antwortete auf die selbst gestellte Frage, ob denn dieser Begriff neu sei (1937: 1054): „Der alte Krupp hat das unvergängliche Wort geprägt: *Der Zweck der Arbeit soll das Gemeinwohl sein*. Eine solche Losung für Werk und Arbeit ist praktische Public Relations Policy."

Der erste ‚große' deutsche Theoretiker der PR war Ludwig Roselius (1874-1943), dessen Aktivitäten von der Zusammenarbeit mit dem Auswärtigen Amt über Sponsoring bis hin zum Markenartikel-Marketing reichten. 1906 gründete Roselius die Kaffee Handels-Aktien-Gesellschaft (Kaffee HAG) und machte in der Folgezeit Kaffee HAG zu einem der ersten deutschen und internationalen Markenartikel. Wichtig für das Verständnis von Roselius ist, dass der Soziologe Johann Plenge (1874-1963) ein Jugendfreund war, dessen Organisations- und Propagandalehre, die *Deutsche Propaganda*, 1922 im Roselius gehörenden Bremer Angelsachsenverlag erschienen ist. Plenge und Roselius sahen die Ursache der deutschen Niederlage im Ersten Weltkrieg in der Überlegenheit der gegnerischen Propaganda (Kerssen 1967: 45). Plenge verstand Propaganda als das zentrale Element der Gesellschaftssteuerung – ein Gedankengang, der auch von Bernays vertreten worden ist. Nicola Vetter (1995: 28) fasst das Organisationsprinzip von Roselius zusammen: „Das Wesentliche bei jeder Unternehmung, bei jeder Organisation ist im Sinne von Roselius der Geist und der Wille der sie erfüllt. Das bezeichnete er [...] als energetischen Imperativ, der für ihn zum feststehenden Begriff wurde (und Symbol für den ‚Willen zur Tat', für die ‚dauernd tätige Offensive' war)." Der energetische Imperativ lautete in den Worten von Roselius (Vetter 1995:

28f.): „Handle so, daß mit dem geringsten Aufwand die höchste Leistung erreicht wird."

Politik und Propaganda waren für Roselius untrennbar miteinander verbunden. Nach dem Ausbruch des Ersten Weltkrieges forderte er die Errichtung eines *Hilfskomitee für Propagandazwecke* während des Krieges als Einleitung zur Organisation einer nationalen Propaganda. Dieses sollte „ohne Lüge und Unwahrheit Volksaufklärung [...] betreiben" (Oeckl 1987: 26). In diesem Hilfskomitee sollten „Herren aus der Wirtschaft, die bei ihren Bemühungen um die internationale und nationale öffentliche Meinung Erfahrungen sammeln konnten" (Binder 1983: 74) mitarbeiten. Roselius führte die überwiegend anti-deutsche Stimmung im neutralen Ausland bei Kriegsausbruch auf fehlende deutsche Propaganda zurück und forderte (Vetter 1995: 69f.): „Ein Auslandsnachrichtendienst muß in ruhigen Zeiten sorgsam vorbereitet werden." Roselius entwickelte eine detaillierte Liste der Aufgaben einer Auslands-Propaganda, d.h. für PR im Ausland (Kunczik 1997: 223ff.).

Roselius nahm bereits die zur Zeit aktuelle Diskussion um integrierte Unternehmenskommunikation vorweg. Er analysierte nicht nur die Problematik erfolgreichen Markenaufbaus[3], sondern betonte auch die ‚Corporate Identity'. Er vertrat die These, die jetzt wieder als integrierte Kommunikation ‚neu' erfunden wird, dass „[...] eine gute Organisation [...] nur geschaffen werden (kann) durch die Gruppierung dieser Organisation um einen einheitlichen Gedanken. Diesem einheitlichen Gedanken muß nach außen hin Ausdruck verliehen werden, denn die Propaganda braucht ein Symbol, eine Fahne, einen Kristallisationspunkt, um den sich alles gruppiert [...] für die kaufmännischen Geschäfte ist es *die Marke*" (Vetter 1995: 91, Fn. 567).

Der Aspekt der ‚Corporate Identity' wurde auch bei Siemens früh beachtet. Werner von Siemens (1816-1892) erkannte die Bedeutung der Firmengeschichte und schätzte einen Prestigeverlust – also einen Vertrauensverlust – als schwer wiegender ein als einen kurzfristigen finanziellen Schaden: Ein langfristig gesichertes positives Image wurde als entscheidend für den Firmenerfolg angesehen. So wurde im Geschäftsbericht 1898/99 ausgeführt, man habe die Propaganda in Wort und Schrift wesentlich vermehren müssen. Im August 1901 wurden die Vertriebsabteilungen aufgefordert (Zipfel 1997: 35), „sich einer äußerst rührigen Propaganda zu befleißigen, sowie ferner die von der Konkurrenz ausgeübte beständig zu verfolgen." Werner von Siemens wusste um die Bedeutung von PR. Seine Lebenserinnerungen und seine Briefe sind eine Fundgrube für Praktiker und Theoretiker der PR. Besonders die Beeinflussung von Zeitungen wurde als wichtig angesehen. In der Firma gab es bereits recht früh Spezialisten für PR, denn Siemens schrieb am 15. November 1877 an General von Lüders in Petersburg, er sende ihm ein paar Telefone „[...] und ich erlaube mir, die von unserem Geschäftspoeten verfaßte Einführung des Telephons gleichfalls – nebst den andern

---

[3] Roselius betonte vier Punkte (Kunczik 1997: 226ff.): 1. Marktanalyse, d.h. Konkurrenzprodukte und Lebensgewohnheiten der Zielgruppe(n) müssen bekannt sein. 2. Der Werbeetat und die zu verwendenden Medien sind festzulegen. 3. Marktprägnanz ist zu schaffen (durch Qualität, Vertrieb, Propaganda etc.). 4. Die Gestaltung der Anzeigen durch Fachleute ist zu arrangieren.

poetischen Ergüssen, der Sendung beizufügen [...]" (Zipfel 1997: 56). 1899 stellte Siemens einen eigenen Pressereferenten ein. 1902 wurde die *Centralstelle für das Pressewesen* gegründet.

Die Firma Siemens (und die AEG) standen vor dem Problem, Bedürfnisse für ihre neuen Produkte schaffen zu müssen. Dazu hatten Karl Marx und Friedrich Engels in der *Deutschen Ideologie* (1960: 25) bemerkt: „[...] die Erzeugung neuer Bedürfnisse ist die erste geschichtliche Tat." Werner von Siemens versuchte, gezielt Entscheidungsträger zu beeinflussen, indem er bei von ihm veranstalteten Festlichkeiten elektrische Beleuchtungsanlagen vorführte. Der Umgang mit Journalisten wurde gepflegt, denen gezielt Unterlagen (auch Hintergrundinformationen) zur Verfügung gestellt wurden. Ein wichtiger Aspekt für die Herausbildung einer Corporate Identity war bei Siemens (wie auch bei Roselius, der in Bremen die Böttcherstraße als ‚Propagandastraße' für Kaffee HAG erbauen ließ) die Architektur. Bereits der Unternehmensstandort *Siemensstadt* (der Name existiert seit 1914) in Berlin mit eigenem S-Bahn-Anschluss stellte einen eindeutigen Bezug zur Firma her. Ein einheitliches Firmenlogo wurde bereits 1914 eingeführt. Werner Siemens wusste auch um die Bedeutung von Weltausstellungen für das Firmenimage. Dabei spielte das Motiv eines ‚Wettbewerbs der Nationen' und damit der Gedanke der nationalen Repräsentation eine wichtige Rolle, wie ein Brief vom 20. Februar 1881 verdeutlicht (Zipfel 1997: 48): „Wir müssen hier sogar sehr vollständig ausstellen, denn alle Welt rechnet auf uns, daß Deutschland sich nicht blamiert, wie es ohne uns unzweifelhaft der Fall wäre."

Die für die Entwicklung der AEG und auch deren PR entscheidende Person war Emil Rathenau (1838-1915). Sein Sohn und Nachfolger Walther Rathenau (1867-1922), der spätere Reichsaußenminister, argumentierte 1902 (Zipfel 1997: 143, Fn. 9): „Bedürfnisse erkennen und Bedürfnisse schaffen, ist das Geheimnis allen ökonomischen Handelns." Rathenau richtete in Berlin 1886 in Berlin eine Musterwohnung ein, um die Vorzüge der elektrischen Beleuchtung anzupreisen. 1899 wurde ein Literarisches Büro gegründet, das die in- und ausländische Tages- und Fachpresse über technische Erfolge und Neuerungen, die wirtschaftliche Entwicklung des Konzerns sowie über Vorgänge auf sozialem Gebiet informieren sollte. Ferner wurde die Tages- und Fachpresse auf Beiträge über die AEG durchgesehen, d.h. es wurde ‚Clipping' betrieben. Auch um die Schaffung einer Corporate Identity war man bei der AEG schon früh bemüht. Bekannte Künstler und Architekten erhielten Aufträge: So erfolgte 1907 die Berufung von Peter Behrens, einem Mitbegründer des Deutschen Werkbundes, zum Künstlerischen Beirat der AEG. Das erste Firmenlogo wurde bei der AEG 1894 eingeführt. Ein zentrales publizistisches Instrument der internen und später auch externen PR stellte die *AEG-Zeitung* dar, die es seit 1898 gab. Seine theoretischen Überlegungen zur PR veröffentlichte Emil Rathenau am 17. Dezember 1907 in der *National-Zeitung*, wo er die Frage untersuchte: „Welche Bedeutung kommt der Presse im öffentlichen Leben zu?" Er verwies nicht nur darauf, dass wohl jeder Geschäftsmann den Wert der Presse anerkenne, insofern sie ihn schnell über Vorgänge unterrichte, die für seine Entschlüsse von Wichtigkeit sind. Rathenau konzedierte auch, dass die Presse andere Ansichten als die wirtschaftliche Richtung vertreten könne, ohne dass sich jemand beklage, denn die Objekte stellten sich nun einmal verschieden dar, je nach dem Blickwinkel, unter dem man sie betrachte. Hinsichtlich des Geschäftslebens aber forderte Rathenau in moderner Terminologie ausgedrückt, dass die Presse der PR Rechnung tragen müsse.

Ein weiterer wichtiger Theoretiker und Praktiker der PR des frühen 20. Jahrhunderts war Gustav Stresemann (1878-1929), der um die Macht der öffentlichen Meinung wusste. Er war ab 1902 Syndikus des *Verbandes Sächsischer Industrieller*. Die öffentliche Meinung wurde von ihm als Treibholz verstanden, das sich von der Strömung treiben lässt, aber durch Aufklärung im Sinne der Interessen der Industrie beeinflusst werden kann (Faller 1995: 81). Bereits 1902 führte er aus (Ullmann 1976: 138f.): „Das Wort *Interessenvertretung* und die Tatsache des allgemeinen Interessenkampfes hat etwas Unangenehmes an sich, aber man muß nun einmal mit ihr rechnen." Es ging darum, „die Hand an die Klinke der Gesetzgebung zu legen und zu versuchen, an denjenigen Stellen zur Geltung zu kommen, wo die letzte Entscheidung über neue Rechtsvorschriften [...] fällt" (Faller 1995: 128). Zum Instrumentarium der PR Stresemanns gehörte die Schaffung von berichtenswerten Ereignissen (z.B. ein im Zusammenhang mit der geplanten Reform der Gewerbesteuer 1904 ausgelöster ‚Petitionssturm'). Stresemann verstand das politische Leben als Kampf um die Futterkrippe (z.B. Ullmann 1976: 139). Eine volkswirtschaftlich so bedeutende Gruppe wie die deutsche Industrie müsse sich bemühen, durch machtvolle Organisation Einfluss auf diese Verhältnisse zu gewinnen. Stresemann wusste um die Bedeutung der Massen für die Durchsetzung der Interessen der Industrie und argumentierte 1913 (Ullmann 1976: 139f.): „Ich meine, wir müssen die Dinge nehmen, wie sie sind, und uns sagen: Wir leben im Zeitalter der Massenwirkung, deshalb muß auch die Industrie Massen um sich sammeln und versuchen, durch diese Massen auf die öffentliche Meinung und auf die Gesetzgebung und auf die nach diesen Ziffern mitschauenden politischen Parteien zu wirken." Stresemann wollte mit seiner PR Arbeiter, Angestellte und Bauern als Machtbasis gewinnen. Als gemeinsamen Nenner, der alle drei Zielgruppen ansprach, benutzte Stresemann die Propagierung einer deutschen Weltpolitik, d.h. eine verstärkte Flotten-, Wehr- und Kolonialpolitik wurde gefordert.

Eine erste theoretische Analyse des neuen Berufsstandes Öffentlichkeitsarbeiter (den Begriff gab es noch nicht) nahm ein Praktiker vor. Oeckl (1994: 13) berichtet: „In der Nachkriegszeit errichtete die 1925 gegründete *Interessengemeinschaft der Farbenindustrie* (I.G. Farben) sehr bald eine Pressestelle. Ihr erster Leiter, Dr. Hans Brettner, hat sich bemüht, Verständnis zu schaffen und Vertrauen aufzubauen, ohne das Wort Public Relations zu kennen." Brettner, unter dem Oeckl ab dem 1. März 1936 arbeitete, sollte dafür sorgen, „daß sich die Menschen beim Stichwort I.G. Farben ebensoviel vorstellen können wie bei der Nennung einer großen Benzinfirma" (Oeckl 1987: 26f.). Brettner hat 1935 *Die Organisation der industriellen Interessen in Deutschland unter besonderer Berücksichtigung des „Reichsverband der deutschen Industrie"* veröffentlicht und darin auch die Thematik Der Interessenvertreter als Beruf (1935: 25ff.) behandelt. Dieser neue Beruf wurde als ein Ergebnis der in den vorangegangenen zwanzig Jahren erfolgten Arbeitsteilung angesehen. Auch das Verhältnis zwischen Interessenvertretung und Presse wurde untersucht (ebd.: 30ff.). Die einfache Übermittlung der Nachrichten sei nicht ausreichend, denn „die industrielle Interessenvertretung muß die Verbindung mit der Presse suchen" (ebd.: 31). Brettner ging von folgender Annahme aus (1935: 32): „Eine industrielle I.V. (Interessenvertretung, M.K.) muss die journalistischen Usancen, die sich mit der Zeit zu einem wichtigen und ‚peinlichen Ehrenkodex' des Redakteursstandes herausgebildet haben, kennen, um in der Wahl der Mittel sich keinen Rückschlägen auszusetzen." Anders formuliert: PR muss wissen, anhand welcher Kriterien Nachrichten selektiert werden und sich dieses Wissen zunutze machen, um die Medien zu instrumentalisieren.[4] Dazu gehöre auch eine geschickte Presseregie bei großen öffentlichen Tagungen. Der Fachjournalist wurde als Wirtschaftsvertreter angesehen (ebd.: 32), „dessen Mitarbeit die Industrie nicht entbehren kann." Deshalb forderte Brettner, durch engste persönliche Verbindungen ein Vertrauensverhältnis zu Journalisten herzustellen und kontinuierlich zu pflegen (ebd.: 33): „Ist die Presse erst mißtrauisch gegen das Pressgebahren einer Fachvertretung geworden, so ist das verlorene Vertrauen zum Nachteil der öffentlichen Wirkung der betreffenden I.V. (Interessenvertretung; MK) nur schwer wieder herzustellen."

Entwicklungen in der Nachkriegszeit
Hans Domizlaff (1892-1971) stellt den Übergang von der Zeit der Weimarer Republik zum Nachkriegsdeutschland für die PR nachgeradezu idealtypisch dar. Carl Friedrich von Siemens verpflichtete 1933 Domizlaff, der für eine Vereinheitlichung des Erscheinungsbildes der Produkte sowie das Entstehen eines eigenen Firmenstils – also einer Corporate Identity – sorgte. Dem Zeitgeist entsprechend war Domizlaff Anhänger einer Massenpsychologie und unterstellte die Existenz eines ‚Massengehirns' (1951: 131): „Ebenso wie der Mensch als eine Zusammensetzung von Zellen ein zentrales Zellenmassengehirn aufweist, ebenso beweist die Masse als Zusammensetzung von einzelnen Menschen durch viele Besonderheiten ihres Verhaltens ganz deutlich das Dasein eines Massengehirns." Dieses Gehirn zeichne sich allerdings nicht durch erhöhte Intelligenz aus, weshalb Propaganda dementsprechend gestaltet werden müsse. In *Die Propagandamittel der Staatsidee* wird bei der Diskussion der ‚geistigen Rüstungsindustrie' ausgeführt (Domizlaff 1932: 89): „Das Volk begreift nur ganz einfache, möglichst gegenständliche Dinge. [...] Ganz einfache Ideen, die durchaus nicht vernünftig zu sein brauchen, die aber der Psyche der Masse so entsprechen, daß sie Psychosen auszulösen vermögen, werden immer die klügsten und ehrlichsten Regierungserklärungen wirkungslos machen." Ferner meinte er (ebd.: 26): „Das Volk will geführt werden, aber es sucht sich seinen Führer, der den Eigenarten der Masse entspricht. Das Volk will vergöttern und einen Repräsentanten gewinnen, dem es blindlings folgen kann, ohne sich selbst mit Verantwortung und Denkarbeit belasten zu müssen." Hier

---

[4] Ähnlich argumentierte Bernays in Crystallizing Public Opinion (1923: 197), der PR-Berater wisse, was Nachrichtenwerte sind und sei damit in der Lage, Ereignisse mit Nachrichtenwert zu inszenieren.

sind starke Ähnlichkeiten zu Bernays festzustellen, der ebenfalls davon ausging, dass die Aufnahmefähigkeit der Masse beschränkt ist und durch intelligente PR, die künstliche Gottheiten schafft, manipuliert werden muss, um die Gesellschaft nicht im Chaos versinken zu lassen (Kunczik 2002: 132ff.). Auch im Lehrbuch *Die Gewinnung des öffentlichen Vertrauens* wird die Masse von Domizlaff als weitgehend denkunfähig charakterisiert (1951: 141): „Eine Masse gehorcht fundamentalen Gesetzen, von denen sie nicht abgebracht werden kann. Erziehung der Masse bedeutet nicht Überwindung bestehender Triebe, sondern nur Richtungsänderung durch gedanklichen Nahrungswechsel im Sinne einer Dressur." Als Individuum hingegen vermöge der Mensch durchaus selbständig Schlüsse zu ziehen (Domizlaff 1932: 20): „Jeder Mensch ist einmal Individuum, einmal Teil einer Masse, und somit wechselt seine Psyche und sein geistiges Niveau."

Markentechnik ist für Domizlaff (1951, Vorwort) die „Schaffung und Handhabung von massenpsychologischen Hilfsmitteln für den Geltungskampf ehrlicher Leistungen oder produktiver Ideen, und zwar letztlich mit dem Ziel der Gewinnung des öffentlichen Vertrauens." Für die Entstehung eines Markenprodukts sei die Qualität der Ware (deren Gesicht) und deren optimale Markteinführung durch Gewinnung des Vertrauens und nicht durch Kunstgriffe der Anpreiser entscheidend (ebd.: 97). Domizlaffs Markentechnik war nichts anderes als ‚Vertrauenswerbung', wobei es auch um die Schaffung einer Corporate Identity ging, d.h. das Erscheinungsbild sollte typisch und einheitlich sein. Bereits der äußere Eindruck eines Produkts sollte Vertrauen vermitteln und Qualität garantieren.

Ein für lange Zeit vergessener ‚Klassiker' der deutschen PR ist Hanns W. Brose (1899-1971), der als Theoretiker und Praktiker die deutsche PR der Nachkriegszeit entscheidend beeinflusst hat (Kunczik/Schweitzer 2003). Brose ging von einem umfassenden Modernisierungsprozess aus, der sich seiner Einschätzung nach etwa bis 1918 vollzogen hatte. Mit der Einführung arbeitsteiliger, hoch technisierter Massenproduktion setzte sich ein neuer Unternehmertyp durch, der ‚kostenwirtschaftlich' dachte. Dieser bemühte sich als ‚Erbe' vor allem um die Bewahrung der Firma, nicht aber um Innovationen (Brose 1937: 14). Die Möglichkeiten kostengünstiger Serienfertigung hatten zu einer Vielzahl gleicher und damit austauschbarer Produkte geführt, d.h. es kam zum Verdrängungswettbewerb, wobei der frei wählende Konsument von entscheidender Bedeutung war. Durch gestiegene Kaufkraft war auch der Erwerb von Luxuswaren möglich geworden, wobei aber zugleich durch die Warenvielfalt der Produktvergleich erschwert wurde. Brose (1938: 320) schreibt: „Die Warenkenntnis des Verbrauchers hat mit der Vermehrung des Angebots nicht mehr Schritt halten können." Auch habe sich durch die Massenproduktion die ehemals persönliche Bindung zwischen Produzent und Konsument aufgelöst. Damit rückt nach Brose (1937: 39) der Markenname eines Produktes ins Zentrum des Konsumentenbewusstseins. PR bzw. Werbung für Marken wird damit zentral. Massenabsatz und Massenverbrauch ist für Brose (1958: 256) ohne leistungsfähige moderne Werbe-Agenturen nicht möglich. Markenwerbung wird als Vorstufe der PR angesehen, dem bewussten Bemühen um öffentliches Vertrauen. Die Marke ist für Brose ein Sinnbild für ein Garantieversprechen. Brose entwickelt für die Praxis der Marken-PR einen dreistufigen Arbeitsprozess, der aus den Schritten Analyse, Beratung und Interpretation besteht (Kunczik und Schweitzer 2003: 48f.).

In der ersten Hälfte der 1950er Jahre erschienen die ersten Bücher zur PR wie z.B. die Arbeiten von Hans Domizlaff *Die Gewinnung des öffentlichen Vertrauens. Ein Lehrbuch der Markentechnik* (2. Aufl., Hamburg 1951; zuerst 1939), Carl Hundhausen *Werbung um öffentliches Vertrauen (Public Relations)* (Essen 1951), Herbert Gross[5] *Moderne Meinungspflege* (Düsseldorf 1951), Ernst Vogel *Public Relations* (Frankfurt a.M. 1952), Hans Edgar Jahn *Vertrauen – Verantwortung – Mitarbeit* (Oberlahnstein 1953), Friedrich H. Korte[6] *Über den Umgang mit der Öffentlichkeit (Public Relations)* (Berlin 1955), Friedrich Mörtzsch *Offenheit macht sich bezahlt. Die Kunst der Meinungspflege in der amerikanischen Industrie* (Düsseldorf 1956), Adalbert Schmidt *Public Relations als unternehmerische Aufgabe in der Neuen und Alten Welt* (Heidelberg 1959). Oeckl, veröffentlichte seine wichtigsten Publikationen erst ab Mitte der 1960er Jahre: *Handbuch der Public Relations* (Hamburg 1964); *PR-Praxis. Der Schlüssel zur Öffentlichkeitsarbeit* (Düsseldorf und Wien 1976).

Diese Autoren glaubten, die Gesellschaft mit Hilfe der PR konfliktfrei und optimal steuern zu können, wobei der Harmoniegedanke im Zentrum stand. So wollte Gross (1951: 22, 83) durch Meinungspflege „[...] in der Öffentlichkeit das Bewußtsein einer allgemeinen Interessenidentität mit der Marktwirtschaft erzeugen." Die Aufgabe interner PR wurde im sozialen Ausgleich zwischen Unternehmer und Belegschaft gesehen; es gehe darum, die „Partnerschaft des gesunden Menschenverstandes" zu schaffen (Gross 1951: 83). Nach Mörtzsch (1956: 15f.) war das Motto der PR: „Wir sitzen alle in einem Boot." Angemessen angewandte PR bedeute, dass es keine Streiks mehr geben würde, denn Streiks hätten ihre Ursache im mangelnden Verständnis unternehmerischer Aufgaben und Verantwortung. Vogel (1952: 103ff.) meinte, der Gedanke des Klassenkampfes habe nur deshalb bei den Gewerkschaften dominieren können, weil es an betrieblicher PR mangelte. Der Sinn des gewerkschaftlichen Kampfes aber sei ein anderer. Er liege in der Mitverantwortung im Rahmen der gegebenen Ordnung.

Hans Edgar Jahn (1956: 65) gab in *Lebendige Demokratie. Die Praxis der politischen Meinungspflege in Deutschland* eine erste umfassende Übersicht über die Praxis der politischen Meinungspflege in Deutschland und definierte (1956: 65): „Public relations bedeutet in einfacher Übersetzung >Vertrauenswerbung<." 1961 schließlich erschien *Tu Gutes und rede darüber* von Georg-Volkmar Graf Zedtwitz-Arnim, wobei dieser Titel „sprichwörtlich für die PR dieser Zeit" wurde (Brauer 1993: 45). Aufgabe der PR war für Zedtwitz-Arnim (1961: 41), „das Bild, das Image des Unternehmens,

---

[5] Jahn (1956: 64) bezeichnet es als Verdienst von Gross, „die Methoden der public relations-Arbeit auf wirtschaftlichem Gebiet in Deutschland bekannt gemacht zu haben."
[6] Korte (1955: 11ff.) vergleicht Adolf Freiherr von Knigges *Über den Umgang mit Menschen* mit modernen PR-Autoren und stellt die Ähnlichkeiten der Prinzipien heraus. Zu Korte ist zu ergänzen, dass er von 1958 bis 1987 Leiter der Ausbildungsprogramme für PR an der Akademie für Führungskräfte der Wirtschaft und öffentlicher Verwaltung in Bad Harzburg war.

so zu formen, daß es für die Öffentlichkeit akzeptabel, daß es sympathiefähig wird und bleibt." Über die hier angeführten ‚Klassiker' gibt es mit der Ausnahme von Hundhausen (Lehming 1996) noch keine Aufarbeitung ihres Lebenswerkes.

Hundhausen (1893-1977) behauptete (1969: 61) aufgrund einer Literaturdurchsicht: „Jedenfalls ist soviel auch aus deutschsprachigen Publikationen zu erkennen, daß Public Relations ein selbständiger und eigener Wissenschaftsbereich im Gesamtgebiet der Sozialwissenschaften sind." Hundhausen, der eine Zuordnung der PR zu den ‚großen Wissenschaftsbereichen' zu finden suchte, wählte die Bezeichnung *gesellschaftsethische Therapeutik* (1969: 61). Bei Hundhausen sind keine ausgearbeiteten Ansätze zu einer Theorie der PR zu erkennen. In Public Relations. Theorie und Systematik (1969: 123f.) verweist er lediglich auf die Komplexität der pluralistischen Gesellschaft, die mit andauernden Spannungen und Konflikten zwischen den Teilinteressen einzelner Gesellschaftsgruppen und den Gesamtinteressen der Gesellschaft verbunden sei. Aus diesen Spannungen heraus sei PR zu erklären und zu begreifen. PR habe die primäre Aufgabe eines *adjustment*, d.h. einer Angleichung oder Anpassung dieser unterschiedlichen Interessen durch ein *engineering of consent*, ein Herbeiführen von Übereinstimmung. Hundhausen verwendet nicht nur die Terminologie von Bernays, sondern er bezieht sich explizit auf diesen Autor, wenn er versucht, weitere Funktionen der PR zu bestimmen, und zu dem Resümee gelangt, dass PR ein sozialer Prozess gegenseitiger Kommunikation sei (1969: 129), „in dem das *play-back-* oder *feed-back-Prinzip*, das Prinzip des Echos oder der Rückkopplung, besonders wichtig ist." Ebenfalls in der Tradition von Bernays wird auf den Vorrang des öffentlichen Interesses vor privaten Interessen verwiesen.

Albert Oeckl (1909-2001) ist m.E. der wichtigste Praktiker und Theoretiker der PR der Nachkriegszeit.[7] Er unterstellt wie Bernays, unter dessen theoretischem Einfluss er steht, die Existenz einer Massengesellschaft. *Im Handbuch der Public Relations* (1964: 22) heißt es: „Die Bindung an die bisherigen Primärgruppen ist weitgehend verloren gegangen [...]." Die Folge sei eine für die Gesellschaft gefährliche Entfremdung, die nur durch verbesserte Kommunikation zu kompensieren wäre. Die Aufgabe der PR bestehe darin, die Informationslage der Gesellschaft zu verbessern. Sie solle dem einzelnen Orientierungshilfen in der ‚hoch differenzierten, modernen Gesellschaft' geben und den für das Funktionieren von Demokratie nötigen politischen und sozialen Konsens herstellen. Oeckl (1976: 15, 19, 52) formuliert in *PR-Praxis*:

„Öffentlichkeitsarbeit = Information + Anpassung + Integration."

Damit soll ausgedrückt werden, dass mit Hilfe von Öffentlichkeitsarbeit durch ständigen Dialog das für ein friedliches Miteinanderleben erforderliche Minimum an Übereinstimmung erreicht werden kann, obwohl es in einer pluralistischen Gesellschaft zwangsläufig Interessengegensätze geben muss (ebd.: 15). Oeckl (1977: 190) versteht

---

[7] Demgegenüber war Franz Ronneberger, der mit *Legitimation durch Information* (1977) die wichtigste deutschsprachige Publikation zur PR-Theorie der Nachkriegszeit verfasste, nicht als PR-Praktiker tätig.

unter Öffentlichkeitsarbeit das bewusste, geplante und dauernde Bemühen um gegenseitiges Verständnis und Vertrauen. Das Ziel bestehe im „Einfügen des Eigeninteresses in das Gesamtinteresse im Rahmen des Möglichen". Oeckl behauptete (1988: 13): „Angst ist eines der beherrschenden Themen unserer Tage." Daraus wurde geschlossen (ebd.: 16): „Die Früchte der Angst sind Mißtrauen, daraus hervorgehend Vertrauensverlust und schließlich Vertrauenskrise. Angst und Mißtrauen sind bedauerlicherweise allgegenwärtige Faktoren des öffentlichen Lebens geworden. [...] Wenn der ethische Begriff Vertrauen weitgehend verlorengegangen oder gar zerstört ist, entsteht daraus als Gegenwirkung allmählich ein Bedürfnis nach Glaubwürdigkeit." Im Umgang mit den Journalisten tritt nach Oeckl der von Außenstehenden oft verkannte Management-Charakter von PR hervor. Der durch sachliche Zwänge (Zeitdruck) eingeschränkten Chance der Journalisten zur eigenständigen Recherche stellt Oeckl die Planungsfreiräume des PR-Praktikers gegenüber. Dieser sitze häufig an der Informationsquelle, könne gründlich nachforschen und sich seine Zeit einteilen. Deshalb sei, so die reichlich naive Formulierung, ein „freund-nachbarschaftliches Verhältnis" von „PR-Leuten" und Journalisten wünschenswert.[8] Die ‚klassische' Vorstellung vom Beruf des Journalisten, der aufgrund eigener Initiative Informationen zu den Themen sammelt, die er weitgehend selbst bestimmt hat, wobei den Informanten im Zuge der Recherche eine weitgehend passive Rolle zukommt, sei realitätsfremde Ideologie (vgl. Kunczik/Zipfel 2001: 187ff.). Oeckl (1988: 23) folgert aus dieser Situationsdiagnose als Grundregel der PR: „Agieren, nicht reagieren. [...] Nicht abwarten, bis etwas passiert ist; sich das Gesetz des Handelns nicht von einer anderen Seite aufdrängen lassen, sondern dynamisch und kreativ aus eigenem Entschluß Ort und Zeit der PR-Aktion bestimmen. [...] Öffentlichkeitsarbeiter sollten Trendsetter sein." Die zentrale Aufgabe der PR wird folgendermaßen charakterisiert (1988: 24): „International gesprochen hat Öffentlichkeitsarbeit heute auch die function of issues management. Dazu meine Übersetzung: heikle Themen voraussehen, vorbereiten, durchdenken, planen und schließlich der Öffentlichkeit richtig antworten! Sie können es auch Krisen-Management nennen!"

Schlussbemerkungen

Seit eine Initiative der Herbert-Quandt-Stiftung ab 1990 durch Tagungen das Interesse der Wissenschaft an der PR sowie die Zusammenarbeit von Wissenschaft und Praxis gefördert hat (Avenarius/Armbrecht 1992), ist in der deutschen PR-Forschung eine Art ‚Quantensprung' eingetreten. Ferner sind seit diesem Zeitpunkt vor allem an PR-Praktiker gerichtete Bücher vorgelegt worden, auf die der Vorwurf der fehlenden wissenschaftlich-kritischen Reflexion nicht zutrifft. Es sei rein willkürlich auf die Arbeit von Horst Avenarius *Public Relations. Die Grundform der gesellschaftlichen Kommunikation* (1995) sowie das *ECON Handbuch Öffentlichkeitsarbeit* von Gernot Brauer (1993) und *Berufsfeld Öffentlichkeitsarbeit. Eingrenzung für die Aus- und Weiterbil-*

---

[8] Vgl. Albert Oeckl: Antwort an Dr. Manfred Buchwald und Jochen Meyn, in: DPRG (Hrsg.), Partner Journalist? Öffentlichkeitsarbeit und Medien, DPRG – Jahrestagung 1986, Bonn 1986: 65.

dung von Christa Hategan (1991) verwiesen. Insgesamt gesehen hat sich die Diskussion um die PR-Theorie, was auch der hier vorgelegte Reader verdeutlicht, im deutschen Sprachraum intensiviert und dabei durchaus auch polemischen Charakter angenommen, was aber m.E. durchaus kein Nachteil ist, sondern die Diskussion eher zu beleben scheint.[9]

Literatur

Albert, Hans (1973). Probleme der Wissenschaftslehre in der Sozialforschung. In: René König (Hg.): Handbuch der empirischen Sozialforschung. Bd. 1: Geschichte und Grundprobleme. Stuttgart: 52-102

Avenarius, Horst (1995): Public Relations. Die Grundform der gesellschaftlichen Kommunikation. Darmstadt

Avenarius, Horst / Wolfgang Armbrecht (1992): Ist Public Relations eine Wissenschaft? Opladen

Benz, Wolfgang (1976): Die Entstehung der Kruppschen Nachrichtendienstes. In: Vierteljahreshefte für Zeitgeschichte. Jg. 24: 199-205

Bernays, Edward L. (1926): Crystallizing Public Opinion. New York (zuerst 1923)

Bernays, Edward L. (1928): Propaganda. New York

Bernays, Edward L. (1965): Biography of an Idea: Memoirs of Public Relations Counsel Edward L. Bernays. New York (deutsch: Edward L. Bernays (1967). Biographie einer Idee. Die Hohe Schule der PR. Lebenserinnerungen von Edward L. Bernays. Düsseldorf / Wien

Binder, Elisabeth (1983): Die Entstehung unternehmerischer Public Relations in der Bundesrepublik Deutschland

Brauer, Gernot (1993): ECON Handbuch Öffentlichkeitsarbeit. Düsseldorf

Brettner, Hans (1935): Die Organisation der industriellen Interessen in Deutschland unter besonderer Berücksichtigung des Reichsverband der deutschen Industrie. Berlin

Brose, Hanns W. (1937): Werbewirtschaft und Werbegestaltung. 6 Briefe an Herrn >M< von Hanns W. Brose. Berlin

Brose, Hanns W. (1938): Zentralproblem des deutschen Einzelhandels. Dargestellt im Arbeitsbericht der Wirtschaftsgruppe Einzelhandel. In: Der Markenartikel, 5 Jg. / Heft 11: 319-326

Brose, Hanns W. (1958): Die Entdeckung des Verbrauchers. Ein Leben für die Werbung. Düsseldorf

Cutlip, Scott M. (1994): The Unseen Power. Public relations: A History. Hillsdale, N.J.

Domizlaff, Hans (1932): Die Propagandamittel der Staatsidee. Leipzig

Domizlaff, Hans (1951[2]): Die Gewinnung des öffentlichen Vertrauens. Ein Lehrbuch der Markentechnik. Hamburg (zuerst 1939)

Ehrenberg, Richard (1911): Krupp-Studien III. Die Frühzeit der Kruppschen Arbeiterschaft. In Archiv für exakte Wirtschaftsforschung (Thünen-Archiv), Bd. 3. Jena

Faller, Heike (1995): Gustav Stresemann als Öffentlichkeitsarbeiter. Unveröffentlichte Magisterarbeit am Institut für Publizistik der Universität Mainz. Mainz

Gross, Herbert (1951): Moderne Meinungspflege. Düsseldorf

Guratzsch, Dankwart (1974): Macht durch Organisation. Die Grundlegung des Hugenbergschen Presseimperiums. Düsseldorf

Hansen, Joseph (1906): Gustav von Mevissen. Ein rheinisches Lebensbild 1815-1889, Bd. 1. Berlin

Hansen, Joseph (1906a): Gustav von Mevissen. Ein rheinisches Lebensbild 1815-1889, Bd. 2: Abhandlungen, Denkschriften, Reden und Briefe. Berlin

Hategan, Christa (1991): Berufsfeld Öffentlichkeitsarbeit. Eingrenzung für die Aus- und Weiterbildung. Hamburg

---

[9] Vgl. zur Theoriediskussion im deutschen Sprachraum etwa die Diskussion zwischen Michael Kunczik (2001) und Lothar Rolke (2002).

Hofmeister-Hunger, Andrea (1994): Pressepolitik und Staatsreform. Die Institutionalisierung staatlicher Öffentlichkeitsarbeit bei Karl August von Hardenberg (1792-1822). Göttingen
Hundhausen, Carl (1937): Public Relations. Ein Reklamekongreß für Werbefachleute der Banken in USA. In: Deutsche Werbung, 30. Jg. / Heft 19: 1054
Hundhausen, Carl (1951): Werbung um öffentliches Vertrauen (Public Relations). Essen
Hundhausen, Carl (1969): Public Relations. Theorie und Systematik. Berlin
Jahn, Hans Edgar (1953): Vertrauen – Verantwortung – Mitarbeit. Oberlahnstein
Jahn, Hans Edgar (1956): Lebendige Demokratie. Die Praxis der politischen Meinungspflege in Deutschland. 2. erweiterte Auflage. Frankfurt a.M.
Kerrsen, L. (1967): Johann Plenges Ruhrkampfpropaganda. In: Bernhard Schäfers (Hg.): Soziologie und Sozialismus. Organisation und Propaganda. Abhandlungen zum Lebenswerk von Johann Plenge. Stuttgart: 45-60
Kirchner, Hans Otto (1984): Stahl und Eisen. Aus den Anfängen der Öffentlichkeitsarbeit deutscher Industrieverbände. In: Publizistik, 29. Jg. / Heft 1: 7-33
Korte, Friedrich H. (1955): Über den Umgang mit der Öffentlichkeit (Public Relations). Berlin
Krupp, Alfred (1928): Alfred Krupps Briefe 1826-1887. Berlin
Kunczik, Michael (1984): Kommunikation und Gesellschaft. Theorien zur Massenkommunikation. Köln / Wien
Kunczik, Michael (1997): Geschichte der Öffentlichkeitsarbeit in Deutschland. Köln / Weimar / Wien
Kunczik, Michael (2001): Dr. Fox lebt oder warum laut Lothar Rolke Public Relations gesellschaftlich erwünscht sind: >If you can't convince them, confuse them<. In: Publizistik, 46. Jg. / Heft 4: 425-437
Kunczik, Michael (2002): Public Relations. Konzepte und Theorien. Köln / Weimar / Wien
Kunczik, Michael / Eva Schweitzer (2003): Hanns W. Brose. Ein vergessener Klassiker der Marken-PR. In: PR-Magazin, 33. Jg. / Heft 3: 45-52
Kunczik, Michael / Astrid Zipfel (2001): Publizistik. Köln / Weimar / Wien
Kunczik, Michael / Astrid Zipfel (2002): Edward L. Bernays, Crystallizing Public Opinion. In: Christina Holtz-Bacha / Arnulf Kutsch (Hg.): Schlüsselwerke für die Kommunikationswissenschaft. Wiesbaden: 61-63
Lazarsfeld, Paul F. (1973): Soziologie. Hauptströme der sozialwissenschaftlichen Forschung. Frankfurt a.M.
Lehming, Eva-Maria (1997): Carl Hundhausen. Sein Leben, sein Werk, sein Lebenswerk. Public Relations in Deutschland. Wiesbaden
Lenz, Friedrich (1956): Friedrich List als politischer Publizist. In: Zeitschrift für Politik, 3. Jg.: 228-242
Lieberson, Stanley / Freda B. Lynn (2002): Barking up the Wrong Branch: Scientific Alternatives to the Current Models of Sociological Science. In: Annual Review of Sociology, 28: 1-19
Marrow, Alfred J. (1969): The Practical Theorist. The Life and Work of Kurt Lewin. New York / London
Marx, Karl / Friedrich Engels (1960): Die deutsche Ideologie. Berlin
Mörtzsch, Friedrich (1956): Offenheit macht sich bezahlt. Die Kunst der Meinungspflege in der amerikanischen Industrie. Düsseldorf
Myrdal, Gunnar (1971): Objektivität in der Sozialforschung. Frankfurt a.M.
Oeckl, Albert (1964): Handbuch der Public Relations. Theorie und Praxis der Öffentlichkeitsarbeit in Deutschland und der Welt. München.
Oeckl, Albert (1976): PR-Praxis. Der Schlüssel zur Öffentlichkeitsarbeit. Düsseldorf / Wien
Oeckl, Albert (1977): Die Informationsfunktion der Öffentlichkeitsarbeit. In: Helga Reimann / Horst Reimann (Hg.). Information. München: 189-193
Oeckl, Albert (1987): Anfänge der Öffentlichkeitsarbeit. In: PR-Magazin, 18. Jg. / Heft 2: 23-30

Oeckl, Albert (1988): Glaubwürdigkeit contra Angst. In: Günther Schulze-Fürstenow (Hg.): PR-Perspektiven. Beiträge zum Selbstverständnis gesellschaftsorientierter Öffentlichkeitsarbeit. Neuwied: 201-214

Oeckl, Albert (1994²): Die historische Entwicklung der Public Relations. In: Wolfgang Reineke / Hans Eisele (Hg.): Taschenbuch der Öffentlichkeitsarbeit. Public Relations in der Gesamtkommunikation. Heidelberg 11-15

Olasky, Marvin N. (1985): Bringing >Order Out of Chaos<: Edward Bernays and the Salvation of Society Through Public Relations. In: Journalism History, 12. Jg. / Heft 1: 17-21

Ranke, Leopold von (1881²): Hardenberg und die Geschichte des preußischen Staates von 1793-1913. In: ders.: Sämtliche Werke, Bd. 48. Leipzig

Raucher, Alan (1968): Public Relations and Business, 1900-1920. Boston:

Rolke, Lothar (2002): >Don Quichotte never dies!<. Auf dem gefährlichen Weg zu einer Theorie der Public Relations. Replik auf Michael Kunczik: Dr. Fox lebt oder warum laut Lothar Rolke Public Relations gesellschaftlich erwünscht sind: >If you can´t convince them, confuse them<. In: Publizistik, 47. Jg. / Heft 1: 83-89

Ronneberger, Franz (1977): Legitimation durch Information. Düsseldorf / Wien

Schmidt, Adalbert (1959): Public Relations als unternehmerische Aufgabe in der Neuen und Alten Welt. Heidelberg

Schröder, Ernst (1956): Alfred Krupps Generalregulativ. In: Tradition, 1. Jg.: 35-57

Tye, Larry (1998): The Father of Spin. Edward L. Bernays and the Birth of Public Relations. New York

Ullmann, Hans-Peter (1976): Der Bund der Industriellen. Organisation, Einfluß und Politik klein- und mittelbetrieblicher Industrieller im Deutschen Kaiserreich 1895-1914. Göttingen

Vetter, Nicola (1995): Ludwig Roselius. Ein Pionier der deutschen Öffentlichkeitsarbeit. Mainz. Unveröffentlichte Magisterarbeit, Institut für Publizistik

Vogel, Ernst (1952): Public Relations. Frankfurt a.M.

Zedtwitz-Arnim, Georg-Volkmar Graf (1961): Tu Gutes und rede darüber. Berlin

Zipfel, Astrid (1997): Public Relations in der Elektroindustrie. Die Firmen Siemens und AEG 1874-1939. Köln / Weimar / Wien

Spezielle Aspekte

Funktionale, soziale und expressive Reputation – Grundzüge einer Reputationstheorie

Mark Eisenegger / Kurt Imhof

1   Einführung

Der Reputationsbegriff hat in den letzten Jahren sowohl in der Praxis als auch in der Kommunikationswissenschaft eine bemerkenswerte Karriere angetreten. Der Fachdiskurs über das Phänomen Reputation weist allerdings erhebliche Mängel und Blindstellen auf. So wird die Thematik insbesondere in der PR-Forschung bislang zu ausschließlich nur in Bezug auf privatwirtschaftliche Unternehmen reflektiert, d.h. die fachbezogene Debatte über Reputation leidet unter einem *Corporate* Bias. Vor allem aber ist bisher eine handlungs- und gesellschaftstheoretische Fundierung des Reputationsbegriffs ausgeblieben.

An diesen Schwachstellen setzt dieser Beitrag an. Der Reputationsbegriff wird kommunikationstheoretisch so hergeleitet, dass er auf beliebige Personen, Institutionen und Organisationen anwendbar wird. Dafür werden wir Reputation als Evolutionsprodukt des Modernisierungsprozesses darstellen, was uns zur Unterscheidung von drei basalen Reputationstypen führt, an denen Individual- und Kollektivakteure beliebiger Handlungsfelder (Wirtschaft, Politik, Wissenschaft etc.) bemessen werden. Es wird gezeigt, dass Reputation in unserer Gesellschaft im Allgemeinen wie für Organisationen im Speziellen fundamentale Funktionen übernimmt. Dies erlaubt es, Reputation als zentrale Steuerungsgröße organisationalen Handelns und der Public Relations einzuführen. Abschließend werden die zwei makrosozialen Determinanten benannt, welche die Logik der Reputationskonstitution am meisten bedingen: Es sind dies die neuen *Selektions- und Interpretationslogiken* gegenwärtiger Mediengesellschaften sowie die im *sozialen (Werte-)Wandel* entstehenden und zerfallenden Leitbilder und Erwartungsstrukturen im Kontext epochaler Gesellschaftsmodelle.

2 Literatur-Übersicht: Der Reputationsbegriff im Fachdiskurs

Im wissenschaftlichen Fachdiskurs lässt sich seit 1981 eine kontinuierliche Zunahme wissenschaftlicher Arbeiten zum Thema Reputation feststellen (Barnett/Jermier/Lafferty 2006: 27). Allerdings fehlt dem Reputationsbegriff bis heute eine interdisziplinär anerkannte theoretische Basis und Definition (Bromley 2002: 35). Überblickt man den entsprechenden Fachdiskurs, so fällt auf, dass die vorliegenden Definitionen des Reputationsbegriffs entweder sehr allgemein gehalten sind oder aber so spezifisch formuliert sind, dass sie nur auf ökonomische Organisationen anwendbar sind.

Die Vertreter mit einem soziologischen Hintergrund tendieren zu eher weit gefassten Definitionen. In dieser Perspektive wird Reputation als eine kommunikativ vermittelte Form der Anerkennung oder Geringschätzung begriffen, die eine Person, Organisation oder Institution langfristig und überindividuell bei relevanten Bezugsgruppen genießt (vgl. beispielsweise: Rao 1994: 29f.; Shrum/Wuthnow 1988: 882f.). Derart weit gefasste Definitionen haben den Nachteil, dass sie kaum in operationalisierbare Unterkategorien überführt werden können, d.h. sie geben keine Antwort darauf, an welchen Beurteilungskriterien der Ruf einer Organisation, Person oder Institution *konkret* festgemacht werden kann.

Konkreter und somit besser operationalisierbar sind die Definitionen aus dem Bereich der PR- und der Marketing-Forschung (Eberl/Schwaiger 2005; Fombrun 1996; Fombrun/Gardberg 2000; Fombrun/Gardberg/Server 2000; Fombrun/Riel 2003; Schwaiger 2004). Besonders große Beachtung hat dabei der Reputations-Ansatz von Charles Fombrun bzw. des Reputation Institutes gefunden (Fombrun 1996; Fombrun/Gardberg/Server 2000; Fombrun/Riel 2003). Der überwältigende Anteil der verfügbaren Reputationsstudien operiert mit dem Reputations-Ansatz dieser Denkschule oder ist zumindest stark von diesem Modell beeinflusst (vgl. Gotsi/Wilson 2001). Reputation wird von Fombrun et al. definiert als „overall estimation of a firm by its stakeholders, which is expressed by the net affective reactions of customers, investors, employees, and the general public." (Fombrun 1996: 78-79) Das Reputationskonzept wird dann weiter in sechs Dimensionen aufgeschlüsselt, nämlich 1. Products and Services; 2. Financial Performance; 3. Vision and Leadership; 4. Workplace Environment; 5. Social Responsibility; 6. Emotional Appeal (Fombrun/Riel 2003: 243f.). Dieses sechsdimensionale Reputationskonzept macht den eingangs erwähnten *Bias* verfügbarer Reputationsansätze besonders deutlich, zielt der Ansatz doch ausschließlich auf ökonomische Organisationen. Die Übertragbarkeit des Ansatzes auf nicht-ökonomische Organisationen respektive Akteure ist dadurch stark limitiert.

Eine interessante Weiterentwicklung des Reputationskonzepts hat Schwaiger vorgelegt (Eberl/Schwaiger 2005; Schwaiger 2004). Diesem Konzept liegt eine theoriegeleitete Definition zugrunde, welche eine kognitive und eine affektive Reputationsdimension unterscheidet. Die kognitive Dimension bezieht sich auf die wahrgenommene *Kompetenz*, während die affektive Dimension die dem Unternehmen entgegengebrachte *Sympathie* umfasst. Reputation wird also als zweidimensionales Konstrukt gefasst.

Zudem werden auf der unabhängigen Seite verschiedene Treibervariablen unterschieden, welche die kognitive bzw. affektive Reputationsdimension beeinflussen. Schwaiger et al. konnten empirisch nachweisen, dass die unabhängigen Variablen ‚Qualität der Produkte und Dienstleistungen' und ‚ökonomische Performanz' hauptsächlich auf die kognitive Kompetenz-Dimension einwirken, während die unabhängigen Variablen ‚Corporate Social Responsibility' und ‚Attraktivität' stärker die affektive Reputationsdimension der untersuchten Unternehmen beeinflussen (Schwaiger 2004: 63ff.). Obwohl auch dieses Reputationskonzept ausschließlich am Gegenstand ökonomischer Organisationen entwickelt wurde, ist der Ansatz dennoch interessant, weil das zweidimensionale Reputationskonstrukt grundsätzlich auch auf nicht-ökonomische Reputationsträger übertragbar wäre. Ein Unterschied zu dem hier vorgestellten Reputations-Ansatz besteht jedoch darin, dass die *normative* Dimension von Reputation – neben der kognitiven und der affektiven – nicht in das Reputations-Konstrukt eingeht, sondern lediglich auf der unabhängigen Seite als reputations-*beeinflussende* Variable berücksichtigt wird.

Gesamthaft fehlt dem Reputationsbegriff bislang eine interdisziplinär anerkannte theoretische Basis und Definition. Insbesondere ist eine handlungs- und gesellschaftstheoretische Fundierung des Reputationsbegriffs bis heute ausgeblieben. Im Folgenden geht es deshalb darum, eine *drei*dimensionale Reputationstheorie zu entwickeln, die eine kognitive, eine affektive *und* eine normative Reputationsdimension umfasst.

3 Funktionale, soziale und expressive Reputation

Reputation ist in unserem Verständnis ein Phänomen, das mit seinen charakteristischen Merkmalen ausschließlich in modernen Leistungsgesellschaften beobachtet werden kann. Dieser sozialevolutionäre Blick erlaubt moderne Reputation als eine Größe zu entwickeln, die in ausdifferenzierten modernen Gesellschaften in sämtlichen Funktionssystemen gemäß derselben Grundlogik zugesprochen oder entzogen wird (Eisenegger 2004, 2005).

Zentral für unseren Ansatz ist die Beobachtung, dass die Rationalisierung des modernen Denkens zu einer Differenzierung von drei Welten geführt hat, in denen sich alle Akteure bewähren müssen: Es sind dies die *objektive*, die *soziale* und die *subjektive Welt* (Habermas 1984: 75ff.; Imhof 2006: 185ff.). Diese drei Welten sind durch eine je spezifische Handlungs- und Beurteilungsrationalität charakterisiert, welche die Logik der Reputationskonstitution determiniert. In der *objektiven Welt* werden die Akteure danach beurteilt, ob sie in kognitiver Hinsicht den Zwecken ihres Handlungsfeldes dienen. In der *sozialen Welt* wird die normativ-moralische Korrektheit zum Beurteilungsmaßstab. Und in der *subjektiven Welt* schließlich gilt das Interesse der Frage, welche emotionale Wirkung vom je individuellen Wesen eines Akteurs ausgeht. Entsprechend gehorchen diese drei Welten den Geltungsansprüchen der kognitiven Wahrheit, der normativen Korrektheit und der expressiven Attraktivität und Authentizität. Was als objektiv wahr, als normativ gut und als subjektiv attraktiv und authentisch gilt, ist in der Moderne Gegenstand fortwährender Aushandlung und Bewertung.[1] In nicht mehr und nicht weniger als genau diesen *drei* Welten haben sich sämtliche Akteure moderner Gesellschaften zu bewähren, die nach Reputation streben und zwar unabhängig davon, aus welchem Handlungskontext – z.B. Politik oder Wirtschaft – sie entstammen (vgl. Abbildung 1). Wir nutzen dieses von Jürgen Habermas im Anschluss an Max Weber entwickelte *Drei-Welten-Konzept* (Habermas 1984: 84ff.), um es auf den Gegenstand moderner Reputationskonstitution zu übertragen. Wir entwickeln daraus einen *dreidimensionalen Reputationsansatz* mit universellem Geltungsanspruch, der auf beliebige Akteure und somit auch auf beliebige Institutions- und Organisationstypen übertragbar ist (Eisenegger 2004, 2005).

1. Objektive Welt des ‚Wahren': Funktionale Reputation

Erstens müssen sich die Akteure moderner Gesellschaften in einer Welt des Wahren, d.h. sachlogisch überprüfbarer Ursache-Wirkungs-Zusammenhänge bewähren. Das Prüfkriterium in der objektiven Welt ist die *Zweckrationalität* (Weber 1980: 13). Die Akteure werden danach beurteilt, ob sie in der Erreichung bestimmter Zwecke erfolgreich sind bzw. ob sie zur Zweckerreichung die adäquaten Mittel ergreifen. Die objektive Welt umfasst damit insbesondere den Bereich der zweckgebundenen und „Entscheidungen fällenden Systeme" (Habermas 1984: 88), d.h. das Handeln eines Reputationsträgers wird in der objektiven Welt an *Leistungszielen* der Funktionssysteme Politik, Wirtschaft, Wissenschaft etc. bemessen. Sofern die Leistungsziele der *Funktionssysteme* (z.B. Politik, Wirtschaft, Medien, Wissenschaft etc.) zum Maßstab für die Bewertung von Akteuren werden, sprechen wir von *funktionaler* Reputation. Funktionale Reputation ist ein Indikator für teilsystem-spezifischen *Erfolg und Fachkompetenz* und wird daran festgemacht, wie gut eine Person die ihr zugewiesene Leistungsrolle ausfüllt oder wie gut eine Organisation oder Institution dem Zweck dient, für den sie geschaffen wurde. Im Prozess der Reputationskonstitution folgt die objektive Welt einer streng kognitiven Logik: Funktionaler Erfolg oder Misserfolg wird an *Kennzahlen* festgemacht, die einer empirischen Validierung in Form von Wahr-/Falsch-Aussagen zugänglich sind. Dementsprechend erhalten politische Parteien funktionale Reputation dafür, wenn sie messbar Wähleranteile erhöhen. Journalisten erscheinen anerkennungswürdig, wenn sie Einschaltquoten oder Auflagezahlen in die Höhe treiben. Oder Manager und Unternehmen mehren ihre funktionale Reputation, wenn sie Gewinne oder Börsenkurse steigern. In der objektiven Welt treten Akteure mit einem streng kognitiven Weltbezug als *Reputationsinstanzen* auf: Wissenschaftler, Experten, Analysten und Journalisten von Fachmedien sind die treibenden Instanzen, welche über die funktionale Reputation der Reputationsträger urteilen und die maßgebenden ‚Ratings' abgeben.

---

[1] Im Gegensatz zu modernen Gesellschaften ist die Vormoderne dadurch gekennzeichnet, dass das kognitiv Wahre (objektive Welt), das normativ Gute (soziale Welt) und das ästhetisch Schöne (subjektive Welt) noch vereint aus einem göttlichen Prinzip ableitbar waren. Im Prozess der modernen Säkularisierung wird das Wahre, das Gute und das Schöne fragiler, weil diese Weltsichten Objekte öffentlicher Begründungen und Kontroversen werden (Imhof 2006: 160ff.)

2. Normative Welt des ‚Guten': Soziale Reputation

Zweitens müssen sich die Akteure in einer Welt sozialer Normen und Werte bewähren. Das Beurteilungskriterium in der sozialen Welt ist die *Wertrationalität* (Weber 1980: 12), d.h. die soziale Welt wird konstituiert durch einen normativen Kontext, der festlegt, inwieweit das Handeln der Reputationsträger *legitim* erscheint. In der sozialen Welt regiert die *Sozialreputation*. Dieser Reputationstyp hält sich nicht an die Logik der verschiedenen Funktionssysteme, sondern beansprucht auch *gesamtgesellschaftliche* Geltung. Die soziale Reputation bewertet die *Legitimität und Integrität* und wird daran festgemacht, inwieweit kodifizierte wie nicht-kodifizierte gesellschaftliche Normen befolgt werden. Die Sozialreputation eines Akteurs ist solange intakt, wie das Streben nach funktionalem Erfolg nicht mit gesellschaftlichen Normen und Werten in Konflikt gerät. So erwarten wir, dass Politiker keine unlauteren Methoden anwenden und wir erwarten, dass Manager soziale und ökologische Standards in ihr Kalkül einbeziehen. In der sozialen Welt herrscht ein streng *normativer Weltbezug*. Dementsprechend werden die Akteure gemäß dem Kriterium *ethischer Korrektheit/Inkorrektheit* sortiert. Dabei wiegen Reputationsverluste in der sozialen Welt durchs Band schwerer als Reputationseinbußen in der objektiven Welt: In Frage gestellte funktionale Kompetenz lässt sich korrigieren, sofern sich entsprechende Erfolge wieder einstellen. Wahrgenommene moralische Defizite prägen den Ruf nachhaltiger und lassen sich meist nur unter Anwendung radikaler Maßnahmen – z.B. Schuldeingeständnisse – ausgleichen.[2]

Weil im Unterschied zu kognitiven Diskursen, die handlungsbereichsspezifisches Wissen erfordern, alle Akteure in der Lage sind, sich an ethischen Auseinandersetzungen zur Frage des Guten und Bösen, des Gerechten und Ungerechten zu beteiligen, inkludiert die soziale Welt im Gegensatz zur objektiven Welt ein viel breiteres Spektrum an Akteuren, welche als Reputationsinstanzen auftreten können. Religiöse Gruppierungen, Intellektuelle, moralische Unternehmer, Politiker, zivilgesellschaftliche Akteure, NGOs, insbesondere aber auch die Journalisten und Redakteure massenmedialer Organisationen urteilen darüber, inwieweit sich die Reputationsträger in der sozialen Welt als ‚good' oder ‚bad citizens' erweisen.

3. Subjektive Welt des ‚Schönen': Expressive Reputation

Die objektive wie die soziale Welt treten einem Reputationsträger als *Außenwelten* gegenüber, die ihn entweder mit kognitiv-funktionalen Leistungserwartungen oder aber mit moralisch-normativen Ansprüchen konfrontieren. In der expressiven Dimension wird die *individuelle Welt* des Akteurs selbst Gegenstand der Reputationszuweisung. Im Zentrum steht die Frage, welche *emotionale Attraktivität und Authentizität* vom charakteristischen Wesen des Akteurs ausgeht. Während in der objektiven Welt eine kognitive und in der sozialen Welt eine normative Bewertungsrationalität vorherrscht, dominieren in der subjektiven Welt *emotionale ‚Geschmacksurteile'* (Kant 1995).[3]

---

[2] Die Alltagssprache belegt dieses Gesetz in Bezug auf den Normverstoß der Lüge mit folgendem Satz: „Wer einmal lügt, dem glaubt man nicht."

[3] ‚Geschmacksurteile' sind nach Kant subjektive Urteile über das ‚Schöne', die nur „durch das Gefühl" zustande kommen können, sich also einem logischen Urteilsschluss entziehen (Kant 1995: 115).

Diese begründen die *expressive Reputation*: Der Reputationsträger entäußert Expressionen aus seiner subjektiven Welt in der Absicht, positive Affekte bei Dritten zu bewirken, d.h. attraktiv zu erscheinen. Umgekehrt wird der Reputationsträger von außenstehenden Dritten danach beurteilt, welche emotionale Anziehungs- respektive Abstoßungskraft von seinem Wesen ausgeht. Die expressive Reputation manifestiert sich in einer positiv bzw. negativ besetzten *affektuellen Einstellung* dem Reputationsträger gegenüber und lässt sich u.a. an Indikatoren zugestandener bzw. abgesprochener *Faszination, Attraktivität, Sympathie, Authentizität und Einzigartigkeit* ablesen. Zielt die expressive Reputation in stark überhöhter Form auf eine Person, dann steigert sich die expressive zur *charismatischen Reputation*. Solche charismatische Reputation basiert auf dem Glauben an die außeralltäglichen Gnadengaben der jeweiligen Person (Weber 1980: 124).

Die expressive Reputation eines Akteurs entwickelt sich nicht losgelöst von den Reputationswerten in der objektiven und der sozialen Welt. Sie ist davon abhängig, wie sich der Akteur auf seine spezifische und unverwechselbare Weise in der kognitiven Welt der Zwecksysteme und der sozialen Welt der Normen und Werte bewährt. So kann es sein, dass uns eine Firma deshalb emotional anspricht, weil sie uns in der funktionalen Dimension als besonders *innovative Kraft* mit faszinierenden und einzigartigen Produkten erscheint. Oder ein Unternehmen mag uns deshalb sympathisch erscheinen, weil es ethische Prinzipien über unmittelbare Profitinteressen stellt. Die expressive Reputation, welche sich im Ausmaß zugestandener emotionaler Attraktivität niederschlägt, kann in unserer Wahrnehmung also sowohl funktional (Innovativität, Faszinationskraft) wie sozial (moralische Überzeugungskraft) beeinflusst sein.

Aus der subjektiven Welt nehmen Akteure mit einem ästhetischen Weltbezug die Rolle als Reputationsinstanzen ein. Dazu zählen alle Akteure, die sich auf Fragen individualisierter Wirkung spezialisieren, also z.B. Kommunikations-, PR- und Modeberater, Marketingspezialisten, Designer oder etwa Kunstschaffende. Weil die expressive Reputation aber auch Ausdruck dessen ist, was ein Akteur aus der objektiven und der sozialen Außenwelt in seine Identität integriert, inkludiert die subjektive Welt daneben auch Reputationsinstanzen aus der objektiven und der sozialen Welt: Experten, Analysten und Wissenschaftler gleichermaßen wie auch moralische Unternehmer, zivilgesellschaftliche Akteure, Politiker und Medienschaffende können einem Reputationsträger emotionale Anziehungs- oder Abstoßungskraft attestieren. Dabei werden sich die Reputationsinstanzen mit einem kognitiven Weltbezug (z.B. Experten und Analysten) darauf konzentrieren, die funktionale Faszinationskraft des Reputationsträgers herauszustreichen. Reputationsinstanzen mit einem normativen Weltbezug (z.B. moralische Unternehmer) werden hingegen in ihren emotionalen Urteilen mehr auf die moralische Überzeugungskraft des Reputationsträgers abheben. In jedem Fall werden die Reputationsträger in der subjektiven Welt aber immer auch daraufhin geprüft, ob das, was der subjektiven Innenwelt entstammt, *authentisch* ist oder allenfalls bloß in strategischer Absicht *inszeniert* wird (Goffman 1986).

Nachfolgende Übersicht fasst unseren Ansatz dreidimensionaler Reputationskonstitution zusammen:

Abb. 1: Funktionale, soziale und expressive Reputation

	Funktionale Reputation	Soziale Reputation	Expressive Reputation
Reputationsbezug (Bezugswelt)	*Objektive Welt* leistungsbasierter Funktionssysteme; Welt kognitiv beschreibbarer Ursache-Wirkungs-Relationen	*Soziale Welt* moralischer und normativer Standards	*Subjektive Welt* individueller Wesenheit und Identität
Reputations-Indikatoren	Kompetenz, Erfolg	Integrität, Sozialverantwortlichkeit, Legalität und Legitimität	Attraktivität, Einzigartigkeit, Authentizität
Bewertungsstil	Kognitiv-rational (Kennzahlen)	Normativ-moralisierend	Emotional-ästhetisierend
Reputations-Instanzen	Akteure mit einem kognitiven Weltbezug: Experten, Wissenschaftler, Analysten, Fachmedien	Akteure mit einem normativen Weltbezug: Moralische Unternehmer, Intellektuelle, politische + religiöse Gruppierungen, Kontrollbehörden NGOs, Massenmedien	Akteure mit einem ästhetischen Weltbezug: Kommunikations-, Marketing-, Stilberater, Kunstschaffende, Designer, Spin Doctors, Massenmedien

Weitere definitionsrelevante Merkmale des Reputationsbegriffs in Form seiner *handlungstheoretischen* Implikationen lassen sich gewinnen, wenn das Konzept mit seinem Gegenstück – dem Begriff des Vertrauens – in Beziehung gesetzt wird. Bereits ein kurzer Blick auf die Semantik des Diskurses über Reputationsträger lässt die Interdependenz zwischen Reputation und Vertrauen hervortreten: So erscheint ein Reputationsträger „vertrauenswürdig", er „verdient unser Vertrauen" oder besitzt gar einen „Vertrauensvorschuss". Die Alltagssprache belegt damit ein soziales Gesetz: Die Reputation des Empfängers korrespondiert mit dem Vertrauen des Gebers. Mit anderen Worten: Reputation und Vertrauen sind beiden Seiten einer Medaille bzw. eines Anerkennungsprozesses. Reputation kann man somit als Ruf der *Vertrauenswürdigkeit* bezeichnen.

Wie aber lässt sich das für die Reputationsbildung elementare Vertrauen gewinnen? Die Antwort lautet: Indem Akteure verlässlich *Erwartungen* wichtiger Bezugsgruppen erfüllen (Bentele 1994: 131f.; Bentele/Seeling 1996: 155ff.). Vertrauenswürdigkeit gründet auf der Erfahrung erwartungskonformen Handelns bei gleichzeitiger Erwartung weiterhin erwartungskonformen Handelns. Wenn wir heute vertrauen, gehen wir davon aus, dass ein Reputationsträger auch morgen unsere Erwartungen erfüllt. Deshalb eilt Akteuren mit intakter Reputation der gute Ruf im sprichwörtlichen Sinne voraus. Das Kapital Reputation ist also dadurch gekennzeichnet, dass es besonders dort gedeiht und wächst, wo es schon vorhanden ist.

Erfüllte Erwartungen produzieren Vertrauen, Vertrauen produziert Reputation. Hier lässt sich der Begriff der Reputation in die Handlungstheorie einbringen: Wenn Institutionen, Organisationen oder Personen in der Fremdwahrnehmung über Reputation verfügen, dann gehen die Anerkennung zusprechenden Individuen von *erwartbaren* Handlungen in funktionaler und sozialer Hinsicht aus. In funktionaler Hinsicht wird erwartet, dass Reputationsträger kompetent und erfolgreich ihren Leistungsauftrag erfüllen und in sozialer Hinsicht geht man davon aus, dass die Reputationsträger gesamtgesellschaftliche Normen und Werte berücksichtigen.

Damit ist das Geheimnis des guten Rufs allerdings erst zur Hälfte gelüftet. Es genügt nicht, sich nur an die Erwartungen der sozialen und funktionalen Außenwelten *anzupassen*. Wer nur blind Erwartungen der objektiven und sozialen Welt erfüllt, dem droht bald einmal das Stigma des Konformisten oder gar des Opportunisten. Deshalb wird in der expressiven Reputationsdimension *Abgrenzung* zur Pflicht. Wer Reputation aufbauen und erhalten will, muss sich trennscharf von seinen Konkurrenten abheben und eine unverwechselbare, emotional attraktive Identität aufrechterhalten. Diese *Distinktionsbetonung* ist die unabdingbare Voraussetzung dafür, dass sich relevante Bezugsgruppen gerade auf diesen und nicht auf einen anderen Reputationsträger emotional einlassen. Entsprechend basiert erfolgreiche Reputationspflege auf dem schwierigen Balanceakt zwischen funktionaler/sozialer *Anpassung* und expressiver *Abgrenzung*, auf Erwartungs- *und* Identitätsmanagement (vgl. Abbildung 2).

In Termini der Habermas'schen Sprechakttheorie können wir die Voraussetzungen eines guten Rufes somit wie folgt zusammenfassen: In kognitiver Hinsicht setzt Reputation die kompetente Erfüllung funktionaler Leistungsanforderungen voraus. In normativer Hinsicht wird die Befolgung moralischer Ansprüche zur Pflicht. Und in expressiver Hinsicht schließlich basiert eine positive Reputation auf der Pflege einer emotional attraktiven, unverwechselbaren Identität. Vorbildliches *Reputationsmanagement* bedeutet also, funktionale und soziale Erwartungen zentraler Anspruchsgruppen zu erfüllen, ohne dabei der eigenen Identität untreu zu werden – und dies relativ besser als die direkten Konkurrenten (Eisenegger 2005: 32).

Abb. 2: Reputationsmanagement im Spannungsfeld von Anpassung und Abgrenzung

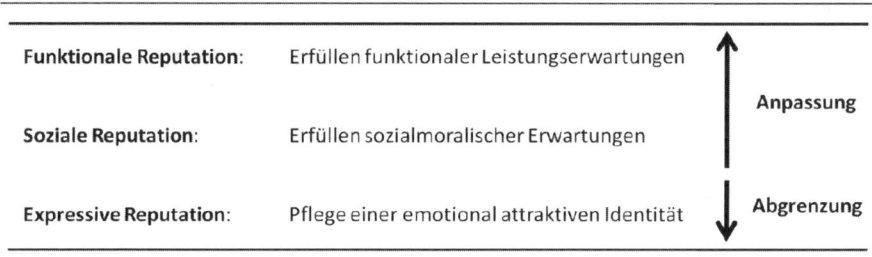

Das Geheimnis positiver Reputation basiert auf der schwierigen Balance zwischen Anpassung an funktionale und soziale Erwartungen und expressiver Abgrenzung.

4 Funktionen von Reputation

Reputation verschafft also Vertrauen in funktionsgerechtes und moralisch korrektes Handeln und steigert die expressive Auffälligkeit und Besonderheit ihrer Träger. Dies verweist auf die *Funktionen*, die der Größe Reputation zuzurechnen sind. Bereits gut erforscht ist der *betriebswirtschaftliche* Nutzen von Reputation für ökonomische Organisationen. So stärkt eine intakte Reputation das Kundenvertrauen, erleichtert die Akquisition und Bindung fähiger Mitarbeiter, verbessert den Zugang zum Kapitalmarkt, senkt die Kapitalbeschaffungskosten, sorgt für niedrige Beschaffungspreise und reduziert den behördlichen Kontroll- und Regulationsdruck. Insgesamt errichten Unternehmen durch den Aufbau einer hohen Reputation eine Barriere, die Kundenabwanderungen verhindert und Markteindringlinge abschreckt (Eberl/Schwaiger 2005; Einwiller 2003; Schwaiger 2004). Mit diesen ohne Zweifel essenziellen ökonomischen Funktionen ist die Bedeutung von Reputation aber keineswegs erschöpfend beschrieben. Denn Reputation erbringt für die Gesellschaft *insgesamt* fundamentale Steuerungsfunktionen.

Eine gesamtgesellschaftlich elementare Funktion von Reputation besteht darin, Macht-Unterschiede zu legitimieren. Dieser Zusammenhang ist allerdings keine Erfindung moderner Gesellschaften, sondern lässt sich weit zurück bis in die Zeit des römischen Kaisers *Augustus* zurückverfolgen. Augustus (64 v.Chr. bis 14 n.Chr.) wird in den Geschichtsbüchern als eine Person dargestellt, die eine bisher unerreichte Machtfülle auf sich vereinte: So eliminierte Augustus die römische Adelsdemokratie und ließ sich zum römischen Alleinherrscher (*Princeps*) ernennen. Er übertrug sich den Oberbefehl über die römischen Streitkräfte und kürte sich zum *Pontifex maximus*, ein Amt, das ihm durch Entscheidungsgewalt über alle religiösen Fragen ein zusätzliches Machtinstrument in die Hand gab. Somit sah sich Kaiser Augustus nun vor das Problem gestellt, diese erdrückende Machtfülle legitimieren zu müssen. Die Lösung für dieses Problem fand Kaiser Augustus in einer Formel, die bis heute Bestand hat. Im „Tatenverzeichnis" (*res gestae*), das er kurz vor seinem Tod verfasste, hielt der Imperator fest: Seine Macht, die *potestas*, sei gerechtfertigt, weil er auch über den entsprechenden Respekt des Volkes, die *auctoritas*, verfüge. Während ihm die Macht (potestas) ‚von oben', d.h. vom römischen Senat verliehen worden sei, werde ihm ‚von unten', dem römischen Volk Respekt (auctoritas) gezollt. Und zwar dafür, dass er dem römischen Reich eine lange währende Zeit von innerem Frieden, Stabilität, Sicherheit und Wohlstand gebracht habe.

Was können wir aus diesem historischen Exkurs ableiten? Nichts weniger als die bis heute wirkmächtige Regel, dass „von oben' verliehene Macht ‚von unten' anerkannt sein muss, um legitim zu erscheinen. Macht, die sich nicht mit Mitteln der Gewalt und Repression absichern kann oder will, muss also durch eine adäquate Reputation verdient sein. Damit vollbringt Reputation ein soziales Wunder: Sie rechtfertigt gesellschaftliche Ungleichheit. Dass die einen viel und die anderen wenig Macht und Einfluss besitzen, wird gesellschaftlich so lange akzeptiert, wie die Bessergestellten über eine intakte Reputation verfügen.[4] Deshalb erlaubt Reputation die friktionslose Aufrechterhaltung von Hierarchien und Macht-Differentialen. Auf Reputation basierende gesellschaftliche Anerkennungsverhältnisse markieren eine symbolische Welt, in der soziale Hierarchien alltagsweltlich verankert und rechtfertigt sind.

Die *Legitimationsfunktion von Reputation* für soziale Macht ist denkbar folgenreich. So beginnt jede Karriere mit der Mehrung von Reputation. Denn Reputation ist das Eintrittsticket in die Teppichetagen der Macht- und Schaltzentralen. Umgekehrt werden Machtpositionen fragil, sobald die Reputation gravierenden Schaden nimmt. Nicht zufällig werden wir tagtäglich Zeitzeugen davon, dass ranghohe Politiker oder CEOs ihren Hut nehmen müssen, weil ihr ramponierter Ruf es nicht mehr zulässt, ein hohes Amt zu bekleiden. Und weil die modernen Massenmedien sehr erfolgreich darin sind, die Reputation von ranghohen Statusträgern kritisch zu hinterfragen oder gar zu skandalisieren, bestimmen sie mehr und mehr mit, welche ‚Top Shots' bleiben dürfen und welche gehen müssen.

Reputation erbringt allerdings noch weitere fundamentale Funktionen für die Gesamtgesellschaft. Denn das Streben nach Reputation ist auch der wichtigste Mechanismus *sozialer Integration*. Reputation kann nur derjenige erwerben, der die gesellschaftlich gesetzten Ziele und Werte berücksichtigt. Deshalb bezeichnete Hegel den „Kampf um Anerkennung" als *die* „Bewegungskraft", die den „Vergesellschaftungsprozess durch alle Stufen hindurch vorantreibt" (Honneth 1994: 104). Verbreitetes Reputationsstreben sichert die Grundwerte der zivilisierten Gesellschaft und verhindert den Rückfall in die Barbarei.

Weitere Reputationsfunktionen lassen sich unter dem Aspekt der *Komplexitätsreduktion* zusammenfassen, und zwar in mindestens dreifacher Hinsicht:

Erstens erlaubt Reputation die *erleichterte Selektion* derjenigen Organisationen, Institutionen oder Personen, mit denen wir unsere Handlungspläne realisieren wollen. Intakte Reputation steigert die Auffälligkeit und Besonderheit der Akteure und bietet Anknüpfungspunkte für zielgerichtete und effiziente Interaktionen. So versetzt hohes

---

[4] Dabei ist für die Intaktheit des Rufs der Bessergestellten entscheidend, ob sie ihre Macht sorgsam zum Wohle der Untergebenen einsetzen, also dem Allgemeinwohl dienen.

Ansehen die Menschen beispielsweise in die Lage, ein bestimmtes Unternehmen bzw. dessen Produkte mit einem Minimum an Wissen, gewissermaßen ‚aus dem Bauch heraus', auszuwählen. Denn wir folgen Akteuren mit intaktem Ansehen unbefangener, weil wir gelernt haben, fast schon ‚blind' in deren Leistungsfähigkeit, Kompetenz und Integrität zu vertrauen.

Zweitens minimiert intakte Reputation die soziale Kontrolle. Der gute Ruf entlastet vom Zwang, die Handlungen der Reputationsträger beständig überprüfen zu müssen. Intakte Reputation erweitert dadurch *Freiheits- und Handlungsspielräume*. Je geringer umgekehrt das Vertrauen in die Reputation von Institutionen, Organisationen und Führungseliten ist, desto mehr müssen rechtlich einklagbare, also formalisierte Regelungen mit Sanktionspotenzial dieses Reputationsvakuum ersetzen und desto mehr müssen staatliche Organe Kontroll- und Überwachungsfunktionen mit Sanktionsgewalt übernehmen.

Drittens verschafft Reputation seinen Trägern *Definitions- und Überzeugungsmacht*. Reputation ist verbunden mit der Macht, gesellschaftliche Realität zu formen und kreativ zu wirken. Nur wer über eine intakte Reputation und den entsprechenden Vertrauensvorschuss verfügt, stößt selbst dann auf Unterstützung, wenn sein Handeln und seine Ansichten den Erwartungen der Außenstehenden nicht auf Anhieb entsprechen.

Reputation ist damit ein Gut von unschätzbarem Wert: Sie bündelt vertrauensvolles und kontinuierliches Handeln mit Bezug auf die Reputationsträger, sie reduziert die Komplexität hinsichtlich deren Auswahl, sie befreit von Kontrolle und lässt allfällige Machtpositionen als legitim erscheinen. Das Umgekehrte gilt freilich ebenso: Reputationsverlust destabilisiert durch Vertrauenszerfall das Handeln, erhöht dessen Komplexität und delegitimiert hierarchische Strukturen.

5 Reputation als Kernbegriff der Public Relations

Bereits die oben ausgeführte Interdependenz zwischen Reputation und Vertrauen verweist auf die zentrale Bedeutung von Reputation für Theorie und Praxis der Public Relations (PR). So wird die Funktion von PR in der kommunikationswissenschaftlichen Fachdiskussion prominent daran festgemacht, durch Planung und Umsetzung geeigneter Kommunikationsmaßnahmen das Vertrauen der Öffentlichkeit und/oder spezifischer Bezugsgruppen zu stärken bzw. die Entstehung von Misstrauen zu verhindern (Bentele 1994: 131ff.; Bentele/Seeling 1996: 155ff.; Ronneberger/Rühl 1992: 252f.; Szyszka 1992: 104ff.). Exakt diese Vertrauen sichernde Funktion übernimmt Reputation. Sie fungiert als soziales Kapital und ermöglicht den Erhalt und die Akkumulation weiteren Vertrauens. Die Zentrierung von PR auf Reputationspflege ist aber auch dadurch angezeigt, weil die Funktion von Öffentlichkeitsarbeit an anderen Orten der PR-Fachdiskussion an der Konstruktion von Images festgemacht wird (Faulstich 1992: 72f.; Merten 1992: 43f.; Merten/Westerbarkey 1994: 188f.). Dabei bleibt jedoch unklar, in welcher Beziehung die Termini Image und Reputation zueinander stehen, inwieweit Image- und Reputationspflege also verschiedene Begriffe für dasselbe Phänomen darstellen oder aber verschiedene Bedeutungsgehalte implizieren.

Der Zusammenhang von Reputation und Image ergibt sich in der hier verfolgten Begriffsbestimmung zunächst dadurch, dass in Prozessen gesellschaftlicher Anerkennung die verschiedenen Images eines Akteurs gegeneinander abgewogen und zu einer (Gesamt-)Reputation saldiert werden. Während der Imagebegriff zudem von seinem Bedeutungsgehalt her neutral konnotiert ist und offen lässt, ob damit neutrale oder positive bzw. negative Bewertungsmuster verbunden sind, entfaltet Reputation stets eine Rangordnung zwischen evaluierten Akteuren und impliziert höhere oder geringere Wertschätzung, größere oder geringere Akzeptanz. Dies betont Bromley: „The main difference is that reputation usually implies an evaluation, wheras public image is a fairly neutral term. In general reputation is highly valued. Its main function, however, is to maintain social order" (Bromley 1993: 6). Aufgrund dieser *evaluativen Funktion* nimmt Reputation in der Organisationskommunikation eine herausragende Stellung ein. Denn die Gewährleistung der langfristigen Überlebensfähigkeit setzt zwingend die Kenntlichmachung des je besonderen Wertes der Organisation in Absetzung von anderen Organisationen voraus. Entsprechend zielt Public Relations auf die möglichst positive Positionierung einer Organisation und deren Leistungen im jeweiligen Handlungsfeld wie auch im gesellschaftlichen Bereich. Exakt diese Funktion übernimmt Reputation. Sie ist integraler Bestandteil des gesellschaftlichen Prozesses, Akteuren ihren Rang und ihre Position in der Gesellschaft zuzuweisen. Sie ist das Resultat der Differenzbetonung der je besonderen Leistungsfähigkeit einer Organisation zur Realisierung von kollektiv geteilten Zielen und Werten im jeweiligen Handlungsfeld. Deshalb ist PR mit *Reputationsmanagement* gleichzusetzen.

6 Determinanten des Reputationswandels

Gemäß welcher Logik wird die Größe Reputation in modernen Gesellschaften zugewiesen oder entzogen? Die Beantwortung dieser Frage erfordert es, die zwei ausschlaggebenden, makrosozialen Determinanten der Reputationskonstitution in den Blick zu nehmen. Es sind dies erstens die neuen *Selektions- und Interpretationslogiken gegenwärtiger Mediengesellschaften*. Zweitens von Bedeutung ist der soziale Wandel, d.h. Aufbau und Erosion wirkmächtiger Gesellschaftsmodelle mitsamt ihren Erwartungsstrukturen und Leitbildern, welche die Reputationsdynamik essenziell determinieren.

6.1 Neue Aufmerksamkeitsregimes der Mediengesellschaft

Organisationskommunikation – d.h. Kommunikation in, über und von Organisationen (Szyszka 2006: 210) – ist heute essenziell *medialisierte* Kommunikation. Dies gilt sowohl für politische, staatliche, ökonomische als auch für andere Organisationstypen. Die Aufmerksamkeit und die Akzeptanz, die das Publikum und auch die Mitglieder spezifischen Organisationen zukommen lassen, die Profilierung von Organisationen in

Absetzung von anderen Organisationen, ja sogar die Motivation und Integration von Mitgliedern und Mitarbeitern vollzieht sich in öffentlich exponierten Organisationen in zunehmendem Maße über medial vermittelte Kommunikation.[5] Beobachtbar sind also weitreichende *Medialisierungseffekte*, denen Organisationen durch die neuen Aufmerksamkeitsregimes gegenwärtiger Mediengesellschaften ausgesetzt sind (Donges 2008; Imhof/Blum/Bonfadelli/Jarren 2004; Jarren 2001; Saxer 1998a).

Die neuere sozialwissenschaftliche Forschung hat sich stark mit den *Medialisierungsfolgen* für das politische System und dessen Organisationen beschäftigt. Sie zeigt, dass sich die Politik in diesem Prozess kommunikativ neu konstituiert (Donges 2008; Jarren 2001; Kaase 1998; Sarcinelli 1997; Saxer 1998b). Solche Medialisierungseffekte sind jedoch keineswegs auf die Organisationen des politischen Systems beschränkt. Kein Teilsystem kann sich der skizzierten Neuallokation der Aufmerksamkeit in der medienvermittelten Kommunikation entziehen. Von unabsehbarer Bedeutung – wenn auch noch kaum beachtet – ist auch die *massenkommunikative Neukonstitution* der Ökonomie (Eisenegger 2005; Eisenegger/Vonwil 2004: 80ff.; Schranz 2007). Folgendes lässt sich beobachten:

In *sozialer Hinsicht* zeigt sich eine intensivierte *Personalisierung* ökonomischer Organisationen mit der Konsequenz, dass die Reputation des Unternehmens immer ausschließlicher an das flüchtige und verletzliche Ansehen des Führungspersonals geknüpft wird. Durch die sich stetig verkürzende Amtsdauer der CEOs und anderer Führungseliten wird der langfristige Aufbau einer stabilen Unternehmensreputation erschwert.[6] Die extensive Personalisierung führt insgesamt zu einer stärker schwankenden (volatilen) Reputationsentwicklung. Lob und Tadel liegen bei Personen näher beieinander als bei den Organisationen insgesamt (Eisenegger/Wehmeier 2008). Die Medien bauen Hoffnungsträger auf, können sie aber auch ebenso schnell und äußerst publizitätsträchtig wieder vom Thron stürzen. Personalisierung erleichtert zudem die Darstellung in rollen-fernen Zusammenhängen (z.B. Home-Stories), was einer skandalisierenden Berichterstattung in Form thematisierbarer Diskrepanzen zwischen Funktionsrolle (funktionale Reputation) und unstatthaftem Lebensvollzug (soziale Reputation) Vorschub leistet. Und schließlich vergrößert sich der Widerspruch zwischen der stärker personalisierten Außenkommunikation der Unternehmen und ihrer nach wie vor ‚wir-orientierten' Binnenkommunikation. Durch diesen Widerspruch ist die Binnenkommunikation einem Glaubwürdigkeitszerfall ausgesetzt.

In *sachlicher Hinsicht* werden die Unternehmen mit einer divergierenden Selektions- und Interpretationslogik der Medien konfrontiert. Die Medienlogik lenkt den Fo-

---

[5] So ergab beispielsweise eine vom «fög - Forschungsbereich Öffentlichkeit und Gesellschaft (SUZ/IPMZ)» der Universität Zürich 1999 durchgeführte Panelbefragung über die Motivation und Arbeitszufriedenheit bei einer schweizerischen Kantonalbank, dass die Mitarbeitenden über die Massenmedien mehr Information über die Organisationsspitze und die Gesamtorganisation rezipieren, als durch die Binnenkommunikation in der Unternehmung (Vgl. Imhof 2002b: 78-80).

[6] Studien belegen eindrücklich, dass die Fluktuation an der Organisationsspitze in den letzten Jahren gestiegen ist und die durchschnittliche Organisationsfluktuation bei weitem übertrifft (Weckherlin 2003: 16).

kus verstärkt auch auf *un*ökonomische Sachverhalte und die Schwerpunkte der Berichterstattung verlagern sich vom informierenden zum interpretierenden und meinungsbezogenen Journalismus (Mast 2003: 308). Dabei ist eine weitgehende Angleichung der Selektions- und Interpretationslogik der Wirtschaftsberichterstattung an diejenige der politischen Berichterstattung zu konstatieren. Die neuen, auf die Maximierung der Aufmerksamkeit der Medienkonsumenten ausgerichteten Kommunikationslogiken konstruieren den Lauf der Dinge wie die alte Geschichtsschreibung als Produkt von Helden und Bösewichten. Die moralisierende und skandalisierende Empörungsbewirtschaftung wird zum dominanten Muster des medialen Aufmerksamkeitswettbewerbs.[7] Die Unternehmen antworten auf diesen Trend mit einer intensivierten Pflege ihrer Sozialreputation (Röttger 2006; Schlichting/Röttger 2006). Allerdings wird das Skandalisierungsrisiko durch solche Moralprogramme eher vergrößert als gemindert, denn sozialmoralische Bekenntnisse haben einen außerordentlich hohen Selbstverpflichtungscharakter und animieren die Medien, kleinste Verstöße gegen selbst auferlegte ethische Prinzipien umgehend zu brandmarken, d.h. die *Moralfalle* zu aktivieren (Eisenegger/Imhof 2007: 14f.)

In *zeitlicher Hinsicht* schließlich setzt der mediale Wettstreit um Primeur-Raten und die mediale Aktualitätszentrierung auch die Unternehmen unter erhöhten Reaktionsdruck. Die ökonomischen Organisationen sehen sich einer öffentlichen Umwelt gegenüber, die sie zwingt, sich laufend neuen – auch unökonomischen – brisanten Themen anzunehmen, sich in diesen zu positionieren und entsprechende Maßnahmen zu kommunizieren.

Die Unternehmenskommunikation unterliegt aufgrund dieser insgesamt massiv vergrößerten Reputationsgefährdungen heute einem nie gesehenen Professionalisierungsschub, der sich u.a. mit den Stichworten ‚Krisenkommunikation', ‚Krisenmanagement', ‚Issues Management' und ‚Issues Monitoring' beschreiben lässt (Ingenhoff 2004; Röttger 2001). Aber auch am Aufschwung spezialisierter Beratungsfirmen, am Auf- und Ausbau von ‚Corporate Communications'-Abteilungen, am Abwerben von Journalisten für PR-Tätigkeiten bis hin zur Personalselektion des Spitzenmanagements unter dem Gesichtspunkt der Medientauglichkeit lassen sich die Medialisierungseffekte bei ökonomischen Organisationen ablesen (Zerfass 2004).

Sowohl für politische, staatliche wie für ökonomische Organisationen hat die Ausdifferenzierung eines eigenlogischen Mediensystems im neuen Strukturwandel der Öffentlichkeit eine massive Bedeutungssteigerung der medienvermittelten Kommunikation im Prozess der Reputationskonstitution zur Folge (Carroll/Combs 2003; Eisenegger 2004: 58ff.; Imhof 2005: 203ff.; Meijer/Kleinnijenhuis 2006a; Meijer/Kleinnijenhuis

---

[7] Dabei werden auch in der Wirtschaftsberichterstattung die traditionellen Skandalisierer zunehmend durch die Medien ersetzt. Sie konkurrenzieren als ‚Enthüller' die sozialen Bewegungen und Protestparteien, die diese Funktion einst innehatten.

2006b; Schranz 2007: 121ff.).[8] Die wesentlichen Gründe für diese Medialisierung der Reputationskonstitution sind die folgenden:

Erstens adaptieren sich die Akteure verschiedener Funktionssysteme verstärkt an die Logik medialer Reputationskonstitution, weil deren Bezugs- und Zielgruppen sie im Prozess steigender Mediennutzungs- und -beachtungswerte immer ausschließlicher und folgenreicher via medienvermittelte Kommunikation wahrnehmen. Gleichzeitig versuchen die Stakeholder immer häufiger direkt via Medien auf die Organisations-Reputation einzuwirken.

Zweitens zeigt sich eine wachsende Expertisierung der medienvermittelten Kommunikation mit dem Effekt, dass definitionsmächtige Reputationsautoritäten (Experten, Analysten, Rating-Agenturen etc.) immer häufiger via Medien ihre reputationsprägenden ‚Ratings' abgeben. Diese Expertisierung ist zum einen eine Folge der thematischen Entgrenzung des modernen Journalismus im Wettbewerb um die Gunst vielfältiger Zielpublika. Daraus resultiert eine Komplexitätszunahme journalistischen Arbeitens, zu deren Bewältigung die Journalisten externe Experten beiziehen müssen. Zum anderen ist die Expertisierung der Medienberichterstattung aber auch ein Mittel der Medienkonzerne, ihre Reputation und Glaubwürdigkeit zu befestigen.

Drittens führt die intensivierte Skandalisierungsrate im Mediensystem zu einer Aufwertung der Medienarena als primärer Reputationsarena (Imhof 2002a: 73ff.; Kepplinger/Ehmig/Hartung 2002: 11ff.). Weil medieninduzierte Reputationsschäden außerhalb der Medien nicht korrigiert werden können, müssen die Akteure ihre Außenkommunikation auf die Medienarena konzentrieren. In dem Maße, wie Medien die Reputation der Organisationen erhöhten Skandalisierungsrisiken aussetzen, wächst also die Bedeutung der Medienarena als primäre Adressatin reputationserhaltender und -bildender Maßnahmen.

Darüber hinaus ist die medienvermittelte Kommunikation für die Reputationskonstitution auch aufgrund folgender Faktoren von elementarer Bedeutung:

Verschaffen von Bekanntheit/Beachtung: Wer nach Reputation strebt, muss erst Beachtung finden. Anerkennen kann man nur denjenigen, den man erkennt, achten kann man nur denjenigen, den man beachtet. Reputation ist also an öffentliche Bekanntheit gebunden. Erst wenn sich unbekannte Dritte ein Bild über den Prestigeträger machen, kann Reputation entstehen. Und genau solche Bekanntheit verschaffen Medien wie keine andere Instanz. Dabei mag die Präsenz eines Akteurs in medialen Diskursen intendiert sein oder nicht, in beiden Fällen kann sich der jeweilige Akteur den Prozessen und der Logik medialer Reputationskonstitution nicht entziehen. Die Medien-Öffentlichkeit produziert Reputation (gute wie schlechte) unabhängig davon, ob die Objekte ihrer Beobachtung etwas dafür, dagegen oder gar nichts tun.

Themensetzungsfunktion: Für den Prozess der Reputationskonstitution ist sodann die Themensetzungsfunktion der Medien-Öffentlichkeit elementar. Indem die Medien

---

[8] Münch 1997: 696ff. Zur Bedeutung der Massenmedien im Prozess der Reputations- oder Imagekonstitution vgl.: Bentele 1992: 152ff.; Bentele 1997: 169ff.; Buss/Fink-Heuberger 2000: 19ff.; Merten/Westerbarkey 1994: 188ff.; Röttger 2000: 27ff.; Szyszka 1999: 146.

denjenigen Kommunikationsereignissen (Issues) gesamtgesellschaftliche Beachtung verschaffen, in denen sich die Reputationsträger der Gesellschaft zu bewähren haben, determinieren sie den Prozess der Reputationskonstitution entscheidend mit. Die Waldsterbensdebatte der 1980er Jahre illustriert dies beispielhaft: Damals entwarf die europäische Medienöffentlichkeit ein düsteres Zukunftsszenario, das u. a. zu unzähligen Umweltschutzverordnungen, zum Ausbau des öffentlichen Verkehrs und zu Ökobilanzen in den Unternehmen führte. Auch der amerikanische ‚Sarbanes-Oxley-Act' – ein Gesetz, das alle in den USA börsenkotierten Unternehmen unter Strafandrohung zu ‚Good Corporate Governance' verpflichtet – ist ohne den Einfluss der internationalen Medien im Kontext der großen Bilanzfälschungsskandale nicht zu erklären.

Insgesamt kommt der medienvermittelten Kommunikation die wichtige Funktion zu, reputationsbezogene Entdifferenzierung zu leisten, indem sie die auf den Geltungsbereich der verschiedenen Funktionssysteme beschränkten, partikulären Reputationen in solche gesamtgesellschaftlicher Geltung transformiert. Im Reputations-Konstitutionsprozess moderner Gesellschaften bildet die Medien-Öffentlichkeit die dominierende, übergeordnete Reputationsarena. Sie überdacht die internen Reputationsarenen der Funktionssysteme und bewertet die Reputationsträger für ein breites Publikum hinsichtlich funktionaler, sozialer und expressiver Bewertungskriterien.

6.2 Sozialer (Werte-)Wandel

Die traditionell in den Nachrichtenwert-Ansätzen der Kommunikationswissenschaft beschriebenen Selektions- und Interpretationslogiken gegenwärtiger Mediengesellschaften herrschen also wesentlich über die moderne Dramaturgie des Reputationsaufbaus und -verlusts (vgl. Kapitel 6.1). Allerdings muss diese Perspektive erweitert werden, um die Logik der Reputationskonstitution erschöpfend zu erfassen. So lässt sich aus den medialen ‚Nachrichtenwerten' zwar beispielsweise eine erhöhte Skandalisierungstendenz ableiten. Welche *konkreten* und historisch variablen Verstöße gegen das moralische Empfinden Vieler zu unterschiedlichen Zeitpunkten der gesellschaftlichen Entwicklung besonders skandalträchtig erscheinen, lässt sich mit diesen Ansätzen jedoch nicht erfassen. Diese Lücke schließen Theorien des sozialen Wandels (Imhof 2006). Diese erklären Aufbau und Erosion sozial wirkmächtiger Erwartungsstrukturen, die bestimmten Gesellschaftsmodellen inhärent sind und die jene Bewertungskriterien vorgeben, an denen das Handeln der Reputationsträger in bestimmten Epochen der gesellschaftlichen Entwicklung bemessen wird.

Beispielhaft lassen sich die Konsequenzen des sozialen Wandels für die Reputations-Konstitution am *neoliberalen Gesellschaftsmodell* zeigen, das in den westlichen Zentrumsnationen anfangs der 1990er Jahre in die Blüte kam und das seit der Jahrtausendwende in die Krise geraten ist:

Mit dem Fall der Berliner Mauer 1989 setzt sich in allen westlichen Zentrumsnationen die Erwartungshaltung einer grundsätzlichen Überlegenheit der freien, kapitalistischen Marktwirtschaft durch und das ökonomische System und dessen Logik rücken ins Zentrum westlicher Gesellschaftskonzeption. Neoliberale Leitbilder werden im umfassenden Sinne salonfähig und auch in nicht-ökonomischen Handlungssystemen wie der Politik steuerungswirksam. Es wird eine weitreichende *Deregulation* der Wirtschafts- und Sozialordnung umgesetzt: Minimal-Staatskonzept, Standort- und Steuerwettbewerb, Liberalisierung der Märkte national wie global und Privatisierung öffentlich-rechtlicher Organisationen sind die wichtigsten Reformschritte dieser Programmatik. Die neoliberalen Leitbilder begründen eine rund zehnjährige Phase, in der staatliche Institutionen Reputationseinbußen hinnehmen müssen, sofern sie nicht neoliberalen Rezepturen huldigen und sich nach den Vorgaben des New Public Management reformieren. Umgekehrt können die privatwirtschaftlichen Unternehmen Reputationsgewinne einfahren, wenn sie sich im Shareholder Value-Wettbewerb bewähren. Manager erhalten mit ‚Weißbüchern' öffentlichen Zuspruch und propagieren die Reform des Staates nach dem Vorbild der Wirtschaft. Die den asiatischen oder lateinamerikanischen Schwellenländern verordneten Deregulationstherapien werden als Beitrag zur Entschärfung des internationalen Entwicklungsgefälles gelobt und verschaffen den federführenden Institutionen (IWF, Weltbank) Reputationsvorteile. Den vorläufigen Höhepunkt der neoliberalen Ära markiert die einsetzende Popularisierung des Aktiensparens und die daraus folgende Internet-Euphorie. Damit wird das Denken in neoliberalen Kategorien auch beim einfachen Bürger salonfähig. Der Erwerb von Aktien verschafft für kurze Zeit breiten Massen Anschluss an die neoliberalen Verheißungen und der Nachweis ökonomischen Erfolgs wird zu einer zentralen Reputationsressource auch in den Binnenräumen privater Alltagswelten.

Ende der 1990er Jahre machen sich allerdings zunehmend nicht-intendierte Folgeeffekte der politökonomischen Deregulierung im neoliberalen Gesellschaftsmodell bemerkbar und die skizzierte gesellschaftliche Reputationsdynamik beginnen in ihr Gegenteil zu drehen. Da im neoliberalen Gesellschaftsmodell die Lösung des gesellschaftlichen Grundproblems (Fortschritt und Wohlstand) in radikaler Weise an das Wirtschaftssystem delegiert wurde, erleiden nun auch die Vertreter des Wirtschaftssystems und der neoliberalen Marktordnung die größten Reputationsverluste. In der öffentlichen Kommunikation setzt sich die Wahrnehmung fest, dass das Gesellschaftsmodell an seinen eigenen Zielen und Rezepten scheitert. Statt einer generellen Wohlstandmehrung werden Wirtschaftsexzesse und eine Umverteilung zugunsten bereits vermögender Eliten wahrgenommen. Mit dem Platzen der New Economy-Blase, der sich entfachenden Debatte über die ‚Vertrauenskrise der Wirtschaft' als Folge der Bilanzierungsfälschungsskandale und der Management-Lohn-Debatten ist der einstweilige Höhepunkt der Krise erreicht. Skandalisierungswellen durchfluten die öffentliche Kommunikation und stigmatisieren die Wirtschaftseliten als ‚Abzocker', ‚Bilanzfälscher' und als ‚Neoliberale'. Auf die wirtschaftspolitische Deregulierung der neunziger Jahre folgt die *moralische Re-Regulierung der Privatwirtschaft* (Imhof 2002b).

Während in den 1980er Jahren hauptsächlich ökologische Vergehen Anlass zur Skandalisierung unternehmerischen Handelns boten, rückt nun ab Ende der 1990er Jahre das Thema Wirtschaftsethik ins Zentrum des öffentlichen Interesses. Die massive Anprangerung moralischer Fehltritte ökonomischer Organisationen im Abschwung des neoliberalen Gesellschaftsmodells erklärt, warum sich die Unternehmen in ihrer Reputationspflege seither verstärkt an Grundsätzen der ‚Corporate Social Responsibility' (CSR), ‚Good Governance',‚Corporate Good Citizenship' etc. orientieren. Die moralisch definierte Sozialreputation ist zu einem zentralen Bestandteil des Reputationswettbewerbs geworden. Das geht so weit, dass sich die Unternehmen heute ihre Sozialverträglichkeit zertifizieren lassen.

In Form solcher Reputationsdynamiken greifen der soziale Wandel und die Aufmerksamkeitsregimes der Mediengesellschaft ineinander: Negative Reputationsdynamiken benötigen erstens eine als moralisch defizitär thematisierbare Spezies, wie sie die Wirtschaftseliten im Zerfallsprozess neoliberaler Erwartungsstrukturen zunehmend darstellen. Zweitens setzen sie Medien voraus, die vor dem Hintergrund entsprechender Aufmerksamkeitsregimes eine Empörungsbewirtschaftung betreiben und drittens müssen jene Moralvorstellungen auf Seiten des Publikums aktualisiert werden können, die sich aus der Kluft zwischen Anspruch und Ertrag einst propagierter Versprechungen auf mehr Wohlstand und Fortschritt abschöpfen lassen.

7   Fazit

In diesem Beitrag wurde in Auseinandersetzung mit dem Drei-Welten-Konzept von Jürgen Habermas eine allgemeine Reputationstheorie entwickelt. Reputation wurde als dreidimensionales Konstrukt eingeführt, das sich stets aus einer *funktionalen*, einer *sozialen* und einer *expressiven Reputationsdimension* zusammensetzt, gleichgültig aus welchem Handlungskontext (Politik, Wirtschaft, Wissenschaft etc.) der jeweilige Reputationsträger stammt. Der Beitrag antwortet damit auf ein Defizit bisheriger Ansätze, die den Reputationsbegriff einseitig nur am Gegenstand ökonomischer Organisationen entwickelten. Gemäß unserem Ansatz bedeutet ‚Reputations-Management' die Bewirtschaftung stets aller drei Reputationsdimensionen. Es geht darum, sich im jeweiligen Funktionssystem als kompetenter und erfolgreicher Akteur zu erweisen (*funktionale Reputation*), gesamtgesellschaftliche Normen und Werte einzuhalten (*soziale Reputation*) und sich eine emotional attraktive, unverwechselbare Identität zu bewahren (*expressive Reputation*).

Mit unserer Reputationstheorie lassen sich verschiedene Phänomene präziser fassen, für die sich die PR-Forschung immer schon interessiert hat. So ist es beispielsweise möglich, den Begriff der ‚Organisationskrise' genauer zu charakterisieren. Diese lässt sich dadurch kennzeichnen, dass in der funktionalen Reputationsdimension die Wahrnehmung krasser Inkompetenz bzw. eklatanten Misserfolgs vorherrscht, dass in der sozialen Dimension gravierende Verstöße gegen kodifizierte und/oder nicht kodifizierte Normen (Recht und/oder Moral) angeklagt werden und dass in der expressiven Dimension die wahrgenommene Identität der Organisation vollständig auf die Krise reduziert wird, also nur noch die Krisenwahrnehmung negativ besetzte, emotionale Wirkung entfaltet. Ein solcher ‚Reputations-Gau' ließ sich beispielsweise bei den historischen Krisen der Unternehmen Enron und Worldcom beobachten. Die entwickelte

Reputations-Trias hilft auch dabei, verschiedene Ausprägungen, Taktiken und Instrumente der Organisationskommunikation besser zu klassifizieren. So lässt sich beispielsweise danach fragen, ob eine bestimmte Werbekampagne auf die Bewirtschaftung der funktionalen, der sozialen oder der expressiven Reputation abzielt. In diesem Zusammenhang wird sich zeigen, dass viele Werbekampagnen auf die Bewirtschaftung einer diffusen, positiven Emotionalität der Organisation gegenüber ausgerichtet sind und dafür nicht selten auf das Mittel radikaler Abgrenzung gegenüber den Mitkonkurrenten setzen. Der Werbeslogan von Apple Macintosh „Think different!" ist ein Musterbeispiel für diese Form expressiver Reputationspflege.

Insgesamt verweist der Beitrag die PR-Disziplin auf eine komparative Forschung, die über den Tellerrand der Wirtschaftswelt hinausblickt und auch andere Organisationstypen – z.B. aus der Politik – systematisch in den Blick nimmt. Der Beitrag verweist die PR-Forschung zudem auf einen Pfad, der die allzu dominante Meso-Perspektive der Fachdisziplin überwindet und sich stärker für die *makrosozialen* Determinanten des Organisationswandels interessiert. Sowohl die historisch variable Logik der Reputationskonstitution wie auch die Antworten der Organisationen darauf sind das Produkt wirkmächtiger Veränderungen im öffentlichen und gesamtgesellschaftlichen Umfeld der Organisationen. Makrosozial von Bedeutung sind hier zum einen die neuen Aufmerksamkeitsregimes gegenwärtiger Mediensysteme. Bedeutsam ist zum anderen der soziale Wandel, der jene epochalen Leitbilder und Erwartungsstrukturen vorgibt, denen sich die Organisationen, Institutionen und deren Vertreter im Kampf um Anerkennung immer wieder aufs Neue zu unterwerfen haben. Beides muss die PR-Forschung systematischer in den Blick nehmen, um die Veränderung ihres Gegenstandes ertragreicher erfassen zu können.

Literatur

Barnett, Michael L. / John M. Jermier / Barbara A. Lafferty (2006): Corporate Reputation: The Definitional Landscape. In: Corporate Reputation Review, 9. Jg. / Nr. 1: 26-38

Bentele, Günter (1992): Images und Medien-Images. In: Faulstich, Werner (Hg.): Image, Imageanalyse, Imagegestaltung. Bardowick: 152-176

Bentele, Günter (1994): Öffentliches Vertrauen - normative und soziale Grundlage für Public Relations. In: Armbrecht, Wolfgang / Ulf Zabel (Hg.): Normative Aspekte der Public Relations. Grundlagen und Perspektiven. Eine Einführung. Opladen: 131-158

Bentele, Günter (1997): Massenkommunikation und Public Relations. Der Kommunikatorbegriff und die Rolle der PR in der Kommunikationswissenschaft. In: Fünfgeld, Hermann / Claudia Mast (Hg.): Massenkommunikation. Ergebnisse und Perspektiven. Opladen: 169-191

Bentele, Günter / Stefan Seeling (1996): Öffentliches Vertrauen als Faktor politischer Öffentlichkeit und politischer Public Relations. Zur Bedeutung von Diskrepanzen als Ursache von Vertrauensverlust. In: Jarren, Otfried / Heribert Schatz / Hartmut Wessler (Hg.): Medien und politischer Prozess. Opladen: 155-184

Bromley, Dennis (1993): Reputation, Image and Impression Management. Chichester

Bromley, Dennis (2002): Comparing Corporate Reputations: League Tables, Quotients, Benchmarks, or Case Studies? In: Corporate Reputation Review, 5. Jg. / Nr. 1: 35-51

Buss, Eugen / Ulrike Fink-Heuberger (2000): Image Management. Frankfurt/M.

Carroll, Craig E. / Maxwell E. Combs (2003): Agenda-setting Effects of Business News on the

Public's Images and Opinions about Major Corporations. In: Corporate Reputation Review, 6. Jg. / Nr. 1: 36-46
Donges, Patrick (2008): Medialisierung politischer Organisationen. Parteien in der Mediengesellschaft. Wiesbaden
Eberl, Markus / Manfred Schwaiger (2005): Corporate Reputation. Disentangling the Effects on Financial Performance. In: European Journal of Marketing, 39. Jg. / Nr. 7-8: 838-854
Einwiller, Sabine (2003): Vertrauen durch Reputation im elektronischen Handel. Wiesbaden
Eisenegger, Mark (2004): Reputationskonstitution in der Mediengesellschaft. In: Imhof, Kurt / Roger Blum / Heinz Bonfadelli / Otfried Jarren (Hg.): Mediengesellschaft. Strukturen, Merkmale, Entwicklungsdynamiken. Wiesbaden: 262-292
Eisenegger, Mark (2005): Reputation in der Mediengesellschaft - Konstitution, Issues Monitoring, Issues Management. Wiesbaden
Eisenegger, Mark / Kurt Imhof (2007): Das Wahre, das Gute und das Schöne. Reputations-Management in der Mediengesellschaft. foeg discussion papers (ISSN 1661-8459). Universität Zürich. Auf: http://www.foeg.unizh.ch/foeg_discussion_papers/.
Eisenegger, Mark / Matthias Vonwil (2004): Die Wirtschaft im Bann der Öffentlichkeit. Ursachen und empirische Evidenzen für die erhöhte öffentliche Exponiertheit ökonomischer Organisationen seit den 90er Jahren. In: Medienwissenschaft Schweiz, Jg. / Nr. 2: 80-89
Eisenegger, Mark / Stefan Wehmeier (2008): Personalisierung der Organisationskommunikation. Geschäft mit der Eitelkeit oder sozialer Zwang? Wiesbaden
Faulstich, Werner (1992): "Image" als Problemfeld - systematische Bedeutungsdimensionen, historische Entwicklung. In: Faulstich, Werner (Hg.): Image, Imageanalyse, Imagegestaltung. Bardowick: 7-12
Fombrun, Charles (1996): Reputation. Realizing Value from the Corporate Image. Boston
Fombrun, Charles J. / Naomi A. Gardberg (2000): Who's Top In Corporate Reputation. In: Corporate Reputation Review, 3. Jg. / Nr. 1: 13-17
Fombrun, Charles J. / Naomi A. Gardberg / Joy Server (2000): The reputation quotient: A multi-stakeholder measure of corporate reputation. In: The Journal of Brand Management, 7. Jg. / Nr. 4: 241-255
Fombrun, Charles J. / Cees van Riel (2003): Fame & fortune. How successful companies build winning reputations. New Jersey
Goffman, Erving (1986): Interaktionsrituale. Frankfurt/M.
Gotsi, Manto / Alan M. Wilson (2001): Corporate Reputation. Seeking a definition. In: Corporate Communications: An International Journal, 6. Jg. / Nr. 1: 24-30
Habermas, Jürgen (1984): The Theory of Communicative Action. Reason and the Rationalization of Society, Bd. 1. Boston
Honneth, Axel (1994): Kampf um Anerkennung. Zur moralischen Grammatik sozialer Konflikte. Frankfurt/M.
Imhof, Kurt (2002a): Medienskandale als Indikatoren sozialen Wandels. Skandalisierungen in den Printmedien im 20. Jahrhundert. In: Hahn, Kornelia (Hg.): Öffentlichkeit und Offenbarung. Eine interdisziplinäre Mediendiskussion. Konstanz: 73-98
Imhof, Kurt (2002b): Moral: Das Geschäft mit der Wiederherstellung von Vertrauen. Funktionen der Moralisierung in der Mediengesellschaft. In: RisikVoice, Jg. / Nr. 4: 1-12
Imhof, Kurt (2005): Was bewegt die Welt? Vertrauen, Reputation und Skandal. Ein Essay zu drei Essenzen des Sozialen und zur Abzockerdebatte. In: Röthlisberger, Peter (Hg.): Skandale: Was die Schweiz in den letzten zwanzig Jahren bewegte. Zürich: 203-221
Imhof, Kurt (2006): Die Diskontinuität der Moderne. Zur Theorie des sozialen Wandels. Frankfurt/M.
Imhof, Kurt / Roger Blum / Heinz Bonfadelli / Otfried Jarren (2004): Mediengesellschaft. Strukturen, Merkmale, Entwicklungsdynamiken. Wiesbaden
Ingenhoff, Diana (2004): Corporate Issues Management in multinationalen Unternehmen. Wiesbaden

Jarren, Otfried (2001): "Mediengesellschaft" - Risiken für die politische Kommunikation. In: Aus Politik und Zeitgeschichte, Jg. / Nr. B41-42: 10-19

Kaase, Max (1998): Demokratisches System und die Mediatisierung von Politik. In: Sarcinelli, Ulrich (Hg.): Politikvermittlung und Demokratie in der Mediengesellschaft. Bonn: 24-51

Kant, Immanuel (1995): Kritik der Urteilskraft. In: Tomann, Rolf (Hg.): Die Kritik der Urteilskraft. Köln

Kepplinger, Hans Matthias / Simone Christine Ehmig / Uwe Hartung (2002): Alltägliche Skandale. Eine repräsentative Analyse regionaler Fälle. Konstanz

Mast, Claudia (2003): Wirtschaftsjournalismus. Grundlagen und neue Konzepte für die Presse. Wiesbaden

Meijer, May-May / Jan Kleinnijenhuis (2006a): Issue News and Corporate Reputation. Applaying the Theories of Agenda Setting and Issue Ownership in the Field of Business Communication. In: Journal of Communication, 56. Jg. /: 543-559

Meijer, May-May / Jan Kleinnijenhuis (2006b): News and corporate reputation. Empirical findings from the Netherlands. In: Public Relations Review, 32. Jg. / Nr. 4: 341-348

Merten, Klaus (1992): Begriff und Funktion von Public Relations. In: PR-Magazin, 11/92. Jg. /: 35-46

Merten, Klaus / Joachim Westerbarkey (1994): Public Opinion und Public Relations. In: Merten, Klaus / Siegfried J. Schmidt / Siegfried Weischenberg (Hg.): Die Wirklichkeit der Medien. Eine Einführung in die Kommunikationswissenschaft. Opladen: 188-211

Münch, Richard (1997): Mediale Ereignisproduktion. Strukturwandel der politischen Macht. In: Hradil, Stefan (Hg.): Differenz und Integration. Die Zukunft moderner Gesellschaften. Verhandlungen des 28. Kongresses der Deutschen Gesellschaft für Soziologie in Dresden 1996. Frankfurt: 696-709.

Rao, Hayagreeva (1994): The social construction of reputation. Certification contests, legitimation, and the survival of organizations in the American automobile industry: 1895-1912. In: Strategic Management Journal, 15. Jg. /: 29-44

Ronneberger, Franz / Manfred Rühl (1992): Theorie der Public Relations. Opladen

Röttger, Ulrike (2000): Public Relations - Organisation und Profession. Öffentlichkeitsarbeit als Organisationsfunktion. Eine Berufsfeldstudie. Wiesbaden

Röttger, Ulrike (2001): Issues Management - Theoretische Konzepte und praktische Umsetzung. Eine Bestandesaufnahme. Wiesbaden

Röttger, Ulrike (2006): Campaigns (f)or a better world? Wiesbaden

Sarcinelli, Ulrich (1997): Demokratiewandel im Zeichen medialen Wandels? Politische Beteiligung und politische Kommunikation. In: Klein, Ansgar / Rainer Schmalz-Bruns (Hg.): Politische Beteiligung und Bürgerengagement in Deutschland - Möglichkeiten und Grenzen. Bonn: 314-345

Saxer, Ulrich (1998a): Mediengesellschaft. Verständnisse und Missverständnisse. In: Sarcinelli, Ulrich (Hg.): Politikvermittlung und Demokratie in der Mediengesellschaft. Beiträge zur politischen Kommunikationskultur. Opladen/Wiesbaden: 52-63

Saxer, Ulrich (1998b): Politikvermittlung und Demokratie in der Mediengesellschaft. In: Sarcinelli, Ulrich (Hg.): Politikvermittlung und Demokratie in der Mediengesellschaft. Bonn: 52-73

Schlichting, Inga / Ulrike Röttger (2006): Zu gut für diese Welt? Zur Glaubwürdigkeit unternehmerischer Sozialkampagnen. In: Röttger, Ulrike (Hg.): PR-Kampagnen. 3. überarb. und erweit. Auflage. Wiesbaden

Schranz, Mario (2007): Wirtschaft zwischen Profit und Moral. Die gesellschaftliche Verantwortung von Unternehmen im Rahmen der öffentlichen Kommunikation. Wiesbaden

Schwaiger, Manfred (2004): Components and Parameters of Corporate Reputation – an Empirical Study. In: Schmalenbach Business Review, 56. Jg. / Nr. 1: 46-71

Shrum, Wesley / Robert Wuthnow (1988): Reputational states of organizations in technical systems. In: American Journal of Sociology, 93. Jg.: 882-912

Szyszka, Peter (1992): Image und Vertrauen. Zu einer weniger beachteten Perspektive des Image-Begriffes. In: Faulstich, Werner (Hg.): Image, Imageanalyse, Imagegestaltung. Bardowick: 104-111

Szyszka, Peter (1999): "Öffentliche Beziehungen" als organisationale Öffentlichkeit. Funktionale Rahmenbedingungen von Öffentlichkeitsarbeit. In: Szyszka, Peter (Hg.): Öffentlichkeit. Diskurs zu einem Schlüsselbegriff der Organisationskommunikation. Opladen/Wiesbaden: 131-146

Szyszka, Peter (2006): Organisationskommunikation. In: Günter Bentele, / Hans-Bernd Brosius / Otfried Jarren (Hg.): Lexikon Kommunikations- und Medienwissenschaft. Wiesbaden: 210-211

Weber, Max (1980): Wirtschaft und Gesellschaft. Tübingen

Weckherlin, Philipp (2003): Wie straff sind Schweizer Firmen geführt? Der Führungsqualität auf der Spur. In: NZZ, Ausgabe vom 10.3.2003, 16

Zerfass, Ansger (2004): Unternehmensführung und Öffentlichkeitsarbeit: Grundlegung einer Theorie der Unternehmenskommunikation und Public Relations (2. erweiterte Auflage). Opladen

Medialisierung als Parameter einer PR-Theorie

Juliana Raupp

Seit geraumer Zeit hat sich in der Kommunikationswissenschaft ein neuer Begriff etabliert: Medialisierung. Medialisierung bezeichnet ganz allgemein das Vordringen der Medienlogik in verschiedene gesellschaftliche Teilbereiche. Medialisierungsforscher fragen danach, welche medieninduzierten Veränderungen im Alltag (Altheide/Snow 1988; Krotz 2002), in der Politik (Mazzoleni/Schulz 1999; Kepplinger 2002; Donges 2005, 2008; Marcinkowski 2005; Schulz 2006), in der Wirtschaft (Eisenegger 2004; Tobler 2004), in der Wissenschaft (Weingart 2001; Dahinden 2004; Peters et al. 2008) oder im Sport (Schwier/Schauerte 2006; Vowe 2006; Stiehler 2003) zu verzeichnen sind und welche Folgen das für den jeweiligen gesellschaftlichen Teilbereich hat. Die Medialisierungsforschung richtet ihr Augenmerk auf das Spannungsfeld zwischen Mediensystem und gesellschaftlichem Teilsystem und damit auf jenen Bereich, an dem auch Public Relations anzusiedeln sind. Insbesondere an Organisationen lassen sich die Folgen der Medialisierung studieren. Unternehmen, Verbände und politische Parteien passen sich den Anforderungen der Massenmedien an und richten spezialisierte Kommunikationsabteilungen ein. Die unter dem Begriff der Medialisierung thematisierten Beziehungen zwischen Organisationen und Medien manifestieren sich an den Grenzstellen der Organisationen, dort, wo zwischen dem inneren Organisationsgeschehen und dem Außen, der organisationalen Umwelt, vermittelt wird. Und genau hier ist auch die Funktion von PR zu verorten: als organisationale „boundary spanning role" (Grunig/Grunig/Ehling 1992: 67).

Das wirft die Frage auf, welche Rolle Public Relations für die Medialisierung von Organisationen spielen. Die PR-Theoriebildung hat die Funktion von PR als möglicher Treiber für Medialisierungsprozesse bislang kaum berücksichtigt. Was auf den ersten Blick erstaunt, verwundert bei genauem Hinsehen jedoch nicht. Denn ein Großteil der PR-Literatur fokussiert primär auf die Rolle von PR als Kommunikator. Zentral steht die Frage, wie und unter welchen Bedingungen PR am besten nach außen „wirkt". Die Tatsache, dass sich Organisationen aufgrund ihrer PR-Aktivitäten den Anforderungen der Medien anpassen und sich damit einer Medialisierung öffnen, gerät dagegen nicht in den Blick.

Ausgehend vom Phänomen der Medialisierung wird im Folgenden ein theoretisches Konzept von Public Relations[1] entwickelt, das es ermöglicht, die PR-induzierte Orientierung organisationalen Handelns an der Medienlogik in den Blick zu nehmen. Um das tun zu können, ist die vorherrschende Sicht auf PR als Kommunikator aufzubrechen und die Wechselseitigkeit von Kommunikationsbeziehungen in den Mittelpunkt zu stellen. Aus einer interaktionstheoretischen Perspektive werden nicht nur die kommunikativen Einflussnahmen der PR auf die Medien sichtbar, sondern darüber hinaus die Rückwirkungen der Orientierung an der Medienlogik auf Organisationen. Die These, für die im Folgenden ein theoretische Fundierung erarbeitet werden soll, lautet: Je strategischer das PR-Handeln ist, desto größer ist die Wahrscheinlichkeit, dass Organisationen PR-induzierten Medialisierungseffekten ausgesetzt sind.

Um diese Annahme auszuarbeiten, sind – bezogen auf eine PR-Theoriebildung – mehrere Fragen zu beantworten: Welche Erkenntnisse hält die Medialisierungsforschung in Bezug auf PR bereit? Inwiefern trägt PR dazu bei, dass in Organisationen Medialisierungseffekte auftreten? Diese Fragen verweisen auf die Funktion von PR für Organisationen. Welche strukturellen Bedingungen müssen gegeben sein, damit PR-induzierte Medialisierungseffekte auftreten? Mit dieser Frage rückt der strukturelle Wandel öffentlicher Kommunikation als Bezugsrahmen für PR in den Blick. Und schließlich: Gilt das Konzept der Medialisierung zuvörderst für politische Organisationen und damit für politische PR oder lässt sich die These der Medialisierung durch PR auch für andere Organisationen, beispielsweise für Unternehmen, fruchtbar machen?

Die Gliederung des Beitrags orientiert sich an diesen Fragestellungen. Zunächst erfolgt eine Auseinandersetzung mit dem Phänomen der Medialisierung. Medialisierung wird in der Literatur vor allem als Chiffre zur Beschreibung des Verhältnisses zwischen Medien und Politik verwendet. Vor diesem Hintergrund wird hier ein Verständnis von Medialisierung als Interdependenzbeziehung zwischen Medien und (politischen) Organisationen herausgearbeitet (1). Anschließend erfolgt eine kommunikationstheoretische Grundlegung von PR-Handeln in Bezug auf die Funktion von PR für Organisationen. PR wird hierbei aus einer interaktionstheoretischen und funktionalen Perspektive betrachtet; eine primäre Funktion von PR wird darin gesehen, Erwartungen der Medien zu antizipieren und die Organisation entsprechend darauf vorzubereiten (2). Die spezifischen Merkmale massenmedial verfasster Öffentlichkeit geben den strukturellen Rahmen für die Beziehungen zwischen PR-Akteuren und Medien ab. Sie werden in einem nächsten Schritt erörtert (3). Auf dieser Grundlage können die Voraussetzungen für PR-induzierte Medialisierungsprozesse angegeben werden (4) und abschließend mögliche Formen und Folgen der PR-induzierten Medialisierung von Organisationen diskutiert werden (5).

---

[1] Die Begriffe Public Relations, PR und Öffentlichkeitsarbeit werden im Weiteren entsprechend der gängigen Sprachregelung in der Forschungsliteratur synonym verwendet.

1 Zum Begriff Medialisierung

In seiner gegenwärtigen Verwendung wird mit dem Begriff Medialisierung (mitunter wird auch von Mediatisierung gesprochen) meist die Annahme umschrieben, dass die Logik der Massenmedien verschiedene gesellschaftliche Bereiche bereits überformt hat oder zu überformen droht. Die Medialisierungsthese wird insbesondere in Bezug auf das politische System intensiv diskutiert. Im folgenden Abschnitt wird das diesem Beitrag zugrunde liegende Verständnis von Medialisierung erläutert. Ausgangspunkt ist entsprechend des Forschungsstandes vor allem Literatur zum Verhältnis von Massenmedien und Politik.

Der Medialisierungsthese von Politik liegt zunächst die Beobachtung zugrunde, dass die Wahrnehmung von Politik primär auf dem Wege medienvermittelter Erfahrung erfolgt (vgl. Sarcinelli 1998: 678f.). Politik ist auf die Vermittlung durch die Massenmedien angewiesen, denn in Mediengesellschaften ist für die meisten Menschen die politische „Primärerfahrung", etwa der Besuch von politischen Veranstaltungen oder das direkte Gespräch mit Politikern, längst von Erfahrungen aus zweiter Hand abgelöst worden. So wird Politik für die Mehrheit der Bevölkerung zu einem überwiegend massenmedial vermittelten Geschehen. Die Politik reagiert auf diese Entwicklung, indem sie sich zunehmend mediengerecht präsentiert (vgl. zuerst Altheide/Snow 1988, Mazzoleni/Schulz 1999). Dabei treffen zwei unterschiedliche Handlungsrationalitäten aufeinander: Der Medienlogik mit ihrer Ausrichtung an Aktualität, an Personen und Konflikten steht die Logik eines politischen Systems gegenüber, das Entscheidungen prozessiert, die langfristig wirken, die unter Sachzwängen getroffen werden und die Koalitionsbildungen erfordern. Zur in der Politik üblichen „Legitimation durch Verfahren" (Luhmann 1978) ist die (massenmedial vermittelte) „Legitimation durch Information" (Ronneberger 1977) getreten. Und nicht nur die informationsbezogene Politikvermittlung, sondern auch die Inszenierung von Politik unter dem Aspekt der Medienwirksamkeit ist eine unvermeidliche Reaktion der Politik auf die Anpassungszwänge der Massenmedien.

Aus normativ-demokratietheoretischer Perspektive wird diese Form von Medialisierung als einseitige Anpassung der Politik an die massenmedialen Erfordernisse gedeutet und zumeist negativ bewertet: Die Rationalität politischer Entscheidungen könne durch die Auslieferung der Politik an eine flüchtige „Stimmungsdemokratie" (Oberreuter 1987) geschwächt werden; wenn die Politik politisches Handeln durch symbolische Politik (Edelman 1976) ersetzt und statt Entscheidungen inszenierte Ereignisse (Kepplinger 1992) produziert, kann dies den politischen Prozess aushöhlen. Meyer (2001) spricht gar von der „Kolonisierung der Politik durch die Medien". Die Befürchtungen vor einer Überformung der Politik durch die Medien fußt auf der Annahme, (zu) mächtige Medien übten auf Dauer einen demokratieschädlichen Einfluss aus.

Doch das Verhältnis zwischen Politik und Medien lässt sich auch aus der entgegengesetzten Richtung betrachten. Die Forschung zum Verhältnis von PR und Journalismus etwa macht darauf aufmerksam, dass sich auch die Medien in einer (nicht nur kommunikationspolitischen) Abhängigkeit von Politik befinden. Die Politik kann die

Funktion eines Informationslieferanten für die Medien übernehmen, die PR wird dann zum Dienstleister für die Journalisten. Auf diese Weise kann die Politik, über ihre Öffentlichkeitsarbeit, die Medienberichterstattung aber auch beeinflussen. Unter bestimmten Voraussetzungen hat die PR Themen und Timing der Berichterstattung sogar unter Kontrolle, so das inhaltsanalytisch fundierte Ergebnis der Arbeiten, die die so genannte „Determination" der Medienberichterstattung durch PR untersuchen (vgl. insb. Baerns 1985).

Angesichts der begründeten Annahmen und empirischen Befunde, die – je nach Forschungsperspektive – eine Beeinflussung in der einen wie auch in der anderen Richtung nahelegen, ist es plausibel, aus einer integrierenden Perspektive von einem Interdependenzverhältnis zwischen Medien und Politik auszugehen. Der Prozess der Medialisierung von Politik bezeichnet dann – in Abgrenzung zu einseitigen Dependenzmodellen – das Phänomen, dass sich Politik und Medien zunehmend durchdringen. Diese Perspektive wird in der Literatur mit Begriffen wie „Symbiose" (Sarcinelli 1987: 213), „Interdependenz" (Sarcinelli 2006), „reflexive Verschränkung" (Kaase 1986: 168) oder „wechselseitige Durchdringung" (Jarren 1988: 629) umschrieben (vgl. zusammenfassend Hoffmann 2003: 17-39).

Folgt man dem Interdependenzgedanken, dann führt das zu der weiteren Frage, ob die Interaktions- und Wechselbeziehungen zwischen Medien und Politik genauer zu spezifizieren sind. Lassen sich Bereiche ausmachen, in denen die Logik der einen Seite vorherrscht, und andere Bereiche, wo das Umgekehrte gilt – sodass Interdependenz zu einem Überbegriff würde, um das komplexe Verhältnis von Politik und Medien zu charakterisieren? Nimmt man etwa eine Unterteilung in die drei Politik-Dimensionen polity, politics und policy vor, dann geraten je Dimension andere Gesichtspunkte und (Macht-)konstellationen im Verhältnis zwischen Politik und Medien in den Blick (vgl. Jarren/Grothe/Rybarczyk 1994: 11-28). Eine Differenzierung des politischen Prozesses nach den Phasen Problemartikulation, Problemdefinition, Politikdefinition, Programmentwicklung, Implementation und Evaluation führt zu der Annahme, der Einfluss der Medien auf Politik sei in den beiden erstgenannten Phasen größer als in den übrigen Phasen (Jarren/Donges/Weßler 1996: 12ff.). Das Intereffikationsmodell, welches das Verhältnis zwischen PR und Journalismus als das einer gegenseitigen Abhängigkeit begreift, sieht eine Differenzierung nach einer zeitlichen und einer sozial-psychischen Dimension vor, innerhalb derer jeweils unterschiedliche Induktions- bzw. Adaptionsleistungen ausgemacht werden (Bentele/Liebert/Seeling 1997: 242). Schicha und Brosda (2002: 47ff.) schließlich unterscheiden nach Analyseebenen und gehen auf der Makroebene von einer strukturellen Kopplung der Systeme Medien und Politik aus, auf der Ebene der Organisationsbeziehungen nehmen sie ein antagonistisches Verhältnis zwischen Redaktionen und PR-Akteuren an, und auf der Mikroebene umschreiben sie das Verhältnis zwischen PR-Akteuren und Journalisten als überwiegend kooperativ.

Die hier exemplarisch dargestellten Interdependenzmodelle (weitere Beispiele wären hinzuzufügen) überwinden einseitige Betrachtungsweisen des Verhältnisses zwischen Politik und Medien und versuchen überdies, das komplexe Verhältnis zwischen

Politik und Medien bzw. zwischen (politischer) PR und Journalismus unter verschiedenen Ordnungsgesichtspunkten genauer zu fassen. Dabei wird zum einen deutlich, dass Symbiose nicht mit Harmonie zu verwechseln ist. Denn die unterschiedlichen Funktionslogiken der Systeme Politik und Medien führen sowohl zu Kooperationen, die von einem ‚Geben und Nehmen' geprägt sind, als auch zu konflikthaften Interaktionen. Medialisierung wird im Folgenden als wechselseitige Orientierung von korporativen Organisationen und Medien aneinander verstanden. Dieses Verständnis von Medialisierung schließt sowohl ein kooperatives als auch ein antagonistisches Verhältnis auf der Ebene von Organisationen wie auf der Akteursebene ein (vgl. zum Letzteren auch Rolke 1999). Die Interdependenzannahme impliziert darüber hinaus, dass der Schnittstelle zwischen Organisationen und Medien, und damit der PR – die an eben dieser Schnittstelle angesiedelt ist – eine besondere Bedeutung für Prozesse der Medialisierung zukommt.

Was bei der hier entwickelten Interdependenzannahme bislang nicht berücksichtigt wurde, ist die Frage danach, auf welcher Theoriegrundlage der Prozess der wechselseitigen Orientierung von Organisationen und Medien aneinander angemessen beschrieben werden kann. Systemtheoretisch ausgerichtete Interdependenzansätze versuchen hierauf eine Antwort zu geben. So sind etwa die Vorstellungen der strukturellen Kopplung (u.a. Löffelholz 1997; Hoffjann 2001) oder der Interpenetration als Spezialfall der strukturellen Kopplung (u.a. Choi 1995; Westerbarkey 1995) fruchtbar gemacht worden, um intersystemische Beziehungen zwischen PR und Journalismus zu beschreiben. Allerdings sind die meisten systemtheoretischen Ansätze, zumindest in der deutschsprachigen Literatur, auf der Makro-Ebene anzusiedeln und eignen sich nur bedingt für empirische Untersuchungen. Dem Gewinn an Abstraktion, den diese Ansätze für sich verbuchen können, steht zudem häufig die Problematik der praktischen Un-Operationalisierbarkeit der Grundannahme selbstreferenzieller Systeme gegenüber. Öffentliche Kommunikationsprozesse, und damit auch PR als Teilbereich öffentlicher Kommunikation, können im ausschließlich systemtheoretischen Zugriff zwar aus einer integrierenden Perspektive theoretisch reflektiert, nicht aber empirisch-analytisch schlüssig untersucht werden (vgl. hierzu auch Saxer 1998: 24).

Deshalb wird im Folgenden eine theoretische Fundierung von PR erarbeitet, die als heuristische Grundlage auch für empirische Untersuchungen herangezogen werden kann. Im Mittelpunkt steht dabei die Funktion von PR im Hinblick auf Massenmedien als einer der wichtigsten Bezugsgruppen von PR. Ausgehend von der (Kommunikations-)Theorie des Symbolischen Interaktionismus wird eine akteurs- und organisationsbezogene Sichtweise auf PR-Handeln entfaltet: Auf dieser Grundlage lässt sich der Prozess der wechselseitigen Orientierung von PR-treibenden Organisationen und Medienorganisationen aneinander ebenso erfassen wie die strategische Dimension, die das Verhältnis von PR und Journalismus prägt.

2 Kommunikationstheoretische Fundierung von PR-Handeln

Kommunikation, verstanden als symbolisch vermittelte Interaktion, ist ebenso wie soziales Handeln generell an anderen ausgerichtet; d.h. an einem Kommunikationsvorgang müssen mindestens zwei Kommunikanten – Ego und Alter – beteiligt sein. Die Theorie der symbolisch vermittelten Interaktion macht darauf aufmerksam, dass sich ein Kommunikant immer an anderen Kommunikanten ausrichtet – erst diese Orientierung an anderen macht ihn zum Kommunikanten. Der Kommunikationsprozess erfolgt über die Vermittlung von Bedeutungsinhalten. Diese sind eine Abfolge sprachlicher und nichtsprachlicher Zeichen, die von den Kommunikationsteilnehmern als signifikante Symbole gedeutet werden können. Signifikante Symbole zeichnen sich nach Mead (1995) dadurch aus, dass sie eine bestimmte Idee ausdrücken und diese Idee implizit auch im anderen Menschen auslösen. Das bedeutet für denjenigen, der einen bestimmten Bedeutungsinhalt übermitteln will, dass er die Haltung des anderen gegenüber seinen eigenen Mitteilungen einnehmen muss (vgl. ebd.: 86). Der Kommunikationsprozess ist reziprok: Ego erwartet von seinem Gegenüber Alter eine bestimmte Rezeption. Darüber hinaus hegt Ego – das macht das Soziale an Kommunikation aus – Erwartungen hinsichtlich der Erwartungen, die Alter an ihn selbst stellen kann. Diese Erwartungs-Erwartungen strukturieren den Kommunikationsprozess (vgl. Abb. 1).

Abb. 1: Erwartungs-Erwartungen strukturieren Kommunikation

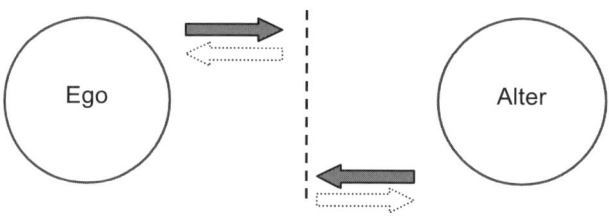

Doppelte Kontingenz

Mit dem in der Theorie des Symbolischen Interaktionismus angelegten Erwartungskonzept hat Mead eine Richtung eingeschlagen, die auf die Ausprägung von Strukturen verweist. Die Ausrichtung am jeweils anderen setzt bestimmte Regulierungsmechanismen in Gang: Es sind die Erwartungshaltungen, welche die Varietät der Handlungsmöglichkeiten faktisch begrenzen. Da Kommunikation wechselseitig aufeinander bezogenes Handeln ist, existieren Erwartungshaltungen bei beiden (bzw. allen) Kommunikanten hinsichtlich der Erwartungen des jeweiligen Gegenübers, welche die Kommunikation regulieren. Die Steuerung eines Kommunikationsprozesses geschieht also nicht nur durch die wahrnehmbaren Handlungen, sondern durch die Antizipation der Erwartungen des Gegenübers. Würden die Erwartungen der Kommunikationsteilnehmer einander immer entsprechen, wäre Kommunikation vorhersehbar und strategische Kommunikation überflüssig. Im Normalfall aber entsprechen Erwartungen einander längst nicht immer, sie können enttäuscht werden oder miteinander konfligieren.

Aber nicht nur Erwartungsinkonsistenz als Folge einander widersprechender Erwartungen ist zu berücksichtigen, sondern auch die Abwesenheit von Erwartungen: eine, wie Bretscher (1974: 90) es ausdrückt, „Erwartungsleere". Die interaktionistische Grundannahme, wie sie bisher kurz dargestellt wurde, bezieht diesen Umstand zu wenig ein. Die Möglichkeiten von Kommunikation unter den Bedingungen einander nicht entsprechender Erwartungen bzw. bei Abwesenheit von Erwartungen sollen deshalb im Folgenden diskutiert werden.

Bei Erwartungs-Erwartungen handelt es sich um Antizipationen, mithin um Annahmen und Unterstellungen. Die Erwartungen eines Kommunikanten bezüglich der Erwartungen des anderen Kommunikanten sind somit kontingent: Sie sind bedingt durch die Beziehung der Kommunikanten zueinander. Die Unterstellungen bezüglich der Erwartungen des anderen können sich bewahrheiten, und zwar dann, wenn der Fall eintritt, dass die Erwartungen des anderen wie erwartet ausfallen; sie können aber auch anders ausfallen als erwartet. Diese Kontingenz gilt für beide Seiten. Parsons hat dieses Phänomen „doppelte Kontingenz" genannt. Doppelte Kontingenz kann als Ausarbeitung der wechselseitigen Orientierung der Kommunikationsteilnehmer aufgefasst werden: „This fundamental phenomenon may be called the complementarity of expectations, not in the sense that the expectations of the two actors with regard to each other's actions are identical, but in the sense that the action of each is oriented to the expectations of the other. Hence, the system of the interaction may be analyzed in terms of the extent of conformity of ego's actions with alter's expectations and vice versa" (Parsons/Shils 1959: 15). Parsons beschreibt damit die Möglichkeit der Erwartungsenttäuschung auf der Ebene von (sozialen) Interaktionen.

Das Theorem der doppelten Kontingenz hat Luhmann aufgegriffen und ihm eine zentrale Bedeutung beigemessen. Diente das Theorem bei Parsons zunächst dazu, Interaktionsprozesse zu beschreiben, so hat es durch Luhmanns Weiterentwicklung eine Bedeutungsverschiebung erfahren. Für Luhmann liegt die Erklärungskraft der doppelten Kontingenz nunmehr in der Möglichkeit, verschiedene Emergenzebenen der Systembildung zu unterscheiden. Psychische und soziale Systeme können in einen Zustand doppelter Kontingenz treten, um damit Systembildung in Gang zu setzen (Luhmann 1994: 170). Der doppelten Kontingenz ist dabei ein selbstreferenzieller Systembezug eigen. Dieser Sichtweise schließen sich Ronneberger und Rühl an, wenn sie doppelte Kontingenz als „Grundlage für den Aufbau und für die Emergenz aller Kommunikationsordnungen" sehen (Ronneberger/Rühl 1992: 65). Die Überführung der doppelten Kontingenz von der Handlungstheorie in die Theorie autopoietischer Systeme soll eine Antwort auf die Frage nach der Möglichkeit sozialer Ordnung bzw. Kommunikationsordnung durch Systembildung geben. Das „Emergieren" von Systemen impliziert, Kommunikation würde sich selbst hervorbringen. An „Emergenz" zu glauben heißt allerdings auch, die Vorstellung von handlungsmächtigen Akteuren aufzugeben. Statt von Handlungen ist dann nur noch von „Operationen" die Rede. Dieser

Auffassung wird hier nicht gefolgt. Stattdessen wird das Zustandekommen von Kommunikationsprozessen nach wie vor auf konkrete Handlungen sozialer Akteure zurückgeführt.

Doppelte Kontingenz ist die logische Konsequenz der wechselseitigen Orientierung der Kommunikationsteilnehmer am jeweiligen Gegenüber. Die Unsicherheit auf beiden Seiten kann man sich als eine „unsichtbare Wand des Nicht-Wissens" vorstellen. Die dem Handeln oder auch Nicht-Handeln der Akteure zugrunde liegenden Motive und Intentionen sind für die Kommunikationsteilnehmer prinzipiell unzugänglich. Auf beiden Seiten besteht also Erwartungsunsicherheit (vgl. Abb. 2).

Abb. 2: Erwartungsunsicherheiten auf beiden Seiten

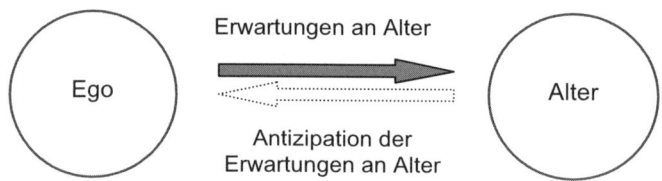

Kommunikationsbeziehungen herzustellen und aufrechtzuerhalten, indem die Erwartungen (oder die „Nicht-Erwartungen") des kommunikativen Gegenübers vorweggenommen und in der Ausgestaltung der Kommunikationsbeziehung berücksichtigt werden. Für das PR-Handeln stellt sich somit als zentrale Aufgabe, durch Antizipation der Erwartungen des Gegenübers Erwartungsunsicherheiten zu minimieren, um die eigene Steuerungsfähigkeit des Kommunikationsprozesses zu erhöhen. Darüber hinaus sollen Erwartungsinkonsistenzen vermieden werden.

Betrachtet man die Beziehung zwischen Organisationen und den Medien als einer der wichtigsten Bezugsgruppen von PR aus der hier enfalteten interaktionstheoretischen Perspektive, so ergibt sich daraus als eine zentrale Funktion der PR die Vorwegnahme der Erwartungen des Journalismus als wichtigstem Gegenpart von PR. Die damit verbundene Orientierung an der Medienlogik geschieht aus Eigeninteresse, um die öffentliche Wahrnehmung im Sinne der Organisation beeinflussen zu können.

Nun unterliegt das Verhältnis zwischen PR und Journalismus bestimmten strukturellen Rahmenbedingungen. Es handelt sich nicht um flüchtige Interaktionsbeziehungen, die jedes Mal aufs Neue austariert werden müssen. Sondern die Beziehungen zwischen Medien und PR-treibenden Organisationen sind in der Regel auf Dauer gestellte, routinisierte Beziehungen, bei denen beiden Seiten bestimmten Regeln folgen. Diese Regeln ergeben sich aus der Spezifik einer massenmedial verfassten Öffentlichkeit, die im Folgenden näher erläutert wird.

3 Öffentlichkeit als Strukturbedingung für PR-Handeln

Die Beziehungen zwischen Organisationen und Massenmedien sind in mehrfacher Hinsicht besondere Beziehungen. Sie sind erstens eingespielte, zu einem gewissen Grad regulierte Beziehungen und es tritt zweitens ein weiterer Kommunikationsteilnehmer hinzu, der allerdings keinen Akteursstatus im engeren Sinn besitzt: das Medienpublikum. Das Medienpublikum ist ein soziales Kollektiv, das aber nicht über autonome Handlungsfähigkeit verfügt (vgl. Jarren/Donges 2002: 63). Im Hinblick auf die Kommunikationsbeziehung zwischen PR-treibenden Organisationen und Medien nimmt es die Rolle des „Generalisierten Anderen" (Mead 1995) ein. Erst das Medienpublikum gibt der Beziehung zwischen PR-treibenden Organisationen und Massenmedien einen Sinn.

Das Verständnis von Kommunikation als symbolisch vermittelter Interaktion, wie es oben entfaltet wurde, bezieht sich auf dyadische Kommunikationssituationen. In der dyadischen Kommunikation geschieht die Ausrichtung am anderen im Rahmen direkter, nur schwach strukturierter Interaktion. Die Kommunikationsbeziehungen zwischen PR-treibenden Organisationen und Massenmedien sind jedoch durch bereits gefestigte Erwartungen vorstrukturiert und größtenteils routinisiert: Es handelt sich auf der Mikro-Ebene um Beziehungen zwischen individuellen Akteuren, PR-Leuten und Journalisten, die durch Selbst- und Fremdbilder der jeweiligen Berufsrollen geprägt sind. Auf der Meso-Ebene handelt es sich um Beziehungen zwischen korporativen Akteuren. Korporative Akteure sind formalisierte Zusammenschlüsse von individuellen Akteuren, die über bestimmte Handlungsressourcen verfügen und bestimmte Interessen verfolgen (vgl. etwa Scharpf 2000: 101; Jarren/Donges 2002: 64). Diese Kommunikationsbeziehungen finden in der Öffentlichkeit – und zwar maßgeblich in der massenmedial verfassten Öffentlichkeit – statt. Das macht die Probleme, die mit der Reduktion von Erwartungsunsicherheit verbunden sind, komplexer. Die Antizipation von Erwartungen ist unter den Bedingungen der massenmedialen Öffentlichkeit schwieriger und einfacher zugleich. In Anlehnung an das Öffentlichkeitsmodell von Gerhards und Neidhardt (1991) und eigenen öffentlichkeitstheoretischen Überlegungen (Raupp 2004) werden im Folgenden die Rahmenbedingungen für die Ausgestaltung der Kommunikationsbeziehungen zwischen PR-treibenden Organisationen und Medien aufgezeigt.

Öffentlichkeit hat sich – entsprechend der funktionalen Differenzierung moderner Gesellschaften – in mehrere Teilöffentlichkeiten ausdifferenziert. Analog der gesellschaftlichen Funktionssysteme können themenspezifische Öffentlichkeiten unterschieden werden, beispielsweise die politische Öffentlichkeit, die wissenschaftliche Öffentlichkeit, die Wirtschaftsöffentlichkeit oder die Kunstöffentlichkeit. Zusätzlich zu dieser themenbezogenen Unterscheidung lassen sich Formen von Öffentlichkeit auch nach Reichweite unterscheiden, nämlich nach Öffentlichkeitsebenen und -arenen. Gerhards und Neidhardt (1991) schlagen vor, je nach Anzahl der Kommunikationsteilnehmer und dem Grad der strukturellen Verankerung der Kommunikation, drei verschiedene Öffentlichkeitsebenen zu unterscheiden. Die elementare Ebene von Öffentlichkeit stellen so genannte Encounters dar. Damit sind einfache, schwach strukturierte Interaktionssysteme gemeint, alltägliche Begegnungen „au trottoir" (ebd.: 51). Veranstaltungen siedeln die Autoren auf der zweiten Öffentlichkeitsebene an. Als thematisch ausgerichtete Interaktionssysteme mit bereits unterscheidbaren Kommunikationsrollen spielte die Versammlungsöffentlichkeit historisch eine wichtige Rolle bei der Ausdifferenzierung von Öffentlichkeit. Massenmedienkommunikation ist schließlich die dritte und für moderne Gesellschaften folgenreichste Form von Öffentlichkeit, in der alle in der Informationsgesellschaft wichtigen und weniger wichtigen Themen verhandelt werden.

Die Arenen der öffentlichen Kommunikation sind analytische Kategorien; in der beobachtbaren Praxis überlappen sie einander. Es existieren vielfältige Mischformen, beispielsweise wenn eine Diskussion zwischen Politikern (bei der Encounter-Öffentlichkeit simuliert wird) vor anwesendem Publikum (Versammlungs-Öffentlichkeit) im Fernsehen (massenmediale Öffentlichkeit) übertragen wird. In solchen Fällen wirken sich die Strukturmerkmale der massenmedialen Öffentlichkeit als der übergeordneten Form von Öffentlichkeit auch auf die anderen Kommunikationssituationen aus.

Öffentlichkeit wird hier als ein in sich ausdifferenzierter Kommunikationsraum verstanden, der durch formale und sachliche Strukturen gekennzeichnet ist. Formale Strukturen werden durch Rechtsnormen ausgebildet, die sich auf Öffentlichkeit beziehen: Das sind zum einen die verfassungsrechtlichen Grundsätze zur Rede-, Meinungs- und Pressefreiheit, und zum anderen die medienpolitische Rechtssprechung im Hinblick auf u.a. Medienkonzentration, Werbefinanzierung, Auskunftsrechte und Publizitätspflichten. Sachlich bilden sich Strukturen durch die Funktionslogik der Öffentlichkeit aus. Diese Strukturen und die Funktionsweise der massenmedialen Öffentlichkeit geben den Rahmen für die Medialisierung von Politik ab, und sie wirken sich auf die Beziehungen zwischen PR und Journalismus aus.

Betrachtet man die Beziehungen zwischen PR-treibenden Organisationen und Medien als symbolisch vermittelte Interaktion, so ist zu fragen, wie sich die Strukturen und Funktionsweisen der massenmedialen Öffentlichkeit auf die Artikulations- und Antizipationsmöglichkeiten von Erwartungen auswirken. Folgende Strukturmerkmale der massenmedialen Öffentlichkeit beeinflussen die Beziehungen zwischen PR-treibenden Akteuren und Medien:

Auseinanderfallen von Mitteilungs- und Rezeptionshandlung: In der massenmedial vermittelten Kommunikation findet ein direktes Feed-back nur noch in Ausnahmefällen statt; ein ständiger Rollentausch zwischen Kommunikator und Rezipient ist so gut wie ausgeschlossen. Die Mitteilungs- und Rezeptionshandlungen (die beide erfolgen müssen, damit von Kommunikationsprozessen die Rede sein kann), sind zeitlich und räumlich auseinandergefallen. Das macht eine explizite Artikulation von Erwartungen des jeweiligen Kommunikationsteilnehmers höchst unwahrscheinlich. Stattdessen bilden sich bei korporativen Akteuren bestimmte Kommunikationsroutinen aus, mit deren Hilfe Erwartungsunsicherheiten reduziert werden. Das Publikum, das keinen Akteursstatus besitzt, kommt in der Regel nur indirekt zu Wort – etwa in Form von verkaufter Auflage oder Einschaltquoten.

Rollenvielfalt und Rollenpersistenz: Die Vielfalt an Kommunikationsrollen nimmt in der massenmedialen Öffentlichkeit zu. Neben der Kommunikator- oder Sprecherrolle und der Rezipientenrolle, die das Publikum einnimmt, hat sich eine professionalisierte Vermittlerrolle herausgebildet, die von Journalisten wahrgenommen wird. Vermittler nehmen unter bestimmten Bedingungen die Mitteilungen von Kommunikatoren – die so zu Primärkommunikatoren werden – zum Anlass, um sie im Rahmen von Anschlusskommunikation durch massenmediale Berichterstattung (Fremddarstellung) zu bearbeiten und weiterzuverbreiten. Journalisten agieren dabei auf der Grundlage von unterstellten Erwartungen des Medienpublikums. Durch die Ausbildung von Kommunikationsroutinen werden die Kommunikationsrollen der Sprecher und der Vermittler auf Dauer gestellt, wogegen sich das Publikum immer wieder neu konstituiert.

Pluralität korporativer Akteure: Die Arena der massenmedial vermittelten Kommunikation steht prinzipiell allen gesellschaftlichen Akteuren offen. Als Sprecher treten hauptsächlich korporative Akteure (Organisationen) auf, die miteinander um Deutungsmacht konkurrieren. Publizitätschancen bestehen nicht nur für etablierte Akteure wie etwa Regierungsorganisationen, sondern auch für neue zivilgesellschaftliche Akteure wie z.B. Protestgruppen. Die Publizitätschancen für korporative Akteure sind allerdings aufgrund der Regeln der Aufmerksamkeitsökonomie und aufgrund unterschiedlicher Ressourcen ungleich verteilt.

Regeln der Aufmerksamkeitsökonomie: Die gesellschaftlichen Akteure, die als Sprecher auftreten, unterliegen ebenso wie die Journalisten den Regeln der Aufmerksamkeitsökonomie (Franck 1998). Aufmerksamkeit ist ein knappes Gut, und die Chancen, Aufmerksamkeit zu erlangen, hängen davon ab, welche Ressourcen die Akteure, die in der Öffentlichkeit kommunizieren, einsetzen können. Die Konkurrenz um Aufmerksamkeit hat zur Professionalisierung der Sprecher geführt. Korporative Akteure wie politische Parteien, Verbände, Gewerkschaften usw., die möchten, dass ihre Stimme in der massenmedialen Öffentlichkeit gehört wird, sind darauf angewiesen, die Logik des Mediensystems vorwegzunehmen. Denn nur indem ein korporativer Akteur seine Mitteilungen so aufbereitet, dass sie von den Journalisten als professionellen Vermittlern weiterverarbeitet werden, hat er eine Chance, in der Arena der massenmedialen Öffentlichkeit Aufmerksamkeit zu erlangen. Das hat zur Ausbildung von PR als ausdifferenzierter Berufsrolle geführt. PR-treibende Organisationen setzen zum Teil erhebliche finanzielle und personelle Ressourcen ein, um unter den Bedingungen der Mediengesellschaft ihr Mitteilungshandeln zu steuern und zu kontrollieren. Die Teilnahmechancen an der massenmedialen Öffentlichkeit hängen also in hohem Maße davon ab, welche materiellen und personellen Ressourcen Akteure einsetzen können, um durch professionelle Öffentlichkeitsarbeit Aufmerksamkeit für ihre Anliegen zu wecken. Neben dem Einsatz materieller Ressourcen spielen in der Medienöffentlichkeit auch symbolische Ressourcen eine große Rolle

Bedeutung symbolischer Ressourcen: Neben materiellen und personellen Ressourcen gehört der Einsatz symbolischer Ressourcen zu den Strategien, die korporative Akteure anwenden, um Aufmerksamkeit in der massenmedialen Öffentlichkeit zu erregen (vgl. Peters 1996). Eine der wichtigsten symbolischen Ressourcen ist Prominenz. Dem gezielten Einsatz von Prominenz als symbolischer Ressource entspricht die Strategie der Personalisierung. Personalisierung, verstanden als Strategie, beruht auf der Vorwegnahme eines journalistischen Nachrichtenfaktors (vgl. auch Hoffmann/Raupp 2006). Prominenz ist eine Ressource, die selbstverstärkend wirkt: Je prominenter eine Person oder Sache, desto höher ist die Wahrscheinlichkeit, dass ihr in der Öffentlichkeit Aufmerksamkeit zuteil wird, wodurch der Grad an Prominenz steigt. Dieser Umstand verweist gleichzeitig auf die Schwierigkeiten für unbekannte Personen oder Sachverhalte, die erste Aufmerksamkeitsschwelle zu überwinden. Mit dem Grad an Prominenz steigt jedoch nicht nur die Chance, öffentlich wahrgenommen zu werden. Auch das Risiko, einen öffentlichen Reputationsverlust zu erleiden, nimmt zu (vgl. Eisenegger 2005).

Inszenierung von Ereignissen: Eine weitere Aufmerksamkeitsstrategie besteht in der Inszenierung von Ereignissen. Zahlreiche Beispiele für die Inszenierung von Politik finden sich im Wahlkampf. Inszenierungsstrategien wenden darüber hinaus vor allem Akteure an, die über keine politische Entscheidungsmacht verfügen, und denen der Weg des Lobbying als traditioneller Form der Einflussnahme verwehrt ist. Vor allem Neue Soziale Bewegungen und Protestakteure sind auf die Aufmerksamkeit der Massenmedien angewiesen, um ihre Themen in die Öffentlichkeit zu bringen (vgl. u.a. Schmitt-Beck 1990; Rucht 1994). Die Inszenierung von Events gehört längst zu den erfolgreichen Mitteln der Politikdarstellung (vgl. Imhof/Eisenegger 1999).

Eigendynamik von Thematisierungsprozessen: In der massenmedial verfassten Öffentlichkeit werden wichtige und weniger wichtige Themen verhandelt. Die einzelnen Mitteilungen der korporativen Akteure verdichten sich im Zuge der Verarbeitung und Verbreitung durch die Massenmedien zu Themen. Einzelne Mitteilungen können nur dann zu einem Thema werden, wenn sie von den Medien aufgegriffen werden. Dabei entstehen bestimmte Zyklen oder Themenkarrieren (vgl. Luhmann 1983: 18f.). Mit Hilfe von verschiedenen Methoden wie Issues Monitoring und Umfragen beobachten Organisationen öffentliche Thematisierungsprozesse und versuchen, diese durch aktive Themensetzung, aber auch durch gezielte De-Thematisierung zu beeinflussen. Den Einflussmöglichkeiten sind aber Grenzen gesetzt: Im Prozess der medialen Weiterverarbeitung unterliegen Themen vielfachen Modifikationen, z.B. Umdeutungen und neuen Rahmungen. Der Thematisierungsprozess entwickelt in der massenmedialen Arena eine Eigendynamik, die von einzelnen Akteuren nicht mehr unmittelbar gesteuert werden kann.

Aus der hier beschriebenen Mehrstufigkeit und Akteursvielfalt der massenmedialen Öffentlichkeit ergeben sich für die beteiligten PR-Akteure bestimmte Beziehungs- und Konfliktkonstellationen, von denen abhängt, inwieweit PR-vermittelte Medialisierungseffekte auftreten können. Im Folgenden werden über eine zweistufige Argumentation die Voraussetzungen aufgezeigt, die eine PR-induzierte Orientierung organisationalen Handelns an der Medienlogik wahrscheinlich machen.

4 Voraussetzungen für PR-induzierte Medialisierungseffekte

Die Beziehungen zwischen PR und Journalismus sind aufgrund der unterschiedlichen Funktionslogiken von Medienorganisationen und von PR-treibenden Organisationen strukturell konflikthaft. In einem ersten Schritt wird dargelegt, dass die potenziell konflikthaften Beziehungen durch institutionelle Arrangements, die der Reduktion von Erwartungsunsicherheit dienen, neutralisiert werden. Die Pluralität an konkurrierenden gesellschaftlichen Akteuren, die Medien dazu nutzen, ihre divergierenden Positionen öffentlich zu vertreten, führt zweitens zur neuerlichen Steigerung von Komplexität und damit zu neuem Konfliktpotenzial. Von diesen Beziehungs- und Konfliktkonstellationen hängt es ab, inwieweit PR-induzierte Medialisierungseffekte eintreten.

Die Beziehung zwischen PR-Akteuren und Journalisten ist eine professionalisierte Beziehung in dem Sinn, dass es sich hierbei um die Beziehung von Berufsrollenträgern handelt. Personale Akteure handeln nicht im eigenen Interesse, sondern stellvertretend für eine größere Organisation (vgl. Scharpf 2000: 111f.). Dabei unterliegen sie verschiedenen organisatorischen constraints. Das verweist auf die Notwendigkeit, sowohl die Mikro- als auch die Meso-Ebene, d.h. die Ebene der personalen wie der korporativen Akteure, in den Blick zu nehmen.

Zwischen den Berufsrollen PR und Journalismus bestehen strukturelle Konflikte, die sich aus den unterschiedlichen Handlungslogiken der jeweiligen Organisationen ergeben. Während Journalismus die Auswahl und Aufbereitung von Medieninhalten zum Ziel hat, ist die Funktion von PR an den jeweiligen Zweck der PR-treibenden Organisation gebunden; es handelt sich um eine (nachgeordnete) Organisationsfunktion (Röttger 2000). PR unterliegt – bei aller Medienorientierung – prinzipiell der Handlungsrationalität der jeweiligen Organisation und erst in zweiter Linie der Handlungsrationalität des Mediensystems.

Dennoch haben PR-treibende Organisationen und Medienorganisationen ein gemeinsames Ziel: nämlich Publizität. PR und Journalismus sind – auf jeweils unterschiedliche Weise: indirekt und direkt – auf einen „Generalisierten Anderen" (Mead 1995) ausgerichtet, nämlich auf das Medienpublikum, dessen Aufmerksamkeit gewonnen werden soll. Um dieses Ziel zu erreichen und die strukturellen Konflikte zu neutralisieren bzw. die mit der Konfliktaustragung verbundenen Transaktionskosten gering zu halten, ist es aus Sicht der professionellen Akteure rational, Ressourcen so aufeinander abzustimmen, dass möglichst hohe Synergieeffekte erzielt werden. Auf der Mikroebene der personalen Akteure werden deshalb im Rahmen von Produktionsgemeinschaften (Jarren/Röttger 1999) institutionelle Arrangements geschaffen (z.B. bei Pressekonferenzen, Hintergrundgesprächen etc.), die allen Beteiligten einen möglichst hohen Ertrag bei möglichst geringem Ressourceneinsatz versprechen (vgl. Abb. 3). Institutionelle Arrangements schaffen so die Voraussetzung für eine gelingende Interaktion, die einen generalisierten Tausch, nämlich die Bereitstellung von Informationen gegen Publizität, zum Ziel hat (vgl. Sarcinelli 1992: 46).

Abb: 3: Beziehungen zwischen Organisationen und Medien

Nun sind in der massenmedialen Öffentlichkeit jedoch nicht nur Medienpublika die Adressaten der öffentlichen Überzeugungskommunikation, sondern auch andere gesellschaftliche Akteure. Konkurrierende gesellschaftliche Akteure versuchen ihrerseits, durch Thematisierungs- und Deutungsleistungen relevante Medienpublika zu erreichen und ihre jeweiligen Problemdefinitionen gegenüber anderen gesellschaftlichen Akteuren durchzusetzen. Korporative Akteure werten die Medienberichterstattung nicht nur aus um herauszufinden, wie über sie berichtet wird, sondern auch, um die Konkurrenz zu beobachten. Auf die Berichterstattung über konkurrierende Akteure reagieren sie wiederum mit entsprechenden Problem(um)deutungen. Insofern bieten die Massenmedien einen Resonanzraum für verschiedene Positionen in der öffentlichen Diskussion und fungieren als Austragungsort für Konflikte.

Durch die Selektion der Themen, durch Framing und Priming nehmen die Medien aber auch eine eigenständige Rolle bei der Herstellung von Publizität ein; sie sind keine neutralen Vermittler, sondern interessengeleitete politische Akteure (Patterson 1997). Kontroversen und Konflikte sind dabei zentrale journalistische Selektionskriterien (vgl. für viele Hug 1997: 28). Durch die Orientierung an Kontroversen und Konflikten, die aus der Konkurrenz um Aufmerksamkeit hervorgeht, können Antagonismen zwischen verschiedenen Akteuren medial überhöht werden, während gleichzeitig konsensorientierte Aushandlungsprozesse hinter verschlossenen Türen stattfinden. Doch unabhängig davon, ob die Darstellung von Konflikten in den Medien inszenierte Auseinandersetzungen sind oder tatsächliche Gegensätze zum Ausdruck bringen: Im Ergebnis führt die mediale Konfliktdarstellung zu einer vermehrten Publizität divergierender Standpunkte und damit zu vermehrtem Diskussionspotenzial in der Arena der massenmedialen Öffentlichkeit.

Unter den Bedingungen einer pluralistischen Gesellschaft und einer Konkurrenzdemokratie erhöht das die Erwartungsunsicherheit der einzelnen Akteure und gleichzeitig den Druck zur strategischen Koalitionsbildung – in der Arkanpolitik, aber u.U.

auch in der öffentlichen Darstellung. Die Beziehungskomplexität hat sich erhöht: An die Stelle der triadischen Kommunikationsbeziehung zwischen PR, Journalismus und Medienpublikum sind plurale Kommunikationsbeziehungen getreten, wobei miteinander konkurrierende Akteure einem ebenfalls auf dem Konkurrenzprinzip basierenden Mediensystem und fragmentierten Medienpublika gegenüberstehen.

Das hier beschriebene Konkurrenzmodell um Deutungsmacht und Aufmerksamkeit hat eine Entsprechung in der ökonomischen Konkurrenz: „Ökonomisch betrachtet, wird man die Beziehung von PR und Journalismus (...) als Business-to-business-relation zu begreifen haben. Deren ‚Erfolg' wird letztlich von dritter Seite mitdeterminiert – vom Publikum, aber auch von Anzeigenkunden (...)" (Ruß-Mohl 2004: 58). Dabei konfligiert die Ökonomisierung des Mediensystems und die damit einhergehende Orientierung am Werbemarkt mit der Orientierung auf gesellschaftliche Akteure und deren Vermittlungsbedarf (vgl. Jarren 1988: 16).

Die konkurrenten und kooperativen Beziehungskonstellationen zwischen einerseits PR und Journalismus und andererseits zwischen den konkurrierenden Akteuren untereinander und zu den Medien sind Voraussetzungen dafür, dass PR-vermittelte Medialisierungseffekte auftreten. Die Tatsache, dass Themen in den Massenmedien konflikthaft aufbereitet werden, zwingt Organisationen zum ‚going public' und erhöht gleichzeitig die Anforderungen an das Kommunikationsmanagement. In dieser Konfliktkonstellation fällt PR die Funktion zu, durch Antizipation der Erwartungen der unterschiedlichen Gegenüber, d.h. der Strategien und der Interessen von konkurrierenden Akteuren und der Selektionslogik der Massenmedien, die eigenen Chancen auf die Durchsetzung bestimmter Deutungsmuster in der massenmedial vermittelten Kommunikation zu erhöhen.

5 Formen und Folgen PR-induzierter Medialisierung

Das hier entfaltete theoretische Verständnis von PR setzt bei dem Konzept der Medialisierung an. Im Unterschied zu makro- und systemtheoretischen Ansätzen wird dabei eine organisations- und akteursbezogene Perspektive eingenommen. Im Zentrum der Betrachtungen stehen die Wechselbeziehungen zwischen PR-treibenden Organisationen und Medien. Die Kommunikationstheorie des Symbolischen Interaktionismus verbunden mit öffentlichkeitstheoretischen Überlegungen ermöglicht es, eine empirisch anschlussfähige Heuristik für die Untersuchung von PR-Prozessen zu entwickeln. Auf diese Weise kann die PR-induzierte Orientierung organisationalen Handelns an der Medienlogik beschrieben und analysiert werden.

PR wird als Funktion von Organisationen begriffen, die in der massenmedialen Öffentlichkeit als Kommunikatoren auftreten. Zur Kommunikatoren-Rolle gehört aus Sicht des Symbolischen Interaktionismus zwangsläufig auch das Rezipieren von Information, soll ein Kommunikationsprozess in Gang gebracht und aufrecht erhalten werden. Was für die interpersonale Kommunikation selbstverständlich scheint, ist für die interorganisationale, und erst recht für massenmedial vermittelte Kommunikation, hingegen höchst voraussetzungsvoll. Der Blick auf PR-Akteure in ihrer Funktion als Kommunikatoren und gleichzeitig als Rezipienten zu richten, ermöglicht es, strategische Kommunikationsprozesse sowie die Grenzen der Steuerung davon zu beschreiben. Die organisationsbezogene Funktion von PR besteht in der Antizipation von Erwartungen, die an die PR-treibende Organisation gerichtet werden: PR muss rezipieren, um kommunizieren zu können, und je besser ihr dies gelingt, desto größer ist die Wahrscheinlichkeit, Aufmerksamkeit für die eigenen Themen zu erlangen und die eigenen Problemdeutungen gegenüber konkurrierenden Akteuren durchzusetzen. Das schließt auch die Möglichkeit der De-Thematisierung mit ein. Die medienorientierte Darstellung von Organisationen wird durch eine PR befördert, welche zum einen die Medienlogik antizipiert. Zum anderen geht es unter den Bedingungen der Pluralität von Kommunikationsbeziehungen in der Arena der Massenmedien für korporative Akteure auch um die Antizipation der Erwartungen konkurrierender Akteure, und zwar vor dem Hintergrund der Tatsache, dass sich diese ebenfalls an der Medienlogik orientieren. PR-induzierte Medialisierungseffekte treten dann ein, wenn die antizipierte Rezeption der PR-Aktivitäten Rückwirkungen auf die PR-treibende Organisation hat. Von Medialisierung durch PR kann gesprochen werden, wenn das Handeln der Organisation bereits in Vorwegnahme der Funktionslogik massenmedialer Kommunikation geschieht.

Nun wurde in diesem Beitrag bislang nicht zwischen verschiedenen Typen PR-treibender Organisationen – Unternehmen, Parteien, öffentlichen Einrichtungen – unterschieden. Inwieweit ist der hier gemachte Vorschlag, Medialisierung als Parameter für eine PR-Theorie zu sehen, plausibel für verschiedene Arten von Organisationen? Bezogen auf die Anforderungen an eine allgemeingültige PR-Theorie lautet die Annahme: Je höher der Stellenwert, welcher der PR in Organisationen zugewiesen wird, und je höher der Professionalisierungsgrad von PR, desto größer ist die Wahrscheinlichkeit, dass sich organisationale Routinen und Strukturen im Hinblick auf ihre Medienwirksamkeit ändern.

Dies ist vor allem in kompetetiven Kommunikationssituationen der Fall. Das klassische Beispiel für eine hochgradig kompetitive Kommunikationssituation ist die Wahlkampfkommunikation. In der Wahlabstimmung erreicht der politische Wettbewerb um Machtgewinn und Machterhalt einen regelmäßig wiederkehrenden Höhepunkt. In Wahlkampfzeiten erlebt die externe Kommunikation von politischen Parteien einen vorübergehenden Professionalisierungsschub. Der parteiinterne Sachverstand wird um externe, der Parteispitze zuarbeitende Expertenteams aus Meinungsforschern, Medienberatern und Werbespezialisten verstärkt (vgl. für viele Holtz-Bacha 2002). Im Wahlkampf gelangen die systematischen Verfahren, die zur Antizipation von Erwartungen zur Verfügung stehen, am häufigsten zum Einsatz; zur üblichen Medienbeobachtung kommen die intensive Medienauswertung und die strategische „Feindbeobachtung" hinzu (vgl. für aktuelle Praxisbeispiele etwa Althaus/Cecere 2003).

Im Unterschied dazu ist im Fall von Routinekommunikation von Regierungsorganisationen, Unternehmen oder Kultureinrichtungen der Prozess der Medialisierung im Sinne einer Vorwegnahme massenmedialer Handlungslogiken durch die Organisationen vergleichsweise wenig vorangeschritten. Sind keine Konkurrenten, Skandale oder Krisen auszumachen, genügt es den Organisationen, ihrer eigenen Organisationslogik zu folgen und die Medien über ihre Produkte, Neuerungen und Ergebnisse zu informieren. Deshalb wird beispielsweise die Regierungskommunikation in der Bundesrepublik als überwiegend politikzentriert und nicht als medienzentriert beschrieben (vgl. Pfetsch 1999). Erst in Situationen, in denen Organisationen unter Druck stehen, sich gegen Angriffe anderer Organisationen in der Öffentlichkeit wehren müssen oder eigene Interessen mittels Medien verfolgen wollen, treten PR-induzierte Medialisierungseffekte im beschriebenen Sinn ein. Solche Situationen können bei Unternehmen von Fall zu Fall eintreten, bei politischen Organisationen sind sie der Regelfall.

Wenn solche Effekte eintreten, d.h. wenn Organisationen ihr Handeln auf die Medienlogik abstellen, droht dann den Organisationen ein Verlust ihrer Identität? Ein paar Gedanken zu den Folgen PR-induzierter Medialisierungseffekte sollen diesen Beitrag abschließen. Zu den Voraussetzungen für die hier beschriebene Medialisierung von Organisationen gehören ein konkurrierendes, pluralistisches Mediensystem ebenso wie politische, ökonomische und kulturelle Wettbewerbs- und Konfliktsituationen. Diese Faktoren ermöglichen PR-induzierte Medialisierungseffekte; gleichzeitig begrenzen sie sie. Jede Organisation würde sich ihrer eigenen Existenz berauben, wenn sie Medien- statt Organisationsziele verfolgte. Solange das Verhältnis zwischen PR und Medien von der Spannung unterschiedlicher Handlungslogiken lebt, sind Medialisierungseffekte auf Organisationen nicht pauschal als dysfunktional zu bewerten. Sie sind vielmehr einer offenen Gesellschaft angemessen. Allerdings bedarf dieses immer wieder neu auszutarierende Spannungsverhältnis eines rechtlichen Rahmens, der das Funktionieren eines medialen, politischen und ökonomischen Wettbewerbs sicherstellt.

Literatur

Altheide, David L. / Robert P. Snow (1988): Toward a Theory of Mediation. In: Anderson, James A. (Hg.) Communication Yearbook 11, Newbury Park u.a.: Sage: 194-225

Althaus, Marco / Vito Cecere (Hg.) (2003): Kampagne! 2: Neue Strategien für Wahlkampf, PR und Lobbying. Münster u.a.

Baerns, Barbara (1985): Öffentlichkeitsarbeit oder Journalismus? Zum Einfluss im Mediensystem. Köln (überarb. Fassung, erste Fassung 1981)

Bretscher, Georges (1974): Das Erwartungskonzept in der Kommunikationsforschung. Phil. Diss. Universität Zürich

Bentele, Günter / Tobias Liebert / Stefan Seeling (1997): Von der Determination zur Intereffikation. Ein integriertes Modell zum Verhältnis von Public Relations und Journalismus. In: Günter Bentele / Michael Haller (Hg.): Aktuelle Entstehung von Öffentlichkeit. Akteure – Strukturen – Veränderungen. Konstanz: 225-250

Choi, Yong-Joo (1995): Interpenetration von Politik und Massenmedien. Eine theoretische Arbeit zur politischen Kommunikation. Münster, Hamburg

Dahinden, Urs (2004): Steht die Wissenschaft unter Mediatisierungsdruck? Eine Positionsbestimmung zwischen Glashaus und Marktplatz. In: Kurt Imhof / Roger Blum / Heinz Bonfadelli / Otfried Jarren (Hg.): Mediengesellschaft. Strukturen, Merkmale, Entwicklungsdynamiken, Wiesbaden: 159-175

Donges, Patrick (2008): Medialisierung politischer Organisationen. Parteien in der Mediengesellschaft. Wiesbaden

Donges, Patrick (2005): Medialisierung der Politik – Vorschlag einer Differenzierung. In: Patrick Rössler / Friedrich Krotz (Hg.): Mythen der Mediengesellschaft. The Media Society and its Myths. Konstanz: 321-339

Edelman, Murray (1976): Politik als Ritual. Die symbolische Funktion staatlicher Institutionen und politischen Handelns. Frankfurt, New York

Eisenegger, Mark (2005): Reputation in der Mediengesellschaft. Konstitution – Issues Monitoring – Issues Management. Wiesbaden

Eisenegger, Mark (2004): Reputationskostitution in der Mediengesellschaft. In: Kurt Imhof / Roger Blum / Heinz Bonfadelli / Otfried Jarren (Hg.): Mediengesellschaft. Strukturen, Merkmale, Entwicklungsdynamiken, Wiesbaden: 262-291

Franck, Georg (1998): Ökonomie der Aufmerksamkeit: ein Entwurf. München u.a.

Gerhards, Jürgen / Friedhelm Neidhardt (1991): Strukturen und Funktionen moderner Öffentlichkeit: Fragestellungen und Ansätze. In: Stefan Müller-Doohm / Klaus Neumann-Braun (Hg.): Öffentlichkeit, Kultur, Massenkommunikation. Beiträge zur Medien- und Kommunikationssoziologie. Oldenburg: 31-89

Grunig, Larissa / James E. Grunig / William P. Ehling (1992): What is an effctive organization? In: James E. Grunig / David M. Dozier (Hg.): Excellence in Public Relations. Hillsdale, New Jersey u.a.: Lawrence Erlbaum Ass.: 65-89

Hoffjann, Olaf (2001): Journalismus und Public Relations. Ein Theorieentwurf der Intersystembeziehungen in sozialen Konflikten. Wiesbaden

Hoffmann, Jochen (2003): Inszenierung und Interpenetration. Das Zusammenspiel von Eliten aus Politik und Journalismus. Wiesbaden

Hoffmann, Jochen / Juliana Raupp (2006): Politische Personalisierung. Disziplinäre Zugänge und theoretische Folgerungen. In: Publizistik 51. Jg. / Heft 4: 456-478

Hug, Detlef Matthias (1997): Konflikte und Öffentlichkeit: zur Rolle des Journalismus in sozialen Konflikten. Opladen

Holtz-Bacha, Christina (2002): Massenmedien und Wahlen: Die Professionalisierung der Kampagnen. In: Aus Politik und Zeitgeschichte, B 15-16: 23-28

Imhof, Kurt (2006): Mediengesellschaft und Medialisierung. In: Medien & Kommunikationswissenschaft, 54. Jg. / Heft 2: 191-215

Imhof, Kurt / Mark Eisenegger (1999): Politische Öffentlichkeit als Inszenierung: Resonanz von „Events" in den Medien. In: Peter Szyszka (Hg.): Öffentlichkeit. Diskurs zu einem Schlüsselbegriff der Organisationskommunikation, Opladen: 195-218

Jarren, Otfried (1988): Politik und Medien im Wandel: Autonomie, Interdependenz oder Symbiose? In: Publizistik 33. Jg. / Heft 4: 619-632

Jarren, Otfried / Thorsten Grothe / Christoph Rybarczyk (1994[2]): Medien und Politik – eine Problemskizze. In: Wolfgang Donsbach et al. (Hg.): Beziehungsspiele – Medien und Politik in der öffentlichen Diskussion. Fallstudien und Analysen. Gütersloh: 9-44

Jarren, Otfried / Patrick Donges / Hartmut Weßler (1996): Medien und politischer Prozess. Eine Einleitung. In: Otfried Jarren / Heribert Schatz / Hartmut Weßler (Hg.): Medien und politischer Prozess. Politische Öffentlichkeit und massenmediale Politikvermittlung im Wandel. Opladen: 9-37

Jarren, Otfried / Ulrike Röttger (1999): Politiker, politische Öffentlichkeitsarbeiter und Journalisten als Handlungssystem. In: Lothar Rolke / Volker Wolff (Hg.): Wie die Medien die Wirklichkeit steuern und selber gesteuert werden. Opladen, Wiesbaden: 199-221

Jarren, Otfried / Patrick Donges (2002): Politische Kommunikation in der Mediengesellschaft. Eine Einführung. Bd. 1: Verständnis, Rahmen und Strukturen. Wiesbaden

Kaase, Max (1986): Massenkommunikation und politischer Prozess. In: Wolfgang Langenbucher (Hg.): Politische Kommunikation. Grundlagen, Strukturen, Prozesse. Wien: 156-171

Kepplinger, Hans-Mathias (1992): Ereignismanagement: Wirklichkeit und Massenmedien. Zürich, Osnabrück

Kepplinger, Hans Mathias (2002): Mediatization of Politics: Theory and Data. In: Journal of Communication, 52. Jg. / Heft 4: 972-986

Krotz, Friedrich (2002): Die Mediatisierung von Alltag und sozialen Beziehungen und die Formen sozialer Integration. In: Kurt Imhof / Otfried Jarren / Roger Blum (Hg.): Integration und Medien. Wiesbaden: 168-183

Löffelholz, Martin (1997): Dimensionen struktureller Kopplung von Öffentlichkeitsarbeit und Journalismus. Überlegungen zur Theorie selbstreferentieller Systeme und Ergebnisse einer repräsentativen Studie. In: Günter Bentele, Michael Haller (Hg.): Aktuelle Entstehung von Öffentlichkeit. Akteure, Strukturen, Veränderungen. Konstanz: 187-208

Luhmann, Niklas (1978^3): Legitimation durch Verfahren. Darmstadt, Neuwied

Luhmann, Niklas (1983): Öffentliche Meinung. In: ders. (Hg.): Politische Planung. Opladen: 9-33

Luhmann, Niklas (1994): Soziale Systeme: Grundriss einer allgemeinen Theorie. Frankfurt/Main (Org. 1984)

Marcinkowski, Frank (2005): Die »Medialisierbarkeit« politischer Institutionen. In: Patrick Rössler / Friedrich Krotz (Hg.): Mythen der Mediengesellschaft. The Media Society and its Myths. Konstanz: 341-370

Mazzoleni, Gianfranco / Winfried Schulz (1999): "Mediatization" of Politics: A Challenge for Democracy? In: Political Communication, 16. Jg. / Heft 3: 247-261

Mead, George Herbert (1995): Geist, Identität und Gesellschaft. Frankfurt/Main: Suhrkamp (Org. 1934)

Meyer, Thomas (2001):Mediokratie. Die Kolonisierung der Politik durch die Medien. Frankfurt/Main

Oberreuter, Heinrich (1987): Stimmungsdemokratie. Strömungen im politischen Bewusstsein. Zürich, Osnabrück

Parsons, Talcott / Edward A. Shils (1959): Some fundamental categories of the theory of social action. In: dies. (Hg.): Toward a general theory of action. Cambridge, Mass.: 3-39

Patterson, Thomas (1997): The News Media: An Effective Political Actor? In: Political Communication, 14. Jg. / Heft 4: 445-456

Peters, Birgit (1996): Prominenz: eine soziologische Analyse ihrer Entstehung und Wirkung. Opladen

Peters, Hans Peter et al. (2008): Medialisierung der Wissenschaft als Voraussetzung ihrer Legitimierung und politischen Relevanz. In: Renate Mayntz et al. (Hg.): Wissensproduktion und Wissenstransfer – Wissen im Spannungsfeld von Wissenschaft, Politik und Öffentlichkeit. Bielefeld: transcript Verlag (i.E.)

Pfetsch, Barbara (1999): Government News Management. Strategic Communication in Comparative Perspective. Discussion Paper FS III 99-101. Berlin: Wissenschaftszentrum Berlin (WZB)

Raupp, Juliana (2004): The Public Sphere as a Central Concept of PR. In: Betteke van Ruler / Dejan Vercic (Hg.): Public Relations and Communication Management in Europe. A Nation-by-Nation Introduction to Public Relations Theory and Practice. Berlin, New York: Mouton de Gruyter: 309-316

Röttger, Ulrike (2000): Public Relations – Organisation und Profession. Öffentlichkeitsarbeit als Organisationsfunktion. Eine Berufsfeldstudie. Wiesbaden

Rolke, Lothar (1999): Journalisten und PR-Manager – eine antagonistische Partnerschaft mit offener Zukunft. In: Lothar Rolke / Volker Wolff (Hg.): Wie die Medien die Wirklichkeit steuern und selbst gesteuert werden. Opladen, Wiesbaden: 223-247

Ronneberger, Franz (1977): Legitimation durch Information. Ein kommunikationstheoretischer Ansatz zur Theorie der Public Relations. Düsseldorf, Wien

Ronneberger, Franz / Manfred Rühl (1992): Theorie der Public Relations: Ein Entwurf. Opladen

Rucht, Dieter (1994): Öffentlichkeit als Mobilisierungsfaktor für soziale Bewegungen. In: Friedhelm Neidhardt (Hg.): Öffentlichkeit, öffentliche Meinung, soziale Bewegungen (=Sonderheft der Kölner Zeitschrift für Soziologie und Sozialpsychologie 34), Opladen: 337-358

Ruß-Mohl, Stefan (2004): PR und Journalismus in der Aufmerksamkeits-Ökonomie. In: Juliana Raupp / Joachim Klewes (Hg.): Quo vadis Public Relations? Wiesbaden: 52-65

Sarcinelli, Ulrich (1987): Symbolische Politik. Zur Bedeutung symbolischen Handelns in der Wahlkampfkommunikation der Bundesrepublik Deutschland. Opladen:

Sarcinelli, Ulrich (1992): Massenmedien und Politikvermittlung – eine Problem- und Forschungsskizze. In: Gerhard W. Wittkämper (Hg.): Medien und Politik. Darmstadt: 37-62

Sarcinelli, Ulrich (1998): Mediatisierung (Lexikon-Beitrag). In: Otfried Jarren / Ulrich Sarcinelli / Ulrich Saxer (Hg.): Politische Kommunikation in der demokratischen Gesellschaft. Ein Handbuch. Opladen, Wiesbaden: 645-646

Sarcinelli, Ulrich (2006): Zur Entzauberung von Medialisierungseffekten. Befunde zur Interdependenz von Politik und Medien im intermediären System. In: Kurt Imhof / Roger Blum / Heinz Bonfadelli / Otfried Jarren (Hg.): Demokratie in der Mediengesellschaft. Wiesbaden: 117-123

Sarcinelli, Ulrich / Heribert Schatz (2002): Von der Parteien- zur Mediendemokratie. Eine These auf dem Prüfstand. In: dies. (Hg.): Mediendemokratie im Medienland. Opladen: 9-32

Saxer, Ulrich (1998): System, Systemwandel und politische Kommunikation. In: Otfried Jarren/ Ulrich Sarcinelli / Ulrich Saxer (Hg.): Politische Kommunikation in der demokratischen Gesellschaft. Ein Handbuch. Opladen, Wiesbaden: 21-64

Scharpf, Fritz W. (2000): Interaktionsformen: akteurzentrierter Institutionalismus in der Politikforschung. Opladen

Schicha, Christian / Carsten Brosda (2002): Interaktion von Politik, Public Relations und Journalismus. In: Heribert Schatz / Patrick Rössler / Jörg-Uwe Nieland (Hg.): Politische Akteure in der Mediendemokratie. Politiker in den Fesseln der Medien? Wiesbaden: 41-64

Schmitt-Beck, Rüdiger (1990): Über die Bedeutung der Massenmedien für soziale Bewegungen. In: Kölner Zeitschrift für Soziologie und Sozialpsychologie. 42. Jg.: 642-662

Schulz, Winfried (2006): Medialisierung von Wahlkämpfen und die Folgen für das Wählerverhalten. In: Kurt Imhof / Roger Blum / Heinz Bonfadelli / Otfried Jarren (Hg.): Demokratie in der Mediengesellschaft. Wiesbaden: 41-57

Schwier, Jürgen, Thorsten Schauerte (2006): Ökonomische Aspekte des Medienfußballs. In: Eggo Müller / Jürgen Schwier (Hg.): Medienfußball im europäischen Vergleich. Köln: 13–28

Stiehler, Hans-Jörg (2003): Riskante Spiele. Unterhaltung und Unterhaltungserleben im Mediensport. In: Werner Früh / Hans-Jörg Stiehler (Hg.): Theorie der Unterhaltung. Ein interdisziplinärer Diskurs. Köln: 160–181

Tobler, Stefan (2004): Aufstieg und Fall der New Economy. Zur Medialisierung der Börsenarena. In: Kurt Imhof / Roger Blum / Heinz Bonfadelli / Otfried Jarren (Hg.): Mediengesellschaft. Strukturen, Merkmale, Entwicklungsdynamiken. Wiesbaden: 231-261

Vowe, Gerhard (2006): Medialisierung der Politik? Ein theoretischer Ansatz auf dem Prüfstand. In: Publizistik, 51. Jg. / Heft 4: 437-455

Weingart, Peter (2001): Die Stunde der Wahrheit? Zum Verhältnis der Wissenschaft zu Politik, Wirtschaft und Medien in der Wissensgesellschaft. Weilerswist

Westerbarkey, Joachim (1995): Journalismus und Öffentlichkeit. Aspekte publizistischer Interdependenz und Interpenetration. In: Publizistik 40. Jg. / Heft 2: 152-162

Öffentlichkeitsarbeit und Erkenntnisinteressen der Publizistik- und Kommunikationswissenschaft

Barbara Baerns

Kepplingers Dateninterpretation zur Untersuchung ‚Am Pranger: Der Fall Späth und der Fall Stolpe' mündet, unter Berufung auf Goffman, in der Metapher von ‚zwei Bühnen', auf denen Politiker und Journalisten unterschiedlich interagieren, weil jeweils andere Regeln gelten: „Nach außen, auf der Vorderbühne, gelten für Journalisten, Politiker und Dritte die normativen Erwartungen der reinen Lehre. Sie werden in den Schulen vermittelt, sie leiten die Selbstdarstellung der Beteiligten, und sie werden bei öffentlichen Anlässen beschworen. Der Glaube an die Richtigkeit dieser Regeln und an die Regeltreue der Akteure ist eine Legitimationsgrundlage des Staates und seiner Institutionen. Nach innen, auf der Hinterbühne, gelten andere Regeln. Unter Journalisten, unter Politikern und unter Dritten [...] bestehen engere persönliche Beziehungen, als nach außen sichtbar wird, und es finden mehr und intensivere Absprachen statt, als die Öffentlichkeit weiß. [...] Auch auf der Hinterbühne gelten Regeln, allerdings sind sie nicht kommunizierbar, weil die Kommunikation über die Regeln der Hinterbühne die Abweichungen zu den Regeln der Vorderbühne offenlegen und damit die Hinterbühne zur Vorderbühne machen würde. Die Akteure bewegen sich deshalb auf der Hinterbühne in einer Grauzone, deren tatsächliche Grenzen sie nur ungefähr abschätzen können" (Kepplinger 1993: 214).

Hoffmann weist der Metapher von den zwei Bühnen sogar paradigmatischen Wert bei der Untersuchung der Vermutung zu, dass das spezifische Beziehungsgeflecht von Politikern und Journalisten im Ausdruck zwar antagonistischen, aber im Handeln kooperativen Charakter habe (Hoffmann 1999: 175). Operationalisierungsprobleme werden eingeräumt (ebd.: 173).

Das Lehrbuch ‚Politische Kommunikation in der Mediengesellschaft' modelliert die Beziehungen zwischen Politik, PR-Sprechern und Journalisten als auf Dauer gestellte, labile Produktionsgemeinschaft um der gegenseitigen Vorteilsgewinnung willen und so als ein eigenständiges Handlungssystem. Es erinnert an Goffmans Bühnenmetapher, und es hält anschließend fest: „Nur die empirische Analyse der Produktionsgemeinschaften aus Politik, Journalismus und Öffentlichkeitsarbeit kann zeigen, wie es um diese Handlungssysteme bestellt ist und welche Einfluss- oder Machtverhältnisse existieren. Erst dann sind Aussagen über den geringen oder nicht geringen Einfluss der Medien bzw. der politischen PR plausibel möglich" (Jarren/Donges 2006: 326f.; sinngemäß schon Jarren/Röttger 1999: 219).

Als Grundlage und Voraussetzung von Interpretation und Bewertung geht es also (nach wie vor) um die Notation und Interpunktion nicht augenfällig dargebotener, sondern *latenter* Beziehungen von – hier politischer – Öffentlichkeitsarbeit und Journalismus: Als Text festhalten, das heißt, ans Licht holen oder offenlegen, und den richtigen Rhythmus erkennen, also angemessen gliedern. Das ist aus meiner Sicht das Kernproblem. Und das zentrale *publizistik-* und kommunikationswissenschaftliche Erkenntnisinteresse.

An meinen Beiträgen (1) Öffentlichkeitsarbeit oder Journalismus? Zum Einfluss im Mediensystem (1985 und 1991), (2) Macht der Öffentlichkeitsarbeit und Macht der Medien (1987) und (3) Vielfalt und Vervielfältigung. Befunde aus der Region – eine Herausforderung für die Praxis (1983), die ein und denselben Datensatz bearbeiten, und der Kritik daran, versuche ich zu skizzieren, welche Lösungen mit welchen Folgen welche Einsichten versperren oder versprechen.[1]

1 Problemlagen und Problemlösungen

Auf der Suche nach Regelmäßigkeiten und Besonderheiten der Informationsverarbeitung durch das Mediensystem treffen wir in der Publizistik- und Kommunikationswissenschaft auch heute auf verschiedene Forschungsansätze. Die einen litten und leiden an der medienzentrierten Betrachtungsweise (Stichworte: Nachrichtenfaktoren und Nachrichtenwerte). Die anderen lösten und lösen Grundfragen des referenziellen Bezugs, der Beziehung zwischen Ereignis und Darstellung (Stichworte: Intra- und Extra-Media-Daten, ‚Realität' und Medienrealität) unzureichend und unbefriedigend. Die erkenntnistheoretisch fortschrittlichsten Ansätze halten schon die Annahme referenzieller Bezüge für unbegründbar und unzulässig simpel (Stichwort: Konstruktivismus), und sie schließen sie aus. Folge: Eine praktisch durchaus nicht irrelevante Frage ist als Forschungsproblem wieder vom Tisch.

Vor diesem Hintergrund hatte ich vorgeschlagen, die erkenntnistheoretisch formulierte Frage handlungstheoretisch ‚zu umschiffen', indem zunächst in größerem Umfang ermittelt wird, wie Informationen in Agenturdienste, Hörfunksendungen, Fernsehsendungen, Tageszeitungen gelangen und so zu Nachrichten werden. Daran anschließend war demnach zu untersuchen, auf welche Art und Weise die Informationen in den

---

[1] Der Text basiert auf einem Vortrag im Rahmen der Ringvorlesung 'Welche Theorien für welche PR?' im Wintersemester 2002/2003 am IPMZ - Institut für Publizistikwissenschaft und Medienforschung der Universität Zürich.

Medien präsent sind. Das heißt, der Analysevorschlag folgte der chronologischen Ordnung der zu analysierenden Vorgänge. Informationssuche und -beschaffung geht der Informationsbearbeitung (jedenfalls auf den ersten Blick) voraus: also erstens Thematisierung und zweitens Transformation.

Aus der Alltagserfahrung praktischen Handelns heraus hatte ich gleichzeitig angeregt, nicht nur das Tätigkeitsfeld Medienjournalismus, sondern auch das interagierende Tätigkeitsfeld Öffentlichkeitsarbeit zu berücksichtigen und zu beobachten, obgleich Public Relations – wie der PR-Fachmann Kocks ebenfalls aus der Praxis heraus anmerkt – „eine tendenziell latente Tätigkeit (ist), die ihre gesellschaftliche Evidenz mitorganisiert, [...] also per definitionem immer die intendierte Darstellung ihrer Praxis simultan mit der eigentlichen Praxis zu inszenieren bestrebt ist" (Kocks 2002: 45). Wenn PR als PR entdeckt werde, sei dies ohnehin schon der nicht repräsentative Fall, dem gerade das fehle, was die normale Praxis auszeichnet (ebd.).

Eine Untersuchung von Beziehungen, die normalerweise verborgen bleiben und die, wie vermutet, auch Auswirkungen haben, die nicht durchschaubar sind, bedingt allerdings eine (irgendeine) Interpretationsfolie sinnvoller Abgrenzung. Mein Vorschlag damals lautete: Öffentlichkeitsarbeit ist im Gegensatz zum Journalismus als Selbstdarstellung partikularer Interessen und speziellen Wissens durch Information definiert. Journalismus kann demgegenüber als Fremddarstellung sowie als Funktion des Gesamtinteresses und allgemeinen Wissens gelten. Beide Tätigkeiten zielen auf das Mediensystem und schlagen sich dort nieder. Ihr Zweck ist Erschließung von Wirklichkeit durch Selektion, das heißt Information (Baerns 1991/1985: 16).

Die Ausgangsfrage (nach dem referenziellen Bezug) ist damit umformuliert. Aber sie ist nicht verloren gegangen: Wer selektiert aus dem theoretisch unendlichen Spektrum der Ereignisse (Westley/MacLean 1957), Spektrum der Begebenheiten (Reimann 1968), Spektrum der Interessen (Ronneberger 1973), die unter bestimmten Kontextbedingungen wahrscheinlich beobachtbar sind? Und wer setzt um? Wer also definiert Medienrealität und Nachrichten? Beobachtbarkeit ist, historisch kontingent, von den jeweils konkreten Rahmenbedingungen abhängig, die beim Zugang zur Information verschiedenartig Spielräume eröffnen oder verschließen. Daraus ergab und ergibt sich folgende Skizze des Forschungsprogramms: Unsere Untersuchungen zur Informationsverarbeitung durch das Mediensystem unter bestimmbaren historischen Bedingungen klassifizieren nicht nur Medienprogramme.

- Im Rahmen dieser Untersuchungen unterscheiden wir ‚Journalismus' und ‚Öffentlichkeitsarbeit'.
- Im Rahmen der Untersuchungen beobachten wir Prozesse der Informationsbeschaffung (Thematisierung) und Informationsbearbeitung (Transformation) durch Journalismus.
- Wir beobachten Prozesse der Bereitstellung und Verbreitung von Informationen durch Öffentlichkeitsarbeit (Thematisierung und Diffusion).
- Wir betrachten das kontinuierliche, auf Dauer gestellte Zusammenspiel von Öffentlichkeitsarbeit und Journalismus (Interaktion).

- Und wir betrachten die Ergebnisse dieses Zusammenspiels in Form tagesbezogener Informationsangebote öffentlicher Medien, die Leser, Hörer und Zuschauer dann wahrnehmen können.

Das Forschungsdesign der hier infrage stehenden Arbeiten ist (im Gegensatz zu vielen Fremdwahrnehmungen und -darstellungen[2]) wie folgt angelegt:
- Geltungsbereich: das Feld politischer Öffentlichkeit im Bundesland Nordrhein-Westfalen.
- Zugang zur Hinterbühne u.a. durch Akkreditierung als Gast der Landespressekonferenz.
- Keine Gatekeeperforschung, die Abdruckquoten ermittelt, sondern Analyse der Gesamtberichterstattung aller Primär- und Sekundärmedien zur nordrhein-westfälischen Landespolitik.
- Kumulation, Vergleich und Interpretation der erhobenen Daten auf der Mikroebene, auf der Mesoebene und auf der Makroebene des gesamten Mediensystems.
- Zwei Untersuchungszeiträume im Zentrum der Legislaturperiode.

Die Rezipientenperspektive wird keineswegs ausgeblendet.[3] Doch die Untersuchung beabsichtigt nicht, beispielsweise im Auftrag von Kommunikatoren, klassisch Wirkungen auf Rezipienten zu thematisieren. Die Rezipientenperspektive ist dennoch zentral, weil sie Orientierungsmöglichkeit und Orientierungswissen fokussiert.[4] Die Rezipientenperspektive ist zentral, weil die Chance eingeräumt wird, latente Definitionsmacht der Öffentlichkeitsarbeit, des Journalismus und – so haben wir später gesehen – auch der Medien und des Mediensystems zu bezeichnen und öffentlich zu machen.[5] Die Rezipientenperspektive ist zentral, weil sie Öffentlichkeit als Prinzip *und Methode*, das heißt Zugänglichkeit, Transparenz und Überprüfbarkeit der *Verfahren* im Blick behält.

2 Der Ausgangspunkt

Statt der erneuten Wiedergabe von Befunden und Einsichten, die dieses Foschungsdesign ermöglicht, ziehe ich es hier vor, zugunsten einer verständlichen Klärung der anstehenden methodologischen Probleme und der aus Rezeption und Kritik idealtypisch erwachsenden neuen Forschungsstrategien, die Forschungssituation Ende der 1970er Jahre noch einmal zu vergegenwärtigen: Die These selbst, Öffentlichkeitsarbeit sei beim Entstehen und Zustandekommen publizistischer Aussagen einflussreich beteiligt, lag ja keineswegs gleichsam offensichtlich auf der Hand. Sie wurde aus der Praxis he-

---

[2] Beispielsweise Schulz 2002: 531.
[3] Im Widerspruch zu insbesondere Schantels Kritik (vgl. Schantel 2000: 86).
[4] Die Herkunft des Dargebotenen erkennen zu können, gilt als minimaler Informationsanspruch, der aus der derzeitigen Kommunikationsordnung der Bundesrepublik abzuleiten ist.
[5] Wie Verbraucherinformationen, die Zusammensetzungen von Lebensmitteln deklarieren und offenlegen sollen, damit sie beim alltäglichen Verbrauch berücksichtigt werden können.

rangetragen an das Wissenschaftssystem. Das herrschende Paradigma hätte sie nicht nahegelegt. Aber nicht Öffentlichkeitsarbeit war unentwickelt, wie Wilke und Müller konstatieren (Wilke/Müller 1979: 118), sondern die Erkenntnisinteressen der Publizistik- und Kommunikationswissenschaft. Auch der Politikwissenschaft, das lässt sich an den verschiedenen Auflagen der Grundlagenwerke eindrucksvoll nachweisen. In diesem Kontext war Öffentlichkeitsarbeit zunächst einmal zur Kenntnis zu nehmen und dann in ihren Auswirkungen – hier auf das Mediensystem – kenntlich zu machen.

Das Forschungsdefizit entsprach den Defiziten gerade der entwickelten Theorien, die an Gegenseitigkeitsrelationen interessiert sind. Die originellen und einfachen Lösungen der aus Naturwissenschaft und Technik entlehnten Interaktionsmodelle, die dort häufig ‚Kommunikations'-Modelle heißen, und ihrer Weiterentwicklungen (deren stimulierende Wirkung bei der Überwindung ontologischer und monokausaler Betrachtungsweisen nicht bestritten werden soll) provozierten Analogieschlüsse, die mangels empirischer Falsifikationsmöglichkeiten oder -ambitionen dann doch als Erkenntnisersatz akzeptiert worden sind. Eine Verselbständigung der Denkmittel, die in der praktischen Bewährung häufiger zur Verschleierung als zur analytischen Entfaltung der Untersuchungsobjekte führte. Darüber hinaus schienen sie dafür zu sorgen, dass eine Reihe von Problemen im Vorfeld als erledigt betrachtet werden konnten und gar nicht bearbeitet werden mussten.

Zum Beispiel: In der Funktionalen Publizistik bzw. in Maletzkes Modell der Massenkommunikation, die Publizistik und Kommunikation auf ein und derselben Grundstruktur abbilden, trifft das Bezugsproblem, Öffentlichkeitsarbeit und Journalismus, das zwei Informationsfunktionen zu diskutieren hätte, auf einen Kommunikatorbegriff, der alle Tätigkeiten der Herstellung und Bereitstellung publizistischer Aussagen bereits integriert und so Übereinstimmungen voraussetzt, wo es einer analytischen Trennung als Ausgangspunkt wirklichkeitsnaher Erhellung möglicher Übereinstimmungen erst bedürfte. Das ist eine Beschränkung, die weniger stark hervortritt, solange die Vorstellung vorherrscht, Medieninhalte seien individuelle oder Gruppenleistungen von Tageszeitungs-, Hörfunk-, Fernseh- und Agenturjournalisten. Zudem konfrontieren die an Regelung durch Erwartung interessierten Ansätze den auf Analyse bedachten Beobachter mit einem als Gegenpol konzipierten, durch Perspektivwechsel als Kommunikator vorstellbaren Rezipienten, was eine Ableitungskette nach sich zieht, die das aus der Alltagserfahrung gewonnene Problem nicht nur nicht adäquat abzubilden vermag, sondern als irrelevant beiseite oder auf ein, nicht näher spezifiziertes, soziokulturelles Subsystem abschiebt.

Diese Beobachtungen erleichterten die Entscheidung, Ronnebergers Anregung aufzunehmen und die Suche nach einer „‚Weltformel' für alle Arten von Kommunikationsbeziehungen", die die Konturen verwischte, zugunsten der Besinnung auf „Probleme bei der Entstehung publizistischer Aussagen, ihrer Bereitstellung und Verbreitung und den Bedingungen ihrer Aufnahme durch das Publikum", das heißt auf Herkunft, Ausgangslage und Ausgangsfragen der „Publizistikwissenschaft", aufzugeben (Ronneberger 1978: 16ff.). Allerdings trifft eine solche Rückbesinnung zugleich auf einen

Schlüsselbegriff, Öffentlichkeit, der den hier besonders interessierenden Aspekt der Entstehung publizistischer Aussagen im Unterschied zu Bereitstellung, Verbreitung und Publikum unzureichend reflektiert und selten erfasst (vgl. Baerns 1991/1985: 18f.).

Der Bruch mit dem herrschenden Paradigma implizierte konsequenterweise den bewussten Rückschritt vom deduktiven zum induktiv deskriptiven Nachweis der Zusammenhänge. Die infrage stehenden Studien versuchten infolgedessen eine Zustandsbeschreibung der Bedingungen und Möglichkeiten des Zusammenwirkens von Öffentlichkeitsarbeit und Journalismus und der Resultate im Mediensystem. Sie begaben sich so auf den Weg einer analytischen Annäherung, die die Strategie verfolgt, durch sukzessive Eliminierung gängiger Interpretationsmöglichkeiten zu neuen Erkenntnissen zu gelangen.

Die nachträgliche Unterstellung einer falsifizierbaren Hypothese wie der Determinationshypothese ist auf dieser Grundlage unangebracht, ja absurd (vgl. Bentele u.a. 1997: 236ff. unter Berufung auf Burkart 1995: 282ff. und Weischenberg 1995: 207ff.).[6] Allerdings ist nicht zu übersehen: Meine Arbeiten wurden von Anfang an befundorientiert rezipiert, die sog. Determinationshypothese insoweit eingeschlossen. Die Konzeption und das Forschungsdesign sind, soweit ich sehe, in Forschung und Praxis selten diskutiert (zuerst Löffelholz 2000: 189-191).

3   Rezeption und Kritik

Ich will mich mit Rezeption und Kritik in aller Kürze unter folgenden drei – de facto ineinandergreifenden – Gesichtspunkten konstruktiv auseinandersetzen: (1) Interaktion und Einfluss, (2) Thematisierung und Transformation, (3) Begründung und Legitimation der Differenzierung von Öffentlichkeitsarbeit und Journalismus.

3.1   Interaktion und Einfluss

Beispielsweise Schantel interessiert sich für „die Gültigkeit oder Nichtgültigkeit der so genannten Determinationshypothese" (Schantel 2000: 70). Sie schließt aus „der bekannten Kurzform", das ist meine Aussage, „Öffentlichkeitsarbeit hat Themen und Timing der *Medienberichterstattung* unter Kontrolle", auf die eigene, andere Frage, „wie Öffentlichkeitsarbeit den *Journalismus* determiniert" (ebd.). Also auf Probleme der Interaktion. Diese Fehlinterpretation lehnt sich (wörtlich gekürzt) an Bentele, Liebert und Seeling (1997: 237) an. Sie wird durch deren Rhetorik, „von der Determination zur Intereffikation", auch nahegelegt. Eine genaue Unterscheidung von Journalismus und Massenmedien fehlt dort ebenfalls. Doch kann sich Schantel nicht grundsätzlich auf Bentele u.a. berufen und stützen. In deren Beitrag ist das Zitierte im Grunde

---

[6] Aber Burkart spricht in der zitierten zweiten wie in den beiden nachfolgenden überarbeiteten und aktualisierten Auflagen seines Werks von „Determinierungsthese" bzw. „Determinationsthese". Und auch Weischenberg bedient sich einer anderen Terminologie. Er spricht vom „dysfunktionalen Einfluß von PR auf Journalismus".

genommen zunächst einmal nur der Aufhänger, um das Intereffikationsmodell einzuführen, das versuche, „die wechselseitigen Beziehungen der beiden publizistischen Systeme [...] neutral zu formulieren" (ebd.: 240): „In unserem Kontext interessiert die Frage nach dem Verhältnis von Massenmedien (als sozialem System) bzw. deren Akteuren (den Journalisten) einerseits und Public Relations – ebenfalls verstanden als soziales System – und dessen Akteuren (den PR-Praktikern) andererseits" (ebd.: 225). Die Beziehungen werden als kommunikative Induktionen (intendierte Kommunikationsanregungen) und Adaptionen (Anpassungshandeln) auf System-, Organisations- und Personalebene in psychisch-sozialer, sachlicher und zeitlicher Dimension konzipiert. Auf der kategorialen Ebene entsprechen Induktionen den bisher genannten Auswirkungen, Einflüssen. Adaption wurde später präziser als „Orientierung an Gegebenheiten, Zwängen oder Regelmäßigkeiten des Komplementärsystems [...], um die Chance auf erfolgreiche Induktion zu steigern", definiert (vgl. Bentele/Nothhaft 2004: 94f.). Adaption zielt letztlich auf Zusammenspiel, Interaktion.

Abb. 1: *Ein* **Forschungsdesign für** *zwei* **divergierende Ansätze**

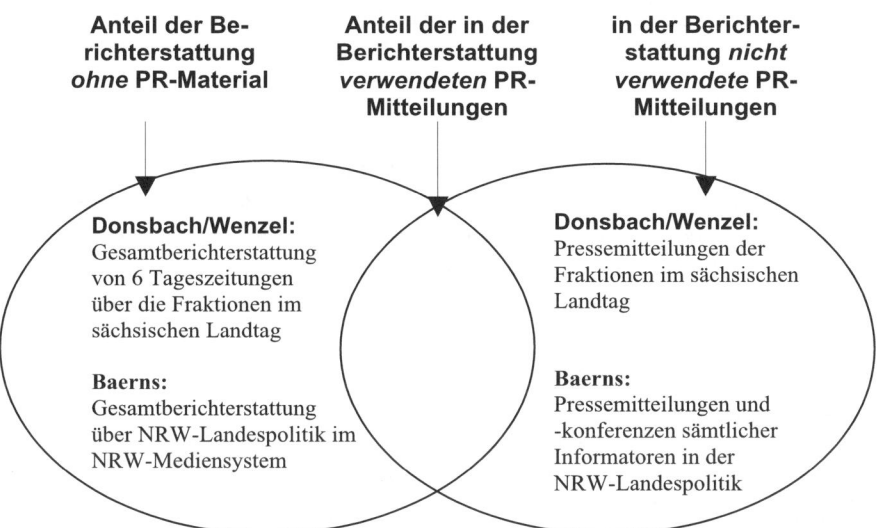

Neben den bisher vorliegenden empirischen Untersuchungen des Leipziger Arbeitsbereichs Bentele, die das Intereffikationsmodell aus meiner Sicht unzureichend umsetzen (vgl. Bentele/Junghänel 2002; Rinck 2001; Bentele/Liebert/Reinemann 1998), und der Präsentationen von Einzelbefunden (vgl. Bentele/Nothhaft 2004; Seidenglanz/Bentele 2004) erwies sich dieser Ansatz bei einer der jüngeren empirischen Untersuchungen, ‚Aktivität und Passivität von Journalisten gegenüber parlamentarischer Pressearbeit. Inhaltsanalyse von Pressemitteilungen und Presseberichterstattung am Beispiel der Fraktionen des Sächsischen Landtags', „insgesamt als brauchbare Heuristik für die Beziehung zwischen PR und Journalismus" (Donsbach/Wenzel 2002: 505). Die Analyse konzentriert sich allerdings auf die so genannten Induktionsleistungen. Die an die Redaktion verschickten PR-Mitteilungen werden als „Induktionsleistungen der PR-Urheber", die redaktionelle Bearbeitung dieser Informationen als „Induktionsleistung der Journalisten" bezeichnet und dabei neben der einfachen Selektion von PR-Mitteilungen auch Bedeutungszuweisungen, Veränderungen und Bewertungen des PR-Materials durch den Journalisten berücksichtigt (ebd.: 376). Schiebt man die Argumentation, auch hier Zurückweisung der so genannten Determinationsannahme, beiseite und konzentriert man sich auf Modell und Umsetzung der empirischen Untersuchung, dann zeigt sich, dass die Untersuchungsanlagen Baerns 1991/1985 und Donsbach/Wenzel 2002 kompatibel sind.[7] Mit Blick auf die Datenbasis erweist sich die Dresdener Studie der nordrhein-westfälischen jedoch folgenreich unterlegen (vgl. Abb. 1). Sieht man einmal von den Untersuchungsgegenständen und den Erhebungszeiträumen[8] ab, lassen sich die Befunde insbesondere deshalb nicht miteinander vergleichen, weil die Dresdener Untersuchung den mit Blick auf Öffentlichkeitsarbeit nachweislich wichtigsten Akteur, die Landesregierung, ausblendet.

Vorläufiges Fazit: Die Rezeption der so genannten Determinationshypothese provoziert Verwechslungen von Zusammenspiel (Interaktion) und Auswirkungen (Einfluss). In der kritisierten Arbeit ist das nicht der Fall. Die vorliegenden empirischen Untersuchungen Donsbach/Wenzel und Baerns fokussieren Auswirkungen.

3.2 Thematisierung und Transformation

Schantel, aber sinngemäß auch Bentele u.a. (Bentele/Liebert/Seeling 1997: 239) und früher schon Fröhlich (1992: 37) laufen offene Türen ein, wenn sie beklagen, dass die Studien von Baerns letztlich nur beweisen, „dass die Journalisten häufig – wissentlich oder unwissentlich (z.B. wenn sie über Nachrichtenagenturen ungekennzeichnete PR-Botschaften erhalten) – PR-Material benutzen, nicht aber, wie sie daraus öffentliche Themen konstruieren – im Sinne der Presseunterlagen oder (etwa durch bewusste Auslassungen, Hinzufügungen oder spezifische Kontextualisierung) in einem nach journalistischen Kriterien gestalteten Sinne" (Schantel 2000: 75). Denn der Text ‚Macht der Öffentlichkeitsarbeit und Macht der Medien' (Baerns 1987) wendet sich eben diesem Problem ausdrücklich zu. Die, wie schon der Titel anzeigt, gegenläufige Argumentation entfaltet am ‚relevanten' Einzelfall (es geht um die Pressekonferenz, auf die in den Untersuchungszeiträumen am häufigsten zugegriffen worden ist), was erstens das Climax-First-Prinzip, zweitens die Selektionsleistung der Nachrichtenagenturen und drittens die Zirkulation durch das Mediensystem aus dem vorgegebenen Thema, die erste Ausländerstatistik, 'machen'. An dieser Fallstudie wird nachvollziehbar, wie Arbeitsroutinen und Medienstrukturen, dies unabhängig von persönlichen Einstellungen und

---

[7] Vertreter des Intereffikationsansatzes schlossen sich dieser Auffassung inzwischen an (Bentele/Nothhaft 2004: 98).
[8] Untersuchungsgegenstände und Erhebungszeitraum Donsbach/Wenzel: 6 Tageszeitungen: 28. Februar bis 23. Juli 2000, am Beginn der Legislaturperiode. Untersuchungsgegenstände und Erhebungszeiträume Baerns: Agenturen, Hörfunk, Fernsehen: 2 x 1 Monat 1978, im Zentrum der Legislaturperiode; Presse: 2 x 2 Wochen 1978, im Zentrum der Legislaturperiode.

redaktionellen Linien, Einfluss auf Bedeutungen gewinnen und dass bedeutungsändernde Bearbeitungen bereits mit dem Eintritt ins Mediensystem, durch Agenturberichterstattung, geschehen. Im Übrigen öffnet sie ganz nebenbei erneut den Blick dafür, dass Zirkulation und Vervielfältigung im Mediensystem erstens die kommunikationspolitisch erwartete Orientierungsleistung (Kontrolle durch Vergleich) unterlaufen und zweitens selbst Bedeutung ('Aktualität', 'Relevanz') zuweisen können (vgl. schon Baerns 1983: passim). Diese Untersuchung wurde allerdings selten gelesen (offensichtlich auch von Schantel nicht, obwohl sie sie im Literaturverzeichnis aufführt). Die tatsächliche Rezeption von Anlage und Befunden hätte – und das ist mein zweites vorläufiges Fazit – einen unbequemen, aber produktiven Widerspruch zur so genannten Determinationshypothese geschaffen.

3.3 Zur Differenzierung von Öffentlichkeitsarbeit und Journalismus

Die Begründung und Legitimation der Differenzierung von Öffentlichkeitsarbeit und Journalismus führt zurück zum Ausgangspunkt der diskutierten Untersuchung. Eine funktionale Differenzierung entspricht den Befragungsergebnissen, Berufsbildern, Selbstverständnissen, die in einem ersten Arbeitsschritt erhoben wurden. Sie ließ sich in einem zweiten Arbeitsschritt durch Ermittlung der Möglichkeiten und Grenzen des journalistischen und des PR-Handelns auf der Basis der Kommunikationsordnung in der Bundesrepublik Deutschland stützen. Einschließlich der dort artikulierten Erwartungen, die aus der Struktur des Mediensystems erwachsen. Die Befunde zur Medienberichterstattung als Ergebnis interaktiven journalistischen und PR-Handelns, dritter Arbeitsschritt, waren nicht (!) kompatibel. Eine Interpretation, die an der Bruchstelle zwischen Befragungsergebnissen sowie normativen Erwartungen, einerseits, und Handlungsergebnissen, andererseits, ansetzt, legt den Schluss nahe: Die Normen-, Regel- und Erwartungsstrukturen, die auch die funktionale Differenzierung rechtfertigten, sind wenig einflussreich. Sie werden als Auswirkungen, Medienberichterstattung, nicht reproduziert. Die funktionale Differenzierung hätte sich nach Lage der Dinge nicht bewährt. Folgte man Modellen, die eine Wechselwirkung von Handlung und Handlungsbedingungen konzipieren, dann würde des Weiteren fraglich, inwieweit speziell journalistisches Handeln fähig ist, ‚gegebene' Erwartungsstrukturen und Freiräume dauerhaft zu aktualisieren, was einer Differenzierung wiederum entgegenkäme.

Eine solche Konstellation kann den Blick vor Theorieansätzen nicht verschließen, die angesichts der zu beobachtenden empirischen Entdifferenzierungstendenzen zwischen Journalismus und PR, wie Stefan Weber, die Idee verfolgen, den Forschungsfokus von der Untersuchung der Unterschiede weg und von vornherein auf die Untersuchung der Gemeinsamkeiten hin zu lenken: „Eine alternative Sichtweise würde nicht hier Journalismus und dort PR wahrnehmen [...], sondern PR und Journalismus als Formen im graduellen Kontinuum textueller Wirklichkeitskonstruktion begreifen" (Weber 2002: 15; vgl. auch Weber 2005: passim). Der Gedanke, auf eine Differenzierung zwischen Öffentlichkeitsarbeit und Journalismus zu verzichten, ist nicht neu. Manfred Rühl, einer der ersten deutschsprachigen Kommunikationswissenschaftler, die systemtheoretisch argumentierten, entfaltet ihn schon 1980 als Theorie des Journalismus. Dort wird „die Herstellung und Bereitstellung von Themen zur öffentlichen Kommunikation" als Primärfunktion des modernen Journalismus, Öffentlichkeitsarbeit ist eingeschlossen, identifiziert (Rühl 1980: 319). Der vorher lokalisierte Beobachterstandpunkt ist so (wieder) aufgegeben.

Klaus Kocks hat sich in seiner Teufelsaustreibung ‚Journalismus und PR: Yin und Yang. Prolegomena einer Systemtheorie publizistischer Praxis' zugunsten einer das Ganze fokussierenden Theorie besonders ins Zeug gelegt: „Die Fragestellung ‚Öffentlichkeitsarbeit oder Journalismus?' ist normativ ideologisch, sie gründet auf einer Konzeption bürgerlicher Öffentlichkeit aus dem 18. Jahrhundert, die heute noch als Berufsideologie von der Autonomie des Journalisten nachwirkt [...]" (Kocks 2002: 43). Die jüngsten Thesen Klaus Mertens hätten die Baerns'sche Dichotomie und die ihr folgenden Scheindebatten im Namen des wissenschaftlichen Fortschritts an den Abgrund gerückt; es gelte nun einen weiteren Schritt nach vorn zu tun ... „PR und Journalismus handeln in einer strukturell integrierenden (gemeinsamen) Praxis in einem System, das zwar heterogen und polyvalent ist, aber eben ein (!) System, das seine Subsysteme nachdrücklich überdeterminiert. Hieraus wäre eine Systemtheorie der publizistischen Praxis zu entwickeln, jenes sozialen Systems, an dem Journalismus und PR seit jeher mit unterschiedlichen Funktionen gemeinsam wirken" (ebd.: 44).

Kocks übersieht, nein, das kann ich nach seinen einleitend zitierten Bemerkungen zur strategischen Latenz der Öffentlichkeitsarbeit wohl nicht so formulieren, also Kocks hebt nicht hervor, was Merten in der Weiterentwicklung seines Theorieentwurfs in der Makroperspektive und in Abgrenzung zu anderen Ansätzen, die auf anderen Beobachtungsebenen operieren, herausstellt. Das sind die Konsequenzen der gewählten Perspektive: „Systemisch gesehen zählt [...] nur, dass (!) Information genügend schnell und in genügendem Umfang vom Kommunikationssystem erzeugt wird. [...] Das System ist dabei indifferent [...] gegen die Frage, ob der Journalismus nun von PR determiniert wird, ob dieses Verhältnis intereffektiv ist, ob es möglicherweise ethische Codes des Journalismus tangieren könnte" (Merten 2002: 7; siehe auch Merten 2004: 34).

Im Übrigen setzt das Intereffikationsmodell die Differenzierung von Journalismus und Öffentlichkeitsarbeit ohne eigene Begründung – und das ist der zweite, folgenreichere Anschluss an die Baerns'sche so genannte Determinationshypothese – voraus. Die Explikation der Systemebene, das moniert Schantel (2000: 78f.), bzw. die Diskussion der Machtfrage, das moniert Ruß-Mohl (beispielsweise 1999: 163), wird offengehalten und vertagt. Damit ist auch der, zugegeben, tradierte Anspruch auf Beobachtung der Beziehungen von Vorder- und Hinterbühne, davon waren wir ausgegangen, (noch) nicht aufgegeben. Wir behalten sozusagen einen Fuß in der Tür.

Literatur

B(aerns), B(arbara) (1981): Public Relations/Öffentlichkeitsarbeit. In: Kurt Koszyk / Karl Hugo Pruys (Hg.): Handbuch der Massenkommunikation. München: 262-272.

Baerns, Barbara (1983): Vielfalt und Vervielfältigung. Befunde aus der Region – eine Herausforderung für die Praxis. In: Media Perspektiven, 14. Jg. / Heft 3: 207-215.

Baerns, Barbara (1987): Macht der Öffentlichkeitsarbeit und Macht der Medien. In: Ulrich Sarcinelli (Hg.): Politikvermittlung. Beiträge zur politischen Kommunikationskultur. Bonn: 147-160.

Baerns, Barbara (1991/1985): Öffentlichkeitsarbeit oder Journalismus? Zum Einfluß im Mediensystem. Überarb. Neuauflage. Köln (Vorwort zur Neuauflage: I-X)

Bentele, Günter / Howard Nothhaft (2004): Das Intereffikationsmodell. Theoretische Weiterentwicklung, empirische Konkretisierung und Desiderate. In: Klaus-Dieter Altmeppen / Ulrike Röttger / Günter Bentele (Hg.): Schwierige Verhältnisse. Interdependenzen zwischen Journalismus und PR. Wiesbaden: 67-104.

Bentele Günter / Ivonne Junghänel (2002): Das Intereffikationsmodell: empirische Evidenzen und analytische Differenzierung. In: Deutsche Gesellschaft für Publizistik- und Kommunikationswissenschaft, DGPuK: Autonomie und Beeinflussung: Beziehungen zwischen Journalismus und PR. Tagungsreader zur gemeinsamen Jahrestagung der DGPuK-Fachgruppen „Journalistik und Journalismusforschung" und „Public Relations/Organisationskommunikation" vom 14. bis 16. Februar 2002 in Leipzig. Leipzig (im Manuskript vervielfältigt): 15-17.

Bentele, Günter / Tobias Liebert / Carsten Reinemann (1998): PR der kommunalen Verwaltung. Die Presse- und Öffentlichkeitsarbeit der Stadtverwaltung Leipzig. Abschlußbericht des Projektes „Bestandsaufnahme, Informationsfluß und Resonanz kommunaler Presse- und Öffentlichkeitsarbeit in Leipzig". 2 Bde. Leipzig (im Manuskript vervielfältigt).

Bentele, Günter / Tobias Liebert / Stefan Seeling (1997): Von der Determination zur Intereffikation. Ein integriertes Modell zum Verhältnis von Public Relations und Journalismus. In: Günter Bentele / Michael Haller (Hg.): Aktuelle Entstehung von Öffentlichkeit. Akteure – Strukturen – Veränderungen. Konstanz: 225-250.

Burkart, Roland (1995): Kommunikationswissenschaft. Grundlagen und Problemfelder. Umrisse einer interdisziplinären Sozialwissenschaft. 2. überarbeitete und aktualisierte Auflage. Wien / Köln. 3. überarbeitete und aktualisierte Auflage 1998. 4. überarbeitete und aktualisierte Auflage 2002.

Donsbach, Wolfgang / Arnd Wenzel (2002): Aktivität und Passivität von Journalisten gegenüber parlamentarischer Pressearbeit. Inhaltsanalyse von Pressemitteilungen und Presseberichterstattung am Beispiel der Fraktionen des Sächsischen Landtags. In: Publizistik, 47. Jg. / Heft 4: 373-387.

Fröhlich, Romy (1992): Qualitativer Einfluß von Pressearbeit auf die Berichterstattung. Die geheime Verführung der Presse? In: Publizistik, 37. Jg. / Heft 1: 37-49

Giddens, Anthony (1997/1984): Die Konstitution der Gesellschaft. Grundzüge einer Theorie der Strukturierung. Frankfurt a.M. und New York.

Goffman, Erving (2000/1974): Rahmen-Analyse. Ein Versuch über die Organisation von Alltagserfahrungen. Frankfurt a.M.

Goffman, Erving (2002/1959): Wir alle spielen Theater. Die Selbstdarstellung im Alltag. München.

Hoffmann, Jochen (1999): Antagonismen politischer Kommunikation in dramatologischer Perspektive. In: Kurt Imhof / Otfried Jarren / Roger Blum (Hg.): Steuerungs- und Regelungsprobleme in der Informationsgesellschaft. Opladen / Wiesbaden: 167-179.

Jarren, Otfried / Patrick Donges (2006): Politische Kommunikation in der Mediengesellschaft. Eine Einführung. 2. überarbeitete Aufl. Wiesbaden.

Jarren, Otfried / Ulrike Röttger (1999): Politiker, politische Öffentlichkeitsarbeiter und Journalisten als Handlungssystem. Ein Ansatz zum Verständnis politischer PR. In: Lothar Rolke / Volker Wolff (Hg.): Wie die Medien die Wirklichkeit steuern und selbst gesteuert werden. Opladen / Wiesbaden: 199-221.

Kepplinger, Hans Mathias (in Zusammenarbeit mit Peter Eps, Frank Esser und Dietmar Gattwinkel) (1993): Am Pranger: Der Fall Späth und der Fall Stolpe. In: Wolfgang Donsbach / Otfried Jarren / Hans Mathias Kepplinger / Barbara Pfetsch (Hg.): Beziehungsspiele – Medien und Politik in der öffentlichen Diskussion. Fallstudien und Analysen. Gütersloh.

Kocks, Klaus (2002): Journalismus und PR: Yin und Yang. Prolegomena einer Systemtheorie publizistischer Praxis. In: PR-Magazin, 33. Jg. / Heft 4: 43-48.

Kohring, Matthias / Detlef Matthias Hug (1997): Öffentlichkeit und Journalismus. Zur Notwendigkeit der Beobachtung gesellschaftlicher Interdependenz – Ein systemtheoretischer Entwurf. In: Medien Journal, 21. Jg. / Heft 1: 15-33.

Löffelholz, Martin (2000): Ein privilegiertes Verhältnis. Inter-Relationen von Journalismus und Öffentlichkeitsarbeit. In: Martin Löffelholz (Hg.): Theorien des Journalismus. Wiesbaden: 185-208.

Loosen, Wiebke (2007): Entgrenzung des Journalismus: empirische Evidenzen ohne theoretische Basis? In: Publizistik, 52. Jg. / Heft 1: 63-79.

Maletzke, Gerhard (1963): Psychologie der Massenkommunikation. Theorie und Systematik. Hamburg.

Maletzke, Gerhard (1998): Kommunikationswissenschaft im Überblick. Grundlagen, Probleme, Perspektiven. Opladen / Wiesbaden.

Matthes, Jörg / Matthias Kohring (2003): Operationalisierung von Vertrauen in Journalismus. In: Medien & Kommunikationswissenschaft, 51. Jg. / Heft 1: 5-23.

Merten, Klaus (2004): Mikro, Mikro-Makro oder Makro? Zum Verhältnis von Journalismus und PR aus systemischer Perspektive. In: Klaus Altmeppen / Ulrike Röttger / Günter Bentele (Hg.): Schwierige Verhältnisse. Interdependenzen zwischen Journalismus und PR. Wiesbaden: 17-36.

Merten, Klaus (2002): Mikro, Makro oder Mikro-Makro? Zum Verhältnis von Journalismus und PR aus systemtheoretischer Sicht. In: Deutsche Gesellschaft für Publizistik- und Kommunikationswissenschaft, DGPuK: Autonomie und Beeinflussung: Beziehungen zwischen Journalismus und PR. Tagungsreader zur gemeinsamen Jahrestagung der DGPuK-Fachgruppen „Journalistik und Journalismusforschung" und „Public Relations/Organisationskommunikation" vom 14. bis 16. Februar 2002 in Leipzig. Leipzig (im Manuskript vervielfältigt): 2-8.

Prakke, Henk (1968): Kommunikation und Gesellschaft. Münster.

Reimann, Horst (1968): Kommunikations-Systeme. Umrisse einer Soziologie der Vermittlungs- und Mitteilungsprozesse. Heidelberg.

Rinck, Annette (2001): Interdependenzen zwischen PR und Journalismus. Eine empirische Untersuchung der PR-Wirkungen am Beispiel einer dialogorientierten PR-Strategie von BMW. Wiesbaden.

Ronneberger, Franz (1973): Leistungen und Fehlleistungen der Massenkommunikation. In: Publizistik, 18. Jg. / Heft 2: 203-215.

Ronneberger, Franz (1978): Zur Lage der Publizistikwissenschaft. Ein Essay. In: Publizistik aus Profession. Festschrift für Johannes Binkowski aus Anlaß der Vollendung seines 70. Lebensjahres. Hrsgg. von Gertraude Steindl. Düsseldorf: 11-19.

Rühl, Manfred (1980): Journalismus und Gesellschaft. Bestandsaufnahme und Theorieentwurf. Mainz.

Ruß-Mohl, Stephan (1999): Spoon feeding, Spinning, Whistleblowing. Beispiel USA: Wie sich die Machtbalance zwischen PR und Journalismus verschiebt. In: Lothar Rolke / Volker Wolff (Hg.): Wie die Medien die Wirklichkeit steuern und selbst gesteuert werden. Opladen / Wiesbaden: 163-176.

Schantel, Alexandra (2000): Determination oder Intereffikation? Eine Metaanalyse der Hypothesen zur PR-Journalismus-Beziehung. In: Publizistik, 45. Jg. / Heft 1: 70-88. (Nachdruck: Irene Neverla / Elke Grittmann / Monika Pater (Hg.) (2002): Grundlagentexte zur Journalistik. Konstanz: 241-269).

Schulz, Winfried (2002): Public Relations/Öffentlichkeitsarbeit. In: Elisabeth Noelle-Neumann /

Winfried Schulz / Jürgen Wilke (Hg.): Das Fischer Lexikon Publizistik/Massenkommunikation. 4. aktualisierte, vollständig überarbeitete und ergänzte Auflage. Frankfurt/Main: 517-545.

Seidenglanz, René/Günter Bentele (2004): Das Verhältnis von Öffentlichkeitsarbeit und Journalismus im Kontext von Variablen. Modellentwicklung auf Basis des Intereffikationsansatzes und empirische Studie im Bereich der sächsischen Landespolitik. In: Klaus Altmeppen / Ulrike Röttger / Günter Bentele (Hg.): Schwierige Verhältnisse. Interdependenzen zwischen Journalismus und PR. Wiesbaden: 105-120.

Weber, Stefan (2005): Non-dualistische Medientheorie. Eine philosophische Grundlegung. Konstanz.

Weber, Stefan (2002): Gemeinsamkeiten statt Unterschiede zwischen Journalismus und PR. In: Deutsche Gesellschaft für Publizistik- und Kommunikationswissenschaft, DGPuK: Autonomie und Beeinflussung: Beziehungen zwischen Journalismus und PR. Tagungsreader zur gemeinsamen Jahrestagung der DGPuK-Fachgruppen „Journalistik und Journalismusforschung" und „Public Relations/Organisationskommunikation" vom 14. bis 16. Februar 2002 in Leipzig. Leipzig (im Manuskript vervielfältigt): 11-13.

Weischenberg, Siegfried (1995): Journalistik. Theorie und Praxis aktueller Medienkommunikation. Bd. 2: Medientechnik, Medienfunktionen, Medienakteure. Opladen.

Westley, Bruce H. / Malcolm S. MacLean (1957): A Conceptual Model for Communications Research. In: Journalism Quarterly, 34. Jg. / Heft 1: 31-38.

Wilke, Jürgen / Ulrich Müller (1979): Im Auftrag. PR-Journalisten zwischen Autonomie und Interessenvertretung. In: Hans Mathias Kepplinger (Hg.): Angepaßte Außenseiter. Was Journalisten denken und wie sie arbeiten. Freiburg / München: 115-141.

Zur Rolle von Marketing und Public Relations in der Unternehmenskommunikation

Bestandsaufnahme und Ansatzpunkte zur verstärkten Zusammenarbeit

Manfred Bruhn / Grit Mareike Ahlers

1 Zur Rolle von Marketing und Public Relations

Der Disput zwischen den Fachdisziplinen Marketing und Public Relations hat eine lange Tradition (vgl. ausführlich Bruhn/Ahlers 2004 sowie die dort angegebene weiterführende Literatur). Fast könnte man sagen, dass Konflikte zwischen den Vertretern beider Disziplinen bereits solange auftauchen, wie Unternehmen ein professionelles Marketing und eine professionelle Öffentlichkeitsarbeit betreiben. Im Kern geht es um die Frage, welche Rolle Marketing und Public Relations im Kommunikationsmix von Unternehmen spielen – aber ganz zugespitzt auch und insbesondere um die Frage, welche der beiden Disziplinen eine Vormachtstellung (im Sinne einer Führungsrolle) für die Unternehmenskommunikation beanspruchen will und durchsetzen kann.

1.1 Problemdimensionen der Auseinandersetzung

Die Problemdimensionen der Auseinandersetzung zwischen Marketing und Public Relations sind vielschichtig und unternehmensindividuell zu bewerten und zu gewichten. Grob lassen sich die Hierarchie-, Akzeptanz-, Strategie- und Ressourcendimension unterscheiden.

Hierarchiedimension: Ein zentrales Problemfeld bildet die organisatorische Einbindung sowie das hierarchische Verhältnis von Public Relations und Marketing in der Organisationsstruktur. Sowohl Marketing als auch Public Relations sind inzwischen bei einem Großteil der Unternehmen als Abteilungen oder (Stabs-)Stellen institutionalisiert. In Abhängigkeit von der Branche können dabei entweder Marketing (vor allem im Konsumgüterbereich) oder Public Relations (vor allem im Industriegüterbereich) eine bedeutendere Stellung einnehmen. In der Literatur wird jedoch häufig beklagt, dass Public Relations nicht in gleicher Weise wie Marketing als Managementfunktion im Unternehmen anerkannt sei. Während es heute kaum Unternehmen gibt, bei denen Marketing nicht auf hoher wenn nicht gar höchster Unternehmensebene vertreten sei, so ist dies bei Public Relations selten der Fall (Kitchen/Papasolomou 1997: 71). Auch würde Public Relations im Gegensatz zum Marketing nur selten direkt an die Geschäftsleitung berichten (Haywood 1998: 32). Für eine Ansiedelung von Public Relations auf höchster Unternehmensebene und eine konsequente Einbindung in die Führungsgremien plädieren eine Vielzahl von Autoren (z.B. Schulz 1991: 50; Grunig/Grunig 1998; Müller/Kreis-Muzzolini 2003: 31; Zerfaß 2004: 18; Grunig 2006: 160, 164; Weill 2007: 69). Als Gründe nennen sie die Ziele und Funktionen von Public Relations (Reputation des Unternehmens in der Öffentlichkeit, Schaffung von Vertrauen und Sympathie, Entwicklung von Beziehungen zu relevanten Anspruchsgruppen u.a.), die nur bei einer Einbeziehung von Public Relations in zentrale Entscheidungsprozesse zu realisieren seien. Jedoch entwickelte sich auch die moderne Marketingabteilung aus bescheidenen Anfängen zu einem Vorstandsressort und einer integrierenden Funktion im Unternehmen: Bis sie den heutigen organisatorischen Stellenwert erreichen konnte, wurde Marketing oftmals als Aufgabe der Verkaufsleitung angesehen, als Unterabteilung im Verkauf und schließlich als Hauptabteilung neben dem Verkauf (Kotler/Bliemel 2001: 1236ff.; Meffert/Burmann/Kirchgeorg 2007: 1066f.).

Akzeptanzdimension: Im Zusammenhang mit der organisatorischen Eingliederung in das Unternehmen kann auch das Ansehen und die Akzeptanz gesehen werden, die Marketing und Public Relations im Vergleich genießen. Vielfach ist die Ansicht verbreitet, Public Relations erfahre nicht eine dem Marketing entsprechende unternehmensinterne Akzeptanz (z.B. Beger/Gärtner/Mathes 1989: 27; Haywood 1998: 23; Avenarius 2000: 17ff.; Cornelissen/Lock 2000: 234f.). Damit in Verbindung stehen auch Befürchtungen, Public Relations würde nur als ‚Anhängsel' des Marketing dienen (dies zeigt sich bereits in der Marketingausbildung, in der Public Relations vielfach als eine Art ‚Restgröße' behandelt wird), anstatt eigene originäre Aufgaben zu erfüllen (Nusch 1995: 171; Kitchen/Papasolomou 1997: 71; Haywood 1998: 17, 32; Daub 2000: 88ff.). Avenarius weist zudem darauf hin, dass das Verhältnis von Public Relations sowohl zu Journalisten, Politikern als auch zur eigenen Unternehmensleitung häufig durch Misstrauen gekennzeichnet ist, was sich wiederum negativ auf das Ansehen auswirken könne (Avenarius 2000: 11ff.).

Strategiedimension: Das Ansehen eines Kommunikationsinstrumentes steht häufig in Zusammenhang damit, ob ihm eher eine strategische oder taktische Bedeutung zugesprochen wird. So ist in der Marketingliteratur weitgehend unbestritten, dass Marketing zu den strategischen Unternehmensfunktionen zählt (z.B. Meffert 1994; Becker 2001; Mansaray 2001; Benkenstein 2002; Uhe 2002; Bentele/Hoepfner 2004). Für Public Relations indessen gehen die Meinungen auseinander. So schreiben zahlreiche

PR-Wissenschaftler Public Relations eine strategische Bedeutung innerhalb des Unternehmens zu (z.B. Gronstedt 1996; Grunig/Grunig 1998; Avenarius 2000; Daub 2000; Bentele/Hoepfner 2004; Zerfaß 2004; Grunig 2006), die von Marketingwissenschaftlern jedoch nicht uneingeschränkt bestätigt wird. Becker beispielsweise vertritt die Ansicht, dass Public Relations eine komplementäre Aufgabe zur produktorientierten Werbung und Verkaufsförderung erfülle und ordnet die PR-Ziele auf unterster Ebene der unternehmerischen Zielhierarchie bei den Instrumentalzielen ein (Becker 2001: 600). Auch Grunig und Szyszka stellen (immerhin über zehn Jahre auseinander liegend) fest, dass die meisten Theorien über Strategisches Management die Präsenz von Public Relations verneinen und Public Relations eher Instrumentalcharakter bzw. die Realisierung mikroökonomischer Ziele zugebilligt würde (Grunig 1992: 49; Szyszka 2005: 87f.). Bei einer Berücksichtigung der informationstechnischen Entwicklungen der letzten Jahre darf die Rolle der Public Relations zur Wettbewerbsprofilierung, für den Aufbau von Marken und den Verkauf von Produkten und Dienstleistungen jedoch keineswegs unterschätzt werden (Bentele/Hoepfner 2004: 1538). Vielmehr ist es notwendig, ein erweitertes Verständnis zugrunde zu legen, demzufolge Public Relations nicht auf eine Art „Instrumentebaukasten" (Pressearbeit, Vorträge, Soziosponsoring u.Ä.) reduziert wird, sondern der Öffentlichkeitsarbeit die Verantwortung für das Management der Beziehungen zu sämtlichen relevanten Anspruchsgruppen obliegt (z.B. aktuell auch der Umgang mit so genannten „Bloggern", vgl. Bloom 2007: 18). Nicht zuletzt die Anfälligkeit vieler Unternehmen gegenüber Angriffen der Presse bei schlecht geführter Public Relations zeigt das Bedrohungspotenzial, das diesen Unternehmen bei Skandalen, Konflikten usw. entgegenschlägt (vgl. am Beispiel Hoechst AG, Zerfaß 2004: 26ff.). Insbesondere hinsichtlich der Beziehungspflege zu kritischen und wichtigen Anspruchsgruppen ist Public Relations somit ein hoher Anteil an strategischer Bedeutung für ein Unternehmen zuzusprechen (Bruhn 2006a: 107; ähnlich Grunig 2006: 158f.). Unterstrichen wird diese Sichtweise nicht zuletzt vor dem Hintergrund, dass sich nur durch eine integrierte „Marken-PR" kommunikative Widersprüche im Rahmen der Markenkommunikation vermeiden lassen und eine langfristig erfolgreiche Markenpolitik gesichert werden kann (Bentele/Hoepfner 2004: 1551).

Ressourcendimension: Die Bedeutung, die eine Funktion im Unternehmen genießt, entscheidet in vielen Fällen über die Ressourcenzuteilung für die entsprechenden Abteilungen. Häufig konkretisieren sich gerade in der Zuteilung von Budgets, personellen Kräften oder auch Räumlichkeiten die Auseinandersetzungen zwischen Marketing und Public Relations (Dick 1997: 79; Haywood 1998: 19).

1.2 Anlässe der Auseinandersetzung

Deutlich wird der Konflikt zwischen Marketing und Public Relations in der Kommunikationsarbeit in vielen Fällen bei einer ungenauen *Abgrenzung von Aufgaben- und Verantwortungsbereichen*. Zwar existieren einzelne Bereiche der Kommunikationspolitik, die mehrheitlich entweder Marketing (z.B. Mediawerbung) oder Public Relations (z.B. Government Relations) zugeordnet werden. Bei einer tiefer gehenden Betrachtung ergeben sich bei einer Vielzahl von Kommunikationsinstrumenten jedoch Überschneidungen bei Zielen, Funktionen und Zielgruppen, die eine eindeutige Zuordnung oftmals erschweren (vgl. Bruhn 2005: 729 und 2007: 400 sowie bereits schon Kotler/Mindak 1978).

Dies bezieht sich beispielsweise auf die Abgrenzungen zwischen Sponsoring und Unternehmensförderung in den Bereichen Sport, Kultur und Umwelt. Die Grenzen können hier in der Realität fließend sein, sodass eine genaue Zuweisung von Verantwortlichkeiten Probleme bereitet und sowohl Marketing als auch Public Relations die Instrumente für sich beanspruchen (s. für Marketing z.B. Nieschlag/Dichtl/Hörschgen 2002: 1116ff.; Bruhn 2003; Meffert/Burmann/Kirchgeorg 2007: 729ff. sowie für Public Relations Bogner 1999: 279ff.; Avenarius 2000: 264ff.). Probleme bei der Bestimmung von Zuständigkeiten ergeben sich auch in anderen Bereichen wie dem Product Placement, das von einigen Autoren als Erscheinungsform des Marketing bzw. der Kommunikationspolitik klassifiziert wird (z.B. Unger/Fuchs 1999: 257ff.; Nieschlag/ Dichtl/Hörschgen 2002: 1120ff.). Avenarius weist aber darauf hin, dass ebenso Public Relations dazu genutzt werden könne, Produkte bewusst in Szene zu setzen (Avenarius 2000: 350). Des Weiteren bleibt innerhalb der Unternehmen häufig die Frage offen, wer für die Publicity zuständig ist. Zum einen enthält diese wesentliche Elemente der Öffentlichkeitsarbeit – insbesondere, wenn es um die Popularität von Personen geht –, zum anderen sind jedoch auch – vorwiegend im Rahmen der Product Publicity – werbliche Elemente von Bedeutung (Dick 1997: 75; Avenarius 2000: 333). Abgrenzungsprobleme sind darüber hinaus bei den Instrumenten Event Marketing, Online-Kommunikation, Interne Kommunikation und Messen zu erwarten, die sich sowohl als Marketing- wie auch PR-Instrumente charakterisieren lassen (z.B. Merten 2000; Meffert/Burmann/Kirchgeorg 2007). Diskussionen um den Begriff und das Konzept der „Marketing Public Relations" (z.B. Kitchen/Papasolomou 1997) sind somit eine Folge.

Die unklare Abgrenzung von Verantwortungsbereichen kann bereits Konflikte provozieren, wenn jeweils nur einzelne Abteilungen, wie Sponsoring und Public Relations, betroffen sind. Die Planung und Umsetzung der Gesamtkommunikation beschränkt sich jedoch in der Regel nicht auf einzelne Kommunikationsinstrumente, sondern betrifft eine Vielzahl von Abteilungen gleichermaßen; insbesondere wenn es um die Entwicklung inhaltlich, formal und zeitlich abgestimmter Kommunikationsstrategien im Sinne einer Integrierten Kommunikation geht (Bruhn 2006a). Zentrale Fragestellungen, die zu Auseinandersetzungen zwischen Marketing und Public Relations führen können, sind in diesem Kontext die Entwicklung einer integrationsfördernden Organisationsstruktur oder die Benennung eines für die Integration verantwortlichen Kommunikationsmanagers.

Insgesamt betrachtet bilden oftmals unterschiedliche fachliche oder persönliche Vorstellungen der Entscheidungsträger über die Rolle von Marketing und Public Relations in der Gesamtkommunikation des Unternehmens den Hintergrund für die beschriebenen Auseinandersetzungen. Inwieweit diese Differenzen auch von Vertretern der unternehmerischen Praxis bestätigt werden, zeigen unterschiedliche empirische

Untersuchungen, die im Folgenden vorgestellt werden. Da die meisten Untersuchungen im deutschsprachigen Raum bzw. in den Vereinigten Staaten durchgeführt wurden, liegt der Fokus im Folgenden auf Studien, die ausschließlich in diesen Ländern durchgeführt wurden. Die empirischen Befunde werden dabei ihrer Herkunft nach getrennt behandelt, wobei zugleich Hinweise auf Gemeinsamkeiten bzw. Unterschiede gegeben werden.

2 Empirische Befunde zur Rolle von Marketing und Public Relations in der Unternehmenskommunikation

2.1 Empirische Befunde im deutschsprachigen Raum

Aufschluss über die Rolle von Marketing und Public Relations im Rahmen der Gesamtkommunikation geben in erster Linie fünf Befragungen, die in den letzten 15 Jahren im deutschsprachigen Raum durchgeführt wurden: eine Befragung von Rolke (2003) aus dem Jahr 2002 unter Marketing- und PR-Leitern in 388 der größten deutschen Unternehmen, die sich mit den Zukunftserwartungen in der Produkt- und Unternehmenskommunikation beschäftigt; eine Studie von Bruhn/Boenigk (1999) aus dem Jahr 1997, in der Verantwortliche für die Marketingkommunikation in 800 deutschen Unternehmen (ausgewertete Fragebögen 62) zum Entwicklungsstand der Integrierten Kommunikation in ihren Unternehmen befragt wurden; eine Studie von Haedrich/Jenner/Olavarria/Possekel (1995) zur Situation der Öffentlichkeitsarbeit im Jahre 1993 unter den Inhabern leitender PR-Stellen in 600 deutschen Industrieunternehmen (Rücklaufquote 53,6 Prozent), eine Studie unter rund 1.000 Unternehmen der Fertigungsindustrie und des Maschinen- und Anlagenbaus zur Bedeutung von Public Relations in mittelständischen Unternehmen (Initiative IndustrieKultur 2005) sowie eine Studie von Bruhn (2006b) in Deutschland, Österreich und der Schweiz (insgesamt 429 ausgewertete Fragebögen), die die Studie von Bruhn/Boenigk aus dem Jahr 1997 fortführt. Von besonderem Interesse sind in den Studien sowohl inhaltliche, ressourcenbezogene als auch organisationsbezogene Aspekte, die einen Rückschluss auf die Bedeutung der Kommunikationsinstrumente zulassen.

Inhaltliche Aspekte: Die Bedeutung der Kommunikationsinstrumente betreffend kommen die Studien von Rolke und Bruhn zu einem ähnlichen Ergebnis. Sowohl Mediawerbung als auch Public Relations (wobei in der Studie von Rolke die Unternehmen nach Produkt-PR befragt wurden) werden als erst-, zweit- oder drittbedeutendste Instrumente für den Kommunikationserfolg eingestuft, und die Befragten dokumentieren ihnen eine hohe strategische Bedeutung (Bruhn/Boenigk 1999: 68; Rolke 2003: 16; Bruhn 2006b: 70). Ähnlich werden Mediawerbung und Public Relations auch bei einer Bewertung der Kommunikationsinstrumente nach ihrer Einflussnahme und Beeinflussbarkeit beurteilt (Bruhn 2006b: 73). Beide Instrumente werden bei dieser Strukturierung als Leitinstrument klassifiziert, die andere Instrumente stark beeinflussen, selbst jedoch kaum beeinflussbar sind (Abb. 1). Interessant ist in diesem Zusammenhang insbesondere die Einschätzung der Öffentlichkeitsarbeit, die knapp zehn Jahre zuvor noch als Kristallisationsinstrument, d.h. als stark beeinflussbar, bewertet wurde (Bruhn/Boenigk 1999: 72).

Abb. 1: Kategorisierung von Kommunikationsinstrumenten nach Einflussnahme und Beeinflussbarkeit

Beeinflussbarkeit \ Einflussnahme	Hohe Einflussnahme	Niedrige Einflussnahme
Niedrige Beeinflussbarkeit	Leitinstrumente • Mediawerbung • PR/Öffentlichkeitsarbeit • Multimediakommunikation	Integrationsinstrumente • Messen/Ausstellungen • Event Marketing • Sponsoring • Verpackung
Hohe Beeinflussbarkeit	Kristallisationsinstrumente • Mitarbeiterkommunikation • Persönlicher Verkauf/Vertrieb • Kundenbindung/CRM • Verkaufsförderung	Folgeinstrumente • Direct Marketing

(Quelle: Bruhn 2006b: 74; Bruhn 2007: 119)

Auf eine klare Aufgabenteilung zwischen Marketing und Public Relations weist die Studie von Haedrich et al. (1995: 619) hin. Demnach setzen Unternehmen Public Relations in erster Linie mit dem Ziel ein, ein positives Unternehmensimage aufzubauen und zu erhalten sowie weitere unternehmensbezogene Zielsetzungen zu realisieren (z.B. Förderung des unternehmerischen Ansehens bei relevanten gesellschaftspolitischen Institutionen). Marketing wird indessen primär mit kunden- und produktbezogenen Zielsetzungen verbunden, etwa der Kundenpflege bzw. Neukundengewinnung oder der Bekanntmachung von Produkten. Unterschiedliche Schwerpunkte bei den Zielen werden auch in der Unternehmensbefragung von Rolke deutlich, laut der im Zielsystem des Marketing die Erzielung von Gewinn, Kundenzufriedenheit, Umsatz und Image auf den vordersten Rängen auftauchen, bei Public Relations sind es indessen Unternehmens- und Produktimage sowie die Erreichung eines positiven Ansehens bei Institutionen (Rolke 2003: 20).

Ressourcenbezogene Aspekte: Wie die Unternehmensbefragungen andeuten, lässt sich in der Praxis von der Bedeutung der Kommunikationsinstrumente nicht direkt auf die Ressourcenverteilung schließen. So nimmt die Mediawerbung in der Studie von Bruhn bei der Budgetzuteilung mit Abstand den ersten Rang ein, Public Relations folgt trotz seiner strategischen Bedeutung erst auf Rang vier (Bruhn 2006b: 76; im Jahre 1997 noch auf Rang sechs, vgl. Bruhn/Boenigk 1997: 75). Dieselbe Tendenz weisen auch die Befunde von Rolke auf. Während Marketing und Public Relations fast gleich stark verantwortlich für das Image eines Unternehmens eingeschätzt werden (33 Prozent bzw. 29 Prozent), empfehlen die befragten Experten eine Budgetverteilung von 2:1 (Rolke 2003: 23). Bei einer Prognose der zukünftigen Bedeutung der Kommunikationsinstrumente werden allerdings für die klassische Werbung starke Verluste vorhergesagt, für die Produkt-PR hingegen eine Bedeutungszunahme.

Organisationsbezogene Aspekte: Aus den organisatorischen Befunden der Befragung von Bruhn lässt sich darauf schließen, dass die Abteilungen Marketing und Public Relations bei einer Vielzahl von Unternehmen den gleichen oder einen ähnlichen Stellenwert genießen. So werden beispielsweise beide Abteilungen relativ ausgeglichen in strategische und operative Maßnahmen der Integrierten Kommunikation einbezogen (Bruhn/Boenigk 1999: 29; Bruhn 2006b: 65). Dies spiegelt sich auch in ähnlicher Weise in den Ergebnissen von Haedrich et al. wider, nach denen bei 87 Prozent der befragten Unternehmen Public Relations auf der ersten oder zweiten Hierarchieebene angesiedelt ist (Haedrich et al. 1995: 623). Allerdings werden bei drei von vier Unternehmen die PR-Aufgaben von einer Stabstelle übernommen, die in der Regel nicht über Weisungsbefugnisse verfügt. Die Studie der Initiative IndustrieKultur unter 1.000 mittelständischen Industrieunternehmen kommt zu dem Ergebnis, dass in mehr als einem Drittel der befragten Unternehmen die Öffentlichkeitsarbeit der Marketingleitung untersteht, in gut 14 Prozent der Fälle der Vertriebsleitung und bei rund 7 Prozent der Unternehmen der Werbeleitung. Weniger als ein Drittel der Unternehmen können hingegen eine spezielle Stelle für Public Relations vorweisen (Initiative IndustrieKultur 2005). Die Zusammenarbeit von Marketing und Public Relations betreffend kommen die Studien zu einem eher enttäuschenden Ergebnis. Zwar bewerten die von Bruhn befragten Unternehmen die Bereitschaft zur Zusammenarbeit mit anderen Abteilungen in beiden Fällen mehrheitlich positiv (Bruhn 2006b: 61), sowohl Haedrich et al. (1995: 624) als auch Rolke (2003: 16) stellen jedoch wesentliche Defizite bei der Koordination und Abstimmung der Bereiche fest. Insbesondere bei großen Unternehmen sind Marketing und Public Relations inhaltlich und organisatorisch getrennt, bei kleinen Unternehmen erfolgt indessen die Verknüpfung dadurch, dass Public Relations oftmals einen Teilbereich des Marketing darstellt.

2.2 Empirische Befunde aus den Vereinigten Staaten

Empirische Untersuchungen in den USA, die sich in den letzten Jahren mit dem Verhältnis von Marketing und Public Relations auseinandersetzen, sind die Befragung von Kirchner (2001) zur Überprüfung eines Stufenmodells der Integrierten Kommunikation, bei der Kommunikationsverantwortliche (größtenteils Marketingverantwortliche) in 789 amerikanischen Unternehmen im Jahr 1997 (Rücklaufquote 16 Prozent) befragt wurden; das langfristige Projekt der IABC-Excellence-Study von Grunig/Grunig (1998) zur Analyse der Erfolgsfaktoren von Public Relations, in dessen Rahmen vornehmlich Vertreter der Geschäftsleitung sowie die PR-Verantwortlichen von 323 amerikanischen Organisationen (Unternehmen, Non-Profit-Unternehmen, Regierungsbehörden) befragt wurden sowie die Befragung von Hunter (1997) zum Verhältnis von Marketing und Public Relations in Unternehmen, die an die Marketing- und PR-Abteilungen von 300 der größten Unternehmen in den USA im Jahr 1996 gerichtet war (Rücklaufquote 25 Prozent).

Inhaltliche Aspekte: Innerhalb eines Rankings der Bedeutung einzelner Kommunikationsinstrumente aus Perspektive des Managements kommt Kirchner zu ähnlichen Ergebnissen wie Bruhn: Auch bei den US-amerikanischen Unternehmen wird der Mediawerbung der höchste Stellenwert von den Befragten bescheinigt, Corporate- und Produkt-PR folgen auf den Rängen drei und sechs (Kirchner 2001: 259). Intensiver mit der Stellung von Public Relations setzen sich Grunig/Grunig auseinander. Ihre Studie zeigt zum einen, dass aus Perspektive der Unternehmensleitung Public Relations von großem Wert für den Unternehmenserfolg ist und ihre Bedeutung im Abteilungsvergleich als überdurchschnittlich eingeschätzt wird (Grunig/Grunig 1998: 149). Zum anderen wurde bei der Befragung aber auch deutlich, dass die PR-Fachleute bislang in erster Linie routinemäßige Aufgaben erhalten, selten jedoch größere Projekte und Aufgaben im Rahmen des Strategischen Managements. Zur Steigerung der Bedeutung von Public Relations ist es nach Ansicht der befragten Manager wichtig, Public Relations stärker in die strategische Planung einzubeziehen und PR-Verantwortliche mit Führungspositionen im Unternehmen zu versehen. Darüber hinaus kommt die Auswertung der Studie zu dem Ergebnis, dass die PR-Funktion im Unternehmen ihre Aufgaben am erfolgreichsten wahrnehmen kann, wenn Marketing und Public Relations die gleiche Unterstützung durch das Management erfahren (Grunig/Grunig 1998: 154). Wird Marketing bevorzugt, so sind die Ergebnisse unterdurchschnittlich, bei einer Bevorzugung von Public Relations durchschnittlich.

Ressourcenbezogene Aspekte: Anders als bei Bruhn/Boenigk und Rolke spiegelt sich die Bedeutung der Kommunikationsinstrumente bei Kirchner unmittelbar in der Budgetzuteilung wider. Der größte Anteil wird dabei der Mediawerbung zugewiesen, gefolgt von Corporate- und Produkt-PR auf den Rängen zwei und sieben (Kirchner 2001: 259). Über personelle Ressourcen der Marketing- und PR-Abteilungen gibt die Befragung von Hunter Aufschluss (Hunter 1997: 204f.). Hier zeigt sich, dass bei knapp zwei Drittel der Unternehmen zwischen einem und 20 Mitarbeitern in den PR-Abteilungen arbeiten. In den Marketingabteilungen sind es bei über 40 Prozent der Unternehmen indessen mehr als 50 Mitarbeiter. Die ‚durchschnittliche' Marketingabteilung mit 66 Mitarbeitern ist laut dieser Ergebnisse um 40 Mitarbeiter größer als die ‚durchschnittliche' PR-Abteilung.

Organisationsbezogene Aspekte: Die gleichwertige Anerkennung von Marketing und Public Relations drückt sich in den Ergebnissen von Hunter u.a. darin aus, dass die Funktionen bei zwei Drittel der befragten Unternehmen auf derselben Hierarchieebene angesiedelt sind und bei den verbleibenden Unternehmen die Vorrangstellung mehr oder weniger gleich verteilt ist (Hunter 1997: 200). Dies ist kongruent mit den bereits aufgezeigten Befunden aus dem deutschsprachigen Raum. Darüber hinaus berichten Marketing und Public Relations bei zwei Drittel der Unternehmen entweder direkt an den CEO oder einen Vice President für Corporate Communications bzw. Marketing (Hunter 1997: 201f.). Bezüglich der abteilungsübergreifenden Zusammenarbeit sind die Ergebnisse bei Kirchner, ähnlich wie bei Rolke, kritisch zu bewerten. 17,5 Prozent der Unternehmen gaben an, überhaupt keine Sitzungen mit Mitgliedern aller Kommunikationsfunktionen abzuhalten, bei der Hälfte der Unternehmen wird dies nur selten praktiziert (Kirchner 2001: 260; ähnlich auch die Ergebnisse bei Bloom 2007: 18). Die Aufbauorganisation betreffend zeigt sich in der Studie, dass kommunikative Funktionen sowohl in den Dachabteilungen Marketing, Unternehmenskommunikation, Personal oder Verkauf gebündelt werden, nicht jedoch in einer übergeordneten PR-Abteilung (Kirchner 2001: 249ff.). Sowohl Corporate- als auch Produkt-PR berichten bei einem Großteil der von Kirchner befragten Unternehmen statt dessen an die Unternehmenskommunikation oder das Marketing. Organisationsbezogen ziehen Grunig/Grunig in ihrer Studie die Schlussfolgerung, dass die PR-Aufgaben am erfolgreichsten zu erfüllen seien, wenn alle bestehenden Kommunikationsabteilungen in die PR-Abteilung integriert oder zumindest alle Kommunikationsabteilungen durch die PR-Abteilung koordiniert würden (Grunig/Grunig 1998: 146). Des Weiteren müsse Public Relations Zugang zu allen wichtigen Entscheidungsträgern im Unternehmen erhalten, in strategische Managemententscheidungen einbezogen und keiner anderen Abteilung, wie Marketing oder Personal, untergeordnet werden.

2.3 Hauptergebnisse und Relativierungen der empirischen Befunde

Bei einer Interpretation der empirischen Ergebnisse ist zu berücksichtigen, dass die aufgeführten Studien auf unterschiedlichen methodischen Untersuchungsdesigns basieren, verschiedenartige Schwerpunkte legen und unterschiedliche Funktionsträger befragt wurden, sodass eine Vergleichbarkeit der Ergebnisse nur begrenzt gegeben ist. Einige wesentliche Tendenzen, die sich aus den Studien ablesen lassen, werden hier relativiert zusammengefasst.

Insgesamt geht aus den Studien hervor, dass der Konflikt zwischen Marketing und Public Relations von den Verantwortlichen in der unternehmerischen Praxis als weniger gravierend wahrgenommen wird als es die Protagonisten in der Literatur häufig darstellen. Bezogen auf die Rolle der Kommunikationsinstrumente geben die empirischen Studien sowohl in den inhaltlichen als auch organisatorischen Aspekten oftmals eher einen wünschenswerten Idealzustand wieder. Allerdings verdeutlichen die Studien auch organisatorische Defizite, die sich vornehmlich auf die abteilungsübergreifende Zusammenarbeit beziehen. Als *Hauptergebnisse der empirischen Studien* lassen sich die folgenden fünf Punkte anführen:

1. Strategische Bedeutung für den Unternehmenserfolg haben aus Sicht der Befragten beide Kommunikationsinstrumente, wenn auch mit sehr unterschiedlichen Gewichtungen.
2. Die Bedeutung der Instrumente lässt nicht immer auf die Ressourcenzuteilung schließen. So werden Marketing und Public Relations häufig gleichbedeutend für

den Unternehmenserfolg bewertet, dem Marketing werden aber in der Regel größere Budgets und mehr Personal zugewiesen.
3. Die Aufgabenbereiche und Ziele von Marketing und Public Relations unterscheiden sich wesentlich, woraus sich jedoch per se keine Vorrangstellung für eines der Instrumente ableiten lässt.
4. Organisatorisch sind Marketing und Public Relations zumeist in separaten Abteilungen strukturiert. Eine eindeutige Rangordnung lässt sich allerdings weder aus ihrer hierarchischen Ansiedelung noch aus den Berichtswegen ableiten.
5. Verbesserungspotenziale bestehen aus Sicht der Befragten vornehmlich in der interdisziplinären Kooperation und Koordination beider Abteilungen.

Die Ergebnisse dürfen jedoch nicht zu dem Schluss verleiten, dass es sich zwischen Marketing und Public Relations um ein ‚Scheingefecht' handelt. Hier liegt eine starke Diskrepanz zwischen den Antworten in den empirischen Studien (sie unterliegen zum Teil Verzerrungen aufgrund der Vorstellungen der Befragten, wie es sein sollte) und der tatsächlichen Praxis vor. Das Problem der ‚sozial erwünschten Antworten' scheint auch bei diesen Studien ein typischer Befragungseffekt zu sein. In der Realität handelt es sich um Interessenkonflikte in Bezug auf Ressourcen (Budgets, Mitarbeitende), Einfluss und Macht, die letztlich auf die Stellenbildung und das Agieren nach dem Profit-Center-Prinzip zurückzuführen sind. Hinzu kommen ausgeprägte kulturelle Unterschiede zwischen beiden Abteilungen, die sich in einer eher offensiven Ausrichtung von Marketingspezialisten und einer mehrheitlich defensiven, reaktiven Haltung von PR-Managern ausdrücken (Bloom 2007: 18).

Insgesamt betrachtet lässt sich der Disput zwischen Marketing und Public Relations auf das Kernproblem zurückführen, dass in der Kommunikation immer noch eine sehr starke Funktionsbetrachtung erfolgt. Mit dieser *funktionalen Sichtweise* sind oftmals verbunden:

- funktionale Abgrenzungs- und Abschottungstendenzen sowie die Provokation von Ressortegoismen durch organisatorische Stellen- und Abteilungsbildungen,
- abteilungsbezogene Budgetierung, Kontrolle und Ergebniszuweisungen,
- Informationsverluste zwischen Kommunikationsabteilungen durch die Filterung auf unterschiedlichen Hierarchieebenen,
- die Gefahr, dass sich viele Stellen für übergeordnete Aufgaben nicht zuständig fühlen,
- Zeitverluste durch lange und formalisierte Kommunikationswege,
- Kreativitätsverluste und Demotivation bei den Mitarbeitern durch zu starke Formalisierung der Informations- und Kommunikationsprozesse.

Zur Überwindung dieser Barrieren ist ein Übergang von einer Funktions- zu einer *Prozessbetrachtung* notwendig, bei der nicht die funktional ausgerichteten Kommunikationsinstrumente den Ausgangspunkt bilden, sondern die auf Zielgruppen ausgerichteten Kommunikationsprozesse. Mit anderen Worten: Es gilt, die funktionale Sichtweise mit einer prozessualen Ausrichtung zu verbinden, wobei die Prozessorientierung der Ausgangspunkt ist (vgl. ausführlich zur Prozessorientierung in der Kommunikation Ahlers 2006).

3 Planung und Abstimmung von Kommunikationsprozessen

3.1 Managementebenen der Unternehmenskommunikation

Den Ausgangspunkt für eine prozessuale Ausrichtung in der Unternehmenskommunikation bildet ein Modell für die Unternehmenskommunikation mit drei Managementebenen (siehe Abb. 2).

Abb. 2: Managementebenen der Unternehmenskommunikation

```
┌─────────────────────────────────────────────────────────────┐
│         ┌─────────────────────────────────────────┐         │
│         │        Kommunikationsmanagement:        │         │
│         │ Planung und Abstimmung von Kommunikationsinstrumenten │
│         └─────────────────────────────────────────┘         │
│                        ┌──────────────────────┐             │
│                        │   Fachliche Ebene:   │             │
│                        │ Prozessanalyse der Unternehmenskommunikation │
│                        └──────────────────────┘             │
│              ↙                            ↘                 │
│   ┌──────────────────────┐      ┌──────────────────────┐    │
│   │ Organisatorische Ebene: │    │   Personelle Ebene:  │    │
│   │ Cross-funktionale Teams │    │ Kommunikationsbezogene │   │
│   │ Kommunikationsverantwortlicher │ Anreizsysteme      │    │
│   └──────────────────────┘      └──────────────────────┘    │
└─────────────────────────────────────────────────────────────┘
```

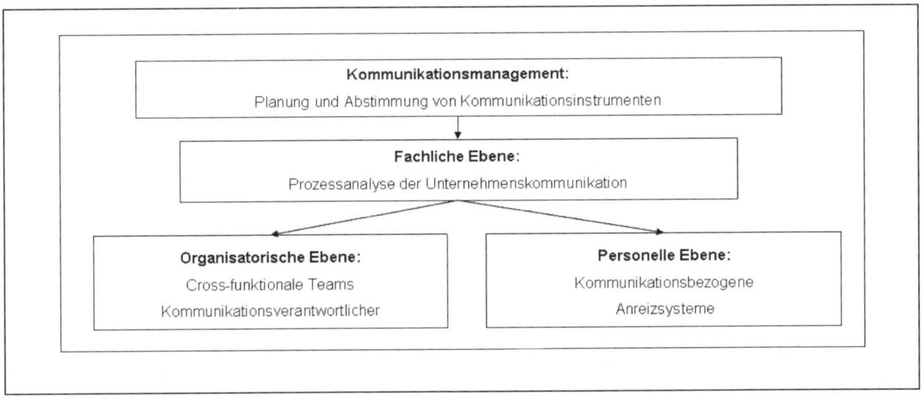

Auf *fachlicher Ebene* bildet im Rahmen des Kommunikationsmanagements die Planung und Abstimmung der vielfältigen internen und externen Kommunikationsinstrumente den Ausgangspunkt. Dies erfordert eine Prozessanalyse, die die Kommunikationsplanung in einzelne kommunikative – instrumentenneutrale – Teilprozesse zerlegt. Auf *organisatorischer Ebene* erfolgt eine Auseinandersetzung mit der internen Gestaltung der Koordination und Kooperation zwischen Kommunikationsfachabteilungen (cross-funktionales Management) sowie die Zusammenarbeit mit den Agenturen. Die *personelle Ebene* umfasst den Aufbau und Einsatz von Anreizsystemen für die Verantwortlichen der Kommunikation (Unternehmen und Agenturen). Die einzelnen Kommunikationsinstrumente haben sich diesem Prozess der Unternehmenskommunikation konsequent unterzuordnen. Sowohl die Gestaltung der Organisationsstruktur als auch die Entwicklung der Anreizsysteme hat mit dem Ziel zu erfolgen, durch eine harmonische Zusammenarbeit der Kommunikationsinstrumente den Prozess der Unternehmenskommunikation insgesamt zu fördern.

3.2 Fachliche Ebene (Prozessanalyse)

Bei einer prozessorientierten Betrachtung wird der klassische Planungsprozess der Kommunikation (Analyse, Planung, Umsetzung und Kontrolle) in instrumentenneutrale kommunikative Teilprozesse zerlegt (Abb. 3; ähnlich Ahlers 2006: 136ff.). Im Gegensatz zur Funktionsbetrachtung erfolgt die Analyse der Anforderungen und Kommunikationsbedürfnisse der Zielgruppen sowie die Strukturierung der Kommunikationsinstrumente dabei nicht isoliert in den jeweiligen Abteilungen, sondern abteilungsübergreifend für die Gesamtkommunikation. Als Input-Variablen dienen neben Zielgruppeninformationen auch die übergeordneten Unternehmensziele. Im Verlauf der Planung und Umsetzung werden die Kommunikationsziele und -botschaften ebenfalls nicht für einzelne Instrumente, sondern für die Gesamtkommunikation definiert. Erst in einem folgenden Schritt werden die Kommunikationsinstrumente ausgewählt, die quasi in einem großen ‚Werkzeugkasten' zur Verfügung stehen, aus dem situationsbezogen solche Instrumente ausgewählt werden, die vor dem Hintergrund der Bedürfnisse der Zielgruppen sowie der definierten Kommunikationsziele und -botschaften am besten zur Realisierung des Kommunikationserfolges geeignet erscheinen (s.a. Hunter 2000: 3). Die Integration von Zielen, Botschaften und Kommunikationsinstrumenten gewährleistet, dass in der externen Kommunikation keine Widersprüche auftreten und die Aussagen des Unternehmens durch inhaltliche, formale und zeitliche Einheitlichkeit geprägt sind. Auch die Erfolgskontrolle der Integrierten Kommunikation wird bei der Prozessbetrachtung nicht isoliert für einzelne Kommunikationsinstrumente durchgeführt, sondern es werden übergeordnete Marken-, Kunden- und Imagewerte erfasst (Output-Variablen). Entsprechend der instrumenteübergreifenden Durchführung von Kontroll- und Ergebniszuweisungen erfolgt auch die Ressourcenverteilung nicht abteilungsbezogen. Stattdessen werden Budgets, Personal und Zeit einem speziellen Kommunikationsmix entsprechend den erwarteten Output-Variablen zugewiesen (s.a. einen ähnlichen Ansatz zur finanziellen Integration bei Schultz/Schultz 1998: 24f.). Letztlich geht es darum, den Erfolgsbeitrag der einzelnen Kommunikationsinstrumente auf Werttreiber der Kommunikation (Marken, Image, Kundenbeziehungen) zu identifizieren. Dies erfordert allerdings auch die Messbarkeit und damit die Nachweisbarkeit dieser Wirkungseffekte durch die Vertreter der Kommunikationsinstrumente.

Die Prozessbetrachtung verdeutlicht, dass im Rahmen der Analyse, Planung, Umsetzung und Kontrolle der Gesamtkommunikation die Zusammenarbeit einer Vielzahl von Abteilungen erforderlich ist. Hierzu zählen neben den klassischen Kommunikationsabteilungen auch ‚kommunikationsfremde' Abteilungen (z.B. Database Management, Kundendienst), die spezielle kommunikationsbezogene Aufgaben übernehmen. Darüber hinaus ist an unternehmensexterne Agenturen zu denken, die an der Entwicklung der Kommunikationsstrategie beteiligt werden. Auf organisatorischer Ebene steht infolgedessen die Frage im Mittelpunkt, wie eine effiziente und zugleich harmonische Kooperation der Abteilungen realisiert werden kann.

Abb. 3: Prozessbetrachtung der Unternehmenskommunikation

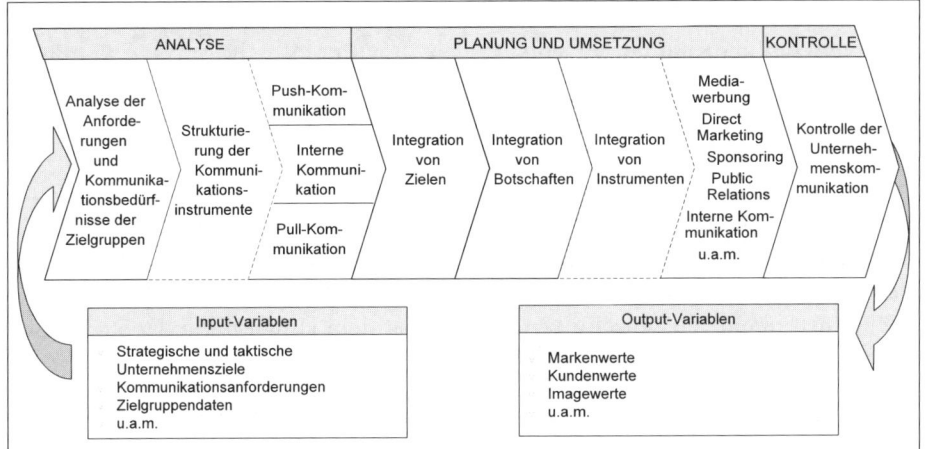

3.3 Organisatorische Ebene (Cross-funktionale Teams)

Der Einsatz cross-funktionaler Teams wurde bislang in Zusammenhang mit einer Vielzahl von Problemstellungen diskutiert, insbesondere mit der Neuproduktplanung (z.B. Kahn 1996; Menon/Jaworski/Kohli 1997; Kahn/Mentzer 1998), dem Total Quality Management (z.B. Powell 1995; Evans/Anderson/Sweeny 1997), der Marketingplanung (z.B. Shipley 1994; Lane/Clewes 2000; Krohmer/Homburg/Workman 2002) sowie der Integrierten Kommunikation (Steinmann/Zerfaß 1995; Duncan/Moriarty 1997; Schultz/ Schultz 1998; Zerfaß 2004; Ahlers 2006; Bruhn 2006a). Im Kern geht es dabei um eine Aufhebung der Starrheit der Aufbauorganisation von Unternehmen. Ziel ist es, die Effektivität und Effizienz von Prozessen im Unternehmen zu optimieren sowie langfristig die Performance einzelner Geschäftsbereiche und die Kundenzufriedenheit zu erhöhen. Erreicht wird dies durch eine Optimierung der Kooperation und Koordination verantwortlicher Abteilungen sowie durch eine bessere Ausnutzung von Synergieeffekten. Darüber hinaus können cross-funktionale Teams dazu dienen, Konflikte zwischen Abteilungen, die mit einer funktionalen Sichtweise verbunden sind (z.B. ‚Ressortdenken'), zu lösen und das Spezialwissen von Abteilungen in die Prozesse einfließen zu lassen. Da die Aufbauorganisation des Unternehmens in den Hintergrund rückt, lassen sich Widerstände beseitigen, die in der Hierarchisierung der Unternehmensorganisation liegen. In der Folge können Entscheidungen im Unternehmen glaubwürdiger kommuniziert werden und auf mehr Unterstützung in allen Abteilungen sowie auf allen Hierarchieebenen hoffen.

Eine wesentliche Voraussetzung zur Realisierung der Ziele cross-funktionaler Zusammenarbeit besteht in der *Zusammensetzung der Teams*. Zur Vermeidung von Konflikten bei einer ungleichen Repräsentation von Abteilungen haben sich die Teams sowohl aus Fachexperten der Linie und den Stäben sowie aus Mitgliedern der verschiedenen Kommunikationsabteilungen und Stelleninhabern unterschiedlicher Instanzen zu bilden. Wie stark welche Kommunikationsabteilungen repräsentiert sind und wer den Vorsitz eines Teams übernimmt, ist situationsspezifisch in Abhängigkeit von der kommunikativen Problemstellung zu entscheiden. Für den Vorsitz infrage kommen Vertreter aus der Unternehmens- oder Marketingleitung, PR-Verantwortliche, Kommunikationsmanager u.a.m. In der Gestaltung der teaminternen Zusammenarbeit gilt es zudem deutlich zu machen, dass – anders als bei der Funktionsbetrachtung – nicht von Bedeutung ist, ob Marketing oder Public Relations als strategische oder taktische Instrumente im Unternehmen betrachtet werden. Die Vertreter aller Kommunikationsinstrumente haben die gleiche Unterstützung zu erfahren und sind gemeinsam sowohl für taktische als auch strategische Aufgaben einzusetzen.

3.4 Personelle Ebene (Anreizsysteme)

Die Entwicklung von Anreizsystemen im Rahmen der Prozessbetrachtung dreht sich um die Fragestellung, wie die Arbeit innerhalb der cross-funktionalen Teams durch die Gestaltung materieller und immaterieller Anreize gefördert werden kann. Die Anreizsysteme übernehmen dabei eine Mittlerfunktion zwischen dem übergeordneten Managementmodell der Kommunikation, der Prozessbetrachtung sowie der Führung der Mitarbeitenden. Ihr Ziel liegt darin, zum einen erwünschte Verhaltensweisen der Verantwortlichen durch die Schaffung positiver Anreize zu fördern und zum anderen ungewollte Verhaltensweisen durch die Einführung von Sanktionen zu unterbinden. Auf diese Weise wird erreicht, dass die Verantwortlichen für die Kommunikation die Eigeninteressen ihrer Abteilungen in den Hintergrund stellen und sich auf die Realisierung der Ziele der Gesamtkommunikation konzentrieren. Darüber hinaus kann durch die Entwicklung spezieller Anreizsysteme eine angestrebte Unternehmenskultur gefördert werden, die auch eine gegenseitige Akzeptanz der Mitarbeitenden unterschiedlicher Kommunikationsabteilungen beinhaltet. In der konkreten Ausgestaltung der Anreizsysteme sind sowohl materielle als auch immaterielle Anreize denkbar. Materielle Anreize können beispielsweise als variable Entgeltzulagen in Abhängigkeit der Erfolge eines Kommunikationsprojektes vergeben werden. Immaterielle Anreize sind möglich in Form der Gestaltung von Arbeitsinhalten der Mitarbeitenden, der Zubilligung gewisser Autonomie im Handeln oder der Partizipation an speziellen Kommunikationsprojekten.

4 Zusammenfassung

Den Ausgangspunkt für den vorliegenden Beitrag lieferte das Verhältnis zwischen Marketing und Public Relations, das sowohl in Wissenschaft als auch Praxis wiederkehrende Diskussionen provoziert. Bei einer Betrachtung der unterschiedlichen Konflikte lassen sich eine Hierarchie-, Akzeptanz-, Strategie-, und Ressourcendimension identifizieren, die im Rahmen konkreter Anlässe im Unternehmen (z.B. der Verantwortungszuweisung) zum Vorschein treten. Insgesamt lässt sich der Disput in weiten Teilen auf eine funktionale Betrachtung der Kommunikation zurückführen, wie sie heute in der Praxis stark verbreitet ist. Eine Prozessbetrachtung bietet vor diesem Hintergrund die Möglichkeit einer Beseitigung (oder zumindest Abschwächung) bestimmter Konflikte zwischen Marketing und Public Relations, womit letztlich auch der Gesamtkommunikation geholfen ist. Die Prozessanalyse der Unternehmenskommunikation fügt sich dabei in das übergeordnete Managementmodell der Unternehmenskommunikation ein und wird durch cross-funktionale Teams und entsprechende Anreizsysteme umgesetzt. Für Unternehmen sind mit dieser Betrachtungsweise eine Vielzahl neuer Herausforderungen sowohl auf inhaltlich-konzeptioneller (Analyse und Gestaltung des Prozesses der Unternehmenskommunikation), organisatorisch-struktureller (Implementierung cross-funktionaler Teams) als auch personell-kultureller (Schaffung von Anreizsystemen) Ebene verbunden. Eine Reaktion auf diese Herausforderungen kann nicht kurzfristig erfolgen, sondern ist mit einem langfristigen Lernprozess verbunden, in den auch die Kommunikationsagenturen zu integrieren sind. Am Ende der Bemühungen ist jedoch zu erwarten, dass bestehende Konflikte zwischen Kommunikationsabteilungen überwunden sind und die strategische Bedeutung der Gesamtkommunikation für das Unternehmen an Gewicht gewonnen hat.

Literatur

Ahlers, Grit Mareike (2006): Organisation der Integrierten Kommunikation. Entwicklung eines prozessorientierten Organisationsansatzes. Wiesbaden.

Avenarius, Horst (2000): Public Relations. Die Grundform der gesellschaftlichen Kommunikation. Darmstadt.

Becker, Jochen (2001[7]): Marketing-Konzeption. Grundlagen des ziel-strategischen und operativen Marketing-Managements. München

Beger, Rudolf / Hans-Dieter Gärtner / Rainer Mathes (1989): Unternehmenskommunikation. Grundlagen, Strategien, Instrumente. Wiesbaden.

Benkenstein, Martin (2002[2]): Strategisches Marketing. Ein wettbewerbsorientierter Ansatz. Berlin.

Bentele, Günte / Jörg Hoepfner (2004): Markenführung und Public Relations. In: Manfred Bruhn (Hg.): Handbuch Markenführung. Kompendium zum erfolgreichen Markenmanagement. Strategien – Instrumente – Erfahrungen. Wiesbaden: 1535-1564.

Bloom, Jonah (2007): Marketing, PR Departments Must Bridge the Cultural Gulf. In: Advertising Age, 78. Vol. / No. 11: 18.

Bogner, Franz M. (1999[3]): Das neue PR-Denken. Strategien – Konzepte – Aktivitäten. Wien / Frankfurt a.M.

Bruhn, Manfred (2003[4]): Sponsoring. Systematische Planung und integrativer Ansatz. Wiesbaden.

Bruhn, Manfred (2005): Unternehmens- und Marketingkommunikation. Handbuch für ein integriertes Kommunikationsmanagement. München.

Bruhn, Manfred (2006a[4]): Integrierte Unternehmens- und Markenkommunikation. Strategische Planung und operative Umsetzung. Stuttgart.

Bruhn, Manfred (2006b): Integrierte Kommunikation in den deutschsprachigen Ländern. Beststandsaufnahme in Deutschland, Österreich und der Schweiz. Wiesbaden.

Bruhn, Manfred (2007[4]): Kommunikationspolitik. Systematischer Einsatz der Kommunikation für Unternehmen. München.

Bruhn, Manfred / Grit Mareike Ahlers (2004): Der Streit um die Vormachtstellung von Marketing und Public Relations in der Unternehmenskommunikation – Eine unendliche Geschichte? In: Marketing ZFP, 26. Jg. / Nr. 1: 71-80.

Bruhn, Manfred / Michael Boenigk (1999): Integrierte Kommunikation. Entwicklungsstand in Unternehmen. Wiesbaden.
Cornelissen, Joep P./Andrew R. Lock (2000): The Organizational Relationship Between Marketing and Public Relations: Exploring Psaradigmatic Viewpoint. In: Journal of Marketing Communications, 7. Vol. / No. 6: 231-245.
Daub, Claus-Heinrich (2000[2]): Spannungsfeld Unternehmen. Perspektiven im Zeitalter der Globalisierung. Basel.
Dick, Marco (1997): Management von Produkt-PR. Ein situativer Ansatz. Bamberg
Duncan, Tom / Sandra Moriarty (1997): Driving Brand Value. Using Integrated Marketing to Manage Profitable Stakeholder Relationships. New York u.a.
Evans, James R. / David R. Anderson / Dennis J. Sweeny (1997[5]): Applied Production and Operations Management. St. Paul.
Gronstedt, Anders (1996): Integrating Marketing Communication and Public Relations: A Stakeholder Relations Model. In: Esther Thorson / Jeri Moore (Hg.): Integrated Communication: Synergy of Persuasive Voices. Mahwah: 287-304
Grunig, James E. (1992): Das Verhältnis zwischen Public Relations und Marketing als Managementaufgabe. In: Thexis, 9. Jg. / Heft 6: 49-53.
Grunig, James E. (2006): Furnishing the Edifice: Ongoing Research on Public Relations as a Strategic Management Function. In: Journal of Public Relations Research, 18. Vol. / No. 2: 151-176.
Grunig, James E. / Larissa A. Grunig (1998): The Relationship Between Public Relations and Marketing in Excellent Organizations: Evidence From the IABC Study. In: Journal of Marketing Communications, 5. Vol. / No. 4: 141-162.
Haedrich, Günther / Thomas Jenner / Marco Olavarria / Stephan Possekel (1995): Zur Situation der Öffentlichkeitsarbeit in deutschen Unternehmen im Jahre 1993. In: Die Betriebswirtschaft, 55. Jg. / Heft 5: 615-626.
Haywood, Roger (1998): Public Relations für Marketing Professionals. Houndmills / London.
Hunter, A. Thomas D. (1997): The Relationship of Public Relations and Marketing Against the Background of Integrated Marketing Communiations. A Theoretical Analysis and Empirical Study at US-American Corporations. (Unveröffentlichte) Diplomarbeit an der Universität Salzburg. Salzburg.
Hunter, A. Thomas D. (2000): Integrated Communications, Stakeholders & Stakeholder Databases. New Approaches to Communication Management. In: Akademija MM, 6. Vol. (http://www.geocities.com/thomas.hunter/article2.htm (Stand: 25.10.2002))
Initiative IndustrieKultur (2005): Umfrage „Bedeutung der Public Relations (PR) für mittelständische Unternehmen" (http://www.initiative-unternehmenskultur.de/images/ umfragen/auswertung_bedeutungpr.pdf (Stand: 14.01.2008)
Kahn, Kenneth B. (1996): Interdepartmental Integration: A Definition With Implications for Product Development Performance. In: Journal of Product Innovation Management, 13. Vol. / No. 2: 137-151.
Kahn, Kenneth B. / John T. Mentzer (1998): Marketing's Integration With Other Departments. In: Journal of Business Research, 42. Vol. / No. 1: 53-62.
Kirchner, Karin (2001): Integrierte Unternehmenskommunikation. Theoretische und empirische Bestandsaufnahme und eine Analyse amerikanischer Großunternehmen. Wiesbaden.
Kitchen, Philip J. / Ioanna C Papasolomou (1997): Marketing Public Relations: Conceptual Legitimacy or Window Dressing? In. Marketing Intelligence & Planning. 15. Vol / No. 2: 71-84.
Kotler, Philip / Friedhelm Bliemel (2001[10]): Marketing-Management. Analyse – Planung – Verwirklichung. Stuttgart.
Kotler, Philip / William Mindak (1978): Marketing and Public Relations, Should they be Partners or Rivals? In: Journal of Marketing. 42. Vol. / No. 10: 13-20
Krohmer, Harley / Christian Homburg / John P. Workman (2002): Should Marketing be Cross-

Functional? Conceptual Development and International Empirical Influence. In: Journal of Business Research, 55. Vol. / No. 6: 451-465.

Lane, Stuart / Debbie Clewes (2000): The Implementation of Marketing Planning: A Case Study in Gaining Commitment at 3M (UK) Abrasives. In: Journal of Strategic Marketing, 8. Vol. / No. 3: 225-239.

Mansaray, Nabbie (2001): Strategisches Marketingmanagement. In fünf Phasen zum Markterfolg. Wiesbaden.

Meffert, Heribert (1994): Marketing-Management. Analyse – Strategie – Implementierung. Wiesbaden.

Meffert, Heribert / Burmann, Christoph / Kirchgeorg, Manfred (2007^{10}): Marketing. Grundlagen marktorientierter Unternehmensführung. Konzepte – Instrumente – Praxisbeispiele. Wiesbaden.

Menon, Ajay / Bernhard J. Jaworski / Ajay K. Kohli (1997): Product Quality: Impact of Interdepartmental Interactions. In: Journal of Academy of Marketing Science, 25. Vol. / No. 3: 187-200.

Merten, Klaus (Hg.) (2000): Das Handwörterbuch der PR. Bd. 1. Frankfurt a.M.

Müller, Bernard / Angela Kreis-Muzzolini (2003): Public Relations für Kommunikations-, Marketing- und Werbeprofis. Frauenfeld / Stuttgart / Wien.

Nieschlag, Robert / Erwin Dichtl / Hans Hörschgen (2002^{19}): Marketing. Berlin.

Nusch, Friedmar (1995): Innovative Organisationsstrukturen als Voraussetzung erfolgreicher Unternehmenskommunikation: Das Beispiel der ABB Asea Brown Boveri AG. In: Rupert Ahrens / Helmut Scherer / Ansgar Zerfaß (Hg.): Integriertes Kommunikationsmanagement. Ein Handbuch für Öffentlichkeitsarbeit, Marketing, Personal- und Organisationsentwicklung. Frankfurt a.M.: 169-188.

Powell, Thomas C. (1995): Total Quality Management as Competitive Advantage: A Review and Empirical Study. In: Strategic Management Journal, 16. Vol. / No. 1: 15-37.

Rolke, Lothar (2003): Produkt- und Unternehmenskommunikation im Umbruch. Was die Marketer und PR-Manager für die Zukunft erwarten, hrsg.v. F.A.Z.-Institut für Management-, Markt- und Medienforschung GmbH. Frankfurt a.M.

Schulz, Beate (1991): Strategische Planung von Public Relations. Das Konzept und ein Fallbeispiel. Frankfurt a.M. / New York.

Schultz, Don E. / Heidi F. Schultz (1998): Transitioning Marketing Communications Into the Twenty-First Century. In: Journal of Marketing Communications, 4. Vol / No. 1: 9-26

Shipley, David (1994): Achieving Cross-Functional Co-Ordination for Marketing Implementation. In: Management Decision, 32. Vol. / No. 8: 17-20.

Steinmann, Horst / Ansgar Zerfaß (1995): Management der integrierten Unternehmenskommunikation: Konzeptionelle Grundlagen und strategische Implikationen. In: Rupert Ahrens / Helmut Scherer / Ansgar Zerfaß (Hg.): Integriertes Kommunikationsmanagement. Ein Handbuch für Öffentlichkeitsarbeit, Marketing, Personal- und Organisationsentwicklung. Frankfurt a.M.: 11-50.

Szyszka, Peter (2005): „Öffentlichkeitsarbeit" oder „Kommunikationsmanagement". Eine Kritik an gängiger Denkhaltung und eingeübter Begrifflichkeit. In: Lars Rademacher (Hg.): Distinktion und Deutungsmacht. Studien zu Theorie und Pragmatik der Public Relation. Wiesbaden: 81-94.

Uhe, Gerd (2002): Strategisches Marketing. Vom Ziel zur Strategie. Berlin.

Unger, Fritz / Fuchs, Wolfgang (1999^2): Management der Marktkommunikation. Heidelberg

Weill, Claude (2007): Professionalität ist fast alles. In: Persönlich, Dezember 2007: 68-70.

Zerfaß, Ansgar (2004^2): Unternehmensführung und Öffentlichkeitsarbeit. Grundlegung einer Theorie der Unternehmenskommunikation und Public Relations. Opladen.

Autorenverzeichnis

GRIT MAREIKE AHLERS, Jahrgang 1975, Dr. Dipl-Kffr., Studium der Betriebswirtschaftslehre in Bayreuth und Madrid; Auslandsaufenthalte in Spanien, Australien, USA; div. praktische Erfahrungen in Industrie und Beratung; seit 2006 Teamleiterin Brand Development BOSS Orange & BOSS Green, zuvor wiss. Assistentin am Lehrstuhl von Prof. Bruhn in Basel.

BARBARA BAERNS, Prof. Dr., 1989 bis 2004 Professorin für Theorie und Praxis des Journalismus und der Öffentlichkeitsarbeit im Institut für Publizistik- und Kommunikationswissenschaft, der Freien Universität Berlin. Aufbau und Leitung des Studienschwerpunkts Öffentlichkeitsarbeit und des postgradualen integrierten Studiengangs European Master's Degree in Public Relations (Communication Management). 1982 bis 1989 Professorin für Publizistik- und Kommunikationswissenschaft an der Ruhr-Universität Bochum. Habilitation und Venia legendi 1982 (Ruhr-Universität Bochum). Promotion 1967 (FU Berlin). Vorher sieben Jahre lang praktische Tätigkeit, einerseits als politische Redakteurin und andererseits in der Öffentlichkeitsarbeit.

MANFRED BRUHN, Prof. Dr., Ordinarius für Betriebswirtschaftlehre, insbesondere Marketing und Unternehmensführung am Wirtschaftswissenschaftlichen Zentrum der Universität Basel. Akademische Ausbildung an der Westfälischen Wilhelms-Universität Münster. Von 1983 bis 1995 Inhaber des Lehrstuhls für Marketing und Handel an der European Business School, Private Wissenschaftliche Hochschule Oestrich-Winkel. Seit 1995 Inhaber des Lehrstuhls für Marketing und Unternehmensführung der Universität Basel; seit 2005 Honorarprofessor an der Technischen Universität Münschen. Zahlreiche Publikationen zu den Schwerpunkten Strategische Unternehmensführung, Dienstleistungsmanagement, Relationship Marketing, Kommunikationspolitik, Markenpolitik, Qualitätsmanagement, Internes Marketing.

MARK EISENEGGER, Jahrgang 1965, Dr. phil., Studium der Soziologie, Publizistikwissenschaft und Informatik an der Universität Zürich; seit 1998 Leitungsmitglied des fög – „Forschungsbereichs Öffentlichkeit und Gesellschaft" der Universität Zürich; seit 2005 Vorstand des „European Centre for Reputation Studies" (ECRS) mit Sitz in Zürich und München; 2003 Dissertation mit dem Titel „Reputation in der Mediengesellschaft", erschienen im VS Verlag; Arbeitsschwerpunkte in Forschung und Lehre: Reputationsforschung, Wandel der Wirtschaftskommunikation, Öffentlichkeitssoziologie.

SUSANNE FEMERS, Jahrgang 1962, Prof. Dr. phil., studierte Psychologie an der TU-Berlin und promovierte am Forschungszentrum Jülich zum Thema Risikokommunikation. Nach acht Jahren PR-Beratung bei Kohtes & Klewes, Bonn, sowie Medical Relations, Langenfeld, trat sie 1998 eine Professur in „Kommunikation und Wirtschaftspsychologie" an der Fachhochschule Bonn-Rhein-Sieg an. 2001 folgte sie einem Ruf an die FHTW Berlin, wo sie im Studiengang Wirtschaftskommunikation die Professur „Text, Rhetorik und das Management internationaler Kommunikationsprozesse" innehat.

KURT IMHOF, Jahrgang 1956, Prof. Dr. phil., Studium der Geschichte, Soziologie und Philosophie an der Universität Zürich; seit 1997 Leiter des fög – „Forschungsbereich Öffentlichkeit und Gesellschaft" der Universität Zürich; seit 2000 ordentlicher Professor für Publizistikwissenschaft und Soziologie an der Universität Zürich; Arbeitsschwerpunkte: Öffentlichkeits- und Mediensoziologie, Soziologie sozialen Wandels, Minderheitensoziologie.

OTFRIED JARREN, Jahrgang 1953, Prof. Dr. phil., Professor für Publizistikwissenschaft am IPMZ – Institut für Publizistikwissenschaft und Medienforschung der Universität Zürich. Von 1989-1997 Professor für Journalistik mit dem Schwerpunkt Kommunikations- und Medienwissenschaft an der Universität Hamburg. Arbeitsgebiete: Medien und gesellschaftlicher Wandel, Mediensystem und Medienstrukturen, Medien und politische Kultur, politische Kommunikation, Kommunikations- und Medienpolitik.

KLAUS KOCKS, Jahrgang 1952, Prof. Dr., studierte Wirtschafts- und Sozialwissenschaften, Germanistik und Philosophie an der Ruhr Universität Bochum, promovierte summa cum laude über Bertolt Brecht, legte das Assessorenexamen mit Auszeichnung ab und war nach beamteter Lehrtätigkeit zwanzig Jahre als PR-Manager in internationalen Konzernen tätig, zuletzt als Kommunikationsvorstand bei VW. Er ist heute selbständiger Kommunikationsberater (CATO) und Meinungsforscher (VOX POPULI). Gast- und Honorarprofessuren an verschiedenen Hochschulen. Publizist, Kolumnist.

MICHAEL KUNCZIK, Prof. Dr., Institut für Publizistik, Johannes Gutenberg-Universität Mainz. Forschungsschwerpunkte: Medien und Gewalt, Public Relations; internationale Kommunikation (insb. Nationenimages); Ethik des Journalismus. Letzte Buchpublikationen: Publizistik (mit A. Zipfel); Public Relations Konzepte und Theorien (4. Aufl.); Images of Nations and International Public Relations; Ethics in Journalism (Hrsg.), Kriegsberichterstattung (in rumänischer Sprache); Medien und Gewalt.

MATTHIAS KUSSIN, Dipl.-Soz., studierte und promovierte an der Fakultät für Soziologie der Universität Bielefeld und war zudem dort mehrere Jahre wissenschaftlicher Mitarbeiter am Institut für Weltgesellschaft. Zuvor war er studienbegleitend als Projektleiter in einer Unternehmensberatung für Kommunikation tätig. Derzeit arbeitet er als Referent in der Abteilung für Public Affairs/Energiepolitik eines deutschen Energieversorgungsunternehmens.

KLAUS MERTEN, Prof. Dr., Studium der Mathematik und Informatik an der TH Aachen, der Geschichte, Publizistik und Soziologie an der Universität Münster, der Soziologie und Mathematik an der Universität Bielefeld. 1972 Wiss. Assistent an der Fakultät für Soziologie, 1975 Promotion bei N. Luhmann über den Kommunikationsbegriff, 1979 Professor für empirische Sozialforschung an der Universität Gießen, 1984 Professor für empirische Kommunikationsforschung an der Universität Münster. Arbeitsgebiete: Theorie und Methoden der Kommunikationsforschung, Wirkungsforschung, PR. Gründer von COMDAT Medienforschung GmbH, PR+plus GmbH und und com+plus GmbH. Top Award International Communiation Association (ICA, 1976) und Thyssenstiftung (1991).

HOWARD NOTHHAFT, M.A., Jahrgang 1973, Studium der Kommunikations- und Medienwissenschaft, Anglistik und Philosophie an der Universität Leipzig. Seit 2003 wissenschaftlicher Mitarbeiter in der Abteilung Public Relations/Kommunikationsmanagement der Universität Leipzig. 2004 mit dem Albert-Oeckl-Preis der DPRG ausgezeichnet; von 2004 bis 2006 Stipendiat der HERINGSCHUPPENER Unternehmensberatung für Kommunikation GmbH. Nothhaft schließt derzeit sein Dissertationsprojekt ab, in welchem er Kommunikationsdirektoren im Rahmen einer Beobachtungsstudie begleitete. Daneben ist er als Senior Consultant in der strategischen Kommunikationsberatung tätig. Interessensgebiete: Kommunikationsmanagement, Strategie- und Konzeptionslehre, Lobbying/Public Affairs.

LARS RADEMACHER, Prof. Dr. phil., Jahrgang 1972, Studium der Literatur- und Medienwissenschaften, Wirtschaftswissenschaften, Kath. Theologie und Philosophie in Siegen und Hagen; Promotion in Medienwissenschaften und Volontariat. Sechs Jahre Berater und stellv. Geschäftsführer in PR-Agenturen (Touristik, Finanzdienstleistungen, IT, Automotive, Food); anschließend Leiter Kommunikation des preisgekrönten Wissenschaftsmuseums Phaeno in Wolfsburg; zuletzt Pressesprecher in der Konzernkommunikation der BASF SE in Ludwigshafen. Daneben diverse Lehraufträge und Gastprofessuren. Seit 2008 Professur für PR/Kommunikationsmanagement an der Macromedia Hochschule für Medien und Kommunikation (MHMK) in München und Leiter der Fachrichtung PR im Studiengang Medienmanagement.

JULIANA RAUPP, Prof. Dr. phil., seit April 2006 Professorin für Publizistik- und Kommunikationswissenschaft mit dem Schwerpunkt Organisationskommunikation an der FU Berlin. Studium der Kommunikationswissenschaft und der Politikwissenschaft an der Universität von Amsterdam. Mehrjährige Berufspraxis in der Öffentlichkeitsarbeit. Promotion im Jahr 2000 (FU Berlin), Tätigkeiten als wissenschaftliche Mitarbeiterin und Leitung eines DFG-Projekts zur Rolle der Meinungsforschung in der Politikvermittlung. Arbeitsschwerpunkte: Organisationskommunikation, Öffentlichkeitsarbeit/PR, Politische Kommunikation.

LOTHAR ROLKE, Jahrgang 1954, Prof. Dr., lehrt Betriebswirtschaftslehre und Unternehmenskommunikation an der Fachhochschule Mainz, University of Applied Sciences. Er ist dort Sprecher des Studienschwerpunktes Kommunikationsmanagement. Von 1989 bis 1996 war Rolke Geschäftsführender Gesellschafter der Reporter PR GmbH und Sprecher der Geschäftsführung. Für zwei Jahre gehörte er dem Präsidium der Gesellschaft der Public Relations Agenturen (GPRA) an. Von 2000 bis zur Übernahme durch den AWD 2002 war er Mitglied des Aufsichtsrats der Tecis AG. Rolke studierte Politologie, Politische Ökonomie, Psychologie, Empirische Sozialforschung und Germanistik. Rolke hat zahlreiche Aufsätze und Bücher zur Unternehmenskommunikation veröffentlicht.

ULRIKE RÖTTGER, Jahrgang 1966, Prof. Dr. phil., Dipl.-Journ., seit 2003 Professorin für Public Relations am Institut für Kommunikationswissenschaft der Westfälischen Wilhelms-Universität Münster; Studium der Journalistik in Dortmund; 1994-1998 wiss. Mitarbeiterin am Institut für Journalistik der Universität Hamburg; 1998-2002 Oberassistentin am IPMZ – Institut für Publizistikwissenschaft und Medienforschung der Universität Zürich; seit Mai 2008 Vorsitzende der Deutschen Gesellschaft für Publizistik und Kommunikationswissenschaft. Arbeitsschwerpunkte im Themenfeld Public Relations/Organisationskommunikation u.a.: Kampagnenkommunikation, Issues Management, CSR-Kommunikation, PR-Beratung, PR-Berufsfeldforschung, PR-Evaluation.

MANFRED RÜHL, Univ.-Prof. em., Dr. habil., Dr. rer. pol., Dipl.- Volksw., geb. 1933. Bis 1999 Inhaber des Lehrstuhls für Kommunikationswissenschaft an der Otto-Friedrich-Universität Bamberg. Arbeitsgebiete: Allgemeine Kommunikationswissenschaft, Kommunikationspolitik, Journalistik, Public Relations.

PETER SZYSZKA, Jahrgang 1957, Prof. Dr., seit April 2004 Professor für Organisationskommunikation am Institut für Angewandte Medienwissenschaft der Zürcher Hochschule für Angewandte Wissenschaften, Winterthur; zuvor Leiter des Instituts für Kommunikationsmanagement der Fachhochschule Osnabrück/Lingen. Mehrjährige Beratungstätigkeit in den Bereichen

Unternehmen und öffentliche Verwaltung. Vorsitzender der Jury des Deutschen PR-Preises. Seit 1990 nebenberuflich Trainer und Berater in der PR-Erwachsenenbildung in Deutschland und der Schweiz. Zahlreiche Publikationen zu Fragen von Theorie und Praxis des Kommunikationsmanagements. Mitherausgeber des „Handbuchs der Public Relations", Wiesbaden 2005.

STEFAN WEHMEIER, Jahrgang 1968, Dr. Phil, seit September 2008 Assistant Professor im Department of Marketing und Management der University of Southern Denmark in Odense. Zuvor Lehrstuhlvertretung Kommunikationswissenschaft und Juniorprofessur für Kommunikationswissenschaft mit dem Schwerpunkt Organisationskommunikation an der Universität Greifswald. Davor wissenschaftlicher Assistent am Lehrstuhl Öffentlichkeitsarbeit/PR der Universität Leipzig. Außeruniversitäre Berufspraxis als PR-Referent und Redakteur. Publikationen/Interessen: u.a. PR-Theorie, Online-PR, CSR, PR-Geschichte, PR und Journalismus.